博士论丛

明代苏州园林史

郭明友 著

图书在版编目（CIP）数据

明代苏州园林史／郭明友著．—北京：中国建筑工业出版社，2013.3（2022.5重印）
（博士论丛）
ISBN 978-7-112-15198-1

Ⅰ.①明… Ⅱ.①郭… Ⅲ.①古典园林—建筑史—苏州市—明代 Ⅳ.①TU-098.42

中国版本图书馆 CIP 数据核字（2013）第 041467 号

  本书力图通过对历史文献的广泛搜集、梳理分析和归纳总结，结合对苏州园林现存遗迹的实地考察与分析，来揭示明代苏州园林的艺术本体真相。全书内容包括：元末明初的苏州园林；建文至成化年间苏州园林艺术的复兴；弘治至嘉靖年间苏州园林研究；晚明苏州园林研究等。
  本书可供广大园林历史理论工作者、园林艺术爱好者、高等院校风景园林专业师生学习参考。

* * *

责任编辑：吴宇江
责任设计：董建平
责任校对：陈晶晶 刘梦然

博士论丛
明代苏州园林史
郭明友 著

*

中国建筑工业出版社出版、发行（北京西郊百万庄）
各地新华书店、建筑书店经销
北京中科印刷有限公司印刷

*

开本：787×1092 毫米 1/16 印张：19¾ 字数：350 千字
2013 年 5 月第一版 2022 年 5 月第三次印刷
定价：**58.00** 元
ISBN 978-7-112-15198-1
   （23283）

版权所有 翻印必究
如有印装质量问题，可寄本社退换
（邮政编码 100037）

自　序

　　这里的前序，本是博士论文《明代苏州园林史》的后记。调整后记为前序，既为给拙著的出版做一个最基本介绍，也是为把相关的谢意和感恩，铭记在应有的显著位置。

　　完成博士论是一项持久而艰辛的工程。从博士生入学伊始，到论文写作开工，总以为完成论文写作和答辩，将是人生无比快哉、可喜可贺之大事，然而，等到写论文后记的时候，才发觉那种本以为有的、如释重负的轻松，并没有如期而至。学业将成所带来的欣然，只有淡淡的一丝，更多的却是感叹和感激——感叹学术之路仍然漫漫而修远，感激回忆中那每一份难以尽言的谢意。

　　现代科技文明为人类创造了巨大的物质财富，也造成了人与自我、人与人、人与自然关系日趋紧张。在对"现代化"张力的诘问与反思中，人们逐渐意识到回归自然、天人和谐与人生幸福、人类命运之间的深刻关系。天人合一的自然之美，清雅淡泊的写意之美，朴素和谐的生态之美，正是中国古代园林艺术审美的基本原则。当代关于中国古典园林研究的新一轮热潮，就诞生在这样的大背景之上。然而，尽管中国造园历史悠久，对园林艺术进行系统的学术研究，却还在起步阶段。关于造园艺术的文献梳理与历史研究有待加强，关于园林营造的设计艺术研究有待深入，园林美学理论及艺术哲学精神有待归纳，相关学科框架体系的搭建有待完善，相关专业教育的课程建设也有待细化、深化。总之，把中国古典园林这一传统文化艺术综合载体，作为一门学科和专业来进行深入研究、阐释、传承，还处于初创阶段。这就是当代中国园林艺术学研究的真相。

　　大凡孜孜以求者，都有一份堂吉诃德式的热情。然而，人生梦想可以很大很美，学术志愿也可以很高很远，现实学术之路却只能踩实了一步一步走。四年半的博士学习，我所撷取到的，也仅是中国园林文化艺术史长河中的一隅风景，还有更远的学术之路，更广阔的研究空间，有待探求和发现。因此，完成和出版博士论文，仅是我学术研究之开始。尽管如此，为完成这篇论文，我已常常感到了思虑阻滞、心力不济的疲惫，而论文仍有许多残缺疏漏尚待完善——天高海阔而学识浅薄，心远路长而时不我待，看来这份漫漫而修远的感叹，将要与我相伴终老了。

无论是为毕业论文写后记，还是为著作出版写前序，都是一种人生回忆，也是在梳理欠账。而立之年以后读博士，这期间我是苏州大学艺术学院的学生，也是八旬双亲的养命之子，是刚刚生产的妻子的丈夫，是咿呀学语、蹒跚学步的幼子的父亲，也是工作岗位上的骨干。因此，我曾常常为心有旁骛而惭愧于学术，也每每为未能尽好为子、为夫、为父、为亲、为友、为师之责而歉疚于内心。对于多年来长期给予我关心、理解和支持的人们，以薄薄的一本论著来致谢，显然是远远不够的。尽管如此，受惠的感恩还是要说明的。

论著《明代苏州园林史》，从确定选题到构思提纲，到写作、审读、校对等，都得到了导师曹林娣教授的悉心指导。本科、硕士阶段，我主要从事中国古代文学与文化学的学习，中国古代园林艺术虽然也在学习视野之中，却没有集中投入很多精力。因此，曹林娣教授对于这篇博文的专业指导也就更费心力。另外，在博士生学习和撰写论文期间，学界泰斗张道一先生，苏州大学艺术学院的张朋川、李超德、华人德、沈爱凤、许星等几位教授，以及艺术学院已故的诸葛凯先生，都曾给予我许多的教诲和指导。

妻子周云华女士是一个温柔、勤勉、严谨、尽责的知识女性。2007年春节前后，妻子正在准备分娩做妈妈的时候，也是我紧锣密鼓准备入学考试的阶段。攻读博士的四年半时间里，我经常难以兼顾家庭责任，加上儿子幼小，妻子相夫教子的生活压力也比别人要沉重得多。尽管如此，在我撰写论文期间，妻子还尽可能地抽出时间，来为我处理图片、校对稿件，时常与我一起忙碌到深夜。这是一个立足于自力更生、在困境中坚持进步的小家庭，在此期间，我们双方的至亲也给予了我们充分的理解和尽可能多的帮助。

此外，同级学友中的束霞平、高纪洋、谷莉、毕亦痴、邵靖、温润、刘珊、张磊、李阳等几位博士，同门中孟琳、齐慎两位学妹，以及我身边的许多同事和挚友，此间也对我帮助良多。

在论文编校出版阶段，中国建筑工业出版社的吴宇江编审，以及其团队中的史瑛、董建平、陈晶晶等几位同仁，也给予了我很大的帮助。

情义无价，所有这些皆将永铭于心。

完成论文出版为博士学习生涯画了一个圆，却是人生学术之路的又一新起点。接下来我将突破"明代"、"苏州"等时空的拘囿，在更广阔的学术视阈中，对中国园林艺术进行深入的学习和研究。因此，我将珍藏谢意、搁置叹息、调整状态，努力走好人生学思驿路的下一旅程。

郭明友
2013 年 3 月 30 日深夜
于无锡太湖畔书斋中

目　　录

自　序 …………………………………………………………………………… Ⅲ
绪　论 …………………………………………………………………………… 1
　　一、选题的研究价值 ……………………………………………………… 1
　　二、学术界研究现状简述 ………………………………………………… 2
　　三、选题研究存在的困难 ………………………………………………… 5
　　四、选题研究的方法与创新目标 ………………………………………… 5

第一章　明代苏州园林研究的几个相关问题 ……………………………… 7
　第一节　古国史话——苏州行政地位的沉浮及行政区域的变迁 ………… 7
　　一、行政地位的沉浮 ……………………………………………………… 7
　　二、行政区域的变迁 ……………………………………………………… 8
　第二节　吴韵流风——苏州民俗、士风及文化思想特色的
　　　　　形成与演变 ……………………………………………………… 9
　　一、东南小国，离儒尚道 ………………………………………………… 10
　　二、民风淳朴自然，士气任性率真 ……………………………………… 11
　　三、务求精巧且富有情趣的造物风尚 …………………………………… 12
　　四、竞豪奢，好冶游 ……………………………………………………… 13
　　五、重商兴商 ……………………………………………………………… 14
　第三节　"明代苏州"及"古典园林" ……………………………………… 15
　　一、园林艺术研究视阈里的"明代苏州" ……………………………… 15
　　二、明代苏州园林的几个艺术发展阶段 ………………………………… 15
　　三、"中国古典园林"概念的界定 ……………………………………… 16

第二章　从热闹走向寂静——元末明初的苏州园林 ……………………… 21
　第一节　明前苏州园林艺术概论之一：春秋至南宋 ……………………… 21
　　一、春秋战国 ……………………………………………………………… 21
　　二、秦汉 …………………………………………………………………… 24
　　三、六朝 …………………………………………………………………… 26
　　四、隋、唐、五代 ………………………………………………………… 27
　　五、两宋 …………………………………………………………………… 31
　第二节　明前苏州园林艺术概论之二：元代 ……………………………… 34

一、商品经济高度发达，园林营造持续发展 ································ 35
　　二、文人深度参与造园过程，园林艺术活动更加丰富 ···················· 36
　　三、山林园与江湖园营造兴盛 ·· 46
第三节　走向寂静——洪武年间苏州园林的生境与实况 47
　　一、密雨斜侵薜荔墙——明初苏州园林艺术的生境 ····················· 47
　　二、历经万劫有余生——明初苏州园林艺术的实况 ····················· 53
第四节　从绚烂复归平淡——元末明初苏州园林艺术形式与
　　　　审美追求的变迁 60
　　一、批风抹月四十年——元末吴地文人的人生追求与园林意趣 ······ 60
　　二、寒光霁色满湖山——明初苏州文人造园形式与审美转向 ········· 67

第三章　新桃换旧符——建文至成化年间苏州园林艺术的复兴 71
　第一节　建文至成化年间苏州园林发展概况 71
　　一、春风又绿江南岸——朱明王朝时代风气的变化 ····················· 72
　　二、满眼东风景物新——社会经济及市商文明的复苏与繁荣 ········· 75
　　三、渐从浊水作醍醐——明代苏州园林艺术的复兴 ····················· 76
　第二节　建文至成化年间名园考述（一） 85
　　一、光福徐氏诸园 ··· 85
　　二、龚大章东庄 ·· 90
　　三、杜琼如意堂 ·· 92
　　四、刘廷美小洞庭 ··· 94
　　五、韩雍蓟溪草堂 ··· 97
　　六、陆昶锦溪小墅 ··· 99
　第三节　建文至成化年间名园考述（二） 100
　　一、沈周有竹居 ·· 100
　　二、吴宽东庄 ··· 103
　第四节　建文至成化年间苏州园林艺术审美透视 117
　　一、重回城市——隐逸风气与观念的变迁 ··································· 117
　　二、君子攸居——园林景境以人品决高下 ··································· 120
　　三、养亲自怡、耕稼会友——园林雅正传统的主题与丰富
　　　　本色的功能 122
　　四、自然疏朗、朴雅入画——健康雅正的园林艺术风貌 ················ 126
　　五、皇家大匠、民间巧工——香山匠人全面崛起 ························· 132

第四章　弘治至嘉靖年间苏州园林研究 135
　第一节　江河日下的社会风气与苏州造园的空前繁荣 135

一、昙花一现的弘治中兴与朱明王朝的国运陵夷……………… 135
　　二、日渐失范的法律道德与躁竞功利的士林风尚……………… 136
　　三、苏州城市经济的繁荣与风俗人情的淡薄…………………… 138
　　四、吴民游乐风气炽盛与苏州园林营造的空前繁荣…………… 141

 第二节　弘治至嘉靖年间苏州名园考述（一）……………………… 144
　　一、西北片区……………………………………………………… 144
　　二、东北片区……………………………………………………… 153
　　三、城南片区……………………………………………………… 164
　　四、城东片区……………………………………………………… 167
　　五、苏州城外近郊的园林………………………………………… 169

 第三节　弘治至嘉靖年间苏州名园考述（二）……………………… 171
　　一、王鏊的园林…………………………………………………… 171
　　二、王鏊兄弟的园林……………………………………………… 175
　　三、王鏊子婿的园林……………………………………………… 179

 第四节　弘治至嘉靖年间苏州园林艺术审美透视…………………… 185
　　一、造园主体的变化……………………………………………… 185
　　二、造园主题与功能的变化……………………………………… 190
　　三、园林在景境营造方面的变化………………………………… 193
　　四、引领全国的奢华工巧………………………………………… 200

第五章　繁荣表象下的分裂与回归——晚明苏州园林研究…………… 203
 第一节　晚明苏州园林艺术的生境与发展概况……………………… 203
　　一、试听鹧鸪声里，满川风雨黄昏——晚明的家国形势
　　　　与政治环境…………………………………………………… 203
　　二、城市商品经济的继续繁荣与人文环境的深度颓靡………… 204
　　三、晚明江南经济文化环境对苏州园林发展的影响…………… 208

 第二节　晚明苏州名园考述（一）——苏州城区的徐氏家族园林… 211
　　一、徐默川紫芝园………………………………………………… 212
　　二、徐泰时东园…………………………………………………… 214
　　三、徐子本园……………………………………………………… 216
　　四、范允临天平山庄……………………………………………… 217
　　五、徐廷祼园……………………………………………………… 218
　　六、徐少泉拙政园………………………………………………… 222

 第三节　晚明苏州园林艺术考述（二）——晚明苏州其他名园…… 223
　　一、申时行适适圃………………………………………………… 223

二、张凤翼的求志园……………………………………………224
   三、王心一的归园田居…………………………………………227
   四、许自昌梅花墅………………………………………………230
   五、赵宦光、陈继儒的湖山园…………………………………234
   六、王世贞弇山园………………………………………………236
  第四节　晚明苏州园林艺术审美思想透视…………………………240
   一、晚明苏州园林造景艺术的总体时代风貌透视……………240
   二、从"君子攸居"到富贵之园——园林艺术构成要素的华
     丽转身………………………………………………………243
   三、类聚与群分——园林主人与园林艺术之间的分裂与回归……251
   四、园林艺术审美的失范与程式化……………………………257
  第五节　晚明苏州园林艺术理论的归纳与总结……………………259
   一、三大理论著作之间的共同性、互补性及差异性…………260
   二、三大理论著作中关于园林艺术的个性化审美主张………273
   三、晚明其他文人随笔、杂记中的园林艺术理论……………281
结语………………………………………………………………………295
参考文献…………………………………………………………………299

绪　　论

在中国历史上，经历了几度王室南渡，特别是宋室南渡以后，全国文化艺术中心也逐渐完成了南移。就中国古代园林艺术史而言，周密《吴兴园林记》的出现，标志着湖州、杭州、苏州等南方新兴商业城市，开始取代长安、洛阳、开封等北方传统的政治中心，逐步成为中国古代园林艺术的中心区域，江南文人园林开始成为时代园林艺术的主旋律。苏州园林代表了当今中国古典园林艺术的最高水平，苏州园林艺术基础的奠定，其全国领先地位的确立，都是在明代。然而，究竟明代苏州两百多年的园林艺术是一个怎样的演变状态，经历了一个什么样的发展轨迹，迄今还依然是模糊的。本书选择明代苏州园林艺术史作为研究选题，一方面是基于明代苏州古典园林在中国古代园林艺术历史上的独特价值，另一方面是试图通过历史客观地系统研究，尽可能还原明代苏州文人园林艺术审美变迁的历史真相，同时，也希冀从研究方法上，推动中国古典园林艺术在历史客观性和艺术本体性的研究上进一步发展。

一、选题的研究价值

1. 本体价值

中国古典园林是公认的世界园林之母，与西亚伊斯兰园林和欧洲古典园林并列为三大造园系统。在这三大造园系统中，中国古典园林以其"宛自天开"的人化自然，实现了中国哲学"天人合一"的至高追求，实现了人文之美与自然之美的高度和谐，在世界造园系统中独树一帜。周维权先生把中国古典园林体系划分为皇家园林、私家园林（包括江南园林与岭南园林）和寺庙园林三个大类。江南文人私家园林活动，通常聚集了时代绝大多数文化艺术精英的共同参与，朱明以降，江南文人园林更是每每成为皇家造园活动模拟的范本。凭借深厚的文化内涵、精妙的景境设计、典雅的艺术风格，明代苏州园林艺术又成为江南古典文人园林的典范。随着中国古典园林艺术远播欧美，继世界文化遗产大会在苏州召开之后，苏州园林在中国乃至世界古典园林体系中的典范价值，也被全面确立。因此，选题研究的本体性价值，还是比较清晰的。

2. 时代价值

在苏州园林艺术历史上，明代是一个十分特殊的时期。明代不仅是苏州城市政治、经济发展史上极其重要的时期，也是苏州古典园林艺术历史的关键时期。首先，明代苏州园林不仅是当时中国文人私家园林的最杰出代表，而且总量超过苏州此前历代园林作品的总和。人们常常引证光绪《姑苏府志》的说法，认为明代苏州合计有园林271个，但实际数字要比这大得多。明代中后期，苏州古典园林兴造进入了历史上的最高峰时期。其次，明代是苏州古典园林艺术风格的形成与成型时期，后世苏州和国内其他城市的文人园林艺术，既深受此种风格的浸染，也难以出其右。因此，研究明代苏州古典园林艺术史，是全面梳理苏州古典园林艺术史的重要节点，也可以成为研究中国古典园林艺术史的重要切入点。

3. 文化艺术综合价值

进入封建社会后期，在诸多古典艺术门类中，园林成为最大的综合艺术载体，研究苏州古典园林艺术，具有综合性的文化研究价值。从明代中后期开始，苏州"红尘中一二等风流之地"的地位逐渐被巩固，围绕着造园、赏园、写园、绘园，文化精英和能工巧匠齐聚江南，他们流连于吴门内外，徜徉于湖山之间，苏州园林也就兼容并包了文学、戏曲、绘画、书法、建筑、雕塑以及民俗等诸多艺术要素。因此，苏州古典园林设计的诸多艺术元素，都深深根植于传统文化艺术土壤之中，是风格鲜明的中国式，所以，研究苏州古典园林艺术，具有广泛的文化价值。因此，苏州古典园林在设计思想和艺术审美上，对当代的设计艺术，尤其是环境艺术设计，也具有很大借鉴意义——作为典范的"天人合一"的艺术生境，苏州古典园林巧妙地处理了设计学上的技术、功能、形式、材料之间的和谐关系，经典的苏州古典园林总是一个相对完整的和谐体系。因此，研究苏州古典园林艺术，从审美理念到景境设计，对塑造当代建筑艺术设计与环境艺术设计的中国风格，都具有重要的价值。

另外，园林是苏州的名片，而明代是苏州园林逐渐繁荣、成熟并取得巨大成就的时代，因此，研究明代苏州园林艺术史，也是解读苏州这座天堂城市文化内涵与精神的一把钥匙，对于城市文化艺术的发掘与建设，也具有很重要的作用。

二、学术界研究现状简述

中国古代园林艺术具有至少两千五百年的悠久历史，然而，把古典园林作为一种艺术门类进行深入研究，迄今还远远没有形成气候，而且，许多研究和思考还不是从古典园林艺术本体入手，而是其他艺术样式的延伸研究或交叉研究。关于古代园林艺术理论，明末清初时期的计成、文震亨、李渔等人随笔式的思考、归纳，犹如子夜的灿烂星光，却昙花一现、后继乏人。近百年里，以中国营造学社为阵营的许多学者，对中国古典园林艺术的发掘、测绘、保护和研究，曾殚精竭虑、奔走呐喊，作出了重大贡献，也取得了巨大成就。然而，以古建研究来替代园林研究，逐渐成为学术界的普遍现象，以至于各个历史时代的筑城池、营宫殿、建寺庙、造路桥等纯粹的古建故实，都进入了园林艺术史研究的视野。近年来，随着西方景观学对中国环境艺术学的全面影响和改造，以景观学的视角和理论来观照和批判中国古典园林的现象蔚然成风。虽然这种研究具有他山之石的效果，却在本质上忽略了中国古典园林文化艺术的精神内涵，走向舍本逐末的歧途。

　　近40年来，随着建筑考古、设计艺术、文学艺术等学科研究的深入和交织，中国古典园林学的研究也在不断地发展。中国古典园林的艺术设计思想和许多艺术因子，在当今世界依然具有鲜活的生命力，对当代的设计学、艺术学、建筑学、文学以及美学等学科的建设和发展具有积极现实的意义。然而，就中国古典园林艺术学的学科体系建设而言，目前仍然处于初创阶段，在国内许多高校的专业体系中，还是依托于环境艺术学、建筑艺术学、园艺学、古代文学等学科平台，边缘化地附属存在着。这种状况对于中国古典园林艺术的本体研究，造成了十分不利的影响。

　　借助清华同方的中国期刊全文数据库，我们可以清楚地了解中国园林艺术学研究的进展状态。截至2012年12月31日，该全文数据库中收录了自1979年以来的题名关于"园林"的论文约7万余篇，其中研究中国"古典园林"的论文约1600篇，以"苏州园林"为研究对象的论文约600余篇，博士论文约10篇，硕士论文约50篇。从统计数字上看，研究成果远远小于一些成熟的主流学科。此外，这些论文研究视角差异很大，学术水平差异也比较大，大量的论文还是立足现实的园林实景和既有的研究结论，在同一学术层次上不断地反反复复、转述相因。

　　在著作方面，近20年来关于中国古典园林的作品迅速增加，大致可以分为三类。

　　数量最大的一类是园林艺术介绍方面的普及性读本，许多都是顺应各地旅游经济之需，由园林主管部门牵头编纂的园景、园史介绍。总体来说，此类作品数量大而水平低，错误较多，许多作品既没有进行学术方面的深入研究，也无益于学科建设的发展。

　　第二类作品是文献梳理型成果，此类作品以罗列古典园林文献和编印园景图册的方式，对园林的历史信息进行汇编，具有非常重要的基础文献价值。例如，陈植先生主编的《中国历代造园文选》、《中国历代名园记选注》，苏州园林局推出的园史文献丛书《苏州园林历代文钞》、《苏州园林名胜旧影录》、《苏州园林山水画选》，苏州园林局工程师邵忠先生先后编著的《苏州古典园林艺术》、《苏州历代园林记·苏州园林历代重修记》，苏州文化局原副局长魏嘉瓒先生编著的《苏州历代园林录》，陈从周、蒋启霆先生合编的园林文献资料集《园综》，以及同济大学出版社出版的《中国历代园林图文精选》系列图书等。同时，在地方志整理方面，《吴越春秋》、《吴地记》、《吴郡志》、《姑苏志》、《吴邑志》、《长洲县志》、《苏州府志》、《吴县志》、《吴中小志丛刊》、《苏州文献丛钞初编》等先后整理再版，对深入地研究苏州园林艺术史，也具有重要的文献作用。需要说明的是，中国古典园林艺术学方面的古籍整理，需要深厚而广泛的古代文学、历史学、古代文化学、艺术学、建筑学等基础知识，由于整理者的知识结构各有侧重，这些文献资料整理成果的水平也高低不齐，在使用材料的时候还须谨慎。

第三类作品是古典园林艺术研究方面的著作，代表了该学科体系建设与理论研究的前沿，也是成果最少的一类。园林艺术史方面的代表作品有童寯先生的《江南园林志》，刘敦桢先生的《苏州古典园林》，汪菊渊先生的《中国古代园林史》，张家骥先生的《中国造园史》，陈植先生的《中国造园史》，周维权先生的《中国古典园林史》，魏嘉瓒先生的《苏州古典园林史》，顾凯先生的《明代江南园林研究》等。园林艺术理论研究与赏析方面有杨鸿勋先生的《江南园林论》，罗哲文先生的《中国古园林》，潘谷西先生的《江南理景艺术》，曹林娣先生的《中国古典园林艺术论》、《中国园林文化》，彭一刚先生的《中国古典园林分析》，张家骥先生的《中国造园论》，金学智先生的《中国园林美学》等。在工具书方面，有张家骥先生编著的《中国园林艺术大辞典》、陈从周先生主编的《中国园林鉴赏辞典》等。在古代园林艺术理论著作整理与研究方面，也有许多重要的作品。如陈植先生的《园冶注释》、《长物志校注》，张家骥先生的《园冶全释》，张薇博士的《园冶文化论》，赵农先生的《园冶图说》，李世葵先生的《园冶园林美学研究》，汪有源、胡天寿的《图版长物志》，海军、田君的《长物志图说》，王连海的《闲情偶寄图说》等。

学术研究的进步不能仅仅以研究作品的数量统计来衡量，虽然近年来研究成果丰硕，但是，中国古典园林艺术研究领域还有些长期存在、亟待突破的核心问题。例如，资料整理成绩斐然而深入研究相对不足，交叉学科研究成就巨大而专门学科研究相对不足，大量重复使用既有材料而新的史料发掘不足，以偏概全、以今律古，以及艺术本体研究不足，比较研究不足，等等。

三、选题研究存在的困难

作为四百多年前的实体艺术，明代苏州园林的真相早已模糊难辨，而要进行深入细致的艺术史研究和阐述，其困难之多、之大可想而知。具体来说，选题研究存在这样一些困难：

（1）实物的缺失。明代园林艺术实物早已漫灭难觅，现存少量的、零星的遗物遗迹，也缺少充分的文献互证。

（2）研究对象的特殊性。中国古典园林是一种包容了建筑、雕塑、绘画、文学、戏曲、书法、民俗等诸多艺术门类的综合艺术，艺术载体在客观本体性上具有复杂性和杂糅性。

（3）园林艺术沿革与时代发展的非对应性。一般来说，中国古典园林艺术与王朝更迭关系密切，但是，在一个朝代的某一很长时段内，同一园林艺术实体的兴造具有延续性，因此，在艺术研究的风格类型和历史阶段划分上，有很大的难度。

（4）文献梳理与提炼困难。许多文献本身存在写意性、模糊性以及随意性，相关资料有繁多、驳杂、混乱、零散、真伪难辨等特征。

（5）个人知识水平的有限，也增加了研究的困难。

四、选题研究的方法与创新目标

鉴于选题研究的种种困难，本课题研究主要通过广泛查阅史志、舆志、论著、文集、图籍、画册等文献，搜集和梳理古典园林的相关资料，以弥补实物的不足，即学术界常说的文献研究法。然而，历代文学文献对于古典园林艺术的记述虽然很多，但是大多重于写意而疏于写实，因此，资料搜集和考释必须文史互证，才能提高文献使用的准确性，尽量减少错误。

此外，在苏州现存的古典园林中，依然有极少量的宋、明园林艺术遗物，还有许多清代园林遗迹，在研究苏州中古以后古典园林艺术历史和艺术风格变化的时候，实地考察和实测是绝对必要的，同时还可以对文献研究进行互证、补证。总之，本书研究的主要方法有文史互证、图文互证、实地考察等方法。本书以明代苏州园林艺术史为基本线索，进行艺术风格变迁的分析比较，以史证论、以论述史。

本选题研究以明代苏州园林艺术审美风格演变为核心观察点，努力结合个人专业背景，融通艺术学、设计学、文化学、文学、历史学等学科的相关知识，尽可能完整地勾勒出明代园林约三百年历史（元末至明末）的发展脉络，揭示明代苏州园林艺术风格的总体风貌和演变轨迹。同时，也希望通过选题研究，探索出更加符合中国古典园林艺术学本体特色的历史唯物主义研究方法，为促进中国古典园林艺术学的本体性研究走向深入，推进研究方法更加科学化、系统化，贡献绵薄之力。

第一章 明代苏州园林研究的几个相关问题

第一节 古国史话——苏州行政地位的沉浮及行政区域的变迁

在中国历史名城中，苏州古城属于最古老的那一种，不仅城址和规划选定得早、变化小，而且，至今古城内外许多里、巷、河、渠、坊、路的名称，依然延续了阖闾筑城之初的音义。然而，在两千五百多年的历史长河中，"苏州"一词，却在时间、空间、政治、文化上，都经历了不断的演进和变化。

一、行政地位的沉浮

宋濂说："吴在周末为江南小国，秦属会稽郡，及汉中世，人物财赋为东南最盛，历唐越宋，以至于今，遂称天下大郡。"① 从古勾吴国，到明代苏州府，城市地方行政机构的地位与性质，不断在州（府）、郡（县）等二、三级之间变换，行政辖区范围不断缩小，连城市名字也相继变更了十多次。

泰伯奔吴后，断发文身，率民建邦，此时吴地是一个南蛮小国。武王伐纣后，泰伯第五世孙周章受封，建都勾吴，吴地正式成为诸侯国。春秋时，吴王阖闾、夫差先后征讨楚越，入主中原，一时成为诸侯盟主。随着越灭吴，楚并越，勾吴成为楚国大夫春申君黄歇的封邑。②

秦并六国后设立郡县，吴地归入会稽郡，苏州为郡治所在。西汉初年，刘邦废楚王韩信，分淮东楚地 53 城为荆国，封侄儿刘贾为王，建都吴中。七国之乱后，吴地随会稽郡划入扬州。东汉永建四年（129 年），会、吴分治。会稽郡治迁至山阴（绍兴）。吴郡以苏州为郡治，统领 13 县。此后直到隋初的四百多年里，吴郡大多时间里隶属于扬州或南徐州，为三级地方机

---

① 宋濂《姑苏志序》，见王鏊《姑苏志》（原序），第 3 页。
② 参考陈其弟点校《吴邑志》，第 10 页。

构治所。隋开皇九年（589年），取姑苏山名，改吴州为苏州①，苏州自此得名。开皇十年（590年），州治迁移至石湖横山脚下，建新城，唐代初年又迁回旧城，设苏州都督。中唐以前，苏州先后受润州、江南道、扬州节制。大历十三年（778年），设处置观察使治苏州，苏州升雄州列，再次回到二级地方政权机构行列。

光化元年（898年），钱镠据苏州，9年后接受后梁敕封，为吴越王。苏州属吴越国，为中吴府。这期间，苏州为介于州郡与王国之间的半自治状态。北宋开宝八年（975年），改中吴军为平江军，孙承佑为节度使，苏州属江南道。3年后，吴越纳土归宋，苏州隶属于两浙路。北宋政和三年（1113年），升苏州为平江府（苏州称平江始于此）。元代改平江府为平江路，属江淮行省（治扬州）。至正十六年（1356年），张士诚占据苏州，改平江路为隆平府。张士诚一面假意降元受封太尉，一面拥兵割据，称王封吏，苏州再度回到半自治的状态。

明初，改平江路为苏州府，隶属江南行中书省。永乐十九年（1421年）迁都北京后，苏州府直隶于南京六部。

二、行政区域的变迁

依据现有的文献资料推断，自泰伯建邦，到诸樊南徙，这二十余世里，作为荆蛮小国，古勾吴国势力所及，大致在长江以南，嘉兴以北，常州以东，沿海以西的这块土地上，基本上等于今天的"苏南"。②吴王诸樊、阖闾父子筑苏州城以后，吴地两千多年的行政中心一直在苏州，而统辖的属地却发生了巨大的变化。

吴王夫差曾南伐瓯越，西践荆楚，争霸齐晋，逐鹿中原，虽如昙花一现，却是吴国历史上辉煌极盛时代。在属地范围的演变上，从古"吴国"，到"会稽郡"、"吴郡"，再到"苏州"，以苏州为治所的地方政权统辖范围，呈逐渐缩小的变化趋势。

秦代推行郡县制，会稽郡总领东南26县。汉初荆国（吴国）有53城，实际范围为24县。③东汉初吴郡、会稽郡分治，浙江中南部版图从吴地分出，吴郡统领13县。④西晋太康二年（281年），毗陵郡自吴郡分出，吴郡

---

① 陈后主祯明二年（588年），设置吴州，郡治在苏州。
② 其间的行政中心大约在今天的无锡梅村，此说今学术界有争议。
③ 即：吴、无锡、曲阿、毗陵、丹徒、娄、阳羡、乌程、由拳、余杭、富春、钱唐、海盐、余暨、山阴、诸暨、余姚、上虞、剡、太末、句章、鄞、鄮、乌伤24县。
④ 即：吴、海盐、乌程、余杭、毗陵、丹徒、曲阿、由拳、永安、富春、阳羡、无锡、娄。

统领11县①，太湖西北土地自吴地分出。南朝陈祯明二年（588年），分吴郡设海宁郡、吴州郡，浙东土地自吴郡分出。隋初设苏州时，苏州仅统领吴（含昆山）、乌程、常熟3县。② 唐大历十三年（778年），苏州升列雄州时，也仅仅统领吴县、长洲、嘉兴、海盐、常熟、昆山、华亭7个县。宋政和三年（1113年），苏州升为平江府，领吴县、长洲、昆山、常熟、吴江5县。元代改平江府为平江路，领吴县、长洲、昆山、常熟、吴江、嘉定6县。明初，改平江路为苏州府，属地因仍元代旧制，后扬州府崇明县改隶苏州府，则增为领7县。明弘治年间置太仓州，隶属于苏州府。因此，明代中期以后，苏州府属地为1州7县。

与此同时，吴县作为拱卫郡治的核心县邑，属地也在不断地被拆析、缩小。西晋太康四年（283年），分吴县东北虞乡土地置海虞县。唐万岁通天元年（696年），分吴县东部土地置长洲县。钱镠割据期间，分吴县南部板块置吴江县。

与行政地位与城市名称变化相比，州府下辖属地范围的变化，可谓桑田沧海，然而，以苏州城为中心的古吴国核心圈，却几乎没有太大变化。而且，隋唐以后，这一范围基本上得到中央皇权和地方官员的一致认可，所以，这一相对稳定的状态一直延续到明清。因此，"明代苏州"是一个地理范围比较清晰、风土人情相对一致的人文地理概念。

第二节 吴韵流风——苏州民俗、士风及文化思想特色的形成与演变

在中国古代文化大系中，吴地是一个区域特色鲜明的文化圈，是中华文明体系内一个圆融而自足的子系统。《苏州人物小记》说："今苏之为郡，长江北枕，洪海东抱，西有石城虎阜之蟠郁，南有笠泽金鼎之汹涌，以至具区夫椒，朝云暮涛吞吐万状，诚英灵之气薮也。非有豪杰之士产于其间，其何以当如是之发露哉？……吾知今山川之秀，益以钟天地之气，益以聚人材之盛，又不止乎是者。苍姬之所荒服，当不为万世文华之灵域哉。"③ 作为吴地一种具有典型代表性的文化艺术形式，园林艺术的发展与区域的经济生产、主流哲学思想、艺术审美观念，以及融合诸因素而显现出来的民俗、士风之间，都有着千丝万缕的联系。

---

① 即：吴、娄、嘉兴、海盐、钱唐、富春、桐庐、建德、寿昌（太康元年改新昌为寿昌）、海虞、盐官。
② 此间常熟包含海阳、前京、信义、海虞、兴国、南沙等地。
③ 谢会《苏州人物小记》，见钱谷选编《吴都文粹续集》卷2。《四库全书》第1385册，第50页。

记录吴地风土人情、民风士风的历史文献有许多,影响较大者,较早的有司马迁的《史记》,赵晔的《吴越春秋》,陆广微的《吴地记》等,稍晚些有范成大的《吴郡志》、王鏊的《姑苏志》、杨循吉的《吴邑志》、《长洲县志》,以及清代历次修订的府志等。与大而全的著作相比较,一些地方小志、散记,往往简括概要,博约中允,明代黄省曾的《吴风录》,堪为其中翘楚。陈其弟点校的《吴中小志丛刊》,王稼句编纂、点校的《苏州文献丛钞初编》,是此类小志与散记的汇编,在地方文化历史考述方面,具有十分重要的作用。

一、东南小国,离儒尚道

姬周文明发祥于渭水,在传统的儒家历史学视野中,姬周代表了当时中华大地上最先进的农耕文明。武王伐纣后,姬周对形成于中原农耕文明土壤上的文化观念,进行了制度化、系统化,这就是历史上的"周公制礼"。借助王权,周天子把这套礼制向周边各诸侯、各部族进行渗透和推行,这就是"化夷"与"变夏"。后世儒家就是沿着这一农耕政治文化的思维模式,来构建其哲学体系的。然而,这一切,从一开始到宋元,在约两千年漫长历史时期里,对于远离中原的吴郡来说,似乎都是遥远而无关乎己的事情。

各地的早期文明、文化,都直接来自于先民的生产与生活。尽管良渚文化有中国最早的水稻种植文明,但是,吴地生产方式与中原农耕之间的差别,是长期持续存在的。"江南之俗,火耕水耨,食鱼与稻,以渔猎为业"①,"其土污潴,其俗轻浮,地无桑柔,野无宿麦,饪鱼饭稻,衣葛服卉"。②可见,吴地文化从产生之初,就与渭水流域的周原农耕文明,走了两条不同类型的道路。也许正因为此,泰伯作为古公亶父的长子,尽管很伟大,奔吴后却没有用周原农耕文化来着力移风易俗,而是自觉地断发文身、从俗如流。直到春秋后期,尽管出现了吴公子季札、南方夫子言偃,儒家哲学却并没有在吴地形成气候。所以,在东南勾吴水乡,儒家思想早期没有生根的土壤,后来也没有得到有效的推行。后世州牧县吏对此感慨:"学校之风久废,诗书之教未行……盖隔中夏之政,浸小国之风。"③

与此相反,道家思想却早早在这个偏远南国生根开花,生机勃勃。相对于儒家礼制文化思想的稳定、保守、务实、和顺等特性,道家哲学显得充满灵动、积极求变、排斥礼教和张扬自我。或得益于灵山秀水,或得益于国小

---

① 陆振岳点校《吴郡志》卷2,第8页。
② 王禹偁《长洲县记》,见《小畜集》卷16,第222页。
③ 王禹偁《长洲县记》,见《小畜集》卷16,第223页。

地偏，或得益于渔猎水耨，总之，标举着小国寡民，充满浪漫幻想的早期道家哲人，绝大多数都生活在吴楚泽国。而且，尽管经历了秦汉一统、独尊儒术，吴地文化哲学大势也没有弃道从儒，而是沿着地方传统文化思想的既有方向，走上了尊道崇佛的非主流之路。所以，范成大说："其俗信鬼神，好淫祀"，"故风俗澄清而道教隆洽，亦其风气所尚也"①。直到明代中叶，吴人依然"好谈神仙之术"，"善著书，然喜裒集文章杂事，无明莹笃实而通经者"②。

从中国古典园林艺术视角来看，道家哲学塑造了吴地风俗、文化的基本品格，是一个具有决定性意义的大前提。这一前提不仅为后世苏州不断大量地营造寺观园林提供了最直接的思想动力，为苏州历次园林艺术兴盛提供了哲学根基，打造了支撑造园艺术经久不衰的文化环境，而且，渗透到园林艺术兴造的过程，成为塑造苏州乃至江南园林艺术风格的最主要审美哲学。

二、民风淳朴自然，士气任性率真

作为朴素的自然辩证哲学，道家思想倡导自然而然的人生状态，宣扬率真任性的生活方式，这对吴地长期保持自然淳朴民风，产生了直接的影响。

陶澍抚吴时，在沧浪亭建五百名贤祠，雕历代与吴地相关的名贤之像，以供世人缅怀、瞻仰。对于苏州来说，这不是首创；对于吴地来说，这也非孤例。《吴郡志》说："旧通衢皆立表揭，为坊名，凡士大夫名德在人者，所居往往以名坊曲。"③ 为贤德人士立坊以旌表，在吴地具有广泛的普遍性，与苏州五百名贤祠相比，无锡惠山历代名贤祠堂群，要壮观、庄重得多。尊美德、重廉洁、崇正义、尚公平，这些坊巷之名和祠堂使吴民自然淳朴的风尚成为一种鲜明的具象。有意思的是，吴地这一风尚所嘉许的先贤，并不以放弃个性、循规蹈矩著称——即便是沧浪亭五百名贤祠选供的儒臣，也不仅仅是因为奉儒守官、忠君履职而被敬仰，立坊建祠更多地还是基于对人类最朴实道德准则的认可，对独立、自尊、率真、洒脱的人格的尊重。所以，黄省曾说："自角里、披裘公、季札、范蠡辈前后洁身，历世不绝，时时有高隐者。"④ 张翰为"鲈鱼莼菜"之思而逃仕，苏舜钦巾幅小舟情寄沧浪，曾是长期成为吴地士风所向的标杆。

吴地民风士气的自然、率真，也表现在淳厚而博大的包容性上。《吴风录》说："梁鸿由扶风，东方朔由厌次，梅福由寿春，戴逵由剡适吴，国人

---

① 陆振从点校《吴郡志》卷2，第8页。
② 黄省曾《吴风录》，见《吴中小志丛刊》，第175页。
③ 陆振从点校《吴郡志》卷2，第8页。
④ 黄省曾《吴风录》，见《吴中小志丛刊》，第175页。

主之，爱礼包容，至今四方之人，多流寓于此，虽编籍为诸生，亦无攻发之者。亦多亡命逃法之奸，托之医、卜、群术以求容焉。"① 沧浪亭五百名贤祠所供奉的贤君子中，80%以上都来自于吴邑之外。泰伯奔吴能够以流亡公子率民建邦，也是这种文化风气的生动诠释。

"吴俗好用剑轻死，六朝时多斗将战士。"率性而为、意气用事的风尚，使吴人在历史上一段时间里，以勇武好斗出名。"其人并习战，号为天下精兵。俗以五月五日为斗力之戏，各料强弱相敌，事类讲武。"② 尽管六朝以后，吴地民风士气逐渐转向外柔内刚，但是，在元明间文人逃避张士诚、朱元璋、朱棣等帝王的差遣中，以及历次与税监、阉竖的斗争中，这一刚性气息还是得到了充分的展示。

三、务求精巧且富有情趣的造物风尚

以儒家哲学为代表的传统文化，有鲜明的重道轻器特征，造物审美追求"制器尚象"、"文质彬彬"。吴民造物，则更多地表现为务求精巧、富有情趣。《吴风录》说："自吴民刘永晖氏精造文具，自此吴人争奇斗巧以治文具。"③ 造物尚巧的案例，贯穿了整个吴地工艺美术史。

在建筑方面，早期有苏州古城、姑苏台，后期有园林、楼观、石桥、砖塔等等，无不凝聚了吴民造物的大巧与睿智。据说夫差在姑苏台曾为西施营造响屧廊，在馆娃宫造玩月池，这应该是较早利用回声共鸣与光线反射原理造境的成功案例。在经济生产与工艺美术方面，早期有吴剑、吴钩闻名天下。到了明代以后，苏州香山帮更是几乎成为能工巧匠和中国建筑最高水平的代名词。在生产什物、生活日杂及雅玩清供方面，"苏式"不仅意味着一流的品质，代表了"明式"，而且成为引领时尚的指针。晚明吴地文人张瀚说："今天下财货聚于京师，而半产于东南，故百工技艺之人多出于东南，江右为夥，浙、直次之，闽粤又次之。"④ 又说："至于民间风俗，大都江南侈于江北，而江南之侈尤莫过于三吴。自昔吴俗习奢华、乐奇异，人情皆观赴焉。吴制服而华，以为非是弗文也；吴制器而美，以为非是弗珍也。四方重吴服，而吴益工于服；四方贵吴器，而吴益工于器。是吴俗之侈者愈侈，而四方之观赴于吴者，又安能挽而之俭也。"⑤

特别值得一提的是，吴地不仅造物机巧精致、工艺卓越，对劳作活动的

---

① 黄省曾《吴风录》，见《吴中小志丛刊》，第175页。
② 陆振从点校《吴郡志》卷2，第8页。
③ 黄省曾《吴风录》，见《吴中小志丛刊》，第175页。
④ 盛冬铃点校《松窗梦语》，第76页。
⑤ 盛冬铃点校《松窗梦语》，第79页。

重视，对能工良匠的尊重，也是其他各地所不能比拟的。在儒家思想中，君子"劳心"，士、农、工、商品阶清晰，耕织、渔猎、园圃、手艺等，都是"劳力者"的事情。然而，在吴文化传统中，士固然可敬，农、工、商却也不可鄙，其间的界限也不分明，而且，许多士对于耕、渔、园、圃等小道、小器技术，也倾注了大量的热情和才情。范蠡助越灭吴，算是吴人大敌，但是他泛舟货殖的后半生，主要活动就在吴地，据说第一部《鱼经》，就出自他手。陆龟蒙自号江湖散人，一生情寄山水、心远庙堂，是洒脱的高士。然而，他不仅长期亲自参与农事，而且撰写《耒耜经》，详细记录了"农之言"和"民之习"，以及诸多生产器具，颇有农夫和匠人味道。比如，仅解释"犁"，就对犁镜、犁壁、犁底、犁箭、犁辕、犁梢、犁评、犁建、犁盘等"木与金凡十有一事"逐一描述，对部件名称、制作材料、制作过程、结构搭配、应用范围、使用方法、产地与优劣等，都进行了详细说明，这也是中国农业史上关于曲辕犁最早、最详细的记录。不仅如此，陆龟蒙还写过《祝牛宫（牛栏）词》，他和皮日休都写过《鱼具诗》，来对这些小器进行倾情祝颂。

明代中叶的吴人黄省曾，一方面师从王守仁、湛若水钻研阳明理学，另一方面又著有《蚕经》、《芋经》、《鱼经》、《兽经》等生产造物著作，对蚕桑之事的艺桑、宫宇、器具、种连、育饲、登簇、择茧、缲拍、戒宜，对种芋头的释名、食忌、艺法，对淡水和海水中的各种水产的种类、习性、饲养方法，等等，都进行了系统而深入的总结归纳。明末才子张岱，甚至把良匠治器这一传统鄙事，上升到"近乎道"的高度："陆子冈之治玉，鲍天成之治犀，周柱之治嵌镶，赵良璧之治梳，朱碧山之治金银，马勋、荷叶李之治扇，张寄修之治琴，范昆白之治三弦子，俱可上下百年保无敌手。但其良工苦心，亦技艺之能事。至其厚薄深浅，浓淡疏密，适与后世赏鉴家之心力、目力针芥相投，是岂工匠之所能办乎？盖技也，而进乎道矣。"①

四、竞豪奢，好冶游

司马迁在《史记》中说："夫吴自阖庐、春申、王濞三人招致天下之喜游子弟，东有海盐之饶，章山之铜，三江、五湖之利，亦江东一都会也。"② 吴地竞豪奢，好冶游的风尚，至少在春秋后期就非常突出了。《吴越春秋》记载，"阖闾之霸时"曾"自治宫室"："立射台于安里，华池在平昌，南城宫在长乐。阖闾出入游卧，秋冬治于城中，春夏治于城外，治姑苏之台。旦

---

① 张岱著《陶庵梦忆》（吴中绝技），第19页。
② 司马迁《史记》（货殖列传），第984页。

食鲑山,昼游苏台,射于鸥陂,驰于游台,兴乐石城,走犬长洲。"① 为了游姑苏台,阖闾还造了九曲路。《吴郡志》又说:"吴王夫差筑姑苏之台,三年乃成。周旋诘屈,横亘五里,崇饰土木,殚耗人力。宫妓千人,台上别立春宵宫,为长夜之饮,造千石酒钟。又作天池,池中造青龙舟,舟中盛致妓乐,日与西施为嬉。又于宫中作海灵馆、馆娃阁、铜沟、玉槛,宫之楹榱皆珠玉饰之。"② 据说为了取悦美人,夫差还造了玩月池、响屧廊。

这里有一点很值得玩味:吴地国小地偏,阖闾、夫差所营造离宫别苑的规模,却比同期中原诸国都要宏伟、华丽,而且,"自治宫室"的目的也很清晰,就是为了自娱自乐——在中国建筑史上,春秋时期筑高台、造宫殿的主流审美观念,还在神王与人王共娱的"象天法地"阶段呢!从某种意义上看,吴民春游石湖、西山,夏游葑门荷宕,秋月夜游虎丘,以及造物追求精工典丽、怡情自乐,这种"竞豪奢,好冶游"的享受人生的风尚,背后深藏着的是对人生价值独到的思考和感悟。

五、重商兴商

王鏊说:"今观之吴下,号为繁盛,四郊无旷土。其俗多奢少俭,有海陆之饶,商贾并凑。精饮馔,鲜衣服,丽栋宇。婚丧嫁娶,下至燕集,务以华缛相高。女工织作,雕镂涂漆,必殚精巧。信鬼神,好淫祀,此其所谓轻心者乎。"③ 吴地重商兴商也可以被看作是造物尚巧、重视手工业风气的延伸。从经济地理学和历史文化学上,还可以为吴地兴商找出许多原因,其中,土地狭小赋税沉重而必须辅以工商,地处长江口与太湖之间便于转运,应该是两个最重要的原因。从南宋时就有"苏湖熟,天下足"之说,但是,在历代"东南财赋,西北甲兵"的赋税政策下,农业给吴民所带来的更多是沉重田赋,并没有为地方财富积累创造多少实在的好处。早期有范蠡逐转货物通有无之利,宋元这一带海洋贸易兴盛,明代中期吴地手工业者以技艺闯荡大江南北,明清时期贾而好儒的徽商云集苏州,文化艺术产业空前兴盛,苏州能够在明代以后成为"最是红尘中一二等富贵风流之地",究其原委,工商业发达是其中的最根本原因。因此,明人程本立在《具区林屋图记》中说:"民性亦轻扬焉,然舟车则无不通也,故行者说出于其涂,食货则无不资也,故居者乐生于其土。"④

明代中后期,苏州以园林甲天下,但是,朱明王朝的许多政策原本都是

---

① 赵晔《吴越春秋》(阖闾内传·十年),苗麓点校本,第 56~57 页。
② 陆振从点校《吴郡志》卷8,第 100 页。
③ 王鏊纂《姑苏志》卷13,第 193 页。
④ 程本立著《巽隐集》卷3,见《四库全书》第1236册,第 174 页。

不利于苏州园林再度兴盛的——以农耕政治经国,又对苏州长期课以重赋;开国皇帝出身贫寒,有仇富心态,对吴地士民还有报复性惩罚心态;国家通过立法,在制度上明确禁止营造华丽的宅第园池等。然而,吴地在经济生产、文化哲学、士风民俗等方面的这些区域特色,使明代苏州园林不仅再度兴盛并走向成熟,而且,艺术水平远远超过国内其他各地。

第三节 "明代苏州"及"古典园林"

"明代苏州"及"古典园林",是本研究选题的核心词汇。在深入研究之前,对这两个概念加以明确界定,是完全必要的。

一、园林艺术研究视阈里的"明代苏州"

在历史地理学上,"明代苏州"有两个层次:一是围绕郡治所在的古城内外城厢区域,是狭义上的苏州,大约等于今天的古城及周边诸区(明代的吴、长洲二县)这也是"苏州"概念最基本的核心层;二是明清以来行政区划层面上的苏州,包括周边的常熟、昆山、吴江、太仓等属县,是广义上的"苏州"概念。

在古典园林艺术研究视阈里,"明代苏州"不仅是一个历史和地理概念,还代表了在艺术审美上具有高度一致性的一种风格类型,是广义"苏州"概念在外延上的继续扩大,可以延伸到无锡、湖州、嘉兴、松江(上海)的某些地方。因为,明代苏州,尤其是明代中后期的苏州,已经成为国内仅次于北京的一流城市,在文化艺术领域的许多方面,苏州甚至已经超越了北京,成为中国之首席,所以,作为东南雄州,明代苏州文化艺术审美观念的影响力和辐射范围,要远比今天大得多。晚明文人王士性在《广志绎》中说:"苏人以为雅者,则四方随而雅之;俗者,则随而俗之。"① 嘉靖以降,松江、嘉兴、湖州、常州、无锡等周边地区文化艺术审美趣味变化,与苏州之间如影随形,松江(上海)就曾以"小苏州"的称号而为荣耀。就明代园林艺术而言,在这个外延扩大后的"苏州"区域里,几乎是同一艺术家群体,以同样的审美理论,用同样艺术素材,在创造风格一致的园林艺术作品。

二、明代苏州园林的几个艺术发展阶段

在历史学上,"明代"概念的内涵很清楚,从朱元璋1368年应天府称帝,到崇祯帝1644年万岁山殉国,历时276年。后人通常把这两百多年历史划分为初期、中期、晚期三个阶段,然而,具体到以哪一年、哪一件大

---

① 王士性著《广志绎》,见车吉心主编《中华野史》(明史),第2614页。

事、哪一个帝王，为划时代的标点，长期以来并没有形成统一标准，不同学科之间也不可能有一致的标准。中国古典园林是一种兴造和存在都具有持续性的实体艺术，名园兴造往往需要数年，甚至是十多年，如果不是遇到火灾、兵祸等非正常的破坏，既成园林的延续性也不会由于主人的存亡或朝代改易而终止。因此，园林艺术视阈里的"明代苏州"，需要尊重艺术风格发展史的实际变化，对历史学上的明代分别向前和向后延伸。元末到明初的大约30年，与明代苏州园林276年艺术风格史之间关系紧密，本课题把这一时段也纳入了研究视野。课题研究坚持以明代苏州园林艺术审美风格的变迁为核心观察点，结合苏州城市经济、文化与社会风气的发展变化，兼顾历史学上的明代历史划分阶段，把苏州园林艺术发展分为四个阶段。

一是沉寂期，约70年。时间跨度大约起于元末农民战争爆发（1325年），至洪武一朝结束（1398年）。此间，苏州园林经历了从元末异常繁荣到洪武年间迅速沉寂这一过程。

二是复兴期，约90年。时间跨度大约起于建文元年（1399年），止于成化末年（1487年）。此间明代历史经历了建文、永乐、洪熙、宣德、正统、景泰、天顺、成化七宗八朝，苏州园林则完成了从洪武年间的沉寂到再度复兴的漫长历程。这一时期园林艺术审美趣味最为高尚，艺术风格最为健康、纯粹，是明代苏州园林发展的黄金时期。

三是繁荣期，约80年。时间跨度大约从弘治元年（1488年）起，到嘉靖末年（1566年）止。其间经历弘治、正德、嘉靖三朝，苏州园林兴造进入了全面繁荣的局面，古城满城皆园林的局面基本形成。同时，苏州园林艺术审美趣味的差异性和世俗化已初现端倪。

四是鼎盛与裂变时期，约80年。时间大约从隆庆元年起（1567年），至明末清初。其间，苏州园林兴造达到了鼎盛，园林艺术的末世乱象也日渐突出。同时，艺术审美趣味的差异与分裂也已充分暴露，以至于苏州园林与江南其他地方园林之间，苏州不同类型的园林主人之间，园林艺术理论家之间，都在审美取向上产生了争论。此间，明代苏州园林艺术也进入了理论总结时期。

需要说明的是，园林是一种与现实生活息息相关的实体艺术，这种艺术时代的划分，只能是为方便研究而作出的相对断代，并不存在绝对意义上的客观性。

三、"中国古典园林"概念的界定

随着对现代工业文明的反思，对于人与自然这组天人关系，今人再次给予了前所未有的高度关注，这是时下国内外环境艺术学、园林艺术学快速发展的大背景。然而，在这一片繁荣表象的后面，中国古典园林艺术学研究却面临一系列的尴尬和困惑：对于中国古典园林的艺术本体特性，学术界长期认识模糊；对古典园林艺术价值的揭示，更多集中在景观欣赏这一浅表层次；对于代表了最高艺术水平的苏州文人园林，学术界也争议不断、杂音不断。有些环境艺术学专家、景观设计师习惯于以现代西方景观学的理论，来裁量中国古典园林。国内一些相关的传统文化艺术研究，又常常把古典园林等同于"古建"研究，或是"园艺学"。争议可以存在，以"景观学"、"古建"、"园艺"等视角来研究中国古典园林亦可，但是，中国古典园林、苏州园林，在客观上是一门综合文化艺术样式，在对艺术本体全面认识和清晰界定之前，仅仅基于在某一局部视角下去研究或批判，是难以避免作出以偏概全的草率论断的。因此，在进行深入研究之前，对于"中国古典园林"进行概念分析和界定，也是完全必要的。

造园是人类最古老的生活艺术行为之一，古今中外为"园林"造词颇多。在拉丁语系中有英语的"garden"、"landscape"、"park"，法语的"jardin d'hiver"，意大利语的"giardino"，德语的"garten"，等等。这些词汇或指公园、花园，或指风景园，都是与汉语"园林"常见的对译词汇。在古代汉语中，"园"、"圃"、"苑"、"囿"、"园圃"、"苑囿"、"园池"、"园亭"、"草堂"、"山庄"、"水居"、"渔隐"、"小筑"、"隐庐"，等等，也都曾被用来指代园林。名称的变化，既显示出中国古典园林艺术审美趣味和艺术风格的变迁历程，也记录了中华民族对园林艺术本体认知的渐次进步。

当代关于"中国古典园林"概念有这样几种诠释。章采烈教授认为："园林，是在一定的地域范围内，或利用并改造天然地貌，或人工叠山理水，结合观赏花木的栽植，观赏动物的豢养，以及建筑的配置，从而构成一个供人们游赏、休憩和居住的环境。……通俗地讲，园林乃是造在人间凡尘的一种天堂，集中体现了人们追求最高理想生活方式的一种愿望。"[1] 与章先生这一阐述相比较，周维权先生和曹林娣教授的解释，更注重对园林概念精神层面内涵的揭示。周先生认为，中国古典园林有四个特质："一、本于自然、高于自然；二、建筑美与艺术美的融糅；三、诗画的情趣；四、意境的涵蕴。"[2] 曹教授则认为："园林从本质上说是体现古代文人士大夫的一种人格追求，是古代文人完善人格精神的场所。"[3]

---

[1] 章采烈著《中国园林艺术通论》，第2页。
[2] 周维权著《中国古典园林史》，第13页。
[3] 曹林娣著《中国园林文化》，第4页。

综上，本论题研究对"中国古典园林"概念作这样的界定——在一定的空间内，渗透着主人审美理想与人格追求的、人化自然的环境艺术。① 定义具体包括两个层面的构成要素：园林造境的山水、植物、建筑等物质要素，以及主导物质要素组合关系、组合效果的内在审美精神和主人人格追求。这样定义也许不算完美，但是，至少可以厘清下面两组最常见的混淆关系。

一是把"中国古典园林"与"现代景观艺术"（Landscape）、"地景艺术"（Land-art）之间区别开来。景观艺术、地景艺术是在欧洲古典风景园林艺术基础上发展起来的现代造景艺术，其造景遵循人们视觉审美的基本规律，是在视觉审美规律指导下，对地形、水体、道路、桥梁、建筑、花木等，进行艺术设计和创造，其设计和改造强调对称、均衡、比例、视角、画面、线条、色彩等方面的精确性、规律性，是现代环境科学、建筑科学与和设计学之间的技术与艺术的融合，具有鲜明的视觉化、表象化特征。艺术审美的一致性、共同性更强，强调人对自然的改造，因此更适合营造主题公园、城市景观等。

中国古典园林是中国传统文化艺术最大的综合载体，因此，具有鲜明的中国传统文化特性。一是重视自然。园林造景强调因地制宜、顺应自然，淡化人工痕迹。因此，即便是需要施加人工改造，中国古典园林也不受线条、色彩等设计学规律的硬性约束，不主张为了视觉效果而对造园元素进行违背自然特性的改造，比如，绝不修剪花木，也不磨切石头等。二是重视情感、精神与园景的融合。中国古典园林是主人情感和人格的载体，尤其是文人私家园林，则更加注重造园主人的精神感受和人格追求，审美趣味和造园主题个性鲜明，文化意蕴丰富。因此，写意是中国古典园林的最重要的艺术手法。三是审美评价注重感觉。在艺术欣赏和接受方面，中国古典园林不适用现代景观设计学那些规律和标准，而是更加强调园林艺术总体的感觉，强调造园诸元素组合在一起所形成的整体叙事效果、象征意蕴，强调园景与情感之间融合而成的意境。

鉴于此，本课题研究坚持使用"景境"一词，来描述苏州古典园林的造景效果——所谓景境，是指中国古典园林中蕴含了特定的文化含义与精神追求的艺术审美情境。从中国古典园林的这些人文特性和艺术审美特性上，也可以比较清晰地看出，其与花园（garden）、植物园（botanical garden）、

---

① 计成《园冶·兴造论》："世之兴造，专主鸠匠，独不闻三分匠、七分主人之谚乎？非主人也，能主之人也。"这里的"主人"即是计成所说的"能主之人"，包括了园林主人、设计师、主持修造者等。

园艺（gardening）、公园（park）等概念之间的差异。

二是基本上厘清了"古典园林"与"古建"之间的关系。在发掘和研究古建遗存的时候，中国古典园林无疑是其中最集中、最经典的载体之一。因此，二者之间关系比较复杂，在特定的语境里可以相互替代，也时常被替代使用，或者用"园林古建"来笼而统之，一些高校在专业设置、课程开发的时候，就使用了这个名词。其实二者之间的差异还是比较大且需要厘清的。

"古建"是一个大概念，"古典园林"只是其中的一种样式。古建中还有大量的作品，不属于园林建筑，甚至即便是一些营造在园林里的古建筑，也未必与园林艺术的景境营造有直接、密切的关系，仅仅就是古建筑而已。具体来说，古建中的许多宫殿、广厦、庙宇、城池、防御工事、民居、石窟等等，如果没有被造园者借景入园，则与古典园林艺术关系比较疏远。另外，即便是许多建筑就是建造在园林中，如皇家园林行政区域以及私家园林住宅区域的礼式建筑群，其建筑功能明确，营造规格有定制，这些建筑在园林景境设计中大小多少，与园林艺术审美情境的营造也没有很密切的直接关系。换言之，即便是没有后花园、园林区域，这些古建筑群体的功能完整性，也不会受到影响。

反之，在中国古典园林造境艺术要素中，植物配置、楹联匾额、书画诗琴、诗咏文序，以及主导着这些物质要素、文化要素选配与组合关系的设计思想，或者说主人的人格品质及其造园的审美追求等等，都不属于古建的元素，而这恰恰又是园林艺术的核心元素。朱启钤先生在《中国营造学社开会演词》中说："凡信仰、传说、仪文、乐歌，一切无形之思想背景，属于民俗学家之事，亦皆本社所应旁搜绍远者。"[①] 若断章取义，在这里朱先生似乎意在说明，营造学社的古建研究，对古建物质实体背后的哲学、文化思想，要等同对待。联系上下文却不难看出，朱先生强调的是要对于附着在古建实体上的"凡属实质之艺术"，如"彩绘、雕塑、染织、髹漆、铸冶、抟埴"等技术、技法，以及相关的风俗文化"无不包括"，搜集整理的目的是"旁搜绍远"以与民俗学互证。可见，这里的"无形之思想"，与主导中国古典园林艺术情境营造的主人审美理想与人格追求之间，还是有较大差距的。

其实，如果一定要说哪些古建是园林建筑，或者与古典园林艺术之间具有天然的密切联系，大概只有假山、奇石、园池、亭子、水榭、别馆、曲

---

① 崔勇、杨永生选编，《营造论——暨朱启钤纪念文选》，第18页。

桥、游廊、花窗、石舫等。这些建筑可以使人和自然紧密融合，不受礼仪制度约束，形制又可以因应顺变、自由发挥，因此其建筑设计的自然情趣更浓，在园林造境设计时，很容易与其他自然元素无缝对接，构成完整的艺术景境。

第二章 从热闹走向寂静——元末明初的苏州园林

这里所说的元末明初,具体包括了元末和明初两个时段,大致起于元泰定皇帝二年(1325年),止于洪武三十一年(1398年),时间跨度约为七十余年。1325年,元末农民起义爆发,揭开了元明易代的序幕,蒙古贵族开始渐渐失去了对江南的实际控制。1398年朱元璋驾崩,宣告明初严酷政治告一段落,王朝政治气候与文化艺术风气开始转变,明初禁止造园的"营缮令"也开始松弛。截取这一时段作为研究明代苏州园林艺术发展史的起点,既坚持了以苏州园林艺术发展变迁为核心观察点这一原则,又兼顾了中国古代历史的内在顺序,与学术界常用的断代界定也比较一致。本章主要包括三部分内容:简要梳理明前苏州园林艺术史,整理和考述明初三十余年苏州园林艺术发展的实际状况,以及透视和归纳元末明初苏州园林艺术发展轨迹与审美风格的变迁。

第一节 明前苏州园林艺术概论之一:春秋至南宋

山水、植物、建筑,被人们认为是造园的三大物质要素,依此来看,在苏州营造园林具有得天独厚的优越条件。"吴中诸山,奇丽瑰绝,实钟东南之秀"①,城外湖山盛产湖石、黄石等优质造园石材。"三江既入,震泽底定"后,古城周围百余条河道网状交叉,不仅确保了造园水源丰富,秀丽的水景也给这里"枕河人家"的人文环境平添了许多灵气,为吴地文化注入了灵动与清雅的因子。在充沛雨水、温暖气候的滋养下,这里不仅植物种类丰富,而且适合培育新的植物品种。由于"文献之不足",现在可以看到的吴地最早造园活动,都是关于阖闾、夫差的一些零星记录。因此,后世叙述"苏州造园历史",每每以春秋为伊始。

一、春秋战国

关于春秋时期的苏州园林记录,《左传》、《国语》、《吴越春秋》和

---

① 王鏊纂《姑苏志》,卷8,第131页。

《越绝书》为现存较早的文字史料，后世《述异记》、《吴地记》、《吴郡图经续记》、《吴郡志》，虽屡屡有记，却多为陈陈相因。《吴越春秋》记载，自从"阖闾之霸"时，"自治宫室"，大兴土木，苏州这一时期的园林，绝大多数与阖闾、夫差父子有直接关系。从这些史料记载来看，春秋时期不仅是苏州园林营造的起点，也是一个成就巨大的时代——造园理念较其他地方先进，园林总量多而集中，园林活动持续不断。这些园林大致可以分为四类。

第一类是吴王宫苑。有吴王宫的前后园、梧桐园（后园与梧桐园可能为同一个园），也有离宫别苑，如南城宫、馆娃宫、姑苏台等，尤以姑苏台为最。据说吴王夫差依山"作姑苏之台，三年乃成"。此台高三百丈，周围五里，可以远眺三百里，"周旋诘屈，横亘五里，崇饰土木，殚耗人力。宫妓数千人，上别立春宵馆，为长夜之饮，造千石酒钟。夫差作天池，池中作青龙舟，舟中盛陈妓乐，日与西施为水嬉"。①

第二类是供吴王临时驻跸或休闲的娱乐区。《吴越春秋》中说阖闾曾立"射台"，有"华池"、"南城宫"，"秋冬治于城中，春夏治于城外"，朝食于"鲔山"，昼游于"苏台"，到"鸥陂"射雁，在"游台"驰马，在"石城"取乐，到"长洲"围猎。②《左传》鲁哀公元年（公元前479年），吴楚对垒，楚大夫子西说："今闻夫差次有台榭陂池焉，宿有妃嫱嫔御焉。一日之行，所欲必成，玩好必从。珍异是聚，观乐是务。"③两代吴王的这些娱乐园区，是专为观景、游猎、休闲等"出入游卧"而围造的，通常空间范围巨大，建筑布局松散，多依托自然山水、城池。例如，散布在长洲苑、夏驾湖、消夏湾等地的华林园、流杯亭、华池、百花洲等，以及依托子城城壕的锦帆泾，依托郊外山水形胜营造的采莲泾、采香泾、石城、练渎、射台等，其中尤以长洲苑最为著名。

第三类是养殖生产园与逐猎之围场。朱长文《吴郡图经续记》说："鸡陂墟者，畜鸡之所。豨巷者，畜豨之处。走狗塘者，田猎之地也。皆吴王旧迹，并在郡界。又有五茸，茸各有名，乃吴王猎所。"④另外，阖闾、夫差父子还有养鱼的鱼城，豢养麋鹿的麋湖城和鹿城，饲马的马城，种豆的豆园，专供酿造的酒醋城，接待来使的巫欐城，放置船只的欐西城等等。这些所谓城，其实就是王室的生产园，而吴王耽于游乐，并不专注于生产，这些

---

① 陆振岳点校《吴郡志》卷8，第100页。
② 参考苗麓点校《吴越春秋》卷4《阖闾内传》，第55~57页。
③ 杜预著《春秋左传注疏》，第1609页。
④ 朱长文著《吴郡图经续记》卷下，第39页。

园子的实际作用也还是娱乐。

第四类是王孙、权臣与名士宅第园。《吴门表隐》说，在钮家巷有吴太伯十六世孙武真的宅第"凤池"，在胥门旁有伍子胥宅，在常熟县西北有言偃宅，战国楚相春申君治吴时建桃夏宫，在吴县东北二里处的长铗巷（弹铗巷）有冯谖宅等等。这些宅第是否有园，史料中没有多少记录，然而，春秋战国的苏州，正值造园风气浓烈的时期，对当时这些王孙、权臣和名士宅第，还是可以作有园推测的。

丁应执在硕士论文《苏州城市演变研究》中说："据光绪《苏州府志》粗略统计，苏州在周代有园林6处，汉代4处，南北朝14处，唐代7处，宋代118处，元代48处，明代271处，清代139处。"这一组粗略的统计数据基本显示了苏州造园历史盛衰的起伏轨迹，但是，对于苏州各个历史时期实际营造的园林作品来说，这又是一组不足为训的数据。所谓"周代有园林6处"，其实就是指春秋后期到战国末年这一段时间，因为历史久远且文献不足，很难考实此间苏州园林到底有几处。同时，园林实体的时代迁延特性，也给数量统计造成了困难。

从现有这些零散的文献中可以看出，春秋战国时苏州造园的某些特征，对后世苏州园林艺术的发展，是有着深刻影响的。

第一，春秋时期，虽然吴国位列诸侯，却是苏州皇家园林发展的巅峰时代。《周礼》对诸侯国都城、大夫采邑的营造，有明确的制度，但是对于造园却规章不明。春秋以降，王权式微，礼崩乐坏，周王室几乎没有多少能力对诸侯加以实质性的节制，以至于诸侯国君游猎苑囿及园池楼台的规模，皆可与后世皇家园林相比肩，而阖闾、夫差的造园，更是走在了时代的前列。因此，春秋时期苏州园林，具有明显的好大喜功、扩张无度的早期皇家园林特质。投射在园林实体上，就如长洲苑，苑囿空间范围巨大而难以界定，苑内的园池、亭台营造随意，数量众多，布局零散，缺少整体规划。"吴王初鼎时，羽猎骋雄才。辇道阊门出，军容茂苑来"[①]，很难说长洲苑就是一个园林，或者其中到底包含了几个园林。

第二，造园目的在于愉悦人王的盘游之乐。春秋时期苏州园林的这一审美特征是非常了不起的，它标志着苏州古典园林已经跨越了兴造高台广池以娱神求仙的神本时代，走了春秋时代神本哲学向人本哲学转变的文化思想史前沿，吴地的造园理念明显先进于其他各地。而且，园林以逐乐为宗旨的精神追求特征也已经被确立。可见，苏州园林艺术从发端时刻起，即显示出

---

① 孙逖诗《长洲苑》（吴黄武中此地校猎），见高棅《唐诗品汇 唐诗拾遗》卷8，第124页。

与其他建筑在功能与旨趣上的明显差异。

  第三，从现有的文字资料来看，春秋时期，苏州在造园技术和技巧上，已经非常发达。传说姑苏台高三百尺，这显然有些夸张，也可能是依托了山势，当然古今量尺制度也不同。但是，姑苏台是那个时代高耸危绝、出类拔萃的庞大土木建筑群，应该是没有多少疑问的，因此，也可以被看作吴地营造技术的代表。姑苏台可能是夫差对付越国水军的前哨，后来勾践伐吴首先把它烧掉，抑或出于此因。响屧廊、琴台、玩月池等建筑，或利用声学传播原理，或借助光学的映像规律，来实现逐乐的造景目的，也显示出吴民造物设计充满奇思妙想的特征。

  当然，春秋时期"吴国园囿是苏州园林的起步期，也是苏州园林的第一个高潮期"①，中国古典园林早期粗朴、简要的痕迹，在这一时期的苏州园林艺术上，也留下了清晰的时代烙印。如：园林与古建之间区别还不清晰，造园以建筑为主，园林中的山水、植物造景等还很少；园林之乐还仅停留在浅层次的感官追求；造园选址有明显的率意和随机性；造园主题意识寡淡，所以或以地名、建筑名，或以功能、物产，来给园林定名称；建筑与山水等园林景境构成要素之间，看不出多少呼应与熔融，多是机械的相加。尽管如此，春秋时期，苏州园林一经创始，便有了惊世的不俗开局。

二、秦汉

  在现有的史料中，几乎找不到关于秦代苏州园林的文字，一是由于秦代（公元前221—前209年）国祚只有短短15年，而造园艺术是长期持续的工程，二是因为秦始皇奉行奖励耕战和迁天下豪强聚居于咸阳的国策，使吴地难以再有可以大规模兴造园林的人物。当然，这不是说秦代苏州园林处于绝迹状态。首先，春秋、战国时期的吴国园林尚有遗存。其次，秦代会稽郡治在苏州，治所因仍了春申君父子的桃夏宫和假君宫，这也成了后世汉代郡守治吴的居所，即太守舍园。据说西汉朱买臣治会稽时，曾在太守舍园里安置其前妻，后来王莽天凤六年（公元19年），府中还被开凿了很宽阔的水池。

  两汉（公元前206—220年）的四百二十余年，吴地降格为大一统王朝里的一个州郡，且远离政治经济文化中心，中央皇权对吴地郡国的有效控制也大大加强了。加之刘汉长期奉行重农抑商的农耕国策，苏州园林艺术发展经历了一个持续的低谷时期。

  史料中常见的汉代苏州园林文字，大多为春秋时期园林遗构的延续，除上面提到的"太守舍园"之外，名气较大的要算长洲苑了。枚乘曾上书吴王刘濞

---

 ① 魏嘉瓒著《苏州园林史》，第61页。

说:"夫吴有诸侯之位,而实富于天子;有隐匿之名,而居过于中国。夫汉并二十四郡,十七诸侯,方输错出,运行数千里不绝于道,其珍怪不如东山之府;转粟西乡,陆行不绝,水行满河,不如海陵之仓;修治上林,杂以离宫,积聚玩好,圈守禽兽,不如长洲之苑;游曲台,临上路,不如朝夕之池;深壁高垒,副以关城,不如江淮之险。此臣之所为大王乐也。"①

汉大赋铺张扬厉、劝百讽一。枚乘是大赋高手,其间夸张自不待言,然而,西汉吴地之富饶也可见一斑,而且,由此也可以看出,长洲苑此时依然是巨大的综合乐园。当然,西汉吴王的长洲苑不可能真的比汉武帝上林苑规模大。《越绝书》说:"桑里东,今舍西者,故吴所畜牛、羊、豕、鸡也,名为牛宫。今以为园。"② 由此可知,阖闾、夫差位于长洲苑、夏驾湖一带那些界限不甚清晰的园囿,汉时已经逐步被缩小、被界定——吴地皇家园林,已经到了"夕阳无限好"的最后时期。

另外,虎丘山"早从春秋时起即已成吴中胜地"③,其地处阊门之外,古城西北,环境优美,出城西游的水路通道绕山丘而过,这里素有"吴中第一名胜"的美誉。阖闾埋冢后,这里更有了"重岩标虎踞"的气势。顾湄的《虎丘山志》说:"自吴国以来,山在平田中,游者率由阡陌以登。"或为守墓,或为隐处,秦汉时此地不应是寂寞的荒山。因此,对于汉代虎丘,也可以作有园推定。汉代以后的虎丘,园林活动就再也没有断绝过。

其实,汉代苏州园林史上的最大事件,并不是长洲苑的缩小、太守舍园的古树新春,或是虎丘那里有没有园林,而是出现了笮家园、五亩园和陆绩宅院等新的园林品类。张衡在《归田赋》中想象着园田生活:"仲春令月,时和气清;原隰郁茂,百草滋荣。王雎鼓翼,仓庚哀鸣;交颈颉颃,关关嘤嘤。于焉逍遥,聊以娱情。"④ 当时苏州这几处私园把张衡的想象完成了物化。笮融是汉献帝时的大夫,"笮家园"在"保吉利桥南,古名笮里,吴大夫笮融所居"。⑤ 五亩园"在苏州城西北隅,介阊、齐之中,汉时为张长史植桑地。宋熙宁间,梅宣义碑志云:'汉长史治桑于此园,以是名。'"⑥ 笮家园是一处宅园,五亩园是一所生产园,史料中也没有多少园景描述,也不会十分雅致,宋人梅宣义修志时,连五亩园主人张长史是张肱、张霸、张

---

① 见《汉书》卷51(贾邹枚路传),第2327页。
② 张仲清注释《越绝书》卷2,第56页。
③ 魏嘉瓒著《苏州园林史》,第25页。
④ 张衡《归田赋》。见萧涤非、刘乃昌主编《中国文学名篇鉴赏》(词赋卷),第241页。
⑤ 顾震涛著,《吴门表隐》卷1,第3页。
⑥ 谢家富《五亩园小志序》,见王稼句编注《苏州园林历代文钞》,第124页。

业、张宏、张嘉,已经说不清了。但是,这几处园林出现本身就是中国古典园林艺术上的大事情——文人私家园林在苏州出现了。陆绩宅以郁林石(廉石)为世人所称赏,则已有开启后人园林品石先河的意味。

三、六朝

魏晋南北朝(220—581年)长期充满动荡与离乱,却是中国思想史上艺术理论思辨与体系构建的自觉时代。在中国历史上,"国家不幸诗家幸"是一个经常存在、重现的怪逻辑——每每中央政权衰微、国家危难的时期,恰是哲学思想和文化艺术自由发展的繁荣时期,"百家争鸣"如此,"魏晋风度"亦如此。就中国造园史来说,这也是一个非常热闹的时期。从地域上看,从北到南,平成(即云中,今山西大同)、长安、邺城(今河北临漳县)、洛阳、建康、扬州、苏州、杭州、温州等,都有造园活动。从人群上看,帝王、将相、公卿、大夫、僧侣、文人、高士等,有多种人群参与了造园。从艺术鉴赏的角度来看,这是一个对园林艺术审美趣味驳杂、审美理论与规范正在建设的时代。此间大量的造园活动旨在追求浅层的感官快乐,围绕造园乱象频频,尤其在皇家园林和寺庙园林的营造上,荒淫、迷信、偏执、放荡、豪奢等,都是常有的事情,就算是文人造园,也不乏挥金如土、斗富争豪之类的粗俗现象。同时,这也是自然简朴、淡泊率真的自然山水园大兴的时代。简文帝司马昱说:"会心处不必在远,翳然林水,便自有濠濮间想,觉鸟兽禽鱼自来亲人。"①左思说:"何必丝与竹,山水有清音。"②都是对此间自然山水园审美思想的简要概括。尽管噪声很大,清雅高格的自然山水园,依然是那个时代园林艺术最高水平的代表,也最具有持久的艺术生命力。

在六朝的361年里,两种园林、一个现象,是吴地造园史上值得关注的事情。即文人私家园林、寺庙园林,以及转变文人宅园为寺园的现象。

吴地文人私家园林发端于西汉,走在了全国的前列,魏晋南北朝期间,文人私家园林已经成为苏州园林的头牌。以廉石(郁林石)闻名天下的陆氏宅园,持续存在并广为人们所敬仰。"辟疆东晋日,竹树有名园",顾辟疆的"吴中第一名园"以茂林修竹扬名天下,似乎已经有了主题园林意识。吴民为谯郡(安徽宿州)孝子、桐庐高士戴颙"共为筑室",实在是苏州文化艺术史上的美谈,而造园"聚石引水,植林开涧,少时繁密,有若自然",③更是关于在苏州古城内营造城市山林的最早、最清晰的文字记录。

---

① 刘义庆著《世说新语》(言语类),第1529页。
② 左思《招隐诗》,见姚思廉撰《梁书》卷8,第168页。
③ 沈约《戴颙传》见《宋书》卷93《隐逸列传》,第2277页。

六朝期间，随着佛教南传，道教兴起，江南进入了大规模修建寺庙的历史时期。吴地士民本来就有浓郁的奉佛崇道风尚，"南朝四百八十寺"有许多就在苏州古城内外。这些寺庙大多有园，因此，苏州园林艺术发展进入了寺庙园林兴盛的时期。

伴随着大规模兴造寺观，变文人宅园为寺园成为一个很突出的现象。王珣、王珉兄弟系王导之孙，王右军之侄，在城外虎丘和城内白华里都有宅园，后皆舍与释僧为寺，即虎丘东寺、西寺及今天的景德寺。戴颙宅园后来也被舍作乾元寺。梁武帝驸马孙玚与妙严公主在闾邱坊巷的宅园，"家庭穿筑，极林泉之致"①，后舍为禅兴寺。东晋司空陆玩宅后来成为灵岩山寺。南朝梁人张融、陆慧晓、陆僧瓒的住宅，后来成为承天寺。

与邺城、洛阳、建康相比，这一时期吴地造园活动既不算领先，也不很热闹，甚至要相对安静一些。具体来说，吴中文人私园，无论是竹树丰茂的顾辟疆园，还是"有若自然"的戴颙宅园，在规模和富丽的程度上，都无法和当时的"仙都苑"、"华林园"、"建康宫"、"台城"、"芳林园"等皇亲贵戚园林相提并论。比起洛阳郊外潘岳闲居的山水庄园，石崇"肥遁"的河阳别业（金谷园），以及永嘉太守谢灵运的山庄别墅，苏州园林也要单薄清寒得多。但是，苏州文人园的审美理念却更清晰、更先进，已渐有主题意识，精神追求层次更深，艺术境界也显得更高超。余开亮博士说，六朝园林呈现出"由园囿或庄园向园林、由城市到山林、由富贵向写意、由宏大向小巧"的审美转向过程。② 可见，苏州园林的艺术审美品格，在六朝间依然稳居时代的前沿。

四、隋、唐、五代

隋代（581—618年）历史37年，时间很短，其间也没有为园林兴造颁布过专门政策，因此，对于营造周期较长、实体延续较久的园林艺术来说，隋代如秦，也没有多少特别的色彩。

在中国历史上，唐代（618—907年）既不同于此前的汉晋，也有别于其后的宋明，是少有的大开大合、兼容并包、自由奔放的开放型时代，而且在政治、经济、军事、文化、艺术上，都达到了历史的最高水平。对于既耗时且费财的造园艺术来说，这无疑是个绝好发展时期，所以李唐是中国古典园林艺术成就巨大的时代。然而，唐王朝延续了历史上的政治、经济中心，文化中心也在两都，因此，在很长时间里，苏州园林都依然遵循六朝的既有

---

① 姚思廉《孙玚传》，见《陈书》卷25，第321页。
② 余开亮著《六朝园林美学》，第4页。

节奏，安静地、持续地发展。

　　唐代园林艺术中心，在长安和洛阳。北宋张舜民的《画墁录》说："唐京省入伏假，三日一开印，公卿近郭皆有园池。以至樊、杜数十里间，泉石占胜，布满川陆，至今基地尚在。省寺皆有山池，曲江各置船舫，以拟岁时游赏。诸司唯司农寺山池为最，船惟户部为最，所以文字鄙却身御户部船也。"① 北宋李格非在《洛阳名园记》中说："洛阳园池，多因隋唐之旧"，所记 19 个名园中，仅"独富郑公园最为近辟"。与两都相比，唐代苏州园林的差距是多方面的：在园林总量上要少得多；在体量上皆逊于蓝田、辋川等文人别业；在玉石雅玩的收藏上，无园可与牛僧孺归仁里匹敌；在花木园艺上也皆不能和李德裕的平泉庄争衡。然而，唐代又是苏州和苏州园林实现巨大跨越的时代。

　　以"安史之乱"为节点，唐代苏州实现了从自我欣赏到备受全国瞩目的跨越。"三川北虏乱如麻，四海南奔似永嘉"——苏州是这次文人南奔的主要目的地之一。顾况说："天宝末，安禄山反，天子去蜀，多士奔吴为人海。"② 逃难奔吴的士人多如海潮！梁肃说："自京口南被于浙河，望县十数，而吴为大。国家当上元之际，中夏多难，衣冠南避，寓于兹土，三编户之一。"③ 北地南移而来的居民总数，竟占后来吴地编户居民的 1/3。如果泰伯奔吴是随机的、无目的性的，永嘉南渡是被动而仓皇的，那么，天宝末年许多士人嗟叹"蜀道之难"，不随天子去蜀而奔吴，就有明显的选择性了。被选择就是一种被发现、被认同和被欣赏，苏州从此成为中国文人的向往之乡。"江南忆，其次忆吴宫。吴酒一杯春竹叶，吴娃双舞醉芙蓉。早晚复相逢？"④ "人人尽说江南好，游人只合江南老"。⑤ 从白居易、韦庄等人吟咏诗歌中，可以清晰地看到中唐以后文人对江南流连缱绻的情怀和心迹。到了宋代，就有人直言"他年我若功成后，乞取南园作醉乡"了。⑥

　　对于苏州园林而言，小巧、清雅、写意，本是苏州园林地方化的个性特征，在唐代渐渐成了文人园林艺术审美的公推准则。白居易回忆自己前半生

---

① 张舜民撰《画墁录》，第 17 页。
② 顾况《送宜歙李衙推八郎使东都序》，《全唐文》卷 529。另见：许总著《唐诗史》（下册），第 92 页。
③ 梁肃《吴县令厅壁记》，见《全唐文》卷 512。另见：乌廷玉著《隋唐史话》（下），第 142 页。
④ 白居易《忆江南词》，见《白氏长庆集》卷 38。另见：梁鉴江选注《白居易诗选》，第 190 页。
⑤ 韦庄《菩萨蛮词》，见李一氓校注《花间集》卷 3，第 31 页。
⑥ 王禹偁《南园偶题》，见《小畜集》卷 7，第 72 页。

的造园:"凡所止虽一日二日,辄覆篑土为台,聚拳石为山,环斗水为池。"① 韦夏卿说:"谢公东山亦非名岳,苟林峦兴远,丘壑意深,则一拳之多,数仞为广矣。"② 这些言论与苏州自六朝以来的造园实践互为表里,也是对苏州文人造园审美观念的认同与概括,为后世文人造园打下了理论基础。另外,唐代苏州在园林城市的建设道路上,也取得了巨大进步——"绿浪东西南北水,红栏三百九十桥";③ "君到姑苏见,人家尽枕河。古宫闲地少,水港小桥多"。④ 苏州城在唐代已经像个大花园了。

从文献中看,唐代苏州有二十余园,其中有些颇具名气,相关文献记录也比较丰富。在潘儒巷有任晦宅园,园内"有深林曲沼,危亭幽物"。⑤ 陆龟蒙曾以为,这就是东晋的顾辟疆园,与皮日休多有流连酬唱之作。在临顿路有花桥水阁,白居易歌之:"扬州驿里梦苏州,梦到花桥水阁头。"⑥ 其境之美可以想象。在桃花坞西侧有孙园,元稹在诗歌中把它和虎丘相提并论。⑦ 在大井巷有富人宅园,园内"植花浚池,建水槛、风亭"。⑧ 最受后人关注的还是陆龟蒙在临顿里的宅园。一来陆龟蒙乃郁林太守陆绩的后裔,出身名门世家,却甘做"江湖散人",是晚唐闻名当世的高士。二来这个"不出郛郭,旷若郊墅"的田园,与汉代陆绩宅和后世拙政园、归园田居,很可能就在相同地界。三是从皮日休的十首五言诗咏来看,这个宅园乃"一方潇洒地",园内不仅有生产田园,更有绕屋绿竹、蕉窗淅沥、月上石台、鹤鸣鹭影的美景。皮陆二人在这里垂钓、品茗、饮酒、释易、说玄、歌诗、论画,所谓"梦魂无俗事"者也,此情此境成为后世中国文人山水画卷和私家园林中最典范的园居场景。⑨

在中国历史上,五代(907—960年)历时53年,然而,从钱镠受命为镇海、镇东两军节度使,到其孙吴越王钱俶纳土,钱氏三代实际控制吴越

---

① 白居易《草堂记》,见《白氏长庆集》卷43。另见:马先义、尧唐、徐惠元编《唐文英华》,第256页。
② 韦夏卿《东山记》,见宋李昉等编《文苑英华》卷829。另见:陈新、谈凤梁译注《历代游记选译》,第255页。
③ 白居易《正月三日闲行》,见《白居易选集》第277页。
④ 杜荀鹤《送人游吴》,见《唐诗精选》第271页。
⑤ 皮日休诗《初夏即事寄陆鲁望》,见黄钧、龙华、张铁燕等校《全唐诗》,第751页。
⑥ 白居易《梦苏州水阁寄冯侍御》,见《白居易集》第850页。
⑦ 元稹诗《戏赠乐天复言》:"孙园虎寺随宜看,不必遥遥羡镜湖。"见《唐诗宋词元曲全集》,第3001页。
⑧ 朱长文《吴郡图经续记》卷下,第41页。
⑨ 诗文见皮日休《松陵集》卷5。皮日休诗歌以序为题:"临顿为吴中偏胜之地,陆鲁望居之,不出郛郭,旷若郊墅,余每相访,款然惜去,因成五言十首奉题屋壁。"

约80年。① 这80年里，中原经历了五代更替、战乱不宁，而东南吴越小国的政治、经济、文化发展却持续稳定，加上钱氏三代郡王及其亲贵皆"好治林圃"，这不足一百年的时间，成为苏州园林艺术史上的一段黄金时期。

吴越国都在杭州，代理督抚苏州的主要是钱元璙和钱文奉，父子治理苏州约60年。归有光《沧浪亭记》说："钱镠因乱攘窃，保有吴越，国富兵强，垂及四世，诸子姻戚乘时奢僭，宫馆苑囿，极一时之盛。"② 钱元璙在城内有南园、东圃，在城外还有一些"别第"。在南园内，"酾流以为沼，积土以为山，岛屿峰峦，出于巧思，求致异木，名品甚多，比及积岁，皆为合抱。亭宇台榭，值景而造，所谓三阁、八亭、二台、龟首、旋螺之类。"③ 钱元璙之子钱文恽在雍熙寺西治有金谷园，园内"高岗清池，乔松寿桧"④，这就是宋代朱氏"乐圃"的前身。在古城东葑门内，有钱元璙之子钱文奉的"东庄"，《九国志》称之为"东墅"："营之三十年，间极园池之赏。奇卉异木及其身见皆成合抱，又累土为山，亦成岩谷。晚年经度不已，每燕集其间。"⑤ 钱氏外戚孙承佑在文庙东南依水建有"池馆"，"傍有小山，高下曲折，与水相萦回"⑥，此即为后世沧浪亭之始。

此外，钱氏治吴期间，兴建寺观的热情堪称空前绝后。《吴郡图经续记》说："崇奉尤至，修旧图新，百堵皆作，竭其力以趋之，唯恐不及。郡之内外，胜刹相望，故其流风余俗，久而不衰……寺院凡百三十九。"⑦ 苏州寺观园林盛极一时。

五代时苏州这些园林对后世最直接的影响，就是部分园林遗迹尚在，金谷园投射在今环秀山庄一带的影子依稀难辨，而沧浪亭的整体局势就没有发生太大变化。另外，钱氏祖孙虽先后受封为郡王，实则割据一方的小皇帝，加之越人造园本与吴民审美存在些许差异，钱王家族的这些园林，在规模和气势上，对苏州文人造园风格的改造还是颇有开拓和创新意义的。在横向上比较，此间中原连年战乱，入主汴京的王朝更迭如走马灯，因此，五代时苏州园林不仅得以沿着晚唐时的轨迹持续进步，而且已经从安静变得热闹，渐

---

① 即唐昭宗乾宁三年（896）起，太平兴国二年（978）止。
② 归有光《沧浪亭记》，见《震川先生集》卷15。另见：郭预衡选注《历代文选》（明文），第126页。
③ 朱长文《吴郡图经续记》卷下，第43页。
④ 陆振岳点校《吴郡志》卷14，第190页。
⑤ 陆振岳点校《吴郡志》卷14，第191页。
⑥ 陆振岳点校《吴郡志》卷14，第189页。
⑦ 朱长文《吴郡图经续记》中卷，此节文字他本多不见载。见《四库全书》第484册，第18页。

渐从与中原齐驱，转而跃居全国领先了。

五、两宋

两宋（960—1279年）历时319年，国祚较长，其间以1127年"靖康之耻"为界分为北宋与南宋两个时期。"上有天堂，下有苏杭"和"苏湖熟，天下足"的说法①，可能就起源于宋代，这说明宋时苏州的全国经济中心地位已经被天下人所认知了。从表面上看，赵氏南渡后长期偏安江南，是这一中心发生转变的直接原因，其实，早在唐代以前，东南财赋就已成为全国最主要经济之源了。"宋都开封，仰东南财富，而吴中又为东南之根底也"。②宋徽宗政和三年（1113年），苏州升为直辖的帝节镇，也是这个原因。《吴郡图经续记》说："钱氏有吴越，稍免干戈之难。自乾宁至于太平兴国三年钱俶纳土，凡七十八年。自钱俶纳土至于今元丰七年，百有七年矣。当此百年之间，井邑之富，过于唐世，郛郭填溢，楼阁相望，飞梁如虹，栉比棋布，近郊隘巷，悉甃以甓。冠盖之多，人物之盛，为东南冠，实太平盛事也。"③可见，自中唐、五代以来，北地中原持续战乱，东南经济持续稳定地发展，才是全国经济、文化中心转移江南的根本原因。

就苏州园林艺术史而言，尽管同为赵氏一家，两宋其实并不适合被当作一个阶段来处理，原因有三。

第一，钱氏纳土是一场和平演变，对于苏州园林发展影响较小，北宋苏州园林实际上与五代一脉相承，期间没有明显界限。然而，经历了"建炎兵祸"，郡民"扫荡流离，城中几于十室九空"④，苏州前朝流传下来的园林几乎被消灭殆尽——魏嘉瓒先生推断，曾经碧波连天、碧荷无限的夏驾湖遗迹，也在兵祸中被埋没了。⑤因此，南宋苏州园林兴造基本上是重敲锣鼓新开张。

第二，北宋时期，南有苏杭，北有汴洛，中国园林延续了此前数代的南北并峙格局。南宋赵氏偏安一隅，北方汴州、洛阳长期成为沦陷区，经济与文化中心都完成了南移，苏州园林与吴兴（湖州）、杭州三足鼎立，私家园林营造南北并峙的格局彻底终结，中国园林艺术史进入了江南独秀的新时代。后世长江以北，虽然有北京城内外的皇家、官员造园时废时兴，实际上主要还是从江南来获取造园的物质材料和艺术原型。

---

① 《吴郡志》卷50："谚曰：'天上天堂，地下苏杭'；又曰：'苏湖熟，天下足'。"见陆振从点校本，第660页。
② 冯桂芬纂《苏州府志》卷145，第3440页。
③ 朱长文著《吴郡图经续记》卷上，第3页。
④ 陆振从点校《吴郡志》卷1，第6页。
⑤ 魏嘉瓒著《苏州园林史》，第42页。

第三，以北宋末年为界，苏州园林艺术发展历史可以分为前后两个阶段。北宋以前，苏州园林的发展虽然是持续的，但繁荣却是间歇性的，繁荣期一般都在中原王权失控、时局纷争不断的时段，如春秋、六朝、中唐、五代。南宋以后，中国经济文化中心完成南移，苏州园林的发展繁荣进入了持续不断的阶段。

经济与文化中心的南移成就了江南造园盛事，光绪《苏州府志》说宋代苏州园林共计118所，还有人统计两宋苏州仅私家园林就有50余处，①居当时的杭州、湖州鼎立三足之首。其实，这个数字既存在遗漏，也可能被重复统计，很难说精确度如何。例如，府学东南孙承佑的园子，在苏舜钦时叫沧浪亭，在章氏手中为章园，为韩世忠掠夺后即为韩园，统计起来就难以处理。但是，南宋时苏州园林兴盛已居全国之首席，是没有多少疑问的。从现有的历史文献上看，宋代苏州百余所园林，具有这样一些特征。

第一，私家园林已经完全成为主流。宋代苏州的私家园林，不仅在总量上远远超过历代总和，也超过同时期的寺庙园林和官署园林，而且私家园林的艺术审美水平为同代之最。这是因为，宋代苏州私家园林主人多是当世著名文人，范仲淹、苏舜钦、梅尧臣、朱长文、叶梦得、范成大、李弥大等，更是当时文坛名宿。园林主人丰富的人生阅历、高尚的人格品质、深厚的文化素养，大大提升了私家园林艺术的审美境界。

第二，园林兴造主题明确，造境色调更加简淡，写意成为造园的主要手法。两宋苏州文人造园强调怡情养性、涵养品格、超俗自适，精神追求的层次大大加深。因此，许多高水平的园林兴造，皆有鲜明而深刻的主题——从园林名称上看，有"乐圃"、"隐圃"、"沧浪亭"、"桃花坞"、"招隐堂"、"小隐堂"、"秀野堂"、"窝庐"、"藏春园"、"五柳堂"、"网师园"、"如村"、"道隐园"等等；从园林中局部景境的营构来看，如范仲淹义庄的"岁寒堂"、"君子树"（松）、"松风阁"，梅宣义五亩园的"寄茅庐"、"书带草庐"，章粲桃花坞别墅的"旷观台"、"小蠡湖"（池）、"让鱼池"，范成大石湖别墅的"盟鸥亭"、"梦鱼轩"、"玉雪坡"、"天镜阁"等等，园名与景境名称莫不如此。写意手法早在吴民为戴颙造园时就已经出现，经过六朝、隋唐，渐渐被文人广泛运用于私家园林的营造。然而，五代时钱氏治吴，苏州名为藩镇，实为割据东南的国中国，钱氏及其勋戚的造园活动使苏州园林再次染上王侯气息。因此，宋代苏州文人造园再度全面回归写意，既是对五代造园好奇尚奢风气的涤荡，也标志私家园林"卷石"、"勺水"写

---

① 魏嘉瓒著《苏州园林史》，第125页。

意手法日渐成熟和系统，而具体的园林艺术色调和风致也因此更加细腻、朴素、淡雅。所有这一切，为明代苏州园林走向全盛奠定了坚实的基础。

第三，园林城市发展步伐加快。两宋是中国封建城市经济发展的繁荣时代，随着城市经济快速发展，苏州城市的园林化发展也进入了快车道。宋代苏州不仅私家园林数量剧增，官署园林总量也超过历代总和，如府学、长洲县署、吴县署、平江府署、节度使治所、茶盐司、提刑司、府判厅等皆有附属园圃台池。其中，经汉历唐，子城内的郡治附属园林规模逐渐扩大，至北宋时已经达到城园合一的极盛状态。同时，密集分布在古城内外的佛寺和道观也多有园池，加上文人、富户以及一般人家也会在后院略施园林化的点缀，苏州园林城市面貌已初步形成。同时，范成大的石湖别墅、李弥大的西山道隐园等，则代表了私家园林逐渐向城外发展的新动向。

第四、园林的生产功能明显增强。经济生产原本是中国古典园林的基本功能之一，经历两汉和六朝，古典园林逐渐成为皇亲国戚、文人大夫精神享受的奢侈品，生产功能逐渐减弱。比如中唐牛僧孺的归仁里园和李德裕的平泉庄，虽然主人长期持续辛苦经营，实际毕生也没能有几次涉园成趣，更不必说实际生产了。五代钱氏王孙在苏州所治园林，生产功能更加寡淡。两宋苏州园林主人大多已经致仕退养，或因仕途失意而决计辞宦，他们对园林经济生产或多或少都会有一些实际的依赖，因此也多能绍述陆龟蒙在宅园里的雅兴与田事。如朱长文的乐圃，不仅寄托了他的"乐天知命故不忧"，而且中有粮仓"米廪"，其他农产也非常丰富——"药录所收，雅记所名，得之不为多。桑柘可蚕，麻纻可绩，时果分蹊，嘉蔬满畦，摽梅沈李，剥瓜断壶，以娱宾友，以酌亲属，此其所有也。"乐圃先生既乐于其中"曳杖逍遥，陟高临深"，也乐于"种木灌园，寒暑耕耘"。① 总之，园居雅事与田园农事都是其万钟不易的乐事。其他如梅宣义的五亩园、章粢的桃花坞别墅、范成大的石湖别墅等等，也都具有很强的园田生产功能。这一特征对明代苏州早期的园林复兴，具有直接而重要的影响。

魏嘉瓒先生在《苏州园林史》中，辟出专门一节来评断朱勔父子的功过是非，认为其人于苏州园林大有贡献，其后裔于园林叠石和盆景艺术方面技艺卓绝，结论是"朱勔其人遗臭万年，而朱勔之石，则流芳百世！"② 其实，对于宋代三百多年历史而言，朱勔仅仅是一时得势的跳梁小丑而已。其人所造的"同乐园"和"玉兰山房"，与两宋苏州文人园林总体风貌不属同

---

① 朱长文《乐圃记》，见《苏州园林历代文钞》，第18页。
② 魏嘉瓒著《苏州园林史》，第156~161页。

类，也不代表最高水平，至于那些奇石，皆产、采于湖山，也无所谓"朱勔之石"。反之，作为北宋六贼之一，他不但利用帝王的昏庸和偏执来蝇营狗苟、残害百姓，而且，违背自然时令和园林审美，对苏州既有园林和造园材料大肆破坏，干尽了拆园、毁桥、炸山、移树等坏事情，甚至连郡圃的"白公桧"都给挖去了，可谓罪莫大焉。至于其后世子孙在造园技艺方面的贡献，与朱勔本人也没有多少必然的关系——朱勔更多是对赵佶造园的偏执爱好善于逢迎、忙于输供材料而已，史料并没有说其本人有高超的造园技艺。实际上，其子孙躲到虎丘一带改名换姓，连真实谱牒都不敢向外人说起，更多是遭受了他的遗祸。因此，专辟章节以绍述其功业似乎本无必要，而嘉许太过就有点欠妥了。

第二节　明前苏州园林艺术概论之二：元代

把元代苏州园林艺术作为单独一节进行讨论，主要是基于四点考虑。一是因为元代苏州园林与明代，尤其是与明初园林艺术发展变迁之间关系密切。园林是一种持续存在、不断增修的实体艺术，元代历时比较短，这一时期许多园林，特别是一些著名的园林，虽然修建于元代，却持续存在到明初才渐渐消亡，艺术作品客体以及活动于园林中的主要人群，大都超越了本朝，与明初园林艺术研究关系紧密。二是为了使明代苏州园林艺术发展史的盛衰曲线更加完整、清晰。明代初年，苏州园林艺术从此前数代的热闹与繁荣局面骤转寂静，这不是苏州园林艺术发展的内在规律使然。反之，明代中前期苏州园林艺术逐渐复苏、复兴，也并不是仅仅以明初园林既有水平为基础自然发展起来的结果，而是与元末苏州园林艺术的发展水平之间有着紧密的关系。因此，在元末明初约70年的时间里，苏州园林艺术经历了一个大起大落波形起伏，把元代独立成一节来论述，有助于更完整、清晰地展示这一艺术史发展过程的全貌。第三，这一阶段苏州园林艺术风貌具有相对的独特性。元代后期三十多年的园林风貌与此前历代以及明初苏州园林都不同，显示出比较强烈的末世特征和乱像，是苏州园林艺术史上的一个独特时期。第四，这样处理章节，也可以通过对比，清晰地凸显明初特殊政策对江南园林艺术发展造成的实际影响。

元代历史，如果从1206年成吉思汗创立蒙古国起算，到1368年朱元璋应天称帝为止，历时为162年。如果从南宋1279年灭亡起算，则为89年。实际上，蒙古贵族对苏州的统治要远远小于89年。元泰定二年（1325年）的河南息州赵丑厮、郭菩萨起义，揭开了元明易代的序幕，风起云涌的元末农民起义持续了三十多年，其间张士诚以苏州为都称吴王，实际控制东南约

12年。虽然元代对苏州实际统治仅有半个多世纪,但是,蒙古骑兵持续统治江南,这是历史上的第一次,元代废除科举、人分等级、轻视农业、重视工商等政策,对人杰地灵、才士云集的吴地,更是造成了巨大的冲击。尽管如此,元代的短短几十年,却是苏州古典园林艺术史上色彩纷呈,具有举足轻重的特殊时代,元代苏州园林并不是持续"处于迟滞的低潮状态"。①

一、商品经济高度发达,园林营造持续发展

在中国商业史上,元朝是一个特殊的时期,不仅商业得到空前的发展,商人也受到了高度的尊重。宁波富商夏荣显、夏荣达兄弟,虽出身诗礼之家,却选择了弃儒从商,此举不仅没有被视作舍本逐末,反而受到了世人的赞誉。② 元季文人袁华说:"君不见范蠡谋成吴社屋,归来扁舟五湖曲;之齐之陶变姓名,治产积居与时逐。又不见子贡学成退仕卫,废置鬻财齐鲁地;高车结驷聘诸侯,所至分庭咸抗礼。马医洒削业虽微,亦将封君垂后世。胸蟠万卷不疗饥,孰谓工商为末技?……"③

元代东南富商云集,有盐商、手工业商人、海洋贸易商人,也有文化商人。高度发达的商业文明,对于苏州园林至少造成了两方面的重要影响。一是传统手工业利用重商轻农的利好政策快速发展,城市经济空前繁荣,为造园艺术持续发展,打下了坚实的物质基础。马可·波罗在他的行记中写道:"苏州城(soochow,原译文'新基城')漂亮得惊人,方圆有三十二公里。居民生产大量的生丝制成的绸缎,不仅供给自己消费,使人人都穿上绸缎,而且还行销其他市场。他们之中,有些人已成为富商大贾。这里人口众多,稠密得令人吃惊。然而,民性善良怯懦。他们只从事工商业,在这方面,的确显得相当能干……他们中有许多医术高明的医生,善于探出病根,对症下药。有些人,是学识渊博著称的教授,或者如我们应该称呼他们的那样,是哲学家,还有一些人或许可以称作魔术家或巫师……有十六个富庶的大城市和城镇,属于苏州的管辖范围。这里商业和工艺十分繁荣兴盛。苏州的名字,就是指'地上的城市',正如京师的名字,是指'天上的城市'一样。"④ 另一方面是诗、文、书、画等艺术作品的商品化,为东南文人开辟了耕读之外的艺术人生之路,而这些文人恰是那个时期江南园林的主人。李日华在《紫桃轩杂缀》中说:"士君子不乐仕,而法网宽,田赋三十税一,

---

① 周维权著《中国古典园林史》,第257页。
② 参考戴良《真逸处士夏君墓志铭》、《元逸处士夏君墓志铭》,见《九灵山房集》第219页。
③ 袁华《送朱道原归京师》,《耕学斋诗集》卷7,见《四库全书》第1232册,第314页。
④ 马可·波罗著《东方见闻录》,见丁伯泰编译本,第218页。

故野处者得以货雄,而乐其志如此。"① 元代后期,书画、古董等雅玩的商品化,是"野处者得以货雄"的根本基础,也是文人治宅造园、求田问舍的重要经济支柱。无锡梅里倪云林的清閟阁、云林堂闻名当世,来客非佳客,不入流者皆不得入内,曾有夷人以百斤沉香为礼金,求入清閟阁游赏,也仅得望阁一拜。周南老在《元处士云林先生墓志铭》中也说:"(倪瓒)雅趣吟兴,每发挥于缣素间,苍劲妍润,尤得清致,奉币赞求之者无虚日。"《锡山志》也说:"(倪云林)日坐清閟阁,不涉世故间。作溪山小景,人得之如拱璧,家故饶赀。"可见,尽管倪云林家赀殷实,但是,书画创作之利也是其造园以及收藏"古玉器、古鼎、尊罍、法书、名画"的重要资本来源。当然,中国古代文人对于书画、雅玩的态度总是矛盾的,既要以此自养,又不愿把艺术品直接等同于商品,尤其不愿承认自己的作品仅仅是商品——无论是早年面对吴王张士诚的弟弟张士信持重币索画,还是晚年穷困潦倒时面对财主左手持币、右手求画,倪迂皆挥之而去。②

因此,尽管元代江南文人鲜有位列公卿的背景,他们却营造了不少的园林,尤其是元代后期,文化名人园林雅集之盛,堪称空前绝后。今人统计元代苏州园林,多依据王鏊修纂的《姑苏志》,认为苏州古城内仅有"狮子林"、"松石轩"、"小丹丘"、"来季博园池"、"乐圃林馆"、"绿水园"等十余个园子,而城外有园三十余处,合计为四十多处园池。其实,元代吴地儒生、雅士、山人、隐者、道士、释僧,皆多有园池、草堂、亭馆或林圃,元代苏州实有园林远不止四十余个。虽总量不能比肩两宋,但就仅仅八十余年历史来看,也算得上兴盛和热闹了。

二、文人深度参与造园过程,园林艺术活动更加丰富

随着汉民族的被奴化,尤其是原南宋版图中的汉人被视作最低等级的"南人"、"蛮子",随着士农工商传统等级被彻底颠覆,科举之路也被堵死,传统文人一度沦落为"九儒十丐"的社会末流。正如金诤先生所说:"如果说知识分子的命运与价值与科举制度相联系的话,元代也是知识分子最不值钱的一代。"③ 没有了特殊的地位与尊严,也就没有了特殊的责任,尽忠尽孝的正统人生价值观、家国责任感,在元代文人身上也逐渐消失殆尽。尽管元仁宗皇庆二年(1313年)恢复了科举,南方士子们对报效国家、建功立业已经基本没有了追求兴趣。

---

① 陈田辑撰《明诗纪事》,第393页。
② 这一节关于倪云林的资料皆出自《清閟阁全集》卷11,见《四库全书》第1220册,第318~322页。
③ 金诤著《科举制度与中国文化》,第160页。

因此，在客观上，元代蒙古贵族的这些政策，为江南文化精英积极参与园林兴造，储备了充分的热情与才情。他们的参与深度已经不仅限于造园、居园、游园、赏园等笼统的层面上，而是参与到具体而专门的写诗、作记、题款、绘画等深度层次，有的甚至还染指了累石、植树等工程环节。同时，文人于园林中的艺术活动也明显丰富了许多。例如，潘儒巷的狮子林，"元至正间，僧天如维则延朱德润、赵善长、倪元镇、徐幼文共商叠成，而元镇为之图"。①倪瓒不仅参与了谋划，还为之绘《狮子林图》（图2-1）。《清河书画舫》说："倪云林先生一生不画人物，惟《狮子林图》有之……所画柴门、梵殿、长廊、高阁、丛篁、嘉树、曲径、小山，以及老僧、古佛，无不种种绝伦。"②有文献说倪云林还亲自参加了施工："时名公冯海粟、倪云林躬为担瓦、弄石。"③这似乎不符合素有洁癖的倪云林的性格，姑且存疑。另外，朱德润也作了《狮子林图》，徐贲也有《狮子林十二景图》（图2-2）。倪云林、朱德润也分别为徐达佐耕渔轩绘了《耕渔轩图》，倪云林还为高道进图绘了《水竹居》，张渥为顾德辉绘制了《玉山雅集图》等。

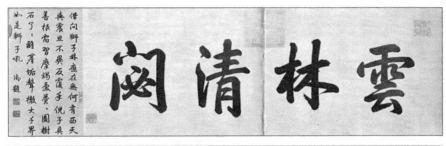

图2-1　倪云林《狮子林图》④

---

① 钱泳著《履园丛话》，第20页。
② 张丑著《清河书画舫》卷11，第445页。
③ 清·李模撰《敕赐圣恩古狮林寺重建殿阁碑记》，见邵忠编著《苏州历代名园记》，第267页。
④ 董寿琪编著《苏州园林山水画选》，第16页。

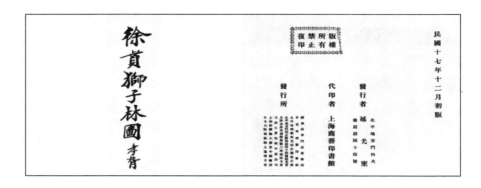

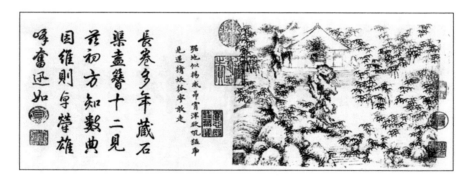

狮子峰

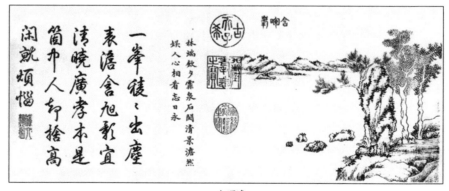

含晖峰

图 2-2　民国影印版徐贲《狮子林图册》

吐月峰

小飞虹

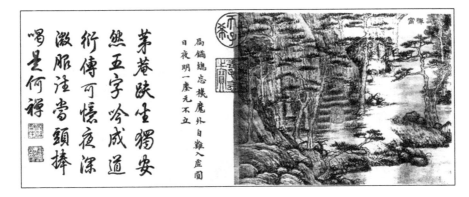

禅窝

图 2-2　民国影印版徐贲《狮子林图册》（续）

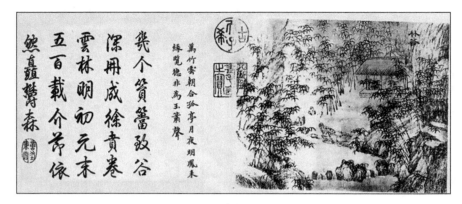

竹谷

立雪堂

卧云室

图2-2　民国影印版徐贲《狮子林图册》(续)

问梅阁

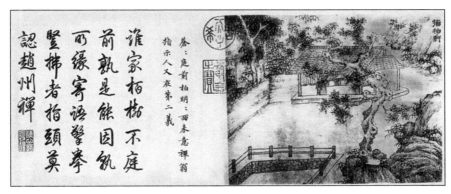

指柏轩

玉鉴池

图 2-2　民国影印版徐贲《狮子林图册》（续）

冰壶井

图 2-2 民国影印版徐贲《狮子林图册》（续）

姚广孝跋徐贲《狮子林图》与陆深《跋狮子林图咏》

图 2-2　民国影印版徐贲《狮子林图册》①（续）

文人在园林中最多的活动，还是饮酒联句、歌诗作赋，其中《金兰集》、《玉山名胜集》是此类活动最集中、最典范的代表②，仅杨维桢、郑元祐和谢应芳三人吟咏玉山佳处的诗歌、记文，就足以成册单行了。今人可见到的杨维桢《玉山佳处记》有两个版本，一是杨维桢《东维子集》卷18的记文，二是钱谷《吴都文粹续集》卷18收录的《玉山佳处记》，后者比前者少了一段论述性文字，可能有所节略。另外，杨维桢是顾德辉玉山佳处的上宾，也是常客，除《玉山佳处记》外，杨维桢还有《玉山雅集图记》，以及其他数篇记文，与郑元祐、高明、吴克恭、于立、陈静初等人的记文一起，分别被收录在顾德辉手编的《玉山名胜集》各卷之首。因此，杨氏关于玉山佳处的记文较多，今人若不加分辨，征引原文时就会难以说明白。

另外，关于倪云林作《狮子林图》的时间，迄今还是一个值得探讨的问题。今人多认为倪迂作此画的时间大约在洪武初年。汪菊渊先生说："明洪武初，倪瓒曾过之（狮子林），如海上人邀其作，为之图并题字，名声大增。"③魏嘉瓒先生说："倪云林是为狮子林第三代传人如海因公绘图于明洪武六年，即1373年。"④顾凯先生因仍此论："倪瓒虽然一般称为元代画家，但入明后依然活跃。他所绘的遗留至今的《狮子林图》有他亲自题跋，为洪武六年。这位大画家的画作无疑为明初的狮子林更增添了隆重的声望。"⑤

作于"洪武六年"的结论，较早可见于万历年间张丑编著的《清河书

---

① 此画册由苏州园林局狮子林管理办公室提供。
② 两部集子分别收录了当时文人在两园中的题咏和记赋。
③ 汪菊渊著《中国古典园林史》，第796页。
④ 魏嘉瓒著《苏州古典园林史》，第169页。
⑤ 顾恺著《明代江南园林研究》，第19页。

画舫》卷11。此处不仅有上文中引用的评述,还收录了倪云林的亲笔题跋:"余与赵君善长以意商榷,作《狮子林图》,真得荆关遗意,非王蒙所梦见也。如海因公宜宝之。懒瓒记癸丑十二月。"后来的《庚子消夏记》、《式古堂书画汇考》、《石渠宝笈》等都沿用了此跋,"洪武六年"说也就成了定论。此说如属实,倪瓒和徐贲两人绘《狮子林图》之间仅隔三个月,然而,这一说法是有待商榷的。理由有四:

第一,张丑《清河书画舫》收录的跋文,与倪云林《清閟阁全集》所录文字之间有舛互。今按《清閟阁全集》的原文为:"予与赵君善长以意商榷,作《狮子林图》,真得荆关遗意,非王蒙所梦见也。四海名公宜宝之。懒瓒记。"跋文未属作画年月,且高傲地宣称"四海名公"皆宜珍爱此画,气度与格调不像是一个第二年就衰朽而终的老人。因此,汪珂玉感慨地说:"其高自标置如此。"① 朱彝尊则认为,此画作于朱德润作《狮子林图》之后,而早于徐贲的画作:"考狮林初建,朱德润泽民图之,赵元善长、倪瓒元镇商榷续图之。幼文写此册在洪武七年三月,自言用图写意,初不较其形似。盖欲别开生面,不同乎朱、赵、倪三子尔。"②

第二,跋语落款方式不符合倪云林晚年的习惯。朱存理说:"(倪云林)晚遂不复用印,图成必题诗,复书某甲子,署其名东海倪瓒,或曰荆蛮民、净名居士与云林子也。"③因此,如果此处时间款为倪瓒本人题写,则应作"癸丑十二月懒瓒记"。在"懒瓒记"后赘接"癸丑十二月"时间款,不仅不是倪瓒晚年作画属款习惯,而且,倪迂几乎就从未这样属过款。在《清閟阁全集》、《珊瑚木难》、《清河书画舫》、《书画题跋记》、《赵氏铁网珊瑚》、《珊瑚网》、《式古堂书画汇考》、《石渠宝笈》等书画著录中,今天可以见到倪云林书信、画作、赠序、跋文的落款,合计将近百余处。通过梳理可以发现,这样属款用例几乎是绝无仅有,只有这一处,其他几处置时间款于姓名款之后的,也是出于叙事需要,把月份置于跋文之首,结尾仅以干支纪年而已。如倪瓒为所见的怀素真迹写跋文:"倪瓒八月十一日,观于耕渔轩,时积雨初霁,残暑犹炽。王季耕自其山居折桂花一枝,以石罂注水插花着几格间,户庭闲寂,香气郁然,居玩此卷,久之如在世外也。癸丑。"④可见,张丑所录跋文中的"癸丑十二月",是一个孤例,难以排除好事者画蛇添足的嫌疑。

---

① 汪珂玉《元镇自题狮子林图》,《珊瑚网》卷48。见《四库全书》第818册,第889页。
② 朱彝尊《跋狮子林书画册》,见《曝书亭集》卷54,第642页。
③ 朱存理《楼居杂著》(云林子逸事)。见《四库全书》第1251册,第601页。
④ 朱存理纂《珊瑚木难》,卷3,第76页。

第三，跋文中的月份与倪云林题诗诗序中的月份不一致。作画自题诗是倪云林习惯，其《狮子林图》中也可能有题诗，但后世画录没有收录。《吴都文粹续集》中有倪瓒一首以序为题的诗歌——"七月廿七日，过东郭狮子林兰若，如海上人索予画，因写此图并为之诗"。① 诗文是：

　　密竹鸟啼遝，清池云影闲。茗雪炉烟袅，松雨石苔斑。
　　心静境恒寂，何必居在山。穷途有行旅，日暮不知还。

高启在《大全集》中有这首诗歌的次韵和诗——《游狮子林次倪云林韵》：②

　　吟策频入院，道人知我闲。寻幽到深处，鸟语竹斑斑。
　　林下不逢客，城中俄见山。床敷有余地，钟动莫催还。

这首诗歌后来被明人陆深书写在徐贲的《狮子林图咏》的跋记之中。这是否就是倪云林题写在《狮子林图》卷中的诗歌，今人难以考证。诗序中没有纪年，但是倪迂记下了作画月份，为后人考证其过狮子林和作画的时间，留下了重要线索，特别是为考辨《清河书画舫》所记跋文中的"十二月"之真伪，提供了重要参考依据。

第四，"癸丑十二月"前后，倪云林过狮子林并作画的可能性非常小。王彝虽然籍贯是蜀人，但是洪武初年他就旅居在苏州，狮子林住持如海是其故人，因此狮子林也成为其主要寄居所之一。今按《王常宗集》，辛亥（1371年）、壬子（1372年）、癸丑（1373年）、甲寅（1374年），连续四年里，王彝皆有游居于狮子林的诗歌或序文，其《游狮子林记并诗》就作于壬子（1372年）七月。另外，癸丑（1373年）二月，苏州文庙修复完工，王彝作了《苏州重修孔子庙学碑》；是年（1373年）十一月，文庙新修南门落成，王彝写了《苏州府孔子庙南门记》。③ 甲寅（1374年）六月，王彝应如海之求，又为狮子林作诗十四首："余既为因师作游狮子林记，师复求十四咏，因赋此并书记后。师字如海，高昌人，有禅学，又能喜文辞，所谓地因人而胜者也。甲寅六月二日彝书。"由此可见，在甲寅（1374年）因受高启、魏观的司府上梁文案牵连而被杀以前，王彝旅苏的居宿中心一直围绕着狮子林。而且，《清河书画舫》收录倪云林跋文所说的"癸丑十二月"，王彝正好就住在狮子林。《王常宗集》中有一首以序为题的诗歌——"癸丑岁十二月初四夜宿狮子林听雨有作：自是城中寺，却忘身在城。俄然万松子，

---

① 钱谷选编《吴都文粹续集》卷30。见《四库全书》第1386册，第41页。
② 高启《游狮子林次倪云林韵》诗，《大全集》卷4，另见《高青丘集》，第177页。
③ 可参考王彝《王常宗集》，卷1。见《四库全书》1229册，第394~395页。

吹作四檐声。我欲远尘世，僧多留客情。聊因佛灯下，听雨到天明。"① 如果倪迂于"癸丑十二月"过狮子林，并受邀作画，二人很可能会相遇，并且应该有文字记录这艰难乱世的难得一聚，然而，王彝这几年所作诗、序，无一处提到倪云林作画的事情。

另外，王行是"北郭十子"之一，也参与了"狮子林十二咏"，此间也住在狮子林近旁，其《半轩集》中也没有记录倪迂此间来狮子林以及作画的文字。

因此，这段跋文中的"癸丑十二月"，应系后人补缀而来，"如海因公"也可能是挖改原跋中的"四海名公"而成。总之，倪云林洪武六年作《狮子林图》是一个疑点重重的成说。

三、山林园与江湖园营造兴盛

计成在《园冶·相地》一节，认为筑园选址以山林地和江湖地为上。早在南宋时期，苏州私家园林走向城外湖山与村野的趋势就已经初现端倪。元代这一趋势进一步发展，仅从今人通常认定的元代苏州四十余处园林中，就可以清晰地看出这一现象——分布在辖区县邑湖边、山野的园林与城内园林之比大约为3∶1。

从当时名流记录游踪的诗歌中又可以看出，吴县、吴江、松江、昆山、常熟、无锡等地的山隅水畔，几乎到处都有值得他们吟诵抒怀、流连栖迟的园池小品。反之，在苏州城内，不仅园林总量较少，且多为延续南宋遗构，藏春园、绿水园、石硼书隐、乐圃林馆等颇有风致的园子莫不如此，所谓新建的清雅可爱的狮子林，其实也有前朝园池的影子。元末学者陶宗仪说："浙江园苑之胜，惟松江下砂瞿氏为最古……次则平江福山之曹，横泽之顾，又其次则嘉兴魏塘之陈。"② "瞿氏最古"指的是元末盐商瞿霆发的瞿氏园（在鹤沙，今浦东航头镇），"平江福山之曹"指的是常熟富室曹善诚的梧桐园，"魏塘之陈"所指是嘉兴市嘉善县的"陈爱山园"。明人何良俊也说，在胜国时，顾仲瑛的园苑玉山名胜"称甲于江南"，同时最为著名的园林还有"姑苏称陈氏绿水园"，"松江称瞿氏园苑"，"嘉兴有陈爱山园"。③ 晚清木渎榜眼冯桂芬则说："耕渔轩，在元明间与倪氏清閟阁、顾氏玉山佳处鼎峙三甲。"另外，当时苏州城外名传四方的私家园林，还有吴江同里宁昌言的"万玉清秋轩"，以及昆山周庄陆德源的"笠泽渔隐"等。可

---

① 此诗歌、上一段落所引文，皆见《王常宗集》（续补遗）。见《四库全书》第1229册，第439页。
② 陶宗仪《浙西园苑》，见《南村辍耕录》卷26，第367页。
③ 何良俊《西园雅会集序》，《明文海》卷301，见《四库全书》第1456册，第420页。

见，这些被当时文人交口称赞的名园，大都不在苏州古城之内。

总之，元朝"是一个时期较短的朝代，但是这个朝代对苏州园林来说，却非常重要"。① 元代苏州园林对于明代苏州园林艺术的发展，更是有着直接而巨大的影响。

第三节　走向寂静——洪武年间苏州园林的生境与实况

古典园林是凝聚着传统文化艺术的实体形态，战争无疑是这一实体艺术创造与传承的最大威胁之一。"西北甲兵"是中国历代不变的规律，而东南地区干戈相对较少，甚至在革鼎易代的巨变时期，也有吴越纳土这样和平演变的先例。然而，在吴地历史上，元明易代却是最惨烈的历史时期之一。元末战争以及朱明王朝初期的系列特殊政策，对吴地园林发展，几乎造成了毁灭性打击。在极端恶劣的生境中，明初苏州园林迅速在风雨飘摇的挣扎中归于沉寂。

一、密雨斜侵薜荔墙——明初苏州园林艺术的生境

1. 战争

元代后期，吴地文人耽于造园，不管表象后面的社会背景与文人心态怎样复杂，园林文化艺术活动呈现出一派色彩纷呈的热闹景况，这是个客观事实。然而，到了元明易代之际，特别是张士诚与朱元璋逐鹿江东时，苏州园林艺术的生境迅速恶化。

连续多年的战争，使苏州园林几乎遭受了一次大浪淘沙般的全面被毁。无锡倪云林可谓达人，早在战争来临前夕，他就不再沉醉于其百般护持的宅园了，而是散财遁身隐迹湖山，清閟阁、云林堂也因此成为元明易代之际最早凋敝的名园。② 紧随其后毁于战争的名园，是常熟曹善诚的梧桐园，张士诚军入吴途中，流窜经过常熟，劫掠了这个水清如许、碧梧郁郁的名园。③ 张士诚据吴后的十几年里，东吴腹地如吴县、长洲、无锡、吴江、昆山、松江等地的园林，所受影响相对较小，但是，就在此间，玉山佳处主人顾德辉

---

① 魏嘉瓒著《苏州古典园林史》，第 195 页。
② 王宾《处士云林倪先生旅葬墓志铭》说："至正初，兵未动，鬻其家田产，不事富家事事，作诗，人窃笑其为戆。兵动，诸富家剽剥，废田产，人始赏其有见。"《清閟阁全集》卷 11，《四库全书》第 1220 册，第 323 页。
③ 园中有景境名曰"清如许"，杨维桢有游览记文。《元明事类钞》卷 36："曹氏富甲一郡，植梧桐数十亩，将纳凉其下，令人以水沃之，谓之洗桐。淮兵入，福山曹氏园亭首被祸。"见《四库全书》第 844 册，第 577 页。

却逃难嘉兴两载有余——其园林分别遭到方国珍、①张士诚军队两度的劫掠。②洪武元年（1368年），顾氏父子"往耕临濠"，这座"堂瞰金粟，沼枕湖山"的名园，12年里曾筹办过50余次雅集的文人乐园，终于彻底地荒废了。洪武初年徐贲途经废址时，所见已是：

> 鸿雁天寒俦侣稀，秋风远客独思归。
> 碧山尽处湘云续，白水明边鹭自飞。
> 漠漠芦花迷望眼，萧萧荷叶惨征衣。
> 此行赖共知心语，一棹夷犹竟落晖。③

相比而言，张士诚入吴时所造成的影响，已经算和平而宽仁得多了，朱元璋平吴所造成的毁坏，几乎近似于建炎兵祸，这也是导致元末明初苏州诸多名园骤然消失的最直接原因。

朱元璋至正二十七年（1367年）的平吴之战，起于二月止于十月。虽然朱元璋曾在御戟门告诫伐吴将士："城下之日毋杀掠、毋毁庐舍、毋发邱垄。"④但是，实际上明军此行干尽了烧杀掠略的事情。武进人谢应芳避难于吴江，结草舍"龟巢"以寄居，"是岁八月之初，天兵自西州来者，火四郊而食其人，吾之龟巢与先旧宅俱烬矣。予乃船妻子间行而东过横山，窜无锡"⑤。战事集中在吴地核心区域持续了八个多月。徐达、汤和等明将围城数月，"时围困既久，熊天瑞教城中作飞炮以击敌，多所中伤，城中木石俱尽，至拆祠庙民居为炮具"⑥。汤和军队入城时，还曾一度下令屠城。战争结束后，苏州城内外几十个园林皆成破巢之卵了。十月战事消歇时，谢应芳

---

① 元顺帝至正十六年（1356年），张士诚攻陷平江，降元军阀方国珍受命往击张士诚，双方在昆山一带鏖战，此间，顾德辉逃难至嘉兴，方国珍军劫掠了玉山佳处。谢应芳诗《留别顾玉山将往杭州卜居》，记录了顾氏这一艰难苦恨的狼藉时刻："垂白遭多难，仓黄走四方。吴人今入贡，越寇复侵疆。百战山河破，三边草木荒……萧飒双蓬鬓，漂摇一苇杭。"见《龟巢稿》（上）卷3，第135页。
② 《玉山名胜集》卷5：余家玉山中亭馆凡二十有四，其扁题书卷皆名公巨卿高人韵士口咏手书以赠予者。故宝爱甚于古玩好。今年春正月，兵入草堂，书画无长物。夏四月，有军士数百持戈特来索予甚急。时予与家累辈尚在山中，由是获免。然不知其故，后三日始知为不义者诬。及归草堂，而诸卷皆为之分擘而去。每与汝阳袁子英叹诸朋辈手泽不可复见。秋八月，予欲谢世缘而无策，不免削发作在家僧。另外，此卷中有郑元佑撰《白云海记》："瑛奉其母陶夫人，避地于商溪，商溪在吴兴之东南。"按谢应芳《龟巢稿》两段诗序："顾仲瑛避地嘉兴几二年，闻回昆山，往见不遇，作诗寄之。末篇兼简西白老"；"玉山顾隐君自嘉兴答诗，询仆近况，且云径山禅老亦望一见，故复用韵自述，简诸故人。"可知，其实际避难之所在嘉兴。
③ 徐贲《昆山道中》诗，见《四库全书》第1230册，第602页。
④ 《明史》卷1（本纪一）《太祖本纪》，第14页。
⑤ 谢应芳《龟巢后记》，见《龟巢稿》（下）卷15，第375页。
⑥ 《资治通鉴后编》卷184。见《四库全书》第345册，第606页。

重过吴城，天堂苏州已是不闻鸡犬、不见人烟了。① 所以陶宗仪感叹道："（诸名园）遭兵燹，今无一存者。福山、横泽、下砂皆无有以矣，可胜叹哉！"②

洪武初年，苏州古城内外，废园依然随处可见。徐贲为关氏废园题诗：

园景正萧然，那当雨后天。花台曾置酒，莲港却通船。
水涧桥仍构，畦荒路渐连。如何游赏日，不在未兵年。③

束氏园主人没了，园也废了，高启与杨基凭吊旧迹，十分伤感：

人间乐事变，池上高台倾。歌堂杏梁坏，射圃菜畦成……④
苑废主频更，才登意即倾。燕归邻屋住，蛙聚野塘鸣。
瓦砾鸳鸯字，沟渠环佩声。惟余数株柳，衰飒尚多情。⑤

大名鼎鼎的钱氏南园，此间也荒废了：

去年看花在城郭，今年看花在村落。
花开依旧自芳菲，客思居然成寂寞。
乱后城南花已空，废园门锁鸟声中。
翻怜此地春风在，映水穿篱发几丛。
年时游伴俱何处，只有闲蜂随绕树。
欲慰春愁无酒家，残香细雨空归去。⑥

战争除了摧毁了园林艺术实体外，元末江南那个热衷造园、居园、游园、绘园、写园的文人群体，也大都在此前后纷纷作古了。今按《玉山名胜集》、《金兰集》，以及元末乐圃林馆、绿水园、狮子林等名人题咏，元末集中在这些园林中酬唱题咏的文人约百余人，其中绝大部分都谢世于洪武初年，或者更早。可以确认的有柯九思（1343年）、张雨（1350年）、黄公望（1354年）、吴克恭（约1354年）、吴镇（1354年）、张渥（约1356年）、黄溍（1357年）、欧阳玄（1357年）、王冕（1359年）、苏大年（1364年）、郭翼（1364年）、郑元佑（1364年）、朱德润（1365年）、张翥（1368年）、周伯琦（1369年）、顾德辉（1369年）、陈基

---

① 谢应芳诗《十月过吴门》："无数云梯尽未收，髑髅如雪拥苏州……鹿走荒台千载后，乌啼野树五更头；"《和灵岩虎丘感事》：（一）"娃宫无复有楼台，佛刹何今亦草莱。衲子尽随飞锡去，将军曾此驻兵来。青山衔日犹前度，沧海扬尘复几回。霜落吴天香径冷。断矶啼月不胜哀。"（二）"兵余重到古禅关，无限伤心四望间。林下点头皆炮石，门前战骨似丘山。剑池屡变珠光赤，盘石犹沾血点斑。白髪破衣耆旧在，独怜宁老不生还。"见《龟巢稿》（上）卷4，第302页。
② 陶宗仪《浙西园苑》，见《南村辍耕录》卷26，第367页。
③ 徐贲《题关氏废园》，《北郭集》卷4。见《四库全书》第1230册，第584页。
④ 高启诗《过束氏废园》，见《大全集》卷8。另见《高青丘集》，第225页。
⑤ 杨基《过束氏废园有感》，见《眉庵集》卷6，第145页。
⑥ 高启《江上晚过邻坞看花因忆南园旧游》，《大全集》卷8。另见《高青丘集》，第344页。

(1370年)、杨维桢(1370年)、唐肃(1371或作1374年)、危素(1372年)、高启(1373年)、倪瓒(1374年)、王彝(1374年)、杨基(约1375年)、贝琼(1379年)、卢熊(1380年)、高巽志(1383年)、陈则(1383年)、释妙声(1384年)等等。另外，张适、吕敏、张霭、于立、释良琦、赵奕、陆仁、陈惟寅、郯韶、冯浚、姚文奂、李元珪、朱珪、曹睿、谢恭、张天英、张师夔、王濡之、郯韶、华幼武、沈明远、宗栗庚、宗栗葵、袁凯、陆居仁、朱熙、卫仁近、赵麟、全思诚、周砥、昂吉起文、姚文奂、张玉、赵珍、赵麟、吴国良、卢昭、刘肃、顾晋、顾达、文质、钱惟善、范基等，虽然一时难以考订确切，但是大都可以找出其谢世于洪武初年前后的线索。这些人生卒基本上属于同一个时代。大约仅有徐达佐、陈惟允、张羽、王蒙、宋克、徐贲、谢应芳、袁华、秦约、虞堪等数人，寿永至洪武中晚期。

逼仕，就是以杀身和抄家的威胁来逼迫文人从山林、江湖、郊野走向御前，放弃耕隐而入朝做官。到了元末，园宅合一已经是江南私家园林最主要的形式，对园林艺术来说，逼仕既影响了造园主体人群的持续、稳定，也扼杀了文人造园而隐的念想，全面抑制了文人园中酬唱雅集、诗酒联欢的文化活动。

朱元璋任用文人、以文治国的态度是很鲜明的。《春明梦余录》说："三代而后能以成周之法用人者，莫如明初。"① 早在洪武纪元前一年（1367年），朱元璋就"遣起居注吴林、魏观等，以币帛求遗贤于四方"。② 洪武元年（1368年），更是满心恳切地下诏求贤："向干戈扰攘，疆宇未一，养民致贤之道未讲也。独赖一时辅佐之功，匡定大业。然而，怀才抱德之士，尚多隐于岩穴。岂朕政令靡常而人无守与？抑刑辟烦重而士怀其居与？抑朕寡昧事不师古而致然与？不然贤士大夫幼学壮行，欲尧舜君民，岂固甘泪没而已哉。"③ 洪武三年（1370年），再下诏书，并委派专人负责征选栖隐于山林的文士，一时间，"中外大小臣工皆得推荐，下至仓、库、司、局诸杂流，亦令举文学才干之士。其被荐而至者，又令转荐。以故山林岩穴、草茅穷居，无不获自达于上，由布衣而登大僚者不可胜数。"④ 高启对此颇有感慨："皇上始践大宝，首下诏征贤，又责郡国以岁计贡士，欲与共图治平，甚盛举也。故待贾山泽者，群然造庭，如水赴海，而隐者之庐殆空矣。"⑤

---

① 《春明梦余录》卷34《吏部》，第371页。
② 《明史》卷71《选举志》，第1712页。
③ 陈建著《皇明通纪》（上册），第134页。
④ 《明会要》卷49《选举》。
⑤ 高启《送徐先生归严陵序》，《凫藻集》卷2。另见《高青丘集》，第882页。

洪武三年下《开科诏》后，"中外文臣一皆由科举而进，非科举者不与"。然而，朱元璋很快就对科举选士失望了，洪武六年（1373年），下诏废科举，再次改用推举，直到洪武十七年（1384年）才恢复科举。

平心而论，洪武初年朱元璋慕文求贤还是很诚恳的，先是恭请、征召，后来是科举、推荐，而且，起初对待应举的文人也还算是讲道理的。《明太祖实录》说："辟儒士范祖干、叶仪……甚加礼貌，命二人为咨议。仪以疾辞，祖干亦以亲老辞，上皆许之。（祖干）亲孝父母，后皆年逾八十而卒，家贫不能葬，乡里为营冢圹，悲哀三年如一日。上闻其孝行，命旌表其所居曰'纯孝坊'。"洪武二年（1369年），太祖召诸儒纂礼乐书，以维桢为前朝文学大家，遣翰林詹同奉币诣门。维桢推辞说："岂有老妇将就木而再理嫁者邪？"第二年再遣有司促行，杨维桢回复是："皇帝竭吾之能，不强吾所不能，则可；否则，有蹈海死耳。"朱元璋不但大度地应允了他的要求，而且还"赐安车诣阙廷"。杨维桢在金陵前后110天，待所纂叙例略定后，立即"乞骸骨"。"帝成其志，仍给安车还山……宋濂赠之诗曰：'不受君王五色诏，白衣宣至白衣还'"。① 另外，朱升也在洪武二年（1369年）获准辞官老归的申请，被征受命修纂《元史》的高启、汪克宽、胡翰、赵埙、朱右、朱廉等人，书成后也都拒绝了授官，青衣而归，而高启更是拒绝了"户部右侍郎"的要职。

有元一代，读书人尽管一度对废除科举很失望，但是，随着耕隐、艺术、行商等仕途之人生道路的开辟，元末江南文人对于人生价值已经有了新的认识，对于政治大都怀有若即若离的怀疑与逃避心态。这是出身贫苦且对江南文人缺少了解的朱元璋所始料不及的，加之由于朱元璋雄猜多疑，对文武臣工滥开杀戒②，当时大多贤良文士对于受举和应召，都是谨慎而消极的。赵翼指出："明初文人多有不欲仕者……盖是时明祖惩元季纵驰，一切用重典，故人多不乐仕进"；"是时国法严峻，故吴士有挟持者，皆贞遁不出，骯脏以死。"③ 朱元璋对蹈隐不仕的文人也很快失去了耐心，旋即龙威震怒，选择了以刑杀来逼仕。先是洪武初年制定刑法，"寰中士夫不为君用，其罪至抄札"。明代杖刑经常会打死人的，对比于"刑不上大夫"的古训，对文人拒仕处以抄家、鞭笞的责罚，已经是非常严厉了。洪武十八年

---

① 《明史》卷285《杨维桢传》，第7309页。
② 朱升及前修纂《元史》后拒仕归乡的官臣不久几乎全遭罗罪屠杀。洪武朝谏臣茹太素说："陈时务，累万言。太祖令中书郎王敏诵而听之。中言'才能之士，数年来幸存者百无一二，今所任率迂儒俗吏'，言多忤触帝怒。"见《茹太素传》，《明史》139卷，第3987页。
③ 赵翼《廿二史劄记》卷32，第741页。

（1385年），由于"贵溪儒士夏伯启叔侄断指不仕，苏州人才姚润、王谟被征不至"，朱元璋"皆诛而籍其家"，责罚之重已到了杀头和全家流放的地步。以此为例，朱元璋开创性地制定了"寰中士夫不为君用之科"①，专门用来对付受诏不仕的文人。一百多年后，宦奸刘瑾残害贤良文臣王云凤时，还曾有人援引过这条法令，而那时候竟然是要灭族了。

2. 抑商与禁园

明初抑商国策和禁园法令，也对私家园林兴造产生了深刻而直接的负面影响。朱元璋草根出身，重农抑商几乎是朱明王朝立国、治国的自然选择。《明史·食货志》开篇即明言："取财于地而取法于天，富国之本在于农桑。"② 而且，洪武初年很长的一段时间里，大明既不印制纸钞，也不许民间以银交易，贸易往来只许以物易物。朱元璋本人对于"香米"、"人参"、"玉面狸"等珍奇供赋，也斥为"不达政体"。对照元代江南文人造园史就可以看出，这种经国之道，堵死了文人走"野处者得以货雄"的文化置业之路，在经济上消除了江南文人效仿前朝造园清居的基础。

朱元璋坚持"尽罢不急之务以息民"，至正二十六年（1366年），营缮之臣上报钟山天地祭坛宫室图，他对"雕琢奇丽者"，皆"命去之"。同样，对于王公臣僚营造宅第，尤其是造园，朱元璋也立法加以限制。洪武二十六年（1393年）定制："官员营造房屋不许歇山、转角、重檐、重栱及绘藻井，惟楼居重檐不禁……房舍、门窗、户牖，不得用丹漆；功臣宅舍之后留空地十丈，左右皆五丈，不许挪移军民居止；更不许于宅前后左右多占地，构亭馆、开池塘以资游眺。"③ 这就是明初明文禁止造园的"营缮令"。

与抑商相比，朱元璋的禁止营缮园林法令，对私家园林兴造的影响更为直接。洪武后期以降，苏州文人新建宅园，都要在表面上遵守这一法令和巧妙地绕开其制约上动一番脑筋。

3. 移民与重赋

朱元璋洪武初年对吴地居民大规模流徙，以及苛以重赋横征暴敛，明显具有秋后算账的报复心态。明初全国移民规模之大，几乎是空前绝后的，其中以强迫移徙吴民的数量最大。《明史·食货志》，记录了此间移民的概况。洪武元年，先是"徙苏、松、嘉、湖、杭民之无田者四千余户，往耕临濠"，后又"复徙江南民十四万于凤阳"，不久又"命户部籍浙江等九布政

---

① 《明史》卷94《刑法志》;《大诰》:"诸司敢不急公而务私者，必穷搜其原而罪之。凡三诰所列，凌迟、枭示、种诛者，无虑千百。弃市一下数万。寰宇中士大夫不为君用科，自是而创。"
② 《明史》卷77《食货志》，第1877页。
③ 事见《明史》卷68《舆服志》，第1672页。

司、应天十八府州富民万四千三百余户,以次召见,徙其家以实京师,谓之富户"。尽管朱元璋冠冕堂皇的理由是"本仿汉徙富民实关中之制",其根本目的还在于"惩元末豪强侮贫弱","立法多右贫抑富"。① 因此,昆山富豪、玉山佳处主人顾德辉,也被编列在第一批"往耕临濠"的"无田者四千余户"之内,第二年就客死淮上了。东南首富沈万三,更是被举家流徙云南——已经做了皇帝的朱元璋,依然念念不改其仇富、杀富的流民心态。

对于背井离乡的这一部分吴民来说,移民是数十年的伤害,而明初重赋,则造成所有吴民约两百七十余年的困苦。《菽园杂记》对此有系统而扼要的梳理:"苏州自汉历唐,其赋皆轻,宋元丰间,为斛者止三十四万九千有奇(34.9万)。元虽互有增损,亦不相远。至于我朝,止增崇明一县耳,其赋加至二百六十二万五千三百五十石(262.535万)。地非加辟于前,谷非倍收于昔,特以国初籍入伪吴张士诚,义兵头目之田,及拨赐功臣,与夫豪强兼并没入者,悉依租课税,故官田每亩有九斗、八斗、七斗之额,吴民世受其患……况沿江傍湖围分,时多积水,数年不耕不获,而小民破家鬻子岁尝官税者,类皆重额之田,此吴民积久之患也。"②

不管这背后还有多少客观因素,"惟苏、松、嘉、湖,(朱元璋)怒其为张士诚守",乃是最深层次的原因;而"司农卿杨宪又以浙西地膏腴,增其赋,亩加二倍",又显露出为虎作伥、助纣为虐的酷吏嘴脸。而且,此间那个阴鸷残忍的知府陈宁(陈烙铁),也曾一度使吴民之苦雪上加霜。直到宣德五年(1430年),经江南巡抚周忱与苏州知府况钟的恳切求告和委曲算计,这种畸重田赋始略有减少,"东南民力少纾矣"。③

移民以铲除豪门望族,重赋以驱使百姓疲于耕读,不管这两项政策对朱元璋惩罚吴民的初衷收效几何,其对明初苏州园林所造成的影响,是极为广泛而深远的,其后一百年内,苏州再也没有出现元末鼎峙三甲那样规模的私家园林。

由此可见,在元明易代战争的直接打击下,在明初朱元璋逼仕、抑商、禁园、移民、重赋等政策的百般摧残下,明初苏州园林艺术发展进入了严酷的冬季,园林营造在风雨飘摇的环境中走向了沉寂。

二、历经万劫有余生——明初苏州园林艺术的实况

元至正二十八年(1367年)岁末,平江城破,张士诚被擒,东南延续

---

① 事见《明史》卷77《食货志》,第1880页。
② 陆容著《菽园杂记》卷5,第59页。
③ 上三条引文皆出于《明史》卷78《食货志》,第1869页。

约14年之久的战乱终于止息。苏州园林历史也进入了一个新的时代，只是这个时代的起点，是从笙歌散尽游人去、物非人亦非的荒凉局面开始的——元明易代也是江南元末园林主人的大换代。鉴于明初苏州园林"风刀霜剑严相逼"的恶劣生境，今人撰写园林历史的时候，对这一阶段常常一笔带过，甚至只字不提。所有规律总有例外，实际上，尽管生存环境异常严酷，明初苏州园林经历了沉寂与低谷，但是却并没有寂灭，而且很快就顺时应变，获得了新生。

在劫难中幸存或部分残留，并穿越了元明易代之灾的苏州园林，主要有狮子林、大云庵等寺庙园林，以及石碉书隐、耕渔轩等极少数的私家园林。

狮子林历经战乱，至洪武初年依然存在，而且园中山水竹木依然韵致可观。王彝、高启等人的题咏、记文，比较清晰地记录了此间狮子林的林壑风貌。

王彝在《狮子林记》中说，洪武五年（1372年）秋七月，他曾与陈彦濂、张曼端同游狮子林。由于禅林住持如海是其故旧，所以在"问梅阁"住宿了一段时间。因此他"得咏歌其丘与谷者累日"，合计题咏14首诗，并应邀作了记。① 王彝的记文以"狮子峰"为中心，以游山路线为线索，细腻而精确地对园中"狮子峰"、"含晖峰"、"吐月峰"、"小飞虹"、"禅窝"、"立雪堂"、"竹谷"（或作栖凤亭）、"卧云室"、"指柏轩"、"问梅阁"、"玉鉴池"、"冰壶井"等十二景进行了描绘，再现了当年天如禅师"人道我居城市里，我疑身在万山中"的感觉。② 其实，王彝的记文写得很含蓄、很低调，他此番于狮子林小住、游咏，参与的正是"狮子林十二咏"活动——此乃明代开国第一次，也是洪武年间仅有的一次吴地园林文人雅集。今按《吴都文粹续集》中选录的《狮子林十二咏》可知，当时参与雅集的名流还有高启、王行、张适、申屠衡、张简、陶琛、僧道衍（姚广孝）、谢辉等，而徐贲即咏且画，作了《狮子林图》。

相比之下，高启撰写的《狮子林十二咏序》，既有历史钩沉，也有横向比较，抒情显得更加率真，立意更加高远。"夫吴之佛庐最盛，丛林招提，据城郭之要坊，占山水之灵壤者，数十百区，灵台杰阁，甍栋相摩，而钟梵之音相闻也，其宏壮严丽，岂狮子林可拟哉？然兵燹之余，皆萎废于榛芜，扃闭于风雨，过者为之踌躇而凄怆。而狮子林泉益清，竹益茂，屋宇益完，人之

---

① 王彝记文见《王常宗集》（续补遗）。见《四库全书》第1229册，第437页。
② 维则诗《狮子林即景》，见吴企明编著《苏州诗咏》，第104页。

来游而纪咏者益众，夫岂偶然哉？盖创以天如则公愿力之深，继以卓峰立公承守之谨，迨今因公以高昌宦族，弃膏粱而就空寂，又能保持而修举之，故经变而不坠也。由是观之，则凡天下之事，虽废兴有时，亦岂不系于人哉？"①

从高启的序文可以看出，明初狮子林不仅山池依旧、林壑翳然，甚至茂林修竹的韵致也有增无减，并且已经成为当时人们最乐于往游之处。王行说："林在吴城东北陬，萧闲森爽不与井邑类。大夫士之烦于尘坌者，时之焉，师接之未尝倦也。"② 然而，无论是文人的这种园林聚会，还是士民游眺园池，显然都是朱元璋所不乐见闻的。洪武六年（1373年），吴中禅林大规模拆并③，这所古城内外历经战乱而硕果仅存的寺庙园林，也很快趋于衰歇和安静了。其后约七八十年间，无论是历史文献，还是诗文词赋，都很少再有狮子林的痕迹。据说姚广孝永乐年间曾回访狮子林，但住持僧好像没有允许他进门，他也没有留下论及园内山池林木的诗文。④

持续到洪武年间依然残存的寺庙园林，还有郡学东南的大云庵、妙隐庵等南禅兰若，其基础是原沧浪亭："洪武中宝昙师钦奉高皇帝赐额，统之本寺（大云庵），吴中诸兰若多出前代，褒崇至于亲承圣渥，惟此得之。且宝昙遗塔所在，前沼后冈，古松标寿，有广陵南园之旧迹，斯非伽蓝之杰然者欤。"⑤

易学是俞氏一门的世传家学，似乎园子从大师那里获得了灵感和运气，俞仲温传扬家学的研易之所"石磵书隐"，也比较完整地度过了这场大劫难。俞氏历代注讲易学，祖上曾在西山"林屋之角里"筑俞园，后世移居城南采莲里，于五代南园故地得隙地筑园——"吴多佳山水，然郡郭中无长林大麓，其地平衍为万屋所鳞聚，而车驱马驰之声相闻。乃有即其一区之

---

① 高启《狮子林十二咏序》，《凫藻集》卷3。另见《高青丘集》，第666页。
② 王行《题东坡书金刚经石刻》，见《半轩集》（方外补遗）。《四库全书》第1231册，第465页。
③ 文徵明《重修大云庵碑》说："吾苏故多佛刹，经洪武厘革，多所废斥，郡城所存仅丛林十有七，其余寺院庵堂无虑千数，悉从归并。遗基废址，率侵于民居，或改建官署，有基在而额湮者，有名存而实亡者，亦或鞠为荆榛瓦砾之墟并其名与迹而莫之知者。"今按《王常宗集》（续补遗）"癸丑岁（洪武六年）十二月初四夜宿狮子林听雨有作"，可知是年狮子林尚在；按《半轩集》卷四《何氏园林记》，可知广慈庵被毁于洪武六年，是年"吴内附庵尽毁"，综合可知狮子林被迫拆并，大约在洪武七年。
④ 陆深《跋狮子林图》："如海之谢世矣尝闻荣公以少师还吴，访其师于师子林，为所拒。至夜漏深，以微服往，叩后门求见。有僧瞑目端坐，止以手扪其顶，曰：'和尚留得此在？'盖荣公功成贵显，犹本僧服，故不曾蓄发。徐云：'和尚撇下自己事，却去管别人家事，怎么？'荣公怃然而去。"见《俨山集》卷88，第569页。
⑤ 杨循吉《大云庵重建殿宇记》，钱谷选编《吴都文粹续集》卷30。《四库全书》第1386册，第48页。

隙而居焉者，若采莲里之俞氏园而已。"① 至正壬申（1344年），俞仲温"始复其故地二亩余"，题额"石碉书堂"是当时大书法家王元俞（清献公）的手迹。宅院虽小，却前堂后园，景致盎然。洪武初年，园主俞贞木在此园原有书堂外，还增修了一些园林建筑，如咏春斋、端居室、盟鸥轩等，俞贞木皆有记文，此时小园景境已大有可观。

王彝《石碉书堂记》说："有客过其庐间，式之曰：'是南园之居也'，乃下而入谒先生。竢于垣之扉，高柳婀娜，拂人衣裳；黄鸟相下上，或翔而萃，或跃而鸣，泠然有醒乎耳焉。晋于扉之阈，丰草披靡，嘉花苾芬，白者、朱者、绚且绮者，秀绿以藉之，甘寒以膏之，洒然有沃乎目焉。升于堂之阶，客主人拜稽首，琚珩璁如，跪起眸如，为席坐东西，条风时如水来，煦客而燠体，冲然有融乎心焉。"②

俞贞木《盟鸥轩记》说："傍苏城郡之西南际野水，有林木焉，其广袤不知顷亩，空阔葐蒀游者，自能道海鸟从而翔集之林木，不见层轩数楹者，山人俞桢之居也。山人自颜其扁曰盟鸥……鸥盟则举世之人皆不足与盟矣，世皆不足与盟，鸥何疑焉？"③

石碉书隐园子很小，俞贞木记文也不藻丽，也许正是因为小而简约，才没有受到更多关注和法制上的责罚，但是，其中闪烁着的却是文人园林对自由精神与独立人格的最高追求。

在古城东南隅的葑门一带，洪武年间也还有许多前朝园林留下的痕迹。这个地方原是五代时钱文奉的东墅，傃城临河，有良好的造园基础。朱存理在《葑溪编序引》中有些许记录："溪值葑门东，故曰葑溪，予家溪之上，凡累世矣，先公因以东溪自号。溪之流带廛市环城郭，可以耕渔其间而乐为隐也，国朝洪武初尚存。耆旧文物之士，方外高逸之流，能谈说诗书惇行孝弟，习以成俗，而今则衰谢不复得矣。"④ 到朱存理在这里筑园时，前朝流风仅剩下两株古松亭亭如盖了。

除却城内的几处前代园林遗存，城外名园也有历劫余生者，光福徐达左的耕渔轩就是其中一例。洪武初年，历经战乱的耕渔轩已无前朝旧貌，加上新朝各种抑制性的新政，园主也不能再筹办文人雅会，一时间园子基本上销

---

① 俞贞木《咏春斋记》，钱谷选编《吴都文粹续集》卷18。见《四库全书》第1385册，第458页。
② 王彝《石碉书堂记》，《王常宗集》卷1。见《四库全书》第1229册，第399页。
③ 俞贞木《盟鸥轩记》，钱谷选编《吴都文粹续集》卷18。见《四库全书》第1385册，第459页。
④ 朱存理《葑溪编序引》，见《四库全书》第1251册，第606页。

声匿迹了。因此，对明初耕渔轩，今人几乎找不到多少直接资料，但是，这并不说明洪武初耕渔轩已经风烟俱净了。耕渔轩是湖山园，这与狮子林以湖石叠山筑园很相似，山水丘壑并不容易被战火彻底消灭。另外，洪武二十二年（1389年），徐达佐还曾出任建宁郡学训导，六年后（1395年）尽瘁于学宫，可见其家族也不在移民之列。因此，徐达佐"邓山之下，其水舒舒"的"林庐田圃"，可能受到了战乱的损毁，格局可能会收缩，或被分散，其"君子攸居"也不再是"载耕载渔"的耕渔轩，但是，其园林实体应该会有所遗存，稍后文人的诗咏与记文，也可以证明这一点。另外，永乐以降，徐良夫的后人还相继修筑了耕学斋、雪屋等，应该也有耕渔轩的基础和影子，这在后面的相关章节有所论述，此处从略。

在常熟，有徐彦宏为其先人守墓而筑的"桃源小隐"。海虞徐氏本是望族，"其盛时，一门衣冠、文物、室庐、园池之胜，甲于他族。面山有堂，曰致爽堂，前花石森植，一时名公卿与夫四方游士过从，琴咏之乐殆无虚日"。战乱后，"故家旧族无复存者，而彦宏于其间消遥自得"①。

在吴江，有顾叔盛筑堂奉母的"林塘佳趣"。王宾的《林塘佳趣记》说："环堂之左右前后，其为林，贞篁刚柏，覆地隆隆然。气之爽，无可以杂焉。其为塘，香菰幽莲，被水冲冲然。色之靓，无可以亵也。佳哉乎，其趣若好雅澹者，安焉而乐矣。其在嚣哄繁华而富裕者，宁不厌其岑寂乎？"② 王汝玉有《林塘佳趣》诗，谢应芳97岁高龄时，还写了《林塘幽为邹士文赋》，永乐年间谢晋还有《顾孝子林塘佳趣》诗。可知，此园池自元末构筑到洪武中，乃至永乐间，仍遗存未废。

如果朱元璋以为，通过禁止造园法令及逼仕、移民、重赋等政策，就能完全抑制东南文人筑园逍遥，那么他就低估吴民居园而隐的热情了。如果今人因为客观环境异常恶劣，就以为洪武年间苏州不可能有新造园林，那么就低估园林艺术的生命力了。实际上，洪武年间，江南文人虽然不敢大张旗鼓地营造城市山林，但结庐而居、入园逍遥的精神追求，以及造园活动，却并未中断过。为躲避朱元璋法令制度的责罚，此间吴地文人新造园亭，都必须在形制、规模、命名上努力掩人耳目，造园活动多采用化整为零的形式，而且，选址多集中在湖山乡野之间，颇有六朝高士山林野处的味道。此间文人这样园田合一的隐处，数量之大一时难以完全统计。鉴于谢应芳既是前朝文人集团的遗士，又高寿至洪武末期（1392年），因此，笔者选择其《龟巢稿》，对

---

① 释妙声《桃源小隐记》，见《禅门逸书》，第60页。
② 王稼句编注《苏州园林历代文钞》，第203页。

其中写于老年时的园记进行梳理分析，以期获得窥一斑而知全豹的效果。

《野人居记》记述了谢应芳好友吴中行的湖滨野处。此"吴中行"乃洪武年间亦儒、亦医、亦侠、亦隐的避世之士。① 而非万历年间那个受杖刑的言官"吴中行"。此居远离城郭："淞江之滨，桑麻之野，萧然一室"，吴氏于其中"乘乎蔬食之乐"，"缩首闭门，百念灰冷，独研精古圣贤医药之书，以事其亲，以济夫人，暇日则携杖屦，往来溪山间，与岩穴吟啸者游，耕蓑钓笠交亦无间，情真而不边幅，语朴而无贝锦，沧浪濯足，或坐终日茅檐炙背，或谈千古桃花流水"。②

《雪洲记》记述了吴江"赵执中"的野处"雪洲"。居处于淀湖之西、陈湖之东，"其墟落乃一洲渚耳"。所居"阶庭之间，竹有苍雪，明窗素几，寂无纤尘"。赵君性喜雪，冰雪之季，于雪洲"歌黄竹而悲"，"独傲兀吟笑于沧洲之上，或终日竟夕而忘归焉"。③

洪武辛亥（1371年），谢应芳为秦宜仲的书斋"竹梧书房"作记，④ "所居环堵之外，皆焦墟灌莽"，尽管如此，在谢氏看来，此居处、此题额，与当年"阶庭之间，巨竹数百，双梧玉立，绿阴苍雪，清气袭人"的"高垣大宅"之间，精神含义并无二致。

《斗室记》中，主人虽为吴越王钱氏后裔，家族、姻亲既富且贵，却"往来云间，筑室采邑凤山屏，其前淞水襟带，其左右屋栽三楹，高不过寻丈，而延袤深广如之"，钱氏卜居僻地的深处原因，乃是"其志未尝不澹然也"。⑤

洪武十六年（1383年）五月，谢应芳为昆山蒋秉彝作《书屋记》时心情最为复杂，记文结尾情不自禁地点明蒋氏书屋："在昆山城西，九里桥之南。"谢氏满怀隐衷地说："其江山景物无关于书屋者不书，特以其心迹之！"⑥——此地正是元末文人曾五十余次雅集的顾德辉玉山佳处，谢氏早年曾多次于此地流连酬唱！

谢氏《龟巢稿》中还有《菊轩记》、《思斋记》、《白云亭记》、《逸庵记》、《持敬斋记》、《芸室记》等，皆作于其耄耋之年，所记皆文人逃隐山林江湖的野居。其垂暮之际的两首诗歌，或许可以对文人这种白屋处田野、

---

① 释妙声《东皋录》卷上有《吴中行野人居》诗，按谢应芳《龟巢稿》卷5《吴中行惠方竹杖》、卷9《赠医士吴中行序》，可知吴中行乃谢应芳老年知交、心友，卒年约在谢氏80岁（年）之前。
② 谢应芳《野人居记》，见《龟巢稿》（下）卷15，第385页。
③ 谢应芳《雪洲记》，见《龟巢稿》（下）卷15，第387页。
④ 谢应芳《竹梧书房》，见《龟巢稿》（下）卷15，第390页。
⑤ 谢应芳《斗室记》，见《龟巢稿》（下）卷15，第398页。
⑥ 谢应芳《书屋记》，见《龟巢稿》（下）卷15，第414页。

高卧听松风的耕隐园居做最简洁的概括。

　　双眸半瞎耳全聋，年及新丰折臂翁。孤陋一生栖白屋，虚灵方寸炯青铜。人如禽犊真堪耻，家有诗书未是穷。——《述怀》

　　香风袅袅花满林，花间鸟有快活吟……昏鸦占尽故林树，老鹤孤飞无宿处。东门种瓜官道边，菟裘择邻迁复迁。大儿横山薜萝屋，小儿东洲秭稗田。耕桑汲汲养吾老，晨昏定省俱舍旃。每逢暑月多昼眠，小窗看竹风泠然……——《穷快活》。①

　　另外，此间还有一处私园是必须要辨析的，那就是何朝宗的何氏园林。顾凯先生依据王行的《何氏园林记》，认为这是当时城内"仅见于记载的洪武年间苏州新建的园林，也是整个江南地区记载最详细的造园"。② 其实，此乃是明初的乌有之园，是仅仅停留在纸书上的想象园！该园记收录在王行的《半轩集》卷四："今间邱坊内，人唤为孟园，思陵常书'城市山林'四字赐之，可以想见当时之景象矣。宋亡园废，释某者得之，构为僧舍，谓之广慈庵，土木华盛矣。洎吴内附庵尽毁，为弃地者十五年，而属之何氏……翁既得是园，积土为邱，象越之曲山阿，盖其旧所居处也，因即其名而名之曲山。山之左有砾阜，曰玲珑山，山之麓有泉林，有茶坡、有按花坞、有杏林、有药区，至于桃有蹊，竹有径，涵月有池，藏云有谷。而曲山之南，则将筑为丹室，辟为桂庭，庭外为松门，门之外曲涧绕之，石渠通焉。园之杂植庞薮，亦皆森蔚葱蒨，纷敷而芳，郁日以清胜。予总为目之曰何氏园林……然则何氏园林，吾将见其为永久之传矣……洪武二十一年春二月甲子。"③

　　这篇记文洋洋洒洒约六百字，所记园子景境优美，且功能齐全，可登山、玩水、赏月，可种茶、竹、药、花、杏、桂、桃、松等，宅园合一，可耕可读，俨然一个与朱长文乐圃相似的大园子！笔者判定其为乌有园，理由有四：

　　第一，王彝作此记文时，何氏还没来得及实施造园工程。洪武六年（1373年）朱元璋大规模拆并江南禅林，广慈庵也于是年荒废，狮子林也旋即遭殃。十五年后，即洪武二十一年（1388年）何氏始得此地，王行作记文就在是年二月，可知王行园记写于何氏刚刚获得此地之时。旧园改造最多就是新开工，可能还在讨论、筹划阶段。

　　第二，王行也没有隐瞒真相，园记中有"将筑"、"将见"、"丹室有成，

---

① 两首诗分别见《龟巢稿》（下）第213页、232页。
② 顾凯著《明代江南园林研究》，第21页。
③ 见王稼句编著《苏州历代园林文钞》，第84页。

足以安吾之暮景"等几处，明显用了将来时态，说明园景尚未建成。园记中模仿越中山水的曲山，只是对旧园既有土山遗迹的改造设想。

第三，如果园记所描述的情形已被物化，何园无疑是洪武年间吴地城市园林中的佳山水，当时文人文集中肯定会有较多的记录，但是，流传下来的文献中，并没有其他的相关文字。

第四，洪武年间，江南富人一般不敢显山露水，而筑造这样一个园子，既耗资巨大，且颇费时日。而且，此记文写后五年——洪武二十六年（1393），朱元璋就颁行了禁止臣民造园亭、开池塘"以资游眺"的禁园法令。面对历史上屠戮文人最为血腥的时代，何氏不可能无视时政与法令。因此，何园林不仅王彝写记文时还停留在纸上，而且最终也没能建成。

第四节 从绚烂复归平淡——元末明初苏州园林艺术形式与审美追求的变迁

学而优则仕。仕途功名是中国古代文人最主流的人生道路，如果从自由、尊重、恩遇三个方面，来观察古代文人从唐代至明初政治人生的命运变迁，就会发现，这一轨迹经历了一个大大的过山车。大唐约三百年里，虽然长期笼罩着武人政治的光影，但是文人既有自由，也受尊重，政治待遇也比较优厚。两宋三百余年里坚持文人政治，君恩优渥，文人拥有其他时代不可比拟的尊重与自由。元代废除科举后，文人命运突变，降至与乞丐在伯仲之间的窘境，而江南文人所受到的尊重、恩遇更是趋于冰点，但是，他们仍然享有自由，可以选择放弃和逃避。到了明初，朱元璋对待文人的逼仕政策，如虎狼驱羊，文人连元代时那点自尊、自由也失去了。元末明初，文人在政治生活中的命运变迁，是这一时期苏州园林艺术形式与审美追求变化的起始点与支撑点。

一、批风抹月四十年——元末吴地文人的人生追求与园林意趣

对于吴地文人来说，元代89年统治实在是个不幸历程，前期四十余年的废除科举与种姓制度，造成了他们社会地位的骤降，人生曾极度迷茫与失望，后期四十余年里，他们则长期生活在"山雨欲来风满楼"的恐惧之中。然而，元代文人拥有古代文人最难得的自由，尤其是元末吴地文人，一旦彻底卸下了家国责任，于仕途经济之外开辟了艺术人生之路以后，他们获得了身心合一的完全自由，正如乔吉《自述》所言："不占龙头选，不入名贤传。时时酒圣，处处诗禅。烟霞状元，江湖醉仙。笑谈便是编修院。留连，

批风抹月四十年。"① 因此，他们又很幸运。

1. 元末吴地文人的人生追求

吴郡文人新的人生支点，与繁荣的城市商品经济息息相关，他们或从艺，或从商，或耕隐。在这些道路上，他们不但得以安身立命，充分享受了自由人生，还赢得了充分的尊重，再次找回传统文人傲视王侯、超然物外的自尊，实现了于传统仕途之外的人生重塑。到了元末，苏州文人不仅完成了从被动选择到主动适应的过渡，而且非常珍惜这种无牵无碍、逍遥自得的人生方式。他们"不问龙虎苦战斗，不管乌兔忙奔倾"，②各自以文人、艺人、释僧、道人、山人、渔者、耕夫等等不同装扮，躲避于纷扰世务之外，可以说，艺术与逃隐，是与元末吴地文人一生关系最为密切的两个词汇。

董其昌说："胜国之末，高人多隐于画。"③ 若说得再完整一些，元末吴地文人多是游隐于艺术，《金兰集》、《玉山名胜集》中的那群文人莫不如此。他们不仅文学素养深厚，在音律、书画、金石等方面，也代表了那个时代的最高水平，而元末四家、北郭十友等，则是其中的翘楚。

元末文人本来对世事已经不很着意，而元末时局更是到了纷乱难为、大难临头的边缘。王冕甚至指着大都燕京说："不满十年，此中狐兔游矣。"④ 因此，吴地文人除隐于艺术之外，更多的便是隐于佛老。他们虽然并不刻意持斋受戒，也不在意受箓炼丹，但是，绝大多数都在思想观念上倾向于释道，许多人还有释道名号，俨然寄身方外的居士。筹办了五十余次文人雅集的东道主顾德辉，自号金粟道人，"尝自题其像曰：儒衣僧帽道人鞋，天下青山骨可埋。遥想少年豪侠处，五陵鞍马洛阳街"。⑤ 钱塘人张伯雨，20岁时受箓入道，后居茅山崇寿观。倪云林"据于儒，依于老，逃于禅"，⑥ 有幻霞生、净民居士、净明庵主等名号。其他如吴仲圭兼有释、道两个名号；梅花和尚、梅花道人；吴兴人王蒙号黄鹤山人；姚广孝法号道衍；黄公望入全真门，号一峰、苦行净墅、大痴翁等；高启号青丘子；杨维桢投身道教，号铁笛道人、铁道人；于立号虚白子；张简自号云丘道人；徐达佐号耕渔子……

值得一提的是，隐居曾是元末文人的普遍现象，刘基、宋濂等后来辅佐朱元璋开创大明江山的许多文人，也曾有隐居的经历。然而，与刘、宋等人

---

① 隋树森纂《全元散曲》，第575页。
② 高启《青丘子之歌》，《明诗综》卷9。另见《高青丘集》，第433页。
③ 董其昌题《曹真素山水轴》，《珊瑚网》卷33，见《四库全书》第818册，第627页。
④ 宋濂《王冕传》，见陈葛满《宋濂诗文评注》，第13页。
⑤ 顾德辉《玉山璞稿》，见顾嗣立编《元诗选》(初集)，第2321页。
⑥ 倪云林《德常张先生像赞》说："其据于儒、依于老、逃于禅者欤？"《立庵像赞》说："是殆所谓逃于禅、游于老而据于儒者乎？"《清閟阁全集》卷9，见《四库全书》第1220册，第297、298页。

隐居以等待时机不同，苏州文人的逃隐，乃是对传统人生价值观念的超越与反思，是有着全新自我价值与人生快乐追求的主动选择。他们以道相招，以道自高，无论在艺术造诣上，还是文化修养上，都是那个时代第一流。他们有能力自外于政治独立生存，而且生活方式得其所哉、其乐陶陶。因此，无论是对于蒙古贵族，还是对于张士诚、朱元璋，他们都怀有不合作的排斥心情。或者说，他们拒绝的不是某一政权，而是拒绝选择仕宦人生。加之张士诚、朱元璋、方国珍、陈友谅等人出身非贼即寇，他们也耻于与之为伍。所以，绵延不断的战争给他们带来的，不是实现抱负的机会，只有山雨欲来前夕的绝对烦扰和恐惧。因此，元末吴地文人普遍具有及时行乐、秉烛夜游的世纪末心态。大痴道人黄公望82岁时的一首诗歌，可以概括他们的这种人生追求和末世心态：

    人生无奈老来何，日薄崦嵫已不多。
    大抵华年当乐事，好怀开处莫空过。①

2. 元末吴地文人的园林意趣

  无论是载耕载渔，还是游隐于艺术，或者是逃禅于释道，元末吴地文人几类人生方式的选择与实现，都与园林艺术关系密切，这就是元末苏州盛行造园的根本原因。他们用园林的篱墙来隔绝尘嚣，用鸟语花香、竹木丰茂来驱散积压在心中的恐惧。文人对造园过程的深度参与，拓展了他们对于园林的寄托与追求，园林中的文人活动内容也因此丰富起来。这也大大加快了园林艺术与绘画、诗歌及书法艺术的深度融合，加速了苏州园林艺术的雅化进程，而写意造园手法也因此获得了长足发展。同时，元末苏州园林审美也明显呈现出着意取幽、一心好静的倾向。即便是在喧闹的城内，绿水园"近虽破废，然宽闲幽静，犹可以钓游"②；乐圃林馆"园池虽市邑，幽僻绝尘缘"③；狮子林"人道我居城市里，我疑身在万山中"④。在某种程度上，这也是对私家园林走向郊野与湖山趋势的呼应，凸显出文人园林艺术在城市商业经济繁荣大势之下的鲜明的文人艺术审美特性。

  然而，元末吴地文人越是消极逃避，对现实的危机认识就越清醒——他们几乎把所有的淡定、释然，都写进了书画、诗文和园景中，却把焦虑、忧惧留在了内心深处。因此，在元末吴地文人园林意趣中，典雅与世俗并举，

---

① 黄公望《次韵梧竹主人所和竹所诗奉简》，见顾嗣立编《元诗选》二集，第746页。
② 高启《绿水园杂咏序》，《凫藻集》卷3。另见《高青丘集》，第905页。
③ 张适《乐圃林馆》诗，钱谷选编《吴都文粹续集》卷17。见《四库全书》第1385册，第413页。
④ 维则《狮子林即景》诗，见吴企明编著《苏州诗咏》，第104页。

素淡与奢华并存，园林主人们表象洒脱而内心惶惶，以至于在营造园林和享受园居生活中，充满了弃中用极的味道。

汉魏时期，清雅、自然就已经成为苏州文人私家园林的主要特征之一。晚唐陆龟蒙的宅园、北宋朱长文的乐圃，兼有了某些生产园特征，既有诗文茶弈之雅，也有柴米果蔬之俗。元末苏州文人造园，则把园林雅事与凡人俗事皆发挥到了极端。

"湘帘半卷云当户，野鹤一声风满林"①，倪云林宅园如清閟阁、云林堂、萧闲馆等，可能是元末吴地最为典雅的园子了。在文献记载中，清閟阁几乎是绝无纤毫尘埃的冰清玉洁之境。"阁如方塔，三层疏窗，四眺远浦遥峦，云霞变幻，弹指万状。窗外巉岩怪石，皆太湖、灵璧之奇，高于楼堞。松篁兰菊，茏葱交翠，风枝摇曳，凉阴满苔"——景境清雅，仅是清閟阁之雅的第一层次。"阁中藏书数千卷，手自勘定，三代鼎彝、名琴、古玉，分列左右，时与二三好友啸咏其间"②——典坟之文雅、玩器之古雅、与道友酬唱之风雅，乃是清閟阁之雅的第二个层次。倪云林近乎痴绝的肃客、好洁、洗桐等诸多逸人雅事③，把清閟阁之雅意，推向了几乎不食人间烟火的极端之境，以至于常熟巨富曹善诚专门在园中"种梧数百本，客至则呼童洗之"④，以效尤之，在流传至今的元末文人画中，此类幽雅清居是文人园林最主流的艺术风貌之一。

为了充分营造园林景境的雅韵，元末文人特别重视对竹、梅、松、菊等文人雅友的选配，其中尤以种竹为最，几乎到了无竹不成园、不可一日无此君的地步。至正二十二年秋（1362年），倪云林为道友王仲和绘《水竹居》，自题诗曰"吴下人多水竹居"，并作了跋注："兄吴城宅中有水竹居，闻甚清邃。兵后，其地以处军卒，因迁居松陵南湖之上，亦种竹疏渠，婆娑其间，比之城中尤清旷也……水竹居，吴人多用之，类皆凿池种竹，以为深静爽朗。予至吴中士大夫家，每见如此，故篇中悉及之。"⑤

在其他名园中，倪云林的清閟阁是"竹摇棐几常开帙"⑥；徐达左的耕渔轩是"竹间幽径野泉侵"⑦；顾德辉玉山草堂是"瘦影在窗梅得月，凉阴

---

① 陈方《题清閟阁》，见顾嗣立《元诗选》三集，第474页。
② 以上两处引文皆出自《倪瓒清閟阁稿》，见顾嗣立《元诗选》初集，第2091页。
③ 诸逸事分别见《清閟阁全集》卷11《云林遗事》，见《四库全书》第1220册，第318～322页。
④ 《元明事类钞》卷36《新水沃桐》，见《四库全书》第844册，第577页。
⑤ 《六研斋笔记》卷2，《倪云林水竹居图跋》诗并序，见王稼句编《苏州园林历代文钞》，第217页。
⑥ 马麟《题清閟阁》，见黄苗子、郝家林著《倪瓒年谱》，第162页。
⑦ 倪云林《十三日晚步良辅南园》，《清閟阁全集》卷6，见《四库全书》第1220册，第246页。

满席竹笼烟"①；高启家园"别来几何时，旧竹已成林"②；宁昌言的万玉清秋轩"废尽东吴旧庭院，扶疏修竹为谁清"③；张适乐圃林馆是"开径曾妨竹"，"还同水竹居"，"翠低承雨竹"，"荆扉向竹开"，"竹藏鸠子哺"④；对于狮子林来说，竹不仅是青青法身，而且是园林造境最主要手段。王彝说："杂植竹树丘之北，洼然以下为谷焉，皆植竹多至数十万本。"⑤ "客来竹林下，时闻涧中琴。经房在幽竹，庭户皆春阴。孤吟遂忘返，烟景生愈深。"⑥禅林几乎成为竹海

此间，还有一些乡村小园，呈现出自然简朴的素淡风貌。"隐君于此揽清华，小筑茅堂傍水涯。蒲柳高低迷晓岸，凫鹭来往弄晴沙"⑦，陆德原松江之滨朴素无华的笠泽渔隐，就是一派乡村田园风光，可以被视作是素淡风格园池的代表。然而，总体来说，元末苏州许多名园在景境营造上，还是典丽有余而朴素不足的，有些造园细节甚至过于绚丽，显示出比较浓厚的俗韵。

元末吴地园林的世俗与奢华意趣，主要表现在园林筑造与园林生活两个方面。

莫震说："嗟夫！吾苏当胜国时，习俗以奢靡相高。豪门右族，甲第相望，若沈、葛之徒，驰名天下。其崇台峻榭，珍木异石，所以侈春妍而藏鼓舞者，比比皆是。"⑧ 在园林筑造方面，清閟阁、玉山佳处等皆有典丽至极而近于奢华的痕迹。清閟阁窗外"巉岩怪石，皆太湖、灵璧之奇，高于楼堞"，室内"三代鼎彝、名琴、古玉，分列左右"。玉山佳处中不仅充斥着"古书、名画、彝鼎、秘玩"，以及"高可数寻"的奇石，而且，园景中的"小游仙楼"、"湖光山色楼"等，皆为当时不多见的园林楼阁。

当时最为奢华的文人造园，可能要算是常熟曹善诚的梧桐园了。魏嘉瓒先生在《苏州园林式》中转述了倪云林和杨维桢分别在曹氏园中赏荷花及海棠的故事："曹氏曾邀倪云林往看荷花，倪氏登楼之后，仅见空庭。饭后再登，俯瞰方池，已见荷花怒放，鸳鸯戏水，倪氏大惊。此乃主人预蓄盆荷

---

① 顾德辉《题玉山草堂》，见《玉山名胜集》卷上，第13页。
② 高启《始归园田》诗，《大全集》卷7。另见《高青丘集》，第292页。
③ 刘铉《题万玉清秋图》诗，钱谷选编《吴都文粹续集》卷17。见《四库全书》第1385册，第656页。
④ 分别出自姚广孝《题张山人乐圃林馆十首》之二、四、五、六、八，见钱谷选编《吴都文粹续集》卷49。《四库全书》第1386册，第542页。
⑤ 王彝《游狮子林记》，《王常宗集》（续补遗）。另见王稼句编《苏州园林历代文钞》，第32页。
⑥ 徐贲诗《狮子林竹下偶咏》，《北郭集》卷5。另见成乃丹选编《历代咏竹诗丛》，第800页。
⑦ 杨基《次韵笠泽渔隐二首》，见《草堂雅集》卷1。《四库全书》第1369册，第179页。
⑧ 莫震《水竹居图跋》，《平望志》卷16。另见王稼句编《苏州园林历代文钞》，第216页。

数百，庭深四尺，通以小渠，花满决水灌之，复入珍禽野草，有若天然。又邀杨维桢往看海棠，杨至不见。少许出女妆一队，约二十四妹，悉茜裙衫，上下一色，绝类海棠，谓为解语花。"①

从转述的这一材料来看，曹善诚园的世俗与奢华，已经到了挥金如土、暴殄天物的地步了。魏先生未交代文献出处，倪云林梧桐园赏荷故事。亦可见于童寯先生的《江南园林志》中，杨维桢赏海棠故事，今按都穆的《都公谭纂》及徐应秋的《玉芝堂谈荟》，其中所记载的杨维桢访马驮沙（靖江）富豪李时可的故事，与此颇有几分相似之处。

《都公谭纂》："时可读书工文词，以家资垟封，颇事侈靡。杨廉夫闻其名，尝往访之，时可出迎数里。廉夫饭之舟中，所用皆碧玉器，意欲夸示之。抵其家，觉无甚异。时可有园，樱桃树八株，下各置一案，案面皆玛瑙玉器称是，每客一美姬侍，共摘樱桃荐酒，名樱桃宴，廉夫大悦。时可家复有荷花宴，每花时，设几十二面，皆嵌以水晶，置金鲫鱼其下，上列器皆官窑。间出歌伎，为霓裳羽衣之舞，一时豪丽，罕有其比。"②

《玉芝堂谈荟》："杨维祯挟四青衣浮江过其家，时可延之舟中。舟中之器黄金、犀毗相半也。宴客樱桃下，玛瑙作垆，红氍毹覆之三，数丽人行酒，并绝代。以赤玉盘盛脯，白玉斗盛浆，皆盈尺。维祯为色动，后赏莲花，水晶为池，砌空其中，置金鳞、翠藻，食器皆南越秘色磁。其豪侈如此。"③

这等奢华可能连开国之初的朱元璋也难以做到。如果一定要在当时找出一个比曹善诚、李时可造园更豪奢的人，可能就只有那个沈万三了。《云蕉馆纪谈》说："沈万山（沈万三）既富，衣服器具拟于王者。后园筑垣，周回七百二十步，垣上起三层，外层高六尺，中层高三尺，内层再高三尺，阔并六尺。垣上植四时艳冶之花，春则丽春、玉簪，夏则山矾、石菊，秋则芙蓉、水仙，冬则香兰、金盏，每及时花开，远望之如锦，号曰秀垣。垣十步一亭，亭以美石香木为之，花开则饰以彩帛，悬以珍珠。山尝携杯挟妓游观于上，周旋递饮，乐以终日，时人谓之磨饮垣。外以竹为屏障，下有田数十顷，凿渠引水，种秫以供酒需。垣内起看墙高出里垣之上，以粉图之，绘珍禽奇兽之状，杂隐于花间。墙之里四面累石为山，内为池山，莳花卉，池养金鱼，池内起四通八达之楼，面山看鱼，四面削成桥，飞青染绿，俨若仙区胜境。矮形飞檐接翼，制极精巧。楼之内又一楼居中，号曰宝海，诸珍异皆在焉。

---

① 魏嘉瓒著《苏州古典园林史》，第186页。
② 都穆《都公谭纂》，见车吉心主编《中华野史》（明史），第1945页。
③ 徐应秋《玉芝堂谈荟》卷3，第25页。

山间居则出此处以自娱。楼之下为温室，中置一床，制度不与凡等。前为秉烛轩，取'何不秉烛游'之义也。轩之外皆宝石，栏杆中设销金九朵云帐，四角悬琉璃灯，后置百谐桌，义取百年偕老也。前可容歌姬舞女十数。轩后两落有桥，东曰日升，西曰金明，所以通洞房者。桥之中为青箱，乃置衣之处，夹两桥而长与前后齐者，为翼寝妾婢之所居也。后正寝曰春宵涧，取'春宵一刻值千金'之义。以貂鼠为褥，蜀锦为衾，氂绡为帐，用极一时之奢侈……其后花园有探香亭于梅花深处，或祷宿于梅树之下，略有一丝文气。"①

沈氏不属于文人，所造宅园充满珠光宝气，几乎与盛世的皇家园林难分伯仲，园子却没有多少雅意，只剩下了奢靡与低俗。中古以降，苏州再无皇家园林，而沈万山以白衣天子自况，营造这等穷奢极欲的宅园，又偏偏撞上出身贫苦、仇富好掠的朱元璋，被诛身与流徙自是必然结局。张士诚兄弟据吴期间也营造了奢华的园池，他们也不属于文人，其园林也就是土皇帝苟且作乐、呈豪炫富的大宅院而已。《农田余话》中说："张氏割据时，诸公经国为务，自谓化家为国，以底小康。大起宅第，饰园池，蓄声伎，购图画，惟酒色耽乐是从。民间奇石名木，必见豪夺。如国弟张士信，后房百余人，习天魔舞队，珠玉金翠，极其丽饰。园中采莲舟楫，以沉檀为之。诸公宴集，辄费米千石。皆起于微寒，一时得志，纵欲至此。"②

在园林生活方面，元末吴地文人的世俗趣味，还集中表现在园中的燕乐上。文人聚会之所以被称为雅集，一来是因为清流咸集、难得一会，二来是集会中多文德雅事。燕乐本是文人雅会的一种方式、一项内容，文人雅会上常见的活动有题诗记文、作书绘画、听雨听松、种菊种竹、观鱼赏月、谈玄论道、抚琴啸歌、对弈投壶、品茗品藻、流觞燕饮等等。永和九年（353年）的兰亭雅集，乃是此类雅事的典范。然而，元末吴地文人聚会宴乐期间，雅事很多，而低俗之事也不少，尤以耽于酒色和狎弄声伎为最。《元明事类钞》说："阿瑛筑玉山草堂，园池声伎之盛甲于天下，四方名士常住其家。有二伎，曰小琼花、南枝秀者，每遇宴会辄会，侑觞乞诗，风流文雅著称东南。"③从杨维桢《玉山雅集图记》中可以看出，顾德辉燕乐文友时，以侍妓相伴，已经成为常例："鹿皮衣，紫绮坐，据案而申卷者，铁笛道人会稽杨维祯也。执笛而侍者，姬翡翠屏也。岸香几而雄辩者，野航道人姚文奂也。沈吟而痴坐，搜句于景象之外者，苕溪渔者郑韶也。琴书左右，捉玉尘座从容而谈笑

---

① 孔迩述《云蕉馆纪谈》，见车吉心主编《中华野史》（明史），第2页。
② 见于张紫琳《红兰逸乘》，见《苏州文献丛钞》第295页。
③ 姚之骃《元明事类钞》，卷17。见《四库全书》844册，第280页。

者,即玉山主人也。姬之侍者为天香秀。屏卷而作画者,为吴门李立。傍视而指画者,即张渥也。席皋比曲肚而枕石者,玉山之仲晋也。冠黄冠坐蟠根之上者,匡庐山人于立也。美衣巾、束冠带而立,颐指仆从治酒者,玉山之子元臣也。奉肴核者,丁香秀也。持筋而听令者,小琼花也。"①

对比《竹林七贤图》中执壶、添薪的童子,两幅文人聚会的雅俗之别一目了然。倘使仅以侍妓研墨敷纸、劝酒索诗,也可以算作亦俗亦雅吧,然而,杨维桢以"鞋杯"取乐,怎么看都是庸俗不堪的龌龊爱好:"铁崖访瞿士衡,饮次脱妓鞋,置杯行酒,名曰鞋杯。……杨廉夫耽好声色,一日与元镇会饮友人家,廉夫脱妓鞋,置酒杯其中,使坐客传饮,名曰鞋杯。元镇素有洁疾,见之大怒,翻案而起,连呼龌龊而去。"②

杨铁崖素以好色闻名③,晚年仍然喜欢狎弄声伎,家中妻妾成群。在当时的文人圈子里,就有人对其迷恋声色的行径嗤之以鼻,王彝甚至作文指斥其为文妖。④ 这次偏偏撞上素以高雅和洁癖著称的倪迂,不欢而散自是必然。杨氏乃当时东南文坛盟主,他这庸俗不堪的嗜好,也使所谓文人雅会大失水准。

另外,玉山佳处这样高频次的为集会而集会,每聚会则燕饮、分韵,为作诗而作诗,其实已经不是传统意义上的雅会了,而是在末世心态折磨下的及时行乐,是感觉到时不我待后的放纵与狂欢。这一点顾德辉说得非常清楚:"缅思烽火隔江,近在百里,今夕之会,诚不易得,况期后无会乎?吴宫花草,娄江风月,今皆走麋鹿于瓦砾场矣。独吾草堂,宛在溪上。予虽祝发,尚能与诸公觞咏其下,共忘此身于干戈之世,岂非梦游于已公之茅屋乎?"⑤

因此,琴棋书画也罢,酒色财气也罢,他们无所不可,也不想计较。他们一面故作放达地自营坟墓、得过且过⑥,嚷嚷着"便呼老仆荷锸随,醉死何妨即埋我"⑦,一面又因心神不宁、汲汲皇皇追求着享受人生,为元末苏州文人园林平添了浓厚的世俗味道。

二、寒光霁色满湖山——明初苏州文人造园形式与审美转向

尽管对于出身卑微、多疑善变的朱元璋十分鄙视,对于明初重赋、移

---

① 杨维桢《玉山雅集图记》,见顾德辉纂《玉山名胜集》卷上,第47页。
② 见《元明事类钞》卷30。《四库全书》第884册,第494页。
③ 吴景旭《历代诗话》卷70:"廉夫晚寓松江,优游光景,殆二十年。姬妾十数人,曰桃叶、曰柳枝、曰璚华、曰翠羽……年既八十,精力不衰,璚华尚有弄璋、弄瓦之喜。"
④ 参考《明史》卷285《文苑列传》。
⑤ 顾德辉《口占诗序》,见《玉山名胜集》卷上,第144页。
⑥ 顾德辉在玉山佳处有自营坟墓"金粟冢。"
⑦ 袁华诗《郑明德先生卖寿器以赘塯,玉山道人复赠一棺,赋诗以谢,邀予次韵》,见《耕学斋诗集》卷5。《四库全书》第1232册,第301页。

民、逼仕等制度充满腹诽，但是吴地文人很快就看清了朱元璋的残忍与专横，也认清了现实的严酷与凶险，也不敢像前朝那样高调地隐遁，明目张胆地造园了。洪武五年（1372年）的"狮子林十二咏"成为他们忘情游园和雅集的绝唱。即便在诗文中，他们也不敢率意地抒情言志，许多时候还不得不违心地粉饰太平。如高启在诗歌中说："父老喜我归，携榼来共斟。闻知天子圣，欢然散颜襟"①；谢应芳亲历了太祖平吴，期间几乎家破人亡，此时却作了《五噫歌》以应制："大明胡为而翳兮？噫！大凶胡为而裂兮？噫！……"追忆辞官回乡时说："大明赫赫照中天，东风送我还乡船。"②尽管文人小心翼翼、如履薄冰，却依然多遭屠戮，鲜有善终，因此，得以逃避在野的文人，大都坚决选择了抱道而隐的人生。

各种粗暴的高压政策，文人噤若寒蝉的生存状态，对苏州园林艺术的发展造成了重创。早在南宋时，苏州文人造园已经出现了向湖山与郊野转移的倾向。在严酷的现实面前，明初苏州文人卜居继承了宋元以来的这一转向。由于忌惮于各种法令制度的处罚，加上受到经济实力的限制，明初文人围绕宅居所造的山野小园，具有浓郁的时代特殊气息。

从艺术形式和建筑体量上看，明初吴地文人没有类似于前代那样大规模的造园活动，而是采取了化整为零的方式，在乡村、湖畔的宅园近旁，依山傍水地零星营构一轩、一亭、一榭、一斋等建筑小品，来实现园居的梦想，寄托不俗的雅怀。如吴江孙氏的"小隐湖楼"：

太湖三万六千顷，小楼寻常盈丈间。
高情自寄烟水阔，长啸不惊鸥鹭闲。
白日看云当槛过，清宵放月照琴还。
谁家燕子空缭绕，惟待秋风坠绿鬟。③

洪武年间流传下来的文人山水园林画卷极少，但是此类园林小品在当时文人的诗文集中多有记述，尤以谢应芳《龟巢稿》最为集中，如"斗室"、"思宅"等，前一节中已有列举，这里不再重复。另外，洪武间苏州郡学训导寄翁先生朱应宸有方丈之居，题名为"蜕窝"，王行《蜕窝记》说："家辟一室，方不逾寻丈，扁曰'蜕窝'……乃自足于寻丈之窝焉，岂非寡欲之一端与？推是一端，余固可见，则超乎高明之域，必自此窝始矣。"④ 可见，朱应宸的蜕窝，也是以寻丈斗室来寄托超乎红尘俗世之怀的园林小品。

---

① 高启《始归园田》诗，《大全集》卷7。另见《高青丘集》，第292页。
② 《五噫歌》见《龟巢稿》（上）卷3，第124页；《穷快活》见《龟巢稿》（下）卷13，第232页。
③ 虞堪《题吴江孙氏小隐湖楼》诗，《希澹园诗集》卷3。见《四库全书》第1233册，第613页。
④ 王行《蜕窝记》，《半轩集》卷4。见《四库全书》第1321册，第340页。

在题名上，此间苏州文人处理得非常内敛，几乎没有一处含有"园"字的题名，对斋、轩、亭、榭等核心景境命名，也多从稼穑、渔猎、耕读、修身、养亲等方面选题立意，或者以竹、菊、松、雪等某种自然物来直接命名。在关于园居的诗文中，对于园中景境和造园借景的象征含义，往往欲言又止、遮遮掩掩，借此既可含蓄表达其隐处山野的高风逸致，又可以尽量使园居人生隐形敛迹。

借咏菊花以寄托傲岸不屈的坚贞情怀，是文人最常用的手法之一。此间无锡华氏有采菊亭，王行为之作园记。王行征引陶渊明"叹三径之荒而吾松菊之存者"的典故，称赏菊以一茎草本，"乃得与岁寒之贞木并称"，进而归结到"毗陵华氏，梁溪之盛族也，变故以来，不失旧家仪度"。到此，华氏造亭以寄托坚贞品格与隐逸情怀的本意已经被点明了，王行却又在记文结尾故作含混："菊之为物在风霜摇落之时，无美丽秾华之色，而取之以名亭，岂亦有其说乎。噫！其华氏之所以名亭者，与他日质之景庄，其必有以复我也。"① 谢应芳老年之友王寿翁也有"菊轩"，其"轩墀蓺菊，仅一二本"，谢氏为之作了《菊轩记》："夫爱竹、爱松、爱诸花卉者，大率皆适意而已……吾所以爱此者，嘉其当草木变衰之候，霜瓣露叶，澹然幽芬，挺挺特立，久而不坠，殆与晚年矍铄者默有契焉。故朝斯夕斯，逍遥相羊，或开窗坐宴，或置酒速客，终日相对，不厌不倦。虽高风雅致，不敢妄拟于陶，其适意之乐，亦无官之韩魏公也。"②

稼穑、渔猎是经济生产，是务本，耕读、修身符合国家培养忠孝士夫的儒教大义。因此，以此为渊薮来为园居小隐取名立意，应该是最不容易招惹嫌疑的。姚城蔡氏的渔舍就是一例："地藉松陵，溷溔数千顷，平波滂流，烟涛风漪，朝霞澄而夕景霁，云月荡而鱼鸟嬉，景象日百变。加有秔稌桑苎之饶，萑苇、蒲荷、菰芡、菱莲之利，而又远揽玉峰，近挹白羊、穹窿、横山、洞庭诸秀爽，盖佳境也。吴蔡彦祥之渔舍在焉，舍间林园翳水竹，衡门茅宇，通敞清邃，琴尊在前，图史左右，是幽人隐者之居也，而题曰渔人，多昧其旨，予未识。"③

此地元末时有王云浦的渔庄别业，是一所比较高调的隐居园，倪云林还曾为之绘《渔庄秋色图》。相比之下，洪武间蔡彦祥的"渔舍"要低调、含蓄、朴素得多，白屋茅宇内充列书琴图史，衡门篱墙里水竹阴翳，而外面则

---

① 王行《采菊亭记》，《半轩集》卷4。见《四库全书》第1321册，第337页。
② 谢应芳《菊轩记》，见《龟巢稿》（下）卷15，第395页。
③ 王行《吴松渔舍记》，《半轩集》卷3。见《四库全书》第1321册，第317~318页。

是远借江湖的平流远山、烟波云霞，近借诸案山郁郁森森的幽谷岩壑——这依然是一个典型的隐士小园，而记文结尾处，王行亦如《采菊亭记》装傻卖痴，说自己也不明白为什么取名为"渔舍"。

在《瓜田记》中，96岁的谢应芳，为昆山邵济民的瓜田作记："迨元末年，业骤于兵，慕古之同姓，种瓜东陵。于是即所居淞浒，粪于瓜田，台笠而锄，抱瓮而灌。绵绵唪唪之瓞，如周雅所称。以之养亲，可以充一味之甘；以之留客，可以侑一茶之款。其蒂为苦口良药，可与参苓姜桂并用以活人济民。嘉之，因以瓜田自号。朝于斯，夕于斯，寓幽兴于斯。"① 邵氏世传医学，隐于医术已难以安生，转而效仿秦代先祖邵平种瓜。从表面上看这是归农务本，实际上是"寓幽兴于斯"，是逃隐于园圃，而其蓑衣抱瓮、灌园食蔬的生活，俨然如上古天民一样自由自在。

在《白云亭记》中，唐氏致仕后归乡后，效仿东汉赵邠卿、唐人司空图，"预为圹椁"，并"在家为有发僧，参释门诸老以学。其学春秋八十有九，号曰白云翁。距舍南百余步，乃为佳城，傍结茅龛，昼夜禅寐"。这一幕与顾德辉筑金粟冢参禅吟诗非常相似。而其子侄"能承顺其志，筑亭于前，复凿池以艺莲芰之属，幽花秀竹，与冢上之木参错相映，每邀致亲之所爱，盍簪于亭，薰炉茗碗，相乐也"②。这简直就是前朝玉山雅集的现实压缩版！

另外，如"听雪轩"、"栖云楼"等，都是选取自然物直接为园居命名，而"习静轩"、"持敬斋"等，则明显本于儒学经义。

总之，与此前相比，尤其是与元末造园相比，洪武年间苏州文人造园的艺术形式和园林审美追求，都发生了很大的变化，显示出鲜明的时代特色。文人宅居选址多在乡村，或依傍山林，或临近江湖，造园活动多为紧密围绕居处的一些园林小品。尽管这些园林小品建筑萧疏，规模狭小，但往往都可以借景园外的青山绿水、风烟林壑于眼底，可以充分获得深度的熔融于自然的自由和快乐，呈现出体量小巧而境界阔大、朴素自然而韵致清幽的自然园风貌。同时，园林造景标题立意表面上低调含蓄，且多从现实生产生活、自然实物以及儒学名教中为造园找用依据，努力回避违法越制的嫌疑。然而，或是通过以菊、梅、松、竹等主题植物来象征，或是通过种瓜、捕鱼等生产活动来间接传达，或是充分利用借景来丰富园居景境层次，文人园居的自由精神与独立人格仍然得到了充分彰显，园林小品在文化意蕴和艺术精神上，依然达到了古典文人园林的最高水平。

---

① 谢应芳《瓜田记》，见《龟巢稿》（下）卷15，第433页。
② 谢应芳《白云亭记》，见《龟巢稿》（下）卷15，第403页。

第三章 新桃换旧符——建文至成化年间苏州园林艺术的复兴

第一节 建文至成化年间苏州园林发展概况

1398年5月，朱元璋驾崩，31年的洪武皇朝宣告结束。由于太子朱标早逝，同年，皇孙朱允炆即位，年号建文。建文元年（1398年）至成化末年（1487年），其间经历了建文、永乐、洪熙、宣德、正统、景泰、天顺、成化七宗八朝，历时约90年。课题研究截取这一时段作为一章，主要有四点思考。第一，自建文、永乐年间起，朱元璋颁行的《营缮令》逐渐松弛，苏州开始出现了公开的新造园林。第二，在这一期间里，苏州园林逐渐走出了洪武年间欲语还休、躲躲闪闪的阴影，伴随着江南社会经济、市商文化的复苏而完成了复兴。第三，这一时段里的苏州园林艺术具有鲜明而一致的时代风格。第四，这样断代也兼顾了此间园林主人群体的时代完整性。

成化十年（1474年），杜琼辞世，吴宽写了随笔《题杜东原绝笔》："东原，先儒林府君之执友也。……宽之得请而归也，既痛不及见吾父，而东原亦已即世矣。叹前辈之凋谢，伤古道之寂寥，区区笔墨之间，而感慨系之。"① 生活在苏州园林这一复兴时期的代表性文人，大都在成化末年以前相继谢世：龚诩（1381—1469年）、夏昶（1388—1470年）、杜琼（1396—1474年）、徐有贞（1407—1472年）、刘珏（1410—1472年）、韩雍（1422—1478年）。陆昶、章珪、郑景行、陈符等，虽准确生卒年尚待考实，但主要造园活动也在此期间。另外，尽管吴宽（1435—1504年）终老于弘治十七年（1504年），沈周（1427—1509年）高寿至正德四年（1509年），但是其宅园的兴造皆起始于父辈，② 也是在这一复兴期间。成化末年，王鏊

---

① 吴宽《题杜东原绝笔》，《家藏集》卷48。第437页。
② 《明史》卷298《沈周传》："沈周，字启南，长洲人。祖澄，永乐间举人材，不就。所居曰西庄……伯父贞吉，父恒吉，并抗隐，构有竹居，兄弟读书其中。"可知，有竹居乃沈周父辈始建。见《明史》第7630页。

仅38岁，文徵明、唐寅年仅17岁，他们引领吴门风骚，主要在弘治、正德、嘉靖年间，那已是明代苏州园林的全盛时期了。可见，成化末年确实是明代前期吴门大师换代的节点。因此，建文初至成化末，是苏州园林相对于此前洪武年间沉寂状态和此后繁荣局面的过渡时期。①

一、春风又绿江南岸——朱明王朝时代风气的变化

在中国古代历史上，时代风气的变革，往往是从帝王的治国方略和个人习尚变化开始的。建文一朝仅有短短三年，且大部分时间都在忙于应付朱棣的"靖难"之战，然而，这却没有影响其开启明代帝王政治的新气象。朱允炆宽仁尚德，一经即位便痛改朱元璋的严政苛刑。一方面"遍考礼经，参之历朝刑法，改定洪武《律》畸重者七十三条……释黥军及囚徒还乡里"。另一方面及时下诏消减江、浙一带田赋，并取消了对苏、松文人任户部要职的限制："国家有正之供，江、浙赋独重，而苏、松官田悉准私税，用惩一时，岂可为定则。今悉与减免，亩毋逾一斗。"② 所有革新"皆惠民之大者"，"天下莫不颂德焉"③。后来朱棣入主南京，谕令"建文中更改成法一复旧制"④，并改建文纪年为洪武年号，史册斥之为"革除之际，倒行逆施，惭德亦曷可掩哉"⑤。尽管如此，建文帝宽仁德化的施政思想后来还是被仁宗、宣宗等全面继承了，并一度创造了"仁宣之治"的盛世局面。明仁宗朱高炽在位虽然仅仅八个月，却对洪武、永乐两朝过于严酷残忍的政治偏差，进行了比较广泛地纠正。他不但释放了被朱棣囚禁的一批耿介重臣，赐予杨士奇、杨荣、蹇义、金幼孜等"绳愆纠谬"印章各一枚，授予他们在拨乱反正时临事独断的特权，还恢复了建文帝号，褒奖了建文一朝诸多殉难死节的文臣。⑥ 宣德年间，巡抚周忱、知府况钟经多方努力，不但减免了吴地约1/3的田赋，清理了积压多年欠缴的陈年旧账，使大量逃赋的流民回乡安居乐业，而且，他们还惩恶扬善、打黑除奸、兴利除害，为吴地重新树立了良好的风俗习尚。

在这将近90年的时间里，与苏州园林复兴关系紧密的帝王习尚变化，主要表现在"营缮令"的松弛和帝王的文化艺术雅尚两个方面。

---

① 由于苏州园林是一种动态发展的实体艺术，依据帝王轮替划分的时代，只能是相对的，尤其是在从复兴到繁荣、从繁荣到鼎盛这样的过程中，这一实体艺术处于持续发展之势，很难确定某一个具体的划时代标志。因此，这种处理，只能是在对艺术风格演变历史宏观把握基础上的相对断代。
② 《明史》卷4《恭闵帝本纪》，第63页。
③ 《明史》卷4《恭闵帝本纪》，第66页。
④ 《明史》卷5《成祖本纪一》，第75页。
⑤ 《明史》卷7《成祖本纪三》，第105页。
⑥ 参考《明史》卷8，《仁宗本纪》。

虽然朱棣宣谕"建文中更改成法一复旧制",但是,朱元璋"营缮令"的逐渐松弛,却正是在永乐间。"永乐四年(1406年)秋七月,诏以明年五月建北京宫殿,分遣大臣采木于四川、湖广、江西、浙江、山西。"朱棣还效仿洪武初营建中都凤阳的做法:"徙直隶、苏州等十郡、浙江等九省富民实北京。"①《明史·食货志》说:"明初工役之繁,自营建两京宗庙、宫殿、阙门、王邸,采木、陶甓工匠造作以万万计。所在筑城、浚陂,百役具举。迄于洪、宣,郊坛、仓庾犹未迄工。正统、天顺之际,三殿、两宫、南内、离宫次第兴建。"② 明成祖营建北京的工程,起于永乐五年(1407年),止于永乐十八年(1420年)岁末,期间仅准备材料就用时九年之久。此项工程对吴地园林艺术的发展影响巨大。一方面表明洪武"营缮令"的松弛,在后来的明代百工匠户中,园户也成为专门一种,客观上默认了营造私家园林的合法性。另一方面是苏州香山帮的营造技术得到了充分展示,造园工艺得到一次系统的检验和提升,吴地匠人的社会地位也被大大提高。

在朱明王朝此间的七帝八朝中,建文帝朱允炆、仁宗朱高炽、宣宗朱瞻基,都以文教德化著称。朱棣虽然"雄武之略,同符高祖,六师屡出,漠北尘清",③ 却也有敕编《永乐大典》这样的文化盛事。对善画竹枝的吴地才子夏昶,朱棣也曾眷顾优渥、包容有加。宣宗朱瞻基是一位颇具文化修养的风雅帝王,他的帝王习尚也大大加快了时代风尚的转变。朱瞻基喜欢射猎、斗蟋蟀,也喜欢写诗作画,而且艺术素养很高。流传至今的《武侯高卧图》(图3-1)、《三阳开泰图》(图3-2)、《瓜鼠图》(图3-3)、《双犬图》(图3-4)、《射猎图》、《行乐图》等,不仅是帝王绘画中的精品,在技艺上也不输当时的文人画家。另外,朱瞻基还是一位多产的诗人,现存《大明宣宗皇帝御制集》44卷,合计收集了他的诗歌约1000余首,其中一些诗歌还流露出这位太平天子浓厚的山林园田意趣。如卷40的《道中杂兴》:

溪上柴门半掩,楼头酒幔斜悬。
映日花枝霭霭,和烟草曙芊芊。
隔岸青山数点,绕村古木千株。
野老独归茅舍,山童共挽柴车。

又如卷41的《远树斜阳》:

---

① 两处引文皆见《明史》卷6《成祖本纪二》,第80页。
② 《明史》卷78,《食货志二》,第1906页。
③ 《明史》卷7,《成祖本纪三》,第105页。

"万里长天带落晖,苍茫树曙望中微。
平郊漠漠行人少,目送归禽相逐飞。"

图 3-1 《武侯高卧图》

图 3-2 《三阳开泰图》

图 3-3 《瓜鼠图》

图 3-4 《双犬图》

宣德十年（1435年）皇帝驾崩，年仅38岁，此时大明王朝已经是"吏称其职，政得其平，纲纪修明，仓庾充美，闾阎乐业。岁不能灾。盖明兴至是历年六十，民气渐舒，蒸然有治平之象矣"①。后继者英宗朱祁镇、代宗朱祁钰、宪宗朱见深等，虽然在滥用宦官方面屡屡失当，但是，所造成的一时混乱主要限于宫廷内或朝堂上，此时阉党之祸还没有弥漫天下的能量。而且，英宗初年有杨士奇、杨荣、杨溥、胡濙、张辅等，代宗朝中有于谦，一批中正干练的辅弼重臣，对树立朝纲正气依然能够发挥着重要的作用。宪宗朱见深"践阼之初，朝多耆彦，蠲赋省刑，闾阎充足"，"上景帝尊号，雪于谦之冤，抑黎淳、召商辂"，一度也展现了戡乱纠谬、"修明纲纪、奋发有为"的意气。②尽管成化后期，朱见深沉迷声色、耽于邪教，但是，从总

---

① 《明史》卷9《宣宗本纪》，第125页。
② 《明史》卷14《宪宗本纪》，第181页。

体上看,这一阶段近百年,可以视作朱明王朝政治相对清明有为黄金时期。

二、满眼东风景物新——社会经济及市商文明的复苏与繁荣

尽管朱元璋以重农抑商为治国之本,并以严酷的法律来确保其国策的有效推行,但是,洪武年间东南一带,商业活动依然不断。① 永乐年间,郑和六下西洋,尽管是为了代表大明皇朝出访宣威,却客观上加大了政府对瓷器、漆器、银器、玉器、纺织等各种工艺品的需求,也带动了海洋贸易的繁荣,加上东北、西北各内地的边境贸易需求,这一期间的对外贸易总体上是非常繁荣的。永乐五年(1407年)开始的为营建北京的各种采办,以及各代宫廷其他采办,尽管劳民伤财,却也在客观上刺激了国内的商品流通,并推动了城市商业的复苏和市商文化的繁荣。《明史》说:"采造之事,累朝侈俭不同。大约靡于英宗,继以宪、武,至世宗、神宗而极。其事目繁琐,征索纷纭。最钜且难者,曰采木。岁造最大者,曰织造、曰烧造。"其中,"采木之役,自成祖缮治北京宫殿始"②。采木是诸多采办中最为艰难的差事,后世虽然皇家偶有停采,但民间采木的商业活动一直没有停止过,而这些采自湘、鄂、蜀、滇、黔、桂等地的大木料,以及郑和下西洋带回的一些硬木料,构成了江南造园木材的主要来源。

市商文化繁荣的热点在江南的城市,尤以苏州为最,具体表现在:各种日用器物制造工艺日渐精细,金、石、书、画等文人雅玩逐渐成为时尚。在造物工艺方面,这几十年里,器型品类逐渐多样,工艺逐渐精细,图案日渐繁复,线条逐渐柔美,色彩逐渐绚丽,这成当时设计艺术审美发展变化的主流趋势。以瓷器为例,洪武年间主要为青花瓷,器型简单,青花以程式化的二方连续图案为主;永乐、宣德年间出现了"青花釉里红";宣德、景泰年间还出现了"青花五彩",而且,文人山水画、戏曲故事等,也逐渐成为青花的表现内容;至天顺、成化间,斗彩已经成为常见物。其他如漆器、佛造像、玉器、制扇、织品、硬木家具等器物,在制造工艺方面也呈现出类似趋势。在文人雅玩市场方面,最典型的现象就是专职文人画家的出现。文人在诗、书、画等艺术品赏玩、品题方面,逐渐再一次形成新的群体性艺术圈。这期间,沈周、杜琼代表了一生耕隐于田园和绘画的艺术名家,沈周更是成为明代吴门画派的旗帜。徐有贞、刘廷美、陆昶、夏昶、夏昺等人,虽有仕宦经历,却也都精通绘事。刘廷美"写山水、林谷、泉深、石乱、木秀、

---

① 参见王裕明《明代前期的徽州商人》,《安徽史学》,2007年第4期。
② 两处引文皆见《明史》卷82《食货志六》,第1995页。

云生，绵密幽媚，风流蔼然"①。夏昶画竹盛名远播海外，有"夏昶一枝竹，江南一锭金"之称。② 对此间市商文明的繁荣，王锜（1433—1499年）有比较深切的感受："（成化间）凡上供锦绮、文具、花果、珍馐奇异之物，岁有所增。若刻丝、累漆之属，自浙宋以来，其艺久废，今皆精妙，人性益巧而物产益多。至于人才辈出，尤为冠绝。作者专尚古文，书必篆隶，骎骎两汉之域，下逮唐宋未之或先。此固气运使然，实由朝廷休养生息之恩也。人生见此，亦可幸哉！"③

三、渐从浊水作醍醐——明代苏州园林艺术的复兴④

随着江山的稳固，帝王文化素养的提高，朱明王朝对文人隐居不仕，渐渐也不再耿耿于怀了。同时，入明已经百余年，除却永乐初年曾有过短期的坚持，江南文人此间隐居的主流心态，也已不再是明初"抱道而隐"的对抗性拒仕了。城市经济的繁荣，市商文化的复兴，文人造园隐居的合法化，为苏州园林艺术再度复兴，搭建了完整的平台。经历了短暂三十余年的敛迹与沉寂，建文以后吴地文人造园，已不必再刻意躲避到山林里、江湖边，也无须躲躲闪闪地找借口了。洪武年间那种分散在田园、郊野的乡村园林小品，这一期间尽管依然很多，却渐渐淡出了主流，取而代之的是城市山林的兴造——"吴下园林赛洛阳"⑤，有着悠久造园历史的苏州，园林艺术的再度复兴犹如春草和夏花，有了阳光便很快灿烂起来。这一现实变化正如王锜所记述："吴中素号繁华，自张氏之据，天兵所临，虽不被屠戮，人民迁徙实三都、戍远方者相继。至营籍以隶教坊，邑里萧然，生计鲜薄，过者增憾。正统、天顺间，余尝入城，咸谓稍复其旧，然犹未盛也。迨成化间，余恒三、四年一入，则见其迥若异境。以至于今，愈益繁盛，闾檐辐辏，万瓦甃鳞，城隅濠股，亭馆布列，略无隙地。舆马从盖，壶觞罍盒，交驰于通衢。水巷中，光彩耀目，游山之舫，载妓之舟，鱼贯于绿波朱阁之间，丝竹讴歌舞与市声相杂。"⑥

在这约90年的复兴时期里，苏州园林不仅总量增长快，而且艺术风气雅正，艺术成就巨大。其中规模较大、知名度较高的文人园林，如古城内杜琼的如意堂、韩雍的蒪溪草堂、刘廷美的小洞庭、沈周的有竹居、吴宽的东

---

① 朱谋垔纂《画史会要》卷4，见《四库全书》第816册，第529页。
② 王鏊纂《姑苏志》卷52，第763页。
③ 王锜《寓圃杂记》"吴中近年之盛"条，第42页。
④ 白居易《酒府五绝》："自惭到府来局岁，惠爱威棱一事无。惟是改张官酒法，渐从浊水作醍醐。"
⑤ 刘大夏《东庄诗》："吴下园林赛洛阳，百年今独见东庄。回溪不隔柴门迥，流水应通世泽长。十里香风来桂坞，满帘凉月浸菱塘。天公自与庄翁厚，又把栽培付令郎。"
⑥ 王锜《寓圃杂记》"吴中近年之盛"条，第42页。

庄，以及西山徐氏的耕学斋、太仓陆昶的锦溪小墅、昆山龚诩的玉峰郊居（东庄）等。① 此外，其他比较有名的文人园林还有许多。

（1）朱挥使南园。韩雍有诗《朱挥使昆仲南园八咏》，园中有"凿池百步周"的"半亩塘"，有"池水明似鉴"的"一镜亭"，有可以"长竿向东海"的"钓鱼矶"，有"报秋孤叶低"的"梧桐井"，有"水花开满池"的"采莲舟"，有"绕篱植寒花"的"栽菊径"，还有"盟鸥石"、"芙蓉台"等诸景境。② 此间城外阳澄湖畔、太仓、常熟皆有南园，今按韩雍诗歌《中秋文会为朱挥使昆仲题》，③ 以及《跋联句赠金内叔卷》序文，④ 可知此朱挥使之南园，就在古城之内的蓱溪边上，大约在钱氏南园旧址附近。

（2）王廷用的可竹斋。徐有贞为之作赋并序："长洲之荻溪，有士曰王廷用氏，贤而有隐操，居常爱竹，艺竹环其藏修之所，颜之曰'可竹斋'。词林之为文，以发其意者众矣。友人刘君原博为之求赋，余不获辞，漫为楚语贻之：'溪之竹兮阴阴，有嫩人兮处其中林……'。"⑤ 王氏后人珍爱先君之竹，增筑"瞻竹堂"寄托眷眷之思。吴宽为之记："吴中高氏，世家饮马桥之北，物货车马纷然于门，固廛居也。其先廷用府君性爱竹，尝植竹于庭，脩然有园林之气概。尝扁其轩曰'可竹'，故贺感楼先生为记之。府君既下世，而竹固在，其仲子策字德良者，以为先人所好也，岁时壅灌，爱护甚至，意不自已，乃作'瞻竹堂'以寓孝思。"⑥

（3）石硼书隐。俞氏小园依然存在，并增添了"咏春斋"、"盟鸥轩"等新构，俞贞木皆有自记。天顺、成化年间，俞氏主人为俞振宗（嗣之）。那时朱存理年尚幼稚，祖母家与俞氏邻居，故常来串门，所见小园"竹树阴翳，户庭萧洒，如在山林中也。屋后有'秋蟾台'，吴门周浩隶，亦山人，垒石为之。仍以其先命名台，上平旷，可坐四三人，荫以茂木。山人味淡泊，读书暇，灌园为事"⑦ 此间吴宽也有诗《过南园俞氏书隐次刘祭酒先生韵二首》。⑧

---

① 这些名园在本章第二、三节有专门讨论，这里从略。
② 韩雍《朱挥使昆仲南园八咏》，见《襄毅文集》卷1，第616页。
③ 中有："行将归老蓱溪上，与尔中秋文会同。"见《襄毅文集》卷2，第630页。
④ 中有："不数日，欲别去，乡党诸老具酒肴，就朱挥使池亭饯之。"见《襄毅文集》卷12，第771页。
⑤ 徐有贞《可竹斋辞》，见《武功集》卷4，第144页。
⑥ 吴宽《瞻竹堂记》，见《家藏集》卷37，第318页。
⑦ 朱存理《题俞氏家集》，《楼居杂著》。见《四库全书》第1251册，第600页。
⑧ 诗文："鸥渚茅堂古树秋，校书人去几人游。山林白日无车马，一老窗间著孔周"；"芳草桥头小路斜，书声隐隐识君家。醉玄方丈坐终日，黄菊秋深未著花。"见吴宽《家藏集》卷1，第4页。

（4）虹桥别业。杨循吉《吴中往哲记》说，永乐年间翰林陈嗣初，"老而居吴，多闻故实，德尊行成，咸仰以为宗工焉，称曰陈五经家。有绿水园，吴中称衣冠之族为第一。"其后人陈世本，拟先世绿水园建虹桥别业。吴宽为之写了园记："吴中多名园，而陈氏之绿水尤著者，非以当时亭馆树石之佳，亦惟主人之贤而诸名士题咏之富也。今世本又为别业于虹桥，前临通衢，后接广圃，兼有城郭山林之胜。题咏沨沨，仿佛绿水之作。陈氏累世之贤，于是可考。"①

（5）钱孟浒的晚圃。钱孟浒涉猎经史，精通绘事，以绘画养亲，时常卖画京畿，获利丰厚。"归乡里辟地数亩，于城憩桥之南，凿池构亭，莳花卉，培蔬果，每春和景明，群芳竞秀，众香馥郁，孟浒则逍遥野服，讴吟懊懊以自适。及夫秋霜既肃，则向之脆者，坚而好华者，敛而实。橙黄橘绿，畦蔬溪荇，高者可采，下者可拾，孟浒则邀朋速客，觞咏其间，谈笑竟日，其乐陶陶，因以晚圃自号，人亦以晚圃翁称之。"②成化间，钱孟浒后裔伊乘自述："晚圃，予曾大父孟浒所葺，在今憩桥巷。"并作《晚圃歌》赞美其先世的"半世丘园事高蹈"。③

（6）郑景行的南园。徐有贞《南园记》说："南园，长洲郑景行氏之别业也。……园在阳城湖之上，前临万顷之浸，后据百亩之丘，旁挟千章之木，中则聚奇石以为山。引清泉以为池，畦有嘉蔬，林有珍果，掖之以修竹，丽之以名华。藏修有斋，燕集有堂，登眺有台，有听鹤之亭，有观鱼之槛，有撷芳之径。景行日夕游息其间，每课僮种蓺之余，辄挟册而读，时偶佳客以琴、以棋、以觞、以咏，足以怡情而遣兴。而凡园中之百物色者，足以娱目声者，足以谐耳味者，足以适口，徜徉而步，徙倚而观，盖不知其在人间世也……"④

（7）唐氏南园。徐有贞有诗歌《题唐氏南园雅集图》：

吴中盛文会，济济多英彦。唐君贤父子，世入儒绅选。
园林足清赏，宾侣时游燕。竹下布棋枰，松间置琴荐。
临池挥彩毫，接席披黄卷。深论今古情，高骋天人辨。
觞酒肆清欢，赓诗惊白战。兰亭千载余，陈迹斯一变。
图画传京师，闻风远相美。寄言戒流靡，雅德庶堪践。⑤

---

① 吴宽《题虹桥别业诗卷》，见《家藏集》卷50，第458页。
② 王轼《晚圃记》，见王稼句编著《苏州园林历代文钞》，第60页。
③ 伊乘《晚圃歌》，钱谷选编《吴都文粹续集》卷17。见《四库全书》第1385册，第442页。
④ 徐有贞《南园记》，见《武功集》卷4，第164页。
⑤ 徐有贞《题唐氏南园雅集图》，见《武功集》卷5，第204页。

资料不足，难以考实承办此次文人盛会的唐氏南园的主人及位置，也许与唐氏文会堂有关系。

（8）唐氏文会堂。既是以文会友的文人雅会之堂，就可能承办过雅集，韩雍有诗歌《文会堂为姑苏唐以敏题》：

"新筑茅堂傍竹林，茅堂隐隐竹森森。

朋簪累盍熏陶久，丽泽相资造诣深。

明月半窗无俗侣，清风一曲有知音。

何时归棹吴江上，共把沧浪洗渴心。"①

（9）松轩。韩雍有《松轩为乡人题》诗，② 这个松轩应该就在葑溪之南，距离韩雍草堂不远。从韩雍《葑溪杂兴》可知，此间葑溪边上乃是林木森森的一派萧瑟落拓景象。③ 后来朱存理卜居于葑溪边北岸，因百年古松仅一水之隔，就名其斋曰"见松阁"，并写了《俲松轩记》。④

（10）张指挥的环翠轩。主人张指挥乃是苏州卫军首长。韩雍有《环翠轩》诗并序，序曰："苏卫张指挥别墅作轩，环植万柳，故名"；诗曰：

"最爱将军别墅间，一轩万柳翠相环。

风翻密叶惊春浪，烟锁重阴讶晓山。

赏节弯弓曾独射，赠人分袂亦同攀。

登高若见闲松竹，还为移栽虎豹关。"⑤

登高即可见松，此园可能距离松轩和韩雍的葑草堂也不远。

（11）汤克卫的奉萱堂。徐有贞有《奉萱堂记》："太学生汤垣克卫，吾乡之佳士也。其父曦仲早世，母李鞠之成人，克卫既克有立，且幸母之寿康，乃作堂以备养颜之，曰奉萱……"⑥

（12）陈宥的素轩。徐有贞有《寄题陈宥素轩》诗：

东吴有佳士，卜筑江之阴。力穑不自封，赈饥当岁侵。

天子旌其义，乡闾凤所钦。平生尚纯朴，轩居澹冲襟。

---

① 韩雍《文会堂为姑苏唐以敏题》，见《襄毅文集》卷4，第646页。
② 诗文："百亩田园万树松，结轩相对日从容。天风夜半来鸣鹤，雷雨春深起蛰龙。香入吟窗钩翡翠，清分坐榻湿芙蓉。几回乡梦曾相过，身在徂徕第一峰。"见韩雍《襄毅文集》卷4，第646页。
③ 诗文："霜重林已空，风高水愈涸。荒园一散步，暮景觉萧索。忽见古梅树，横斜出篱落。揽衣看枝柯，相将绽红萼。岁寒幸有此，气味尽可托。"见韩雍《襄毅文集》卷1，第617页。
④ 记文："溪之南为东郭主人所居。居有二松，殆百年物也，童子时便已松下游矣。距吾家仅一水隔，二松高出吾楼之表。予坐对楼之上，哦诗终日，其得二松之胜，心目相接，若吾楼中有也……"朱存理《楼居杂著》。见《四库全书》第1251册，第603页。
⑤ 诗序：见韩雍《襄毅文集》卷4，第658页。
⑥ 徐有贞《奉萱堂记》，《武功集》卷4，第168页。

闲庭净如洗，修竹自成林。床堆万卷书，壁挂无弦琴。
还将太古意，播为太古音。闻风兴远思，聊为发长吟。
何当一相造，与之论素心。①

图 3-5 《魏园雅集图》

（13）处士王得中宅园。徐有贞在《题雪霁图并序》中，记录了他宣德元年间（1426 年）与园主人的忘年之交："宣德丙午，余始冠，奉先君之命，来访亲旧于吴，逾年而还。时得中王处士以斯文结忘年之契，其家有园林之胜，屡尝邀余过之，赏花赋诗，意甚乐也。……昔之牡丹固无恙也，今方盛开，请为赏之，余因重其意而从焉。"徐有贞先随后为王氏赋诗三首，赞叹"喜汝园林似魏家"，可知此园中牡丹之盛。②

（14）魏耻庵魏园。主人魏昌是杜琼的外甥，"字公美，耻斋，其自号也。长身古貌，寡笑与言，布袍曳地，质朴可重。家当市廛中，辟其屋后，种树凿池，奇石间列宛，有佳致。作成趣之轩，以自乐。故武功徐公、参政祝公、金宪刘公，时即其居，为雅集，屡有题咏。沈石田居士写之图画间，亦惟君之雅淡，不汲汲以势趋，故士大夫尤爱之也。君养亲甚力，平时食饮必亲进，又必问味可否，母卧病数年，侍奉不离左右……喜为诗，则得于其舅氏东原先生之所指授为多。"③沈周《魏园雅集图》（图 3-5）所本即为此园。④

按王鏊《姑苏志》，此间古城内外还有周氏园、⑤ 徐有贞天全堂、⑥ 陈僖敏昼锦堂、⑦ 张廷慎怡梅别业等。⑧ 另外，徐有贞在《武功集》中还提到

---

① 徐有贞《寄题陈宥素轩》，《武功集》卷 5，第 232 页。
② 徐有贞《题雪霁图并序》，见《武功集》卷 5，第 207 页。
③ 吴宽《耻斋魏府君墓表》，见《家藏集》卷 73，第 724 页。
④ 见陈履生、张蔚星主编《中国山水画》（明代卷），第 364 图。
⑤ 《姑苏志》卷 32："在双凤，里人周棠所辟，广二十余亩，嘉树美竹，映带亭馆。"第 452 页。
⑥ 《姑苏志》卷 31："在吴县治北。公自谪所归，号天全翁，建堂曰天全。"第 440 页。
⑦ 《姑苏志》卷 31："在府治北铁瓶巷内。公以师保致政归，治第作小园，辟隙地得蔡君谟所书昼锦堂石碑，复有芝产于堂柱间，人以是为公完名全节之征云。"第 440 页。
⑧ 郑文庄《怡梅记》："清河张君廷慎，孤洁之士，刚劲而有节，淡薄而不华。家于阊闾城之西，厌市声之混浊，也乃筑别业于山水之间，短墙茅屋，环植以梅。"见《平桥稿》卷 7。《四库全书》第 1246 册。第 578 页。

王思裕的竹庄。吴宽在《家藏集》中还提到了姚氏园。沈周在《石田诗选》中还提到崔氏水南小隐,弟弟沈继南湾东草堂、守庄、清溪小隐等,这些小园也皆有相关诗文可以查找。

在下辖诸县,也有一些比较有名的园子。吴县的私家园林主要集中在西南湖山一带,比较著名的有华氏的云溪深处、蔡氏的西村别业等。徐有贞是云溪深处的常客,其《题云溪卷》诗说:"伊人谢尘迹,深隐溪中云。心与水俱洁,身与云为群";《云溪深处为华彦谋》诗说:"云溪溪水碧玉流,流绕白云无尽头。云外湖波远相接,镜光一片涵清秋。君家久在溪边住,深入云深更深处。轩窗面面对青山,庭户阴阴列芳树。扁舟几度遥相觅,每被云迷不能即。春来却有桃花水,流出云中见踪迹……"① 今考杜琼《游西山记》、徐有贞《青城山人诗集序》,可知此华彦谋乃青城山人王汝玉的姻亲,其宅居云溪深处在光福,与徐氏耕学斋为邻。

西村别业在西山消夏湾,园主为宣德至天顺年间的隐士蔡升,景泰六年(1455年)翰林聂大年有《西村别业记》:"洞庭之山高出湖上,延袤数百里……至于田园之乐,生殖之殷,山水登临之胜,则蔡氏西村别业专焉。蔡为东吴名族,最号蕃盛,而别业又在其居第之西,有水竹亭榭可以供其游玩,有良朋佳子弟日觞咏其中,可以适其闲逸。"②

在吴江有史明古的宅园,园中竹树有顾辟疆园的风致。吴宽说:"吴江穆溪之上,有隐士曰史明古……家居甚胜,水竹幽茂,亭馆相通,如入顾辟疆之园。客至,陈三代秦汉器物,及唐宋以来书画名品,相与鉴赏……晚岁益务清旷,室无姬侍,筑小雅之堂,方床曲几,宴坐其中,或累月不至城郭。"③

在常熟,有驻景园、南皋草堂、九瑞堂等园林。驻景园(在今太仓涂菘)又名南野斋居,主人是宣德间御医陈符(字原锡)。陈符宣德中以老辞官,"既归,诸子恭勤孝养,营园池,杂植花卉奇树,作二亭其中,以奉之翁。取陶渊明归去来辞'东皋'、'西畴'为之名,日与宾客宴乐,超然物外者数年"④。龚诩在《驻景园记》中说:"驻景园者,原锡陈君游息之所也,植卉木,艺药草,四时迭芳,而君日杖履其中,逍遥容与,若能驻夫光景焉者。"⑤

---

① 两首诗皆见徐有贞《武功集》卷5,第206页。
② 《林屋民风》卷6,见王稼句编著《苏州园林历代文钞》,174页。
③ 吴宽《隐士史明古墓表》,见家藏集卷74,第728页。
④ 杨士奇《故南野翁陈君墓表》,见《东里续集》卷31。《四库全书》第1239册,第71页。
⑤ 《璜泾志稿》卷7,见王稼句编著《苏州园林历代文钞》,第257页。

南皋草堂主人为缪原济，季篪有《南皋草堂记》："先生故居琴川上，厌市嚣喧咙，尘鞅鞡辖，乃于此而卜筑焉。堂负邑城，两湖襟前，一山带右，每天日清霁，则山光水色交映于目，莹若玻璃，凝若螺黛，而渔歌樵唱，殷起其间，足以畅豁幽怀，以发舒笑，非心神清旷、善于理会者，畴克领其趣哉？而先生独得之，可羡也。"①

九瑞堂在县北虞山之麓，主人是宣德、正统间的监察御史章珪。园中桧树高挺，章珪有诗：

"天挺良材耸百寻，托根仙宿历年深。
能兼老柏冰霜操，不让寒梅铁石心。"②

在常熟城郭门外有吴讷的思庵郊居，周文襄巡抚苏州时有《过思庵郊居》诗。③

在昆山，有夏昶的夏家园，④有郑文康宅，⑤有叶文庄第。⑥在太仓有秦约的耕获亭。⑦在华亭有戴氏西溪草堂。⑧在锡山有钱津的湖山旧隐。⑨诸下辖县邑的园林也渐渐复兴起来。

除却文人私家园林，此间官署园、学宫园、寺庙园也在逐渐复兴。徐有贞《公余清趣说》所记述的，就是一个典型官府园林："苏之节推钱唐方克正，于官廨之中构一轩，以为退食之所。取佳花、美木、石之奇秀可顽者，罗于庭除，而置图、史、琴、尊其中，每于听断之余而游。曰：'此吾公余之清趣也。'遂大书以揭于轩之楣间。或谓克正：'居推谳之官，莅刑名之司，鞭扑狼藉，案牍旁午，其退食之顷，思虑不休，尚何清趣之有耶？'克正曰：'不然，彼民之有犯，吾

---

① 《海虞文苑》卷13，见王稼句编著《苏州园林历代文钞》，第260页。
② 章珪《桧》诗，见《四库全书》《御定佩文斋咏物诗选》卷279。
③ 周文襄诗歌："故人家住碧溪濆，出郭书声白昼闻。过访几回因看竹，归休何日共论文。……"《吴都文粹续集》卷50。见《四库全书》第1386册，第559页。
④ 《姑苏志》卷32："太常卿夏昶致仕游乐之地。"第453页。
⑤ 《姑苏志》卷31："在昆山县中平桥，文康有学行，中进士以病不出仕……世业医药。"第440页。
⑥ 《姑苏志》卷31："在昆山，内有篆竹堂，因以名其集。"第440页。
⑦ 秦约属前朝遗民，高寿至洪武以后。《姑苏志》说："耕获堂，秦约作，在太仓西渚之北。"见卷32，第252页。
⑧ 吴宽《西溪草堂记》：吴宽有记："缘溪居民百余家，有田可耕，有圃可种，有矶可钓，有市可贾，有舟楫可通，有桥梁可度，有仙宫佛庐可游赏。而憩息介其间，乔木蓊郁，远若云屯。下见周垣高宇隐隐焉、渠渠焉者，戴氏之所居也……往岁命儿子佑筑草堂于故居之偏隙地之上，以为逸老之计，堂成而溪水环其西，因名曰西溪草堂。"见《家藏集》卷32，第258页。
⑨ 韩雍诗《湖山旧隐为锡山钱津赋》："遁迹湖山几世同，湖山移在故园中。画图不假丹青笔，疏凿真如造化功。孤阜未荒和靖业，钓台常仰子陵风。逸民自古关风教，采录重烦太史公。"见《襄毅文集》卷6，第679页。

听而断之,是者为是,非者为非,当轻而轻,当重而重,是非轻重,一系于彼,吾何容心于其间哉?故吾退食之际,游息于斯,一琴一咏,自适其适,观夫花木之乘和吐芳夸妍献秀于吾前,而风光月色澄鲜爽朗与之相辉映于上下。方是时,目与景接,心与趣会,湛然而宁,悠然而乐,泠然而有出尘之思,不知清之在物耶?在人耶?'"① 黄庭坚《登快阁》诗说:"痴儿了却公家事,快阁东西倚晚晴。"方克正于官廨后院所构,虽仅一轩,其中所获得的消闲与清趣,一点也不比黄庭坚登快阁来得少。他一方面中正平和地疏理聚讼攻讦之务,又能在公务之余,享受心远地偏之乐。小小庭院里,一花成畦,一木成林,一石见群山,一勺代江湖,于是,他感受到了完整的自然风月和身心清闲。白居易《中隐》诗说:"大隐住朝市,小隐入丘樊。丘樊太冷落,朝市太嚣喧。不如作中隐,隐在留司官。似出复似处,非忙亦非闲。不劳心与力,又免饥与寒。"② 方克正这一番答客难,所持之论显然是白居易中隐理论的再版,也显示出明代文人对仕宦价值观念、人生价值追求,以及处理二者之间关系的方式,正在悄悄发生变化。

在和丰坊五显王庙南部,况钟借重建寺庙之际,因陋就简造了其退食自养之所,虽不在官廨之内,却是其治吴时的临时行馆,可算是半个官署园。况钟在整治院落时,得到刻有"辟疆东晋"字样的石碑,一度认定此地就是魏晋风流时的吴中名园——顾辟疆馆。③

苏州郡学号称天下第一,其创始人和历代授业学官都有美名,历代都有许多从这里走出去的才气高、名气大的士夫,而其中景境也足以砥砺节操、修养心性。永乐间王汝玉有诗歌《苏学八咏》,分别是:"水木凝华清"的"南园","绿水浸红莲"的"泮池","蔼蔼绿生阴"的"杏坛","岁寒霜霰多"的"古桧","石梁跨新渌"的"来秀桥","高亭临泮水"的"采芹亭",以及"道山"、"春雨亭"等。④ 吴宽在《追和朱乐圃先生苏学十题》的序文中说:"故吴越钱氏南园也,规制宏壮,远去市井,山水之胜,嘉树奇石,错植其间,宛然林壑也。"虽然这组诗歌作于弘治十四年(1501年),然而,"宽为童子入学,固不知十题之名,独见国朝士大夫咏学中诸景诗石刻。"⑤ 由此可知,郡学宛然林壑,有园已经数十年之久了。

洪武年间曾谕令大规模拆并江南的寺庙,明代苏州寺庙园林并不发达,像狮子林这样的前朝名园,也长期处于萧条寂寞状态。建文以后,寺庙园林

---

① 徐有贞《公余清趣说》,见《武功集》卷3,第96页。
② 见彭定求等编纂《全唐诗》,第2279页。
③ 参见魏嘉瓒编著《苏州历代园林录》,第111页。
④ 王汝玉诗《苏学八咏》,钱谷选编《吴都文粹续集》卷4。见《四库全书》第1385册,第90页。
⑤ 吴宽《追和朱乐圃先生苏学十题》,见《家藏集》卷27,第207页。

也随着私家园林复兴的大势在渐渐复苏。吴宽《正觉寺记》说:"吴城中分四隅,惟东南居民鲜少,自巷衢外,弥望皆隙地,大率与郊野类。访其遗迹,先朝废宅及故佛老之宫为多,今正觉寺者,相传其先为宋杨和王别墅,后为元人陆志宁寓馆,既而舍为僧院,号大林庵。国朝洪武二十五年,诏清理释教庵,并入万寿寺,遂废。……今(宣德十年,1435年)美种蔓延不绝,人犹以竹堂称之。地既幽僻,入其寺,竹树茂密,禽声上下,如在山林中,不知其为城市也。又幸其去予家更迩,徒步可至。予将归老,良时策杖与故旧子侄同游于此,即事赋咏,其乐有日也。"①

此外,苏州城东南隅一带,可以游赏的寺院园林还有大云庵,此即苏舜钦沧浪亭遗址。沈周《草庵纪游诗》说,时人称之为"草庵"、"结草庵"或"吉草庵"。在吴宽的东庄附近,还有一个东禅寺:"波光回佛地,树色寂溪堂",②"松杉满院风,瓜豆一篱绿"。这是一处南宗净土。③ 徐有贞为其中的"闲趣轩"作过记文,④ 韩雍、沈周、吴宽等当时知名文人,皆时有到访,且留下了许多游寺问禅的诗文。此间,在集祥里还有一个道教的意念之园——玉涧。此地本来只有庙并无园,"吴之集祥里,自唐以来有庙,祀周之康王,久而庙将压。天顺初,先修譔公倡里人重建之,复自购庙中故地,尝所侵于民家者,得什二三。作小屋于后,以俟守庙者居,更二十年,莫能得其人"。后来邓尉山方外人沈复中入居,自号玉涧,并以号名其庐。求吴宽作记文,吴宽很困惑:"涧者,水之行于地中者也。复中所居,城市之所环绕,庐井之所贯络,求诸山水无所得,安有所谓涧者? 岂其少家虎溪,既壮去其父母而犹思其地耶?"⑤ 道家思想中有得意忘言、得意忘象之说,此玉涧应该就是一所得意而忘象之道园吧。

另外,从杜琼《西庄雅集图记》、徐有贞《题唐氏南园雅集图》、沈周《魏园雅集图》,以及时人诗文中,都可以看出,文人游园雅集在这时期的艺术家群体中已悄然复兴。总之,从营造、游赏、集会,到文人诗文图绘,在这几十年间,苏州园林渐渐完成了全面的复兴。

---

① 吴宽《正觉寺记》,见《家藏集》卷38,第331页。
② 蔡羽《与诸友过东禅》,钱谷选编《吴都文粹续集》卷30。见《四库全书》第1386册,第49页。
③ 李应祯《宿东禅静公房》,钱谷选编《吴都文粹续集》卷30。见《四库全书》第1386册,第49页。
④ 徐有贞《闲趣轩记》,见《武功集》卷2,第64页。
⑤ 吴宽《玉涧记》,见《家藏集》卷33,第269页。

第二节　建文至成化年间名园考述（一）

建文初至成化末约 90 年里，苏州园林渐渐摆脱了洪武年间沉寂、衰歇的阴影，再次走向复兴，其间的一些名人名园，不仅在当时影响很大，代表了那一时段的园林艺术风貌，而且对以后的苏州园林艺术发展也有深远的影响，可谓上承元末遗韵，下开明季新风，值得深入考述。

一、光福徐氏诸园

光福耕渔轩首创于徐良夫（1333—1395 年），曾是元末吴地三大名园之一。关于耕渔轩主人徐良夫的卒年，目前有两种说法：一是认为卒于洪武六年（1373 年），如鲁海晨先生编注的《中国历代园林图文精选》就用了此说；① 另一种说法是卒于洪武二十八年（1395 年），如麦群忠先生主编的《中国图书馆界名人辞典》，② 以及吴海林先生主编的《中国历史人物生卒年表》，③ 都用了此说。两种说法之间相差很大，又皆未注明出处。笔者今按相关文献，第一种说法可能来自于对《姑苏志》记载的推断："徐达左，字良夫，吴县人。……洪武初，郡人施仁守建宁，荐为其学训导，师道克立。居六年，卒于学宫。"④ 如果把这里的"洪武初"推定为"洪武初年（1368 年）"，就与第一种说法正好吻合。第二种说法，应该是综合了王鏊的《姑苏志》和隆庆年间张昶的《吴中人物志》："洪武二十二年聘为建宁学训导，以朱子阙里，欣然往就。达左质厚气温，未尝谈人过，犯之亦不留怨。好山水，尝游武夷，将历览以广见闻。"⑤ 显然，洪武二十二年（1389 年）受聘，再加上《姑苏志》说的"居六年"，正好是 1395 年，与第二种说法吻合。笔者又按，《赵氏铁网珊瑚》收录了徐达左一篇《游武夷九曲记》，记文结尾属款"辛未冬十月既望又十日，徐达左书于樵阳官舍。"⑥ 洪武二十四年（1391 年）岁在辛未。另外，《式古堂书画汇考》不仅收录了这篇游记，还一并收录了《徐良夫武夷九曲棹歌图并记》长卷。⑦ 可见，"卒于洪武二十八年（1395 年）"的说法更加可靠一些，本文采用此说。

可见，尽管朱元璋禁园政策日渐紧迫，洪武年间耕渔轩处于销声匿迹状态，但是，入明后很长一段时间里园林主人依然健在。另外，耕渔轩是依山

---

① 鲁海晨编注《中国历代园林图文精选》第 5 辑，第 281 页。
② 麦群忠主编《中国图书馆界名人辞典》，第 192 页。
③ 吴海林主编《中国历史人物生卒年表》，第 253 页。
④ 王鏊纂《姑苏志》卷 54，第 803 页。
⑤ 见《续修四库全书》第 541 册，张昶纂《吴中人物志》，第 251 页。
⑥ 赵琦美纂《赵氏铁网珊瑚》卷 11。见《四库全书》第 815 册第 643 页。
⑦ 卞永誉纂《式古堂书画汇考》卷 54，见《四库全书》第 827 册，第 376 页。

水园、生产园，不容易被彻底毁灭。所以，洪武间三十余年里，耕渔轩虽然可能应时顺变，递有增损，格局也发生了很大变化，名称不再叫耕渔轩了，但是，山园的基本格局依然存在。徐良夫病卒于异乡，但耕渔轩依然后继有人。

（1）徐汝南遂幽轩。祝允明在《徐处士碣》中说："吴光福多才贤，士新故接耀，而徐族最。徐之最如良夫，乐余克昭而来，亦接耀，而近时特以处士孟祥为鲁灵光。"① 徐达左之子徐乐余，正史和方志中都没有传记，仅在文人诗咏中有些零星的相关信息。谢晋的《兰庭集》中，有《赠致仕徐乐余》、《访徐汝南》两首诗歌：

白头太守文章伯，晚节桑榆景倍饶。莫道户庭常不出，时还送客到溪桥。②
不睹南州已十年，浒溪风景只依然。遂初轩下重逢日，共坐南熏雪满颠。③

"南州"在楚辞中泛指南方，后来特指丹阳以南的金坛、溧水一带，元明间文人常用以指称东南吴地。谢晋，字孔昭，自号兰庭生、叠山翁、葵邱翁、深翠道人等，是永乐间著名画家，曾受邀参与了沈孟渊主持的西庄雅集。第一首诗称徐乐余为"白头太守"，可知徐乐余可能长于谢晋，应是在洪武末出仕。从第二首诗可知，徐汝南正是此间耕渔轩的第二代主人，因为他继承了徐良夫耕渔轩最核心景境——遂幽轩。当年倪云林为耕渔轩作画题诗就是《题良夫遂幽轩》，④ 元季文人吟咏耕渔轩也多以遂幽轩为主。⑤ 谢晋这次十年后重访光福，徐汝南已是须发皆白的老者了。从后来徐氏子孙徐有贞的诗歌中，可以看出，谢晋这次到访，为遂幽轩作了山园图：

葵丘居士吴中杰，画笔诗才两清绝。平生白眼傲时人，人有求之多不屑。
浒溪渔隐孺子孙，气谊相孚独深结。高标逸韵与之齐，玉树冰壶双皎洁。
闲来对酌遂幽轩，一笑俱忘满颠雪。山光水色照清尊，飞翠浮蓝手堪撷。
葵丘醉后兴更奇，击箸悲歌声激烈。挥毫洒墨作新图，欲与王维较工拙。
只今已是十年余，人物凋零风景别。二贤踪迹共寂寥，惟有画图当座揭……⑥

由此可知，徐乐余与徐汝南皆是谢晋的好友，都长于谢晋，都是徐达佐

---

① 祝允明著《怀星堂集》卷16，见《四库全书》第1260册，第595~596页。
② 谢晋诗《赠致仕徐乐余》，《兰庭集》卷下。见《四库全书》第1244册，第467页。
③ 谢晋《访徐汝南》，《兰庭集》卷下。见《四库全书》第1244册，第467页。
④ 倪云林："来访幽居秋满林，尘喧暨可散烦襟。风回研沼摇山影，夜静寒螀和客吟。危磴白云侵野屐，高桐清露湿窗琴。萧然不作人间梦，老鹤眠松万里心。"《清閟阁全集》卷6，见《四库全书》第1220册，第244页。
⑤ 在沈季友编纂的《檇李诗系》中，《题徐良夫遂幽轩》诗有五首，分别是卷5中有山长常真的一首，卷6有张翼、徐一夔、高尚志各一首，卷31有白庵禅师万金的一首。
⑥ 徐有贞《题谢孔昭为徐汝南写湖山图》，见《武功集》卷5，第201页。

的第一代后人——如果作一个大胆一点的推测，白首致仕的徐乐余与遂幽轩主人徐汝南可能就是同一人。

谢晋在《兰庭集》中还有《题画为徐山人作》、①《题徐山人居》两首诗歌，②诗中一生不仕的徐山人，"家住万安山，茅堂循翠湾"。今按杜琼的《游西山记》，此山人徐隐士可能就是居住在万安山的徐拙翁："山之隐士曰徐拙翁，年逾八十，强健不衰，闲来城中，与予相好殊甚……此即万安山，吾（徐拙翁）之居也。"③杜琼此次游光福，在"乃正统庚申（1440年）九月八日"，可见，徐拙翁当生于1360年前后，谢晋游西山访徐汝南见到他时，年约50余，也是属于徐达佐子一代的人。杜琼这次访徐拙翁，还见到了徐达佐后人中的"鲁灵光"——处士徐孟祥。

（2）徐用庄耕学斋。徐衢，字用庄，号耕学，其年岁少于徐乐余、徐汝南、徐拙翁，与徐孟祥相当，齿序属于徐达佐的子二代。关于其山园，张洪有《耕学斋图记》："出胥江西南五十里而至光福，所谓虎溪是也。其南为上崦，西岸长堤，绿围与柔兰相映带。不二里，抵下崦之口，长桥绾之，所谓虎山桥也。右则为龟峰，有古塔断梁之胜。自西而东折，名福溪桥。右迁二十步，多古柳依岸，湖水湾环，而耕学先生之宅据其阳。一衡门自南入，稍折西，为舍三楹，曰来青堂。又进而东偏，亦三楹，清洁可爱。又进，则凿地为池，而芙蓉映面，西旁为书楼，所谓耕学斋是也。池与书楼，修竹环绕，千竿自春徂冬，往往助其胜，而最后地广而圆。杂树花果之属，皆数拱余。竹益茂郁，然深山中矣。……相与游于后圃竹树间，卉木阴翳，鸣声上下，真足畅叙幽情。返而登楼，凝眸之下，则堰水为之冲，诸溪为之带。近而邓尉、玉屏，以及穹窿，俨在几席间，秀色可餐。远而灵岩、天平、支硎之属，亦时与云气相出没矣。"④

徐达佐耕渔轩在"邓山之下"。明人赵琦美编的《赵氏铁网珊瑚》中，有一组"耕渔轩诗"，其中署名为"西涧翁"的一首诗说："浒溪溪上弊庐存，随分耕渔乐此身。千古清风仰高节，南州孺子彼何人。"倪瓒诗说："溪水东西合，山家高下居。琴书忘产业，踪迹隐耕渔。"⑤虎溪即浒溪，用

---

① 谢晋《兰庭集》卷上："扁舟荡漾水云宽，避暑曾游消夏湾。好是君家亭子上，卷帘直见洞庭山。"《兰庭集》卷上。见《四库全书》第1244册，第430页。
② 谢晋《兰庭集》卷下："家住万安山，茅堂循翠湾。郫连青嶂远，门掩白云间。尊酒相娱乐，朋游日往还。长时开坐静，向碧窗间阚。"《兰庭集》卷下。见《四库全书》第1244册，第467页。
③ 杜琼《游西山记》文，钱谷选编《吴都文粹续集》卷20。见《四库全书》第1385册，第524页。
④ 《吴县志》卷39上，张洪《耕学斋图记》，转引自《园综》，第272页。
⑤ 赵琦美编《赵氏铁网珊瑚》卷15，见《四库全书》第815册，第787页。

元末文人的诗文,来对比张洪图记中描述的山形地势,以及下文中引用的徐有贞《先春堂记》,可知徐用庄的耕学斋也在徐达佐耕渔轩旧址附近,也可能就是其园居的一部分余绪。①

从当时的相关文献来看,这位徐用庄先生乃是一位深得苏州百姓及士大夫共同称赏的良匠,耕学斋也是颇具影响的名园。天顺三年(1460年)及成化己丑(1471年),韩雍先后两度"委徐君用庄督工",营建其先妣、先考墓冢。韩雍在《谢徐用庄序》一文中说:"早夜孜孜,若治其家事。计工较力,罚怠奖勤,均而无私,人敬且畏,故成功甚速,而无烦扰之嫌。"因为这位"读书隐居"的徐耕学处事至公且平,"乡人之有不平,不赴诉郡邑,而愿求直于用庄,即往诉,亦皆归用庄理判。用庄求其情是是非非,罔有屈抑,人遂大化","用庄又言于官,疏广水渎至光福官河,民不告劳而济利甚博,其贤名益彰。巡抚按部使咸礼重之,有所建营,悉用综理,无不称善。"②韩雍称赞他有陈平之长而无其所短,是真正的"文范先生"。吴宽也赞叹他"口不食君之禄,而惟惠则能使人足"。③

耕学斋是当时西山名园之一,虽没有徐达佐《金兰集》那样密集而盛大的文人雅会,却也是前前后后群贤毕至之所。早年张洪为之作序,沈周为之绘图,而后徐有贞发起的"雪湖赏梅十二咏",则是一次文人相对集中参与的雅事,沈周有《次天全翁雪湖赏梅十二咏》组诗,吴宽也有《次韵天全翁书遗光福徐用庄雪湖赏梅十二绝》予以唱和。这两组诗歌,完整地再现了邓尉山"坐移月里千株树,卧看湖边万玉山"的香雪之海面貌。吴宽更是直接把一介布衣的山园主人,置于黄庭坚与陆游之间:"我爱涪翁与放翁,此翁应在二之中。"④此园境界之高,遥想可见。

(3)徐孟祥雪屋。徐麟,字孟祥,号雪屋,其山园名即是雪屋。杜琼正统庚申(1430年)那次游西山访徐拙翁时,徐孟祥年仅19岁,当时杜琼就预感"孟祥有奇才,吾侪当避路者"。成化十四年(1478年),吴宽应徐用庄之邀游光福,也见到了这位"隐而不用于世"的高人,此时他已是一位耄耋长者了,后来吴宽在诗中敬称其为"雪屋上人"。今按祝允明《徐处士碣》:"(徐氏)特以处士孟祥为鲁灵光。……处士讳麟,字孟祥,其为人也,体具阳秋而道孚华实。"⑤可见,徐孟祥是徐达佐身后又一位仁孝悌友、

---

① 吴宽《家藏集》卷33《光福山游记》中,对耕学斋的位置地形也有比较翔实的记述。
② 韩雍《谢徐用庄》,见《襄毅文集》卷10,第739页。
③ 吴宽《耕学徐翁像赞》,见《家藏集》卷47,第430页。
④ 吴宽《次韵天全翁书遗光福徐用庄雪湖赏梅十二绝》,见《家藏集》卷5,第32页。
⑤ 祝允明《怀星堂集》卷16,见《四库全书》第1260册,第595~596页。

风格高古的磊落隐士。杜琼为其野处山园"雪屋"作了序文:"家光福山中,相从而问学者甚多,其声名隐然,于郡缙绅大夫游于西山,必造其庐。孟祥结庐数椽,覆以白茅,不自华饰,惟粉垩其中,宛然雪屋也。既落成,而天适雨雪,遂以雪屋名之。范阳庐舍人为古隶额之。缙绅之交于孟祥者,为诗以歌咏之,征予为之记……"①

吴郡文人大夫游西山多要拜访雪屋,从吴宽、杜琼等人的诗文集中可见一斑;相从徐孟祥问学者甚多,祝允明在《徐处士碣》中证实了这一点。文人大夫们对这位深山中的白衣处士如此推崇,与之过从酬唱,主要是仰慕其志行高洁、学识渊博,以及其雪屋的朴雅绝俗。除此之外,可能还另有隐怀——这里曾经是徐达佐故地,雪屋也是耕渔轩余绪的一部分!从吴宽的两首诗歌可以看出这一丝隐怀:

> 吴下隐君徐雪屋,久缘山水伴渔樵。
> 孝廉有士还堪荐,贫贱于人真可骄。
> 书卷夜当岩月展,布袍寒傍渚风飘。
> 铜坑深处杨梅熟,尚忆题诗坐石桥。②
> 舣舟山足扣禅机,记得云林启半扉。
> 静夜香炉浑不冷,深秋书札未应稀。
> 雪中老屋怀蒼卜,湖上长铲负蕨薇。
> 须信大颠诗律细,世人休更笑留衣。③

铜坑亦即铜井,石桥可能是虎山桥。从第一首诗中,可以看出徐孟祥雪屋距离铜井、虎山桥很近。第二首诗直接说破了雪屋前身,乃是"云林启半扉"的耕渔轩。

(4)徐季清先春堂。徐季清,先春堂主人,徐达佐之曾孙。徐有贞《先春堂记》说:"当时江东儒者以良辅为称首。季清,其曾孙也,天资秀朗,警敏过人,年凡五十而志益勤,思绍乃祖之风范,闲构一宇以为游息之所,命之曰先春之堂。余尝过之,季清请余登焉。坐而四望,左凤鸣之冈,右铜井之岭,邓尉之峰峙其上,具区之流汇其下,扶疏之林,葱蒨之圃,棋布鳞次,映带于前后。时方冬春之交,松筠橘柚之植,青青郁郁,列玙琪而挺琅玕。梅花万树,芬敷烂漫,爽鼻而娱目,使人心旷神怡,若轶埃埃而凌云霄,出阴沍而熙青阳,视他所殆别有一天地也。"④

---

① 杜琼《雪屋记》,见邵忠,李瑾选编《苏州历代名园记·苏州园林重修记》,第72页。
② 吴宽《寄光福徐雪屋》,见《家藏集》卷7,第49页。
③ 吴宽《答雪屋上人》,见《家藏集》卷11,第84页。
④ 徐有贞《先春堂记》,见《武功集》卷3,第95页。

徐有贞的序文，澄清了耕渔轩的地理位置与形势地貌，也使人仿佛又看到了徐达佐那个"其水舒舒"的耕渔轩。徐有贞在另一篇序中说："家于邓尉之阳，而墓于其山之阴，以昭穆而数之者余十世焉。"① 可见，元明以降，光福徐氏福祚绵长，而徐氏山水园林也在与世沉浮中历久弥新。

二、龚大章东庄

龚诩（1381—1469年），字大章，昆山人，高寿88岁而终，谥号安节先生，是一生经历了明初至成化间八帝九朝的传奇人物。其父龚察，洪武初为给事中，获罪谪戍，死于戍所，龚诩时年仅3岁。龚诩17岁时继续为父谪戍，远戍辽阳，后建文帝爱其耿介，闵其孤幼，命其戍守城门。他全程经历了靖难之役，叛臣开门乞降时他就在旁边，亲眼目睹了建文帝宫中大火。在拜望城门弃戈恸哭后，他化名王大章，潜逃回了乡里，随后成为永乐一朝屡屡下牒通缉的逃兵之一。

今按《野古集》可知，龚大章昆山宅园名东庄（玉峰郊居），晚年在小虞浦筑逸老庵，时人也偶有流连歌咏。龚氏前半生孤苦伶仃，弱冠后萍踪漂泊，其宅园在当时影响并不大。《姑苏志》说他"有田三十亩，力耕自给。晚岁独与一老婢居破庐中，种豆植麻，咏歌自适"，②并没有记录其园林有何胜境。然而，其园居虽不宏丽，却代表了当时苏州园林的一种独特类型——建文逊国以后坚决逃仕的文人园。当时常熟著名诗人陈蒙有一组题名为"东庄八景"的诗歌，可惜陈蒙的《泛雪集》今已不传，仅《野古集》选录了其中三首。③

采菊见南山，佳兴与心会。渊明千载余，高情付吾辈。（悠然处）
碧水涵秋空，幽花映奇树。茅亭四面开，是侬钓游处。（秋水亭）
自别东庄来，岁月易成久。披图怀此君，清风想依旧。（清风径）

篱墙黄菊里秋水映天，茅亭四面外兰桂飘香——虽仅仅三首，隐士之园的朴雅与清韵，已经依稀可见。龚大章逃脱追捕后，曾长期隐姓埋名，藏匿于"任阳大姓陈、马二家"，"晦处二十余年，卖药授徒以给朝夕"。④ 他时常通过诗歌来寄托其对故园的怀念：

我家潇洒同三径，车马不闻尘土净。
白云流水互萦回，翠竹苍松相掩映。
瓮有新醅架有书，果蔬自足供盘飣。
老妻甘与共清贫，劝我不须干赵孟。

---

① 徐有贞《徐氏袭庆庵重修记》，见《武功集》卷4，第151页。
② 王鏊纂《姑苏志》卷55，第815页。
③ 陈蒙《陈蒙允德东庄八景》，《野古集》卷上，见《丛书集成续编》影印本，第324页。
④ 王执礼《龚大章传》，见《野古集》卷下。《四库全书》第1236册，第331页。

> 十年作客南野堂，麋鹿未忘山野性。
> 惓惓虽荷故人情，食粟每羞才不称。
> 西风昨夜动林柯，浩然忽起归来兴。
> 殷勤为我报东君，好着梅花待吟咏。①

陶渊明归去来兮的时候，见到故园"三径就荒，松菊犹存"，龚氏记忆中的故园，潇洒亦如此，可见其园中菊花之盛，也印证了陈蒙歌咏"悠然处"的"采菊见南山"。龚大章3岁丧父，半生的母子相依为命，慈母"守节不贰，纺绩给衣食，课子读书"，②他这位漂泊的逃兵"时时乘夜渡娄省母"。③其《夜归东庄》诗说："夜来觅棹返东庄，遥望东庄道路长。书画满船风与月，蒹葭两岸露为霜……"④说的大约就是"乘夜渡娄"的辛酸事。

宣德年间，朝廷重新梳理兵务，龚大章这才结束了东躲西藏的流浪人生。龚氏虽军籍挂在镇海卫，却从未赴任，反倒是督抚时时派人来慰问他。周忱巡抚苏州时也屡屡向他咨询治郡良策，他也先后几番为周忱治城理水出谋划策。但是，他依然坚决不肯出仕，连周忱请他出任松江、太仓郡学教授这样的职务也不接受，理由只一个：不能愧对建文帝的知遇，以及自己面对宫中火起时的"城门一恸"！可见，建文帝四年时间里的拨乱反正、文教德化，在改善江南文人对于朱明王朝的感情方面，取得了巨大的成就。靖难之役后，因坚决不与朱棣合作而死节的南方文人中，就有许多是吴地人，其中姚善、黄钺、钱芹、俞贞木等人，更是主动、自投罗网，在元末明初，这几乎是不可想象的事情。然而，"滴血的永乐"再一次践灭了吴地文人对朱明王朝刚刚燃起的一点热情和期望，使文人对王权的恐惧，对隐居的追求，一度又回到了洪武初年。龚大章是一个特例，而城内的杜琼、沈周、邢量，以及西山徐氏等人一生坚持隐居不出，再次显示出吴人思慕隐居的普遍性。姚广孝协助朱棣谋划靖难而获爵，后来回吴频遭吴人白眼，也就不难理解了。

张倬曾概括龚大章的中晚年人生："半生心迹任虚舟，风雪飘萧一弊裘。独抱龙门太平策，沧浪亭下看沙鸥。"⑤宣德至成化年间，龚大章生活相对平静安然，写了一些园居的闲适诗和田园诗，此时他占地30亩的东庄园居生活，已经与乡村田园高度融合了。如《闲居四景》：

---

① 龚大章《怀东庄》，《野古集》卷上，见《丛书集成续编》影印本，第307页。
② 沈鲁《龚大章墓志铭》，《野古集》卷下。见《四库全书》第1236册，第331页。
③ 张大复《龚大章传》，《野古集》卷下。见《四库全书》第1236册，第333页。
④ 龚大章《夜归东庄》诗，见《丛书集成续编》影印本《野古集》卷中，第317页。
⑤ 张倬《寄龚大章》，见《四库全书》《御选明诗》卷150。

（春）吾家烟树水南村，尽日观书静掩门。地僻喜无车马过，春风正满绿苔痕。
（夏）门巷萧然午睡余，纷纷鸟雀噪阶除。明窗净几无闲事，自录农桑务本书。
（秋）偶栽佳菊傍幽泉，岁晚泉清菊更妍。掬饮掇餐聊适意，不图却疾制颓年。
（冬）林下渔樵平日侣，雪中梅竹岁寒交。幽居剩得春风力，不放红尘过小桥。

又如《田园杂兴选六》：
十载飘零东复西，故园花木总成溪。归来但觉清贫好，有舌何曾肯示妻。
风吹鹤发短萧萧，数首新诗酒一瓢。爱看前村风色好，不知行过竹西桥。
草庵新结傍清溪，种得梅花与屋齐。结实未图调鼎鼐，岁寒聊取作诗题。
布被棱棱似铁寒，一宵诗梦屡更端。觉来爱煞窗前月，送我梅花瘦影看。①

三、杜琼如意堂

杜琼（1396—1474年），字用嘉，时称东原先生，其私园为如意堂。如意堂址最早为五代钱氏金谷园，远绍北宋朱长文乐圃古意，近承元末张适乐圃林馆遗风，是明代苏州园林中身世最为显耀的园林之一。然而，乐圃旧址到底在哪，是否就在今环秀山庄一带，依然有争议。

《吴郡图经续记》说："先光禄园，在凤凰乡集祥里，高冈清池，乔松寿桧，粗有胜致，而长文栖隐于此，号曰乐圃。"②

《避暑录话》说："伯原，吾乡里，其居在吾黄牛坊第之前，有园宅幽胜，号乐圃。"③

《吴郡志》说："乐圃坊，三太尉桥北。"④

《姑苏志》说："乐圃，在清嘉坊北，朱长文所居。"⑤

魏嘉瓒先生在《苏州园林史》中旁征博引，驳斥了朱长文乐圃原址在今天环秀山庄至景德寺一带的说法，认定其旧址在今天的慕家花园。⑥ 然而，魏先生在论证的过程中，有三个地方值得商榷。其一，魏先生把《姑苏志》中"乐圃在清嘉坊北"误作了"清嘉坊南"。今按《平江图》（图3-6），黄牛坊桥与清嘉坊恰在东西走向的同一里弄，而中间偏北，正是环秀山庄及景德寺，可见叶梦得与王鏊所言不谬。其二，魏先生的结论可能受到了乐圃坊位置的误导。乐圃坊在清嘉坊之南，三太尉桥之北。可见，《吴郡志》所言也不差，但是，乐圃与乐圃坊其实并不在同一街区。今按同治至光绪年间

---

① 两组诗歌皆见《野古集》卷下。见《四库全书》第1236册，第306、308页。
② 朱长文《吴郡图经续记》卷下，第44页。
③ 叶梦得《避暑录话》卷下，第82页。
④ 陆振从点校《吴郡志》卷6，第71页。
⑤ 王鏊纂《姑苏志》卷32，第448页。
⑥ 魏嘉瓒著《苏州古典园林史》，第147页。

的《姑苏城图》，凤凰乡集祥里恰在清嘉坊西北的西百花巷，与景德寺和今天的环秀山庄同枕一河，中间有桥相连。其三，慕家花园与乐圃原址相去甚远（图3-7）。慕家花园在乐圃坊之南，其中间隔了一条河和半个街区，更在黄牛坊桥、清嘉坊、三太尉桥之南，与集祥里已经相隔了两条河流和两个街区了。几种方志都指向了今天的环秀山庄一带。显然，成说也许不很精确，却比"慕家花园"更接近于乐圃原址。

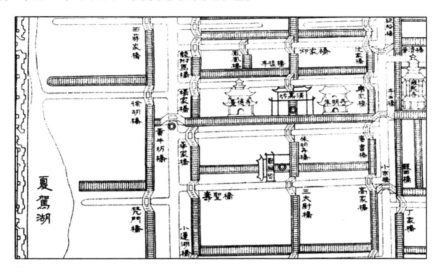

图3-6 《平江图》中的"清嘉坊"、"乐圃坊"、"黄牛坊桥"

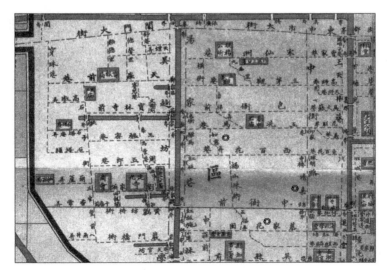

图3-7 《新测苏州城厢明细全图》（1914年）中的"如意弄"、"清嘉坊"及"慕家花园"

93

杜琼虽有高名，但生活很清贫，私园也很小，其如意堂后来延伸至乐圃，造了延绿亭，依然仅为容膝之地。杨循吉说："晚岁持方竹杖出游朋旧间，逍遥自娱，号鹿冠老人。归则菜羹粝食，怡怡如也。家有小圃，不满一亩，上筑瞻（延）绿亭，时亦以寓意。笔耕求食，仅给而已，不见其有忧贫之色，浩然自足，老而弥坚，虽古人无以加也。"①

在当时的名园中，如意堂与沈周的有竹居、徐用庄的耕学斋、徐孟祥的雪屋、龚大章的东庄等，同属于绝仕不出的隐士之园。其中，如意堂与有竹居更接近，主人都是能诗善画而耕隐于艺术的文化名人。然而，杜琼谥号"渊孝先生"，如意堂愉悦亲老的至孝主题，是有别于"有竹居"和其他名园的最显著特征。

如意堂的构筑，有前后两个阶段。先是杜琼筑堂奉母："庭有嘉草生焉，其花迎夏至而开，及冬至而敛，其茎叶青青，贯四时而不凋也。杜子之母每爱而玩焉，曰：'之草也，幽芳而含贞，殆如吾意也。'"② 于是，杜琼以"如意"名其宅园。到了宣德间，杜琼得乐圃林馆部分园地，延伸其如意堂后院，整合而为一园，"结草为亭，曰延绿。又有木瓜林、芍药阶、梨花埭、红槿藩、马兰坡、桃李溪、八仙架、三友轩、古藤格、芹涧桥，凡十景一，时名流俱有诗"③。后来，成化八年（1472年）七月，延绿亭在一场暴风雨中倾颓，"园中茅茨既摧，梁木亦折，垣墉且陁，竹树尽偃。"杜琼是年已77岁高龄，其子杜启知道父亲颇为亭废而失意，于是，"遂相与召匠氏筑之。既成，邀先生坐于亭上，则摧者完，折者固，陁者立，偃者起，盖不日而旧观还矣。先生喜曰：天意殆欲新吾亭邪"④！为此，远在京师的吴宽还既诗且文，嘉许其子杜启的纯孝。⑤

四、刘廷美小洞庭

刘珏（1410—1472年），字廷美，号完庵，长洲人，"以文章风节名天下，其词翰画笔尤为吴中所宝"，⑥ 其私园名"小洞庭"。刘珏有志于学而不愿做官，经况钟一再推举后始出仕，然而，"年甫艾，即致政归。凿池艺花，闭户却扫，图史间列，觞咏其中。遇所得意，挥洒性灵，雕搜物态。诗长于七言，对偶清丽，当时称为刘八句。书画出入吴兴、黄鹤间，每见长械

---

① 杨循吉著《吴中往哲记》，见《吴中小志丛刊》，第53页。
② 徐有贞《如意堂记》，见《武功集》卷3，第130页。
③ 王鏊《姑苏志》卷32，第349页。
④ 吴宽《重建延绿亭记》，见《家藏集》卷31，第246页。
⑤ 吴宽另有诗《喜杜子开将有兴复先世延绿亭之意》，见《家藏集》卷25，第191页。
⑥ 《御定佩文斋书画谱》卷86"明刘珏小洞庭图。"见《四库全书》第822册，第676页。

巨幅。经营林壑，绘藻入神"①。"完庵"之号，乃"公归田时号也。自以保其身名，幸而无亏，如玉返璞，以全其真"②——虽有先仕后隐的经历，刘廷美在风格品质上，却与杜琼、沈周等人完全同调。

《姑苏志》说："刘佥宪廷美自山西致政归，即齐门外旧宅累石为山，号小洞庭，有十景，曰：捻髭亭、藕花洲等名，天全徐武功伯为之序。"③小洞庭以垒石叠山为主景，"泉石花木，委曲有法"④。山景中有洞有坳，绕山种橘，依山构亭。山水相映，水景中有莲藕芳洲，碧波清池。园中松竹丰茂，蕉影婆娑，是一个小而精的城市山林。徐有贞与刘廷美、沈周等人是好友，有多次同游和酬唱联句的经历，为小洞庭作序文是自然而然，许多史料也都有此说，可惜此文今已不见载籍。另外，现存《武功集》中竟然无一字关涉小洞庭，无片语言及刘廷美，着实令人不解。

今天人们获知小洞庭十景，主要来自于韩雍的《襄毅文集》。韩雍既诗且序，比较详细地介绍了十景的原委。⑤ 其中"隔凡洞"本于林屋洞中的"隔凡"二字。"题名石"是因为"徐武功、陈祭酒诸公亦尝来游，各有绝句以题其石"。"捻髭亭"是因为刘珏在此地吟诗，捻断髭须打草稿。"卧竹轩"本于杜甫"共醉终同卧竹根"，韩、沈、徐等道友醉酒后，也曾偃卧于此。"蕉雪坡"取意于"唐王摩诘尝画袁安卧雪图，有雪中芭蕉。盖其人物潇洒，意到便成，不拘小节也"。"鹅群沼"得意于"晋王逸少观鹅而得腕法之妙"。"春香窟"是用"以刺梅、木香、杂品花卉结成一室……花时宴坐其中幽香袭人"。"岁寒窝"周围集中种植桧柏，苍翠郁然，岁寒而后凋。"绕山种橘树，枝叶团阴森。霜后熟累累，万颗垂黄金"，因此十景中有"橘子林"。"种藕绕芳洲，藕生绿荷长。南风催花发，十里闻清香"，故山下水景取名"藕花洲"。

在当时名园中，小巧、精雅、写意是小洞庭最大的特色，"惟筑山凿池于第中……实寄兴于三万六千顷七十二峰间也"，⑥ 而这也是苏州城市山林的最经典特征。

关于刘廷美的宅园，还有一种说法是此园又称"寄傲园"，如魏嘉瓒先生在其著作《苏州历代园林录》和《苏州古典园林史》中，⑦ 都坚持此说，

---

① 杨循吉著《吴中往哲记》，见《吴中小志丛刊》，第53页。
② 吴宽《完庵诗集序》，见《家藏集》卷44，第397页。
③ 王鏊《姑苏志》卷32，第453页。
④ 见祝允明著《成化间苏材小纂》，见《吴中小志丛刊》第93页。
⑤ 韩雍《刘佥宪廷美小洞庭十景》，见《襄毅文集》卷1，第618页。
⑥ 《御定佩文斋书画谱》卷86"明刘珏小洞庭图"，见《四库全书》第822册，第676页。
⑦ 魏嘉瓒编著《苏州历代园林录》第113、142页；魏嘉瓒著《苏州古典园林史》，第279页。

而对韩雍诗歌中的小洞庭十景却甚少提及。这其实是一个有待商榷的说法。顾凯博士在《明代江南园林研究》中也对此说表示了困惑，但只是认为："其十景与此（韩雍十咏）也不同，未知何据"①，没有作深入讨论。笔者今查相关文献发现，魏先生此说可见于乾隆年间刊刻的《长洲县志》，② 最早可能见于《六研斋笔记》，著者李日华是嘉兴人，明代万历十七年（1589年）进士。笔记中说："刘完庵珏，以参藩致政家居，葺园寄傲，仿唐卢鸿一《草堂图》，自为绘册十幅。"③ 十幀图咏题名分别为"笼鹅阁"、"斜月廊"、"四婵娟堂"、"螺龛"、"玉局斋"、"啸台"、"扶桑亭"、"众香楼"、"绣铁堂"、"旃檀室"，并附沈周咏寄傲园七言长诗一首——这其实又是晚明一例充满漏洞的拙劣作伪。

首先，仔细玩味这十幀图咏题名及所题诗歌，不难发现，不但十首诗歌矫揉造作味道浓重，连"笼鹅阁"、"四婵娟堂"、"螺龛"、"玉局斋"等题名，也有浓厚的藻饰痕迹，充满了晚明气息，与刘廷美所在时代文人共赏的朴雅风尚明显不一致。例如其中的咏"众香楼"诗：

花扉深不测，危立有层楼。遥瞩盈庭树，宛然别一丘。
坐堪邀月下，登或当山游。桂影趋檐际，清芬却想秋。

园中筑楼是明代中后期的事情，宣德至成化年间，苏州园林中很少有楼阁的影子。晚明时文震亨在《长物志》中，对园林建筑这种层楼处理仍然持反对意见。又如其中咏"玉局斋"诗：

戒时非作态，入室自悠然。作古宛如古，可传无意传。
才情因以胜，位置佐之缘。方识命名者，前身玉局仙。

读罢令人一头雾水，不知其所云为何物，大概是个修道守静的斋房——无病呻吟的忸怩作态，一目了然。再如其中的咏"螺龛"诗：

竟日双扉掩，其中草色新。石幢门外树，法相壁间寻。
借渡石微窄，凿渠雨始深。一灯绵昼夜，萧寂了无音。

韩雍十咏中说得很清楚，小洞庭是取意于洞庭西山，"隔凡"乃是道教林屋洞天中的摩崖刻石，这里却硬是加进来一间释僧的方丈！这就不是小洞庭了。

其次，宣德至万历之间的百年里，有许多书画谱、画录，却不见一处有关于刘廷美寄傲园十图咏的著录，可知此作伪很可能起于万历年间。

---

① 顾恺著《明代江南园林研究》，第42页。
② 见《长洲县志》第18卷《第宅附园亭》，第184页。
③ 李日华著《六研斋笔记》卷1，见《四库全书》第867册，第488~489页。

第三，刘廷美归隐吴门期间有许多好友，如徐有贞、韩雍、祝大参、杜琼、沈周、吴宽等人，其中一些人还是小洞庭的常客。六研斋所录寄傲园，以及十图咏景境题名，居然在他们各自的诗文集中一次、一处也没有被提及，这是不可思议的。如果一定要解释，那只能是根本就没有寄傲园。至于画论中附录的沈周七言诗歌，就是一篇附会作伪十咏的串联打油诗，气格靡弱、文辞粗陋，既不见于《石田诗选》，也与沈周诗歌的风格迥异，不仅是伪作，而且作伪的水平还很低。

第四，李日华笔记中说，刘廷美是"仿唐卢鸿一《草堂图》，自为绘册十幅"，连这个卢鸿一《草堂十咏图》可能都是伪作。与李日华同代的藏书家胡震亨看到过这套图册，他说："唐人诗亦有录自画卷及画壁者，诗班班在诸人集中，而画未必常存，画寿不敌诗寿也。相传唐卢鸿一《草堂图》，图各有诗，尚在人间，弘、成诸名流尝论之。今观图中十诗，俗恶无人理。又鸿一传，所居室名'宁极'，而此图与诗标'洞玄室'，抑何左耶？画吾不知，知此诗之当删而已。"①

所谓"弘、成诸名流尝论之"的卢鸿一《草堂十咏图》，胡震亨考订系后人伪作。因此，李日华笔记中所谓刘廷美寄傲园十景及图咏，乃"仿唐卢鸿一《草堂图》，自为绘册十幅"，又是晚明书画作伪的一个典型案例。然而，康熙《御定佩文斋书画谱》全文收录了六研斋此条画录，②《御选明诗》卷53中，又收录了其中的四首诗歌，这一伪说随后便堂而皇之地谬种流传开来。

五、韩雍葑溪草堂

韩雍（1422—1478年），字永熙，长洲人，正统七年（1442年）进士。其私园在葑门内，溪流环绕，故名葑溪草堂。在苏州园林史上，韩雍是少有的以武职致仕的文武全才园林主人。他曾两度提督两广军务，统兵清剿广西大藤峡的瑶壮族叛乱。《明史》说他"才气无双……洞达闿爽，重信义……有雄略，善断动，中事机"；③《姑苏志》说他"落落有大节，具文武才略，天下咸倾仰之。于诗文若不经意，而豪迈疏爽，人亦罕及"④，彭韶在祭文中说他"挥翰若飞，人服公艺；决事如流，人服公智；长才远略，文饶可继"⑤。也正因韩雍兼修文韬武略，他才能和徐有贞、沈周、刘廷美、祝大

---

① 胡震亨《唐音癸签》卷33，第351页。
② 见《四库全书》《御选佩文斋书画谱》卷86，"历代名人画跋六"条。
③ 《明史》178卷《韩雍传》，第4735页。
④ 王鏊纂《姑苏志》卷52，第768页。
⑤ 彭韶《祭韩永熙都宪文》，《彭惠安集》卷6。见《四库全书》第1247册，第81页。

参等一群文人结为同道,并常常一起游山赏园,以诗文相唱和。

韩雍的小洞庭十咏,为刘廷美的园子留下了宝贵资料,刘廷美也投桃报李,为韩雍图绘了园景。《清河书画舫》说:"刘金宪画本,当以《韩氏葑溪草堂十景》为第一,绝细而饶,气韵笔意在元人之上,盖出董北苑也。"①当时此组画还有徐有贞等十余人的诗咏,后世文徵明也题过跋文。可惜刘氏此图册已不见流传,今人研究韩雍葑溪草堂,主要依靠园主本人的园记。

韩雍宅园的空间布局是西宅东园,东园葑溪草堂约三十余亩。此园位于葑门内,"溪流自东南来,注其中"②——就在今天的东吴饭店之东,苏州大学校本部之南,跨百步街近旁的官太尉河。"葑溪古无名,得名自兹始",③可见,"葑溪"得名也始于此时和此园。园记说此地"竹木丛深,市井远隔",原是一片荒芜地。韩雍在外舅金公的资助下,先买了王氏行馆作居宅,后买了陆氏旧宅辟为园。韩雍宦游在外,此园乃其弟韩睦、其子韩文前后十余年"节缩日用而成"。丘浚《葑溪草堂记》说:"其园林池沼之胜,甲于吴下。"④后世吴湖帆的写意《葑溪草堂图》(图3-8),可能就本与此。其实,韩氏世家力田,生产园是此园最鲜明的特征。园中方池养鱼,兼种莲藕。池北为堂,前种兰桂,后种篆竹,整个园内各种竹子近万竿(图3-9)。池南为假山,山脚多种菊花、丰草。边角隙地及溪畔池岸皆种树:桃、李、杏百余株,梅五株,柑橘、林檎、樱桃、枇杷、银杏、石榴、宣梨、胡桃、海门柿等树三百株,桑、枣、槐、梓、榆、柳等杂树二百株,而"若异卉珍木,古人好奇而贪得者,不植焉"。"余则皆蔬畦也。物性不同,随时发生,取之可以供时祀,给家用。"韩雍得志时贵为上将,威震岭南,功高盖世,而宅园能够保持这等朴野、本分,实在难得。

图3-8 吴湖帆绘《葑溪草堂图》

---

① 张丑纂《清河书画舫》卷12,第465页。
② 本节相关引文皆出韩雍《葑溪草堂记》,见《襄毅文集》卷9,第725页。
③ 徐有贞《葑溪草堂与祝大参颜冯宪副定刘金宪珏暨都宪公雍联句》,见钱谷选编《吴都文粹续集》卷18。《四库全书》第1385册,第463页。
④ 丘浚《葑溪草堂记》,见《重编琼台稿》卷18。《四库全书》第1248册,第539页。

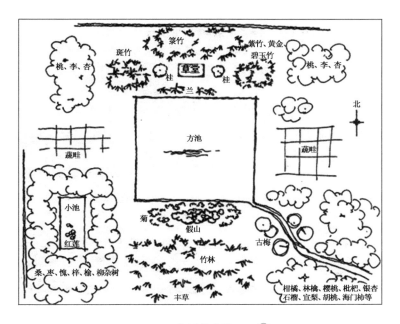

图3-9　葑溪草堂平面图①

六、陆昶锦溪小墅

当时太仓诸私园以锦溪小墅为最。园主陆昶，字孟昭，官至福建参知政事。陆昶宅园位于太仓城东南角，此园为陆氏首创，时人何乔新有记。②

"所居之西有地数百弓，规为园。"可见此宅园空间布局为东宅西园。宅园之东，"澄溪溶溶自东南来，芙蕖芰荷列植其间，花时烂若锦绣，故以锦云名为溪云"。宅居部分为五开间，前后三进。西部园林部分也很简洁。东有一轩，轩前有假山"翠云小朵"，体量很小而峰峦有致，苍润可爱，为此园之主景。园内东西各有一亭，名为"洒香"、"霏翠"。总体来看，这是一个宅园紧密结合的小园。主人"时循溪而遨坐乔木之繁阴，酌幽泉之清泚，容与乎溪风山月之间，歌石湖三高之词，继以晦翁武夷九曲之调，胸次悠然，盖不知舞雩之风，濠上之游，其乐视今为何如也"——可见，陆昶的锦溪小墅与刘廷美小洞庭一样，景境的营构与欣赏也以写意、会意为主。

这六处私家园林，或在湖畔，或在古城，或在县邑，都是当时文人流连唱和比较集中的名园，然而，在当时，主人德行才艺最高，园林成就影响最大的，还是沈周的有竹居和吴宽的东庄。

---

① 顾凯著《明代江南园林研究》，第35页。
② 何乔新《锦溪小墅记》，见《椒邱文集》卷13，第227页。

第三节　建文至成化年间名园考述（二）

在当时的名园中，沈周有竹居与吴宽东庄有许多相似之处：在筑造时间上，两园都属于明代苏州园林复兴中期；都经历了至少三代人的不断努力；园林最显耀的主人，吴宽和沈周，都是直接影响着吴门一代风流的导师和巨子，与吴门下一时期文人、文化旗手——王鏊、文徵明等人，都有比较密切的情谊，是明代苏州园林艺术从复兴走向全盛时期的桥梁人物。两园主要差异在于：东庄位于城区而体量巨大，而有竹居在郊区且体量小；主人吴宽是官阶崇高的士大夫，沈周是一生不仕的艺术大家。①

一、沈周有竹居

沈周（1427—1509 年），字启南，时称石田先生，世居长洲，终身不仕，明代吴门画派开山大师之一。私家宅园名"有竹居"，在城外的相城西庄。

世业绵长是沈氏有竹居的鲜明特征。沈周的祖父沈澄（字孟渊），"（永乐间）居长洲东娄之东，地名相城之西庄……有亭馆花竹之胜，水云烟月之娱"。沈孟渊广交雅友，"凡佳景良辰，则招邀于其地，觞酒赋诗，嘲风咏月，以适其适"，②没有客人的日子，老爷子甚至让人登高远望，翘首企盼。③沈老倾慕顾德辉玉山雅集盛事，永乐初年，他驰书诸友，主持搞了一次著名的雅会——西庄雅集。与会者有青城山人王汝玉、耻庵先生金问、怡庵先生陈嗣初、中书舍人金尚素、深翠道人谢孔昭、朦樵翁沈公济等约十人。多年后，沈公济回忆此次雅会人物，作了《西庄雅集图》，杜琼为之序。沈周父亲沈恒吉、伯父贞吉，既能安守祖业，又能继承家风，于祖居附近创构有竹居，坚持高隐不仕，"日置酒款宾，人拟之顾仲瑛"。沈周自幼师从邑人陈孟贤学文（五经博士陈嗣初之子），师从杜琼、刘珏等学画，弱冠之年已博学多识、精通诗书，"尤工于画，评者谓为明世第一"。④郡守屡欲举荐，然而，沈周纯孝养亲，决意隐遁，并在先业的基础上，"辟水南陳地，因宇其中，将以千本环植之"。⑤沈周终生隐居于此，直至正德四年（1509 年）以 83 岁高寿终。

---

① 吴宽是成化八年进士，乡试、会试、殿试皆第一，授职修撰、东宫侍讲。孝宗即位后迁左庶子，进少詹事兼侍读学士，官至礼部尚书。
② 杜琼《西庄雅集图记》，见钱谷选编《吴都文粹续集》卷 2。《四库全书》第 1385 册，第 47 页。
③ 杨循吉《吴中往哲记》，见《吴中小志丛刊》，第 53 页。
④ 参考《明史》卷 298《沈周传》，第 7630 页。
⑤ 曹臣、吴肃公著《舌华录·明语林》，第 246 页。

隐逸是沈氏三代的家风和人生，也是有竹居又一主要特征。王鏊在所撰墓志铭中，称赞沈周是"有吴隐君子"，① 《明史》把他列为明代苏州隐逸第一人。沈周在诗中说：

　　散发休休依灌木，洗心默默对清川。
　　一春富贵山花里，终日笙歌野鸟边。
　　聊可幽居除风雨，还劳长者访林泉。
　　留题尚在庭前竹，淡墨淋漓带碧烟。
　　比屋千竿见高竹，当门一曲抱清川。
　　鸥群浩荡飞江表，鼠辈纵横到枕边。
　　弱有添丁堪应户，勤无阿对可知泉。
　　春来有喜将于耙，自作朝云与暮烟。②

耕学于力田，隐游于艺术，是当时苏州文人和园林主人所共同称赏的人生方式，然而，很少有人的隐处像沈氏这样真诚、自然、坚决、踏实，绝无刻意、大智若愚，在有意与无意之间，保留了童心与天真，而且，祖孙三代一以贯之。他们读书饱学多才，交友广涉公卿士夫，是当时文人的模范。回到田舍、市井，走进竹林、垄头，他们又能与村氓一起同处共乐。沈周60岁时的自咏诗说：

　　自是田间快活民，太平生长六经旬。
　　不忧天下无今日，但愿朝廷用好人。
　　有万卷书贫富贵，仗三杯酒老精神。
　　山花笑我头俱白，头白簪花也当春。③

有竹则不俗，朴而雅是沈氏有竹居园林景境的主要风貌。相对于刘廷美小洞庭、陆昶锦溪小墅这样的写意城市山林，有竹居显得清新、自然、朴素、野趣。"一区绿草半区豆，屋上青山屋下泉"，④ 有竹居的朴素风貌，主要来源于其生产园的特质，这与韩雍的葑溪草堂、吴宽的东庄相类。有竹居在城外乡村，与田园融为一体，因此更加疏朗、简淡。如其《西园》、《乐野》诗所歌：

　　为园多半是游嬉，傍宅西偏事事宜。
　　鹔尾趁花溪宛转，莺声隔叶树参差。
　　地循五亩横分畛，路绕三叉曲作篱。

---

① 王鏊《石田先生墓志铭》，见《震泽集》卷29，第440页。
② 沈周《奉和陶庵世父留题有竹别业韵六首》，见《石田诗选》卷7，第657页。
③ 沈周《六旬自咏》，见《石田诗选》卷6，第640页。
④ 沈周《奉和陶庵世父留题有竹别业韵六首》，见《石田诗选》卷7，第657页。

>　　满面夕阳人已醉，还歌飞盖旧游诗。
>　　近习农功远市哗，一庄沙水别为家。
>　　墙凹因避邻居竹，圃熟多分路客瓜。
>　　白日帘栊又新燕，绿阴门户尽慈鸦。
>　　我当数过非生者，酒满床头不待赊。①

园林游赏的耳目之娱、心神之乐，都要以治园、理园为基础，却很少有园林主人亲自留意这些生产环节。吴宽和沈周这样颇有朴拙之意的文人，在园居生活中对此却屡屡有所关注，也为自己、为园林增添了浓郁的朴雅趣味：

>　　散直乐清燕，缓带行园中。辟荒自伊始，有力适我佣。
>　　群砾一何多，琐屑错蒿蓬。渐理塍与沟，脉脉见泉踪。
>　　作者苟不划，奚忧植难丰。况喜临皇畿，春早气自葱。
>　　好鸟鸣树颠，东方至和风。勿去观小道，治国将无同。②

沈周自嘲园居建筑逼仄如窝庐，这种自嘲也是自乐、自足："缚斋如斗白茅茨，安仅容身小不卑。瞰鬼楼台邻舍得，藏蜗天地自家宜。"③ 尽管小而简朴，漏雨沾湿了书卷，就必须添草加瓦，搬梯子上屋顶之类俗事，也自是难免："先人有遗构，宇我逾百年。坏久莫除雨，沾湿床头编……梯危自葺补，惴惴求瓦全。曝湿保后读，子孙惟勉旃。"④

"野竹娟娟净，清阴十亩余"，⑤ 有竹居的雅致是表里如一的。来访者远远看见翠竹潇洒，便是石田先生宅园了。园内碧梧苍栝，水边竹影婆娑。阶下幽兰郁郁，篱墙掩映黄菊。夜坐小轩，月满秋园，清风过处，琅琅如环。冬有寒梅飘香，时见白鹤来去。一代文人画开山大师的君子攸居，自有清雅绝俗之气。不惟如此，沈氏三代所藏的雅玩，又为有竹居增添了一份精雅之趣。《明史》说其有竹居"图、书、鼎、彝充物错列"。⑥ 徐有贞、刘廷美来访时，沈周"尽出所有图史与观"。⑦ 吴宽来访，"启南命其子维时出商乙父尊，并李营邱画，董北苑画为玩"，吴宽题诗说他"笔精知宋画，器古鉴商

---

① 沈周诗《西园》、《乐野》，皆见《石田诗选》卷7，第662页。
② 沈周《和匏庵观治园和韵》，见《石田诗选》卷2，第580页。
③ 沈周《自宽》，见《石田诗选》卷7，第659页。
④ 沈周《补屋篇》，见《石田诗选》卷3，第590页。
⑤ 王肃《沈启南有竹居图卷》，见卞永誉《式古堂书画汇考》卷55。《四库全书》第829册，第325页。
⑥ 《沈周传》，见《明史》卷298《沈周传》，第7630页。
⑦ 徐有贞《沈石田有竹居卷》，见郁逢庆《书画题跋记》卷10。《四库全书》第816册第727页。

书"。① 如此清趣，兼古风雅意，使人们很容易想起倪云林的清閟阁。

有竹居雅意最深处，还在于主人对这外在一切朴雅之境的内心解读："从容一樽酒，消散五弦琴。会得其中趣，悠悠万虑沉"② ——"有竹不俗"之根源，还在于不俗的主人、不俗的心！

二、吴宽东庄

吴宽（1435—1504 年），字原博，号匏庵，世称匏翁或匏庵先生，长洲人，散文家、书法家。吴宽私园东庄在葑门内，庄园紧邻城濠，园址相对清晰，大约就是今天苏州大学校本部的南部分。折桂桥是东庄佳境之一，在园记和许多文人诗咏中多次出现。此桥建于宋代，在《平江图》及以后一些苏州地图中均有定位，具体位置就在今天苏大本部的尊师轩附近（图 3-10）。东庄一带曾是五代时钱王僚之子钱文奉的东墅，元末废为城内的村舍田畴。李东阳《东庄记》说："庄之为吴氏居数世矣，由元季逮于国初，邻之死徙者十八九，而吴庐岿然独存。翁少丧其先君子，徙而西，既而重念先业不敢废，岁拓时葺，谨其封浚，课其耕艺，而时作息焉。"③

吴孟融重回这里开创庄园，大约在宣德年间，前后经过了吴孟融（吴宽父亲）、吴宽与吴宣（吴宽弟弟，字原辉）、吴奕（吴宣之子）三代人的持续增修，才逐渐完成。东庄园景构建的持续递增过程，也被清晰地反映在文人的图绘与诗咏之中。二泉先生邵宝游东庄时，为其中九个景境题留了诗咏："东城"、"竹田"、"南港"、"桑洲"、"全真馆"、"耕息轩"、"鹤洞"、"朱樱径"、"曲池"。④《姑苏志》说，"中有十景，孟融之孙奕，又增建看云、临渚二亭"，⑤ 合计也仅为十二景。白石翁沈周曾为东庄图绘十三景："文休承藏启南翁《东庄图册》，凡十三景，按题为吴孟融作。每景仿效一名家，复构小诗对题之，品格尤为佳绝。更兼收藏得地，纸墨如新，真天地间一名迹也，今在琅琊王氏。其别卷《东庄杂咏图》本，今在予家。"⑥

---

① 吴宽《沈石田有竹居卷》，见郁逢庆《续书画题跋记》卷 12。《四库全书》第 816 册第 954 页。
② 沈周诗《宜闲》，见《石田诗选》卷 7，第 659 页。
③ 李东阳《东庄记》，见《怀麓堂集》卷 30。《四库全书》第 1250 册，第 316 页。
④ 邵宝《匏翁东庄杂咏》，见《容春堂集》（前集）卷 5，第 41 页。
⑤ 王鏊纂《姑苏志》，卷 32，第 453 页。
⑥ 见《清河书画舫》卷 12 上。庞鸥先生在《水木清辉〈东庄图〉》一文说："应吴宽所愿，沈周曾两绘《东庄图》，其一为十二景，其二为二十四景"，并引用《壮陶阁书画录》："石田先生东庄十二景，作于弘治十五年（1502 年）壬戌秋月，是年沈周 76 岁，当属其晚年之作。"此十二景图册已失传难考，如与《清河书画舫》载录为同一作品，则可知图册传至民国间已缺失一帧，而且，沈周"为吴孟融作"的原跋文也已经不见了，而装景福、庞鸥等考订其为弘治年间为吴宽作，不知结论所据为何。

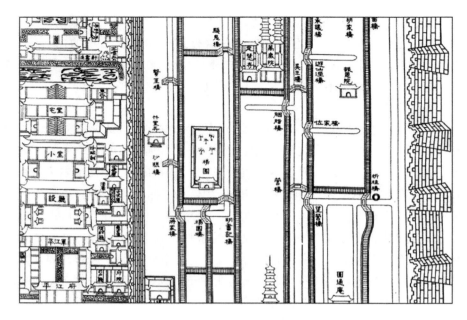

图 3-10 《平江图》中的"折桂桥"

　　文休承所藏沈周绘图并题诗的东庄图咏册今已不见流传,也无从考实所绘的具体景境,既然题款"为吴孟融作",则应当作于东庄的早期。宁庵先生吴俨的《东庄十八景为匏庵先生赋》中,比邵宝组诗中少了"东城"、"鹤洞"二景,多了"东庄"、"菱濠"、"北港"、"双井村"、"方田"、"振衣冈"、"艇子浜"、"紫芝丘"、"折桂桥"、"续古堂"、"鱼乐亭"等十一景,[①] 其中的"鱼乐亭"即"知乐亭"。李东阳《东庄记》作于"成化己未秋七月既望",即成化五年(1470年)秋。园记说:"作亭于桃花池(南池),曰知乐之亭。亭成而庄之事始备,总名之曰东庄,因自号曰东庄翁。"[②] 既然吴俨来游时,已诗咏了"知乐亭",可见当时东庄已经大局初成,只是个别景境命名还未最后确定。熊峰先生石珤来游时,留诗二十首,仅比邵宝和吴俨所咏多了"果林"和"拙修庵",而"全真馆"已改名作"白云馆"了,[③] 此时东庄的创构已经基本完成。

　　顾凯先生依据李东阳的园记和沈周的图册,尝试着绘制了东庄的平面布

---

　　① 吴俨《东庄十八景为匏庵先生赋》,见《吴文肃摘稿》卷1。《四库全书》第1259册,第358～359页。
　　② 《姑苏志》卷32及钱谷选编《吴都文粹续集》卷17所录李东阳《东庄记》中,"桃花池"皆作"南池。"
　　③ 石珤《题吴匏庵东庄诸景二十首》,见《熊峰集》卷9,第647页。

局图，并有了初步成果，可以参考（图3-11）。但毕竟资料有限，图绘中有疏漏也自是难免，比如，平面图中的城墙在南面，为东西走向——无论如何模糊，东庄依傍之城墙都应该在东边，为南北走向。结合《平江图》可知，折桂桥应该在园林东侧临近城壕的那一面，而此平面图中折桂桥在园林的南边上，也似有不准确。

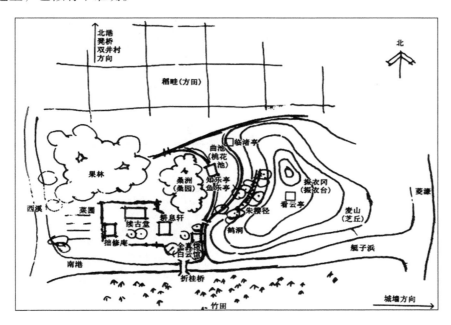

图3-11　吴宽东庄平面图①

现存的沈周《东庄图册》是石田先生为好友吴宽所绘，这是后世再睹这百年一见吴氏东庄风采的最直接载体（图3-12）。图册为21帧，据册后董文敏跋文，该画册原为24帧，明末遗失了3帧，图后还有董其昌等人的杂咏，这就应当是张丑所言的《东庄杂咏图》了。该图册现存于南京博物馆，21帧具体为"东城"、"菱濠"、"西溪"、"南港"、"北港"、"稻畦"、"果林"、"振衣冈"、"鹤洞"、"艇子浜"、"麦山"、"竹田"、"折桂桥"、"续古堂"、"拙修庵"、"耕息轩"、"曲池"、"朱樱径"、"桑洲"、"全真馆"、"知乐亭"。庞鸥先生推断，遗失的三帧可能是"桃花池"、"瓜圃"和"桂屋"，是非判断今尚无其他旁证可以按核。庞先生判定这一组园图绘制年代大约在1475—1483年间，考据严密，结论也比较允当。②这些绝世佳作，非一时一地即可一

---

① 顾凯著《明代江南园林研究》，第40页。
② 参考庞鸥《水木清辉〈东庄图〉》，见《荣宝斋》2003年第5期。

挥而就的，王世贞说："白石翁生平石交独吴文定公，而所图以赠文定行者，卷几五丈许，凡三年而始就。"① 沈周本人也说："赠君耻无紫玉玦，赠君更无黄金桮。为君十日画一山，为君五日画一水。"②

图 3-12　沈周《东庄图册》（续）

---

① 王世贞《赠吴文定行卷山水》，《弇州四部稿》卷 138。见《四库全书》第 1281 册，第 272 页。
② 沈周《送吴文定公行卷并图》，汪砢玉编《珊瑚网》卷 37。见第 818 册第 708 页。

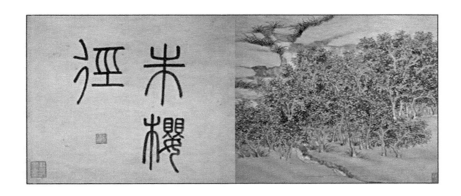

图 3-12　沈周《东庄图册》(续)

107

图 3-12　沈周《东庄图册》（续）

图 3-12　沈周《东庄图册》(续)

图 3-12 沈周《东庄图册》(续)

图 3-12　沈周《东庄图册》(续)

图 3-12　沈周《东庄图册》（续）①

---

①　董寿琪编著《苏州园林山水画选》，第 22~43 页。笔者注：其中三帧的题篆与图绘发生了错乱："朱樱径"当作"果林"，"果林"当作"稻畦"，"稻畦"当作"果林"。另外，此图册中"曲池"、"北港"两帧，在构图上分别与文徵明《拙政园三十一景图咏》册页中"芙蓉隈"、"深净亭"两帧具有高度相似性，二者之间应有临摹关系，其中也不能完全排除晚明人乍伪的可能。这还须进行专门的辨伪研究，本文姑且存而不论。

一般认为，沈周《东庄图册》是庄园的最完整面貌了，事实上，东庄还有其他一些景境，虽不见于图咏，却可以从吴宽的诗歌中获知。例如，"蘸蘸光浮叶蔽空，举头惟有碧云蒙"的枣林"树屋"、① "西坨近所筑，数亩平如坻。嫩桧既环植，新松亦复移"的"西坨"，② 以及古藤缠络着数株苍松的"东坨"，振衣冈上的"看云亭"，曲池旁的"临渚亭"等。③ 可见，与当时其他诸园相比，吴宽东庄景境的总量和层次要丰富得多，难怪当时有人说："吴下园林赛洛阳，百年今独见东庄。回溪不隔柴门迥，流水应通世泽长。"④

王世贞说："（沈周《东庄图册》）草树、水石、桥道，无一笔不自古人，而以胸中一派天机发之。"⑤ 其实，沈周山水写生，多本于实景，具有很强的写实性。吴宽就曾说："吴中多湖山之胜，予数与沈君启南往游其间，尤胜处辄有诗纪之，然不若启南纪之于画之似也。"⑥ 沈周东庄二十一图，是应吴宽赴京后每每忆念故园时展卷寄怀而作的，其写实性更是非同一般。因此，探析吴宽东庄园景，图册比诗咏更为直接、形象。今董寿琪先生编著《苏州园林山水画选》收录了此二十一图⑦，大大方便了今人阅图。只是其中的"果林"、"朱樱径"、"稻畦"三帧，题名与画卷之间的对应关系被弄混淆了，读图时需要稍加留意。

从图册来看，淳朴自然的田园生活气息，是东庄园景的一个最为明显特色。"东城"一帧乃从大局着眼、细处着笔，截取了古城东城壕一角，交代了东庄与苏州古城东城墙、城濠之间的依水傍城关系，恰如吴宽诗歌所言："旧业城东水四围。""振衣冈"是园中制高点，用了韩拙"六远"论中的"幽远"笔法，⑧ 虚实相生，突出了此园可以登高临虚、吹风振衣，兼得远望城外青山白云的妙处。王世贞所言"以胸中一派天机发之"，或许就是指此类画作了。"折桂桥"用了平远画法，一座石墩木板小桥，桥下流水潺潺，近旁高树竹林，主人正在闲步下桥。这几帧图比较全面地展现了"东庄有水木清辉，

---

① 吴宽《树屋》，见《家藏集》卷28，第215页。
② 吴宽《闻西坨新栽松树甚茂》，见《家藏集》卷24，第179页。"东坨"之景也见此诗。
③ 吴宽："奕侄构二亭于东庄，一在振衣冈，名看云；一在曲池旁，名临渚。"见《家藏集》卷28，第217页。
④ 刘大夏《东庄诗》，钱谷选编《吴都文粹续集》卷17。见《四库全书》第1385册，第440页。
⑤ 王世贞《赠吴文定行卷山水》，《弇州四部稿》卷138。见《四库全书》第1281册，第272页。
⑥ 吴宽《跋沈启南画卷》，见《家藏集》卷51，第466页。
⑦ 董寿琪编著《苏州园林山水画选》，第20～43页。
⑧ 韩拙《论山》："郭氏曰山有三远……愚又论三远者，有近岸广水、旷阔遥山者，谓之阔远；有烟雾暝漠、野水隔而髣髴不见者，谓之迷远；景物至絶而微茫缥渺者，谓之幽远。"见《山水纯全集》，第2页。

地静人间与世违"的大环境特征。在几处以水为景的图卷中,"菱濠"水面秋菱一片片,三两小舟采菱忙,一派水乡农事景象。"西溪"水面的吊桥、"南港"的渔舟和田埂,皆充满田园生活气息。从荷花、莲叶来看,"曲池"可能与"北港"相连,两处莲藕正值碧叶红花的七月时节。"艇子浜"乃是泊舟之所,遮阳避雨的瓦篷之下,正停泊一舟,红梅依然绽放,古柳尚未吐绿,这正是耕渔之家的休闲时节。"知乐亭"临水而筑,水域宽阔、游鱼阵阵,一书生凭栏俯身观水,似乎对水中游鱼之乐充满了羡慕,身后却是可以南柯一梦的高槐。几处以建筑为核心的图卷也是别有情致。"续古堂"是吴氏的祠堂,故此图采用了正面视角和轴对称处理,使画面庄重、平稳。堂上供奉一帧画像,应当是吴孟融的遗貌,小园静谧优雅、松竹承茂。"拙修庵"是吴宣生前的居室,吴宣号拙修,性质朴,好读书,故此庵地处庄园幽僻的角落,掩映在高树丛竹之中,而庵内除一静坐默修长者外,便是满案茗具和满橱图书了。"耕息轩"也是修隐别馆,但与"拙修庵"迥异,除却小院高树下的瓦屋和屋内姿态懒散的书生,墙角或立或偃的耙子、锄头,以及挂在屋檐下的蓑衣,使得此轩生机盎然、妙趣横生。"全真馆"又名"白云馆",乃是园中奉道修静之所,因此,建筑几乎完全被掩蔽在芦花、丛林之内。门前隔水,仅一座小木桥通过,确实有"九市尘埃真可避"的味道。① "鹤洞"依假山而作,虽有栅栏却门洞大开,一白鹤悠闲地立于庭除,吴宽写京城园居中的"养鹤阑"诗,倒是更像对图作歌。② 还有几帧图绘,就直接以田庄生产入画:"果林"中硕果累累压弯了树枝,虽然还很青涩,却已传递出丰收消息;"稻畦"中的水田尽眼弥望,稻秧尚未分蘖,显然是暮春新禾;"麦山"在土山的斜坡,如"稻畦",也是大片农田,麦子正在拔节、尚未抽穗,却已经可以依稀感受到阵阵麦浪来袭了。以稻秧、麦苗入景的园林图绘,历代名画大约仅此一家。"竹田"用了虚实相生的平远手法,远山很清晰,田中新笋使人充满了想象。"朱樱径"当是园中的干道,路面铺设了碎石,茂树碧叶深处,点点红色樱实,只能感觉到略有意味,却很难看清,显示出"细沈"的独特功力。"桑州"地形乃两水夹一洲,桑树枝繁叶茂、阴翳成林……

文人园的朴雅多趣、情景合一,是东庄景境的又一鲜明特征。东庄与韩雍蓻溪草堂毗邻,而面积六十余亩,为韩氏草堂的两倍。相比之下,蓻溪草堂虽然面积小,但是田庄产业意味却更为浓重,所以,进士夏鍭在诗歌中

---

① 吴宽《再至都下葺故庐》,见《家藏集》卷7,第47页。
② 养鹤栏为其北京居所六景之一,《家藏集》卷17有诗:"吴下枯篁一束来,绸缪牖户却常开。"见第124页。

说："才薄滥封司马署，家贫惟剩蓉溪田。青山白屋遗先业，万竹孤梅慕昔贤。"① 吴宽毕竟是吴门风流的一代领军人物，年少于韩雍13岁，虽常年在外，却心系故园，对东庄一亭一轩、一木一丘的营构，都有诗歌与吴宣、吴奕答复唱和。因此，文人园林的古雅、朴雅、清雅等雅意，要比韩氏草堂浓重许多。

另外，吴宽对于东庄园景的营造，对于园景中的什物、花木，还倾注了浓重的亲情、友情和个人闲情。在《记园中草木二十首》中，② 他分别吟咏了槐、榆、柽、枣、桧柏、槿、榴、竹、丁香、马槟榔、酴醾、刺蘖、葵、决明、黄连、紫芥、马蔺草、朱藤、牵牛、芦等植物，并以行草作书寄情，可见其着意甚细、用情至深。园中"梨树今岁复有一枝枯者"，"闻故园山茶为人所折"、"闻西坟新栽松树甚茂" 等，③ 都是令这位状元郎牵挂不已。

亲情。首先，吴孟融当初就是因为"重念先业不敢废"，才又回到这里来构筑庄园的，吴孟融在世时，沈周就曾为东庄图绘十三景，因此，园中有大量的景境与什物，寄托了吴宽对已故亲老的孝思。其次，吴宽同母弟弟吴宣（拙修居士），幼时便跟着吴宽"嬉游博弈"，兄弟二人感情甚笃。吴宣病重稍瘥，坚持赴京探兄，家人力劝无果——"或止之，不顾曰：'吾必一视吾兄'"，此次探望果然成为兄弟二人的永诀，吴宣自京城回苏州五个月后即亡故。吴宣13岁时丧母，"稍长，每旱，作之城东，经理旧业，种树成列，凿池环之，更筑屋田间，为农隐计"④。从《家藏集》中的《闻原辉弟东庄种树结屋二首》、⑤《得原辉书云东庄两桂树甚茂》等诗歌，⑥ 可以看出，园中树木、轩榭等，都是兄弟二人绵密手足之情的见证与载体。因此，吴宽每每念及弟弟协助父亲治园，都一往情深、感慨不已，其故园之情，也寄托了对英年早逝弟弟的历历追忆。再次，吴宽无子（两子吴奂、吴奭皆早夭），以侄子吴奕为嗣，因此叔侄之间情如父子。吴奕对园林每有增修，也皆以备吴宽致仕退养为念，如："奕侄构二亭于东庄，一在振衣冈，名看云；一在曲池旁，

---

① 夏鍭《与继芳重过蓉溪草堂有感》，《石仓历代诗选》卷431。见《四库全书》第1392册，第717页。
② 吴宽《记园中草木二十首》，《家藏集》卷19，第143页。
③ 皆见吴宽《家藏集》卷24，分别见于第174、179页。
④ 吴宽《亡弟原辉墓志铭》，见《家藏集》卷61，第578页。
⑤ 其一："折桂桥边旧隐居，近闻种树绕茆庐。如今预喜休官日，树底清风好看书"；其二："旧业城东水四围，同游踪迹近来稀。结庐不必如城市，只学田家白板扉。"吴宽《家藏集》卷2，第12页。
⑥ "两桂当年汝自栽，石庭一别手书开。经行已讶枝相碍，爱护应劳土重培。密处枡榍休剪去，常时鹳鸽每巢来。香传隔巷繁花发，欲趁秋风买棹回。"见吴宽《家藏集》卷11，第84页。

名临渚。以书来报，待余归休，与诸老同游，喜而寄此。"①

友情。吴宽园林中的许多草木什物，或是好友赠送的，或是向友人讨要的，都是友情的载体。吴宽又是个用情细腻的文人，对于他人赠送石首、鱼腊、冬笋、鱼鲊、盐笋、新酿等生活琐事，他皆一一作诗答谢，并手编入集，对于园中诸友所赠的花草、树木，更是珍爱有加。从《家藏集》中的一些诗歌可知，王鏊曾为园中送来过决明子的秧苗："畦间香雾正氤氲，童子清晨荷锸勤。不惜离披垂翠羽，端愁摇动落黄云。"② 还有一些银杏树的种子："却愁佳惠终难继，乞与山中几树栽。"③ 园中枣树果实鲜美，有仙种之称，系屠公所送。④ 园中丛竹系叶翁分种时所赠。⑤ 其他还有一些，如王主簿和叶惟立分别送来菊，沈周送来匏砚，王惟颙赠雕漆拄杖，陈原会寄来方木屐，等等。⑥ 同样，吴宽两度故乡守孝的东庄生活期间，也多招朋速友、文期酒会，虽然没有玉山雅集、西庄雅集这般刻意邀集，但好朋友之间诗酒酬唱，是吴宽此间生活的最主要内容。

闲情。虽然元明间苏州园林多有生产园的性质，但是，文人筑园，主要还是出于寄托逸致、修养人格，以及享受精神自由等，很少真正亲临农事、留心农事。吴宽的东庄园居生活中，却有其独特的园事闲情和农事情趣。《种竹》是一首560字七言长诗，诗歌记述了吴宽园中种竹的全过程。六月六日，皇历宜种竹，吴宽冒着细雨，带着家童，抬着笋筐，到城西佛寺中讨竹苗："城西佛寺许见分，亟往乞之休待促。泥涂十里何遥遥，健步携筐驰两仆。"新分的丛竹枝叶稀疏，新笋如玉，还沾着泥土，吴宽小心翼翼地把它们种在房屋近旁的台阶边："浅深稀密种如法，更记南枝水频沃。"他对竹子百般关怀呵护，后来竹子很快成林。几年后，丛竹居然"春来雷动籜龙行，尚怜地窄身蜷局"，向"邻家隙地半亩余"发展而去！⑦《观园翁种菜》诗中，吴宽一边看园翁种菜——锄地、松土、去瓦砾、除荒草、壅土成垄、分田成畦，一边询问种菜方法。园翁告诉吴宽：土要整得细，种要选得好，根要种得深，这样才能长出好菜，且不会被风吹倒。⑧ 这样别有情趣的诗歌，在《家藏集》中还有许多。

---

① "尔父西庵扁拙修，当年种树带平畴。近闻肯构为吾计，有待归休与客游。山上看云依鹤峒，园中临渚对桑洲。只忧步履非轻健，更欲池边冒小舟。"见吴宽《家藏集》卷11，第217页。
② 吴宽《次韵济之谢送决明》，见《家藏集》卷12，第90页。
③ 吴宽《谢济之送银杏》，见《家藏集》卷13，第100页。
④ 吴宽《答屠公谢送家园枣有仙种之称》，见《家藏集》卷23，第171页。
⑤ 吴宽《叶翁以丛竹分种因题墨竹谢之》，见《家藏集》卷18，第131页。
⑥ 吴宽在京都寓所有"亦乐园"，苏州故园有"东庄"，关于园中友人所赠花木等需要甄别。
⑦ 吴宽《种竹》，见《家藏集》，卷9，第62页。
⑧ 吴宽《观园翁种菜》，见《家藏集》卷12，第87页。

东庄充满田园生趣，兼得文人园雅意，园林景境与主人情感无限契合，不仅是明代苏州园林复兴时期的典范与大成，而且为明代苏州园林发展复兴，树立了积极健康的正方向。

第四节　建文至成化年间苏州园林艺术审美透视

到成化末年（1487年），朱明王朝已经走过整整120年。其中，建文以后约90年中，虽然王朝宫廷之内风波不断，与北方游牧民族也时战时和，但是，帝王文教德化的治国风尚逐渐成为主流，加之历代朝中都有耿介持重的大臣，滥用宦官的阉祸尚未弥漫开来，因此，政治大局保持稳定，建国初年严刑好杀的政治风气大有改观，社会经济也逐渐发展繁荣起来，特别是江南的市商经济逐步达到空前繁荣的状态。随着经济繁荣、社会稳定、市商文化复兴、文人艺术人生模式回归、营缮令松弛、香山帮匠人崛起，等等，苏州，这一有着悠久而持续造园历史的天堂城市，渐渐迎来了新一轮的园林复兴，园林艺术审美也呈现出鲜明的时代风貌。

一、重回城市——隐逸风气与观念的变迁

从古代文人园林诞生伊始，隐逸思想便与之相生相伴，从未离弃，只是历代园林主人隐处的具体面貌不完全相同，观念风气的浓淡也略有差异。宋元间，虽然苏州城市经济一度繁荣，但是，由于战事不断、社会动荡，城市文化品格却一度颓靡庸俗，甚至文人圈中也充满时不我待的及时行乐心态，加之城市人口集中与空间狭小矛盾的加剧，走向城外的山林与江湖，渐渐成为文人筑园而隐的新潮流。元末明初，围绕文人隐居不仕，朝野之间的对立一度达到冰火不容的地步，这也加剧了江南文人逃往湖山筑园隐居的深度。经历了约百年的发展与调和，明代江南文人隐逸的风气与方式，都发生了巨大变化。正如《明史》所言："明太祖兴，礼儒士，聘文学，搜求岩穴侧席幽人，有后置不为君用之罚。然韬迹自远者，亦不乏人。迨中叶承平，声教沧浃，巍科显爵，顿天网以罗英俊。民之秀者，无不观国光而宾王廷矣。其抱环材、蕴积学，槁形泉石、绝意当世者，靡得而称焉。"[1]

在徐有贞的《公余清趣说》中，推官方克正把白居易的中隐理论活学活用，并用答客难的形式，进行了清晰地阐述。这说明，对于隐居与出仕这一对困扰了中国文人上千年的矛盾，明代文人已经在积极探索调和与统一的办法，而不再是坚持以道自高、逃隐不仕了。当时在京为官的吴人以吴宽为首，他们在京畿也大多都筑有临时性的园池，把姑苏的园居人生带到了京

---

[1]　《明史》卷298《隐逸列传》序，第7623页。

城，过着"隐在留司官"的中隐生活。① 其中，吴宽在京的公余退食之园在皇墙之西，题名"亦乐园"，内有"海月庵"、"玉延亭"、"春草池"、"醉眠桥"、"冷澹泉"、"养鹤栏"等景境。② 焦竑说："吴文定好古力行，至老不倦。于权势荣利，则退避如畏。在翰林时，于居所之东，治园亭，莳花木，退朝执一卷，日哦其中。每良辰佳节，为具召客，分题联句为乐，若不知有官者。"③

这一期间，苏州文人筑园隐居一个明显特点，就是不再刻意远离城市，不必"槁形泉石、绝意当世"，代表人物有杜琼、刘珏、沈周、钱孟浒等。虽然在《明史》的《隐逸列传》中，这几位隐士中只有沈周上榜，他们在选择隐居人生的志趣上，是合拍同致的。刘廷美虽然一度受况钟举荐而出仕，但是，五十余岁便早早回乡归隐。为此，他还另取雅号"完庵"以自彰——虽有误坠尘网的经历，但归去来兮之时，志趣品德丝毫不损！时代变化了，即便是决意不仕的文人，隐居观念也发生了明显变化，"市隐"成为他们隐居人生的主流模式。

"市隐"，就是隐于城市与尘世，是身在红尘之中而情寄山林江湖，是不举旗帜的不隐之隐。"市隐"不是明代中前期才有的新鲜事情，早在汉代就有东方朔避世金马门，唐代白居易说"大隐住朝市"，元代市商文明高度发达，文人对市隐的关注更多。元好问在《市隐斋记》中说："娄公，隐者也，居长安市三十年矣，家有小斋，号曰市隐。……若知隐乎？夫隐，自闭之义也。古之人隐，于农、于工、于商、于医卜、于屠钓，至于博徒、卖浆、抱关吏、酒家保，无乎不在，非特深山之中、蓬蒿之下，然后为隐。"④ 半生高隐于五湖三泖之间的倪云林，也对市隐颇为赞赏，有诗句："今我既出郭，秋莲落红衣。郊居岂为是，市隐勿云非。"⑤ 沈姓老翁市隐于苏州街头，倪迂称赏道："沈学翁隐居吴市，烧墨以自给，所谓不汲汲于富贵，不戚戚于贫贱者也。"并以诗相赠："爱尔治生吴市隐。"⑥ 与此前所不同的

---

① 《赠周原已院判诗序》："自予官于朝，买宅于崇文街之东，地既幽僻，不类城市，颇于疏懒为宜。比岁更辟园，号曰亦乐，复治一二亭馆，与吾父诸君子数游其间。而李世贤亦有禄隐之园，陈玉汝有半舫之斋，王济之有共月之庵，周原已有传菊之堂，皆爽洁可爱。而吾数人者，又多清暇，数日辄会，举杯相属，间以吟咏，往往入夜始散，去方倡和，酬酢啸歌，谈辩之际，可谓至乐矣。"见《家藏集》卷40，第356页。
② 于敏中等编《钦定日下旧闻考》卷45，第705页。
③ 焦竑著《玉堂丛语》，见车吉心主编《中华野史》（明史），第2192页。
④ 元好问著《元好问全集》卷33，第750页。
⑤ 倪云林诗《出郭》，《清閟阁全集》卷1，见《四库全书》第1220册，第163页。
⑥ 倪云林诗《赠墨生沈学翁》（并序），《清閟阁全集》卷6，见《四库全书》第1220册，第238页。

是，此间以沈周、杜琼等人为代表的艺术大师们，把隐于市而耕于艺的"市隐"，践行并推广成为文人可以普遍适用的人生模式。沈周《市隐》诗说：

> 莫言嘉遁独终南，即此城中住亦甘。
> 浩荡阓门心自静，滑稽玩世估仍堪。
> 壶公混世无人识，周令移文好自惭。
> 酷爱林泉图上见，生嫌官府酒边谈。
> 经车过马常无数，扫地焚香日载三。
> ……时来卜肆听论易，偶见邻家问养蚕。
> 为报山公休荐达，只今双鬓已毵毵。①

即便是身居城中，只要内心安定、清净，照样可以如东方朔、壶公一样逍遥自得，图上林泉也可澄怀观道。而且，隐居也不必刻意以采薇来对抗周粟，艺术、工商、耕渔、医卜，等等，皆可作为隐居人生的具体方式。丘浚《市隐》诗说得更直白：

> 静闹由来在一心，市廛原不异山林。
> 稽疑聊卖君平卜，货殖能营子贡金。
> 九陌尘埃从滚滚，一帘风月自沉沉。
> 闲中却笑终南隐，云树重重有客寻。②

显然，此间文人对隐居人生的理解更加深刻，表面上是对红尘俗世的融入，实际上是对单一远俗高隐形式的超越。其根源在于，文人在观念上实现了从抱道固隐到守道以心的转变。这一转变，对文人卜居造园、社交结友，都产生了直接的影响。

刘廷美小洞庭、杜琼如意堂、钱孟浒晚圃、吴宽东庄等名园，皆在古城之内。沈周有竹居择地于郭外相城，深居简出，也是其市隐理论的很好实践。沈周晚年"恒厌入城市，于郭外置行窝……匿迹惟恐不深"，③ 主要原因是名气太大又仁善好予，慕名和求助的人实在太多，弄得他"间以事入城，必择地之僻奥者潜焉"，而"好事者已物色之，比至，则屦满乎其户外矣"。④ 当然，他们对传统的深隐于山林的园居，还依然是欣赏称道的，所以，他们与太湖边的那些山林隐士，不仅关系密切，时有唱和，而且还相互招邀，结伴互访。正如程本立所言："人之于道，犹鱼之在水也。鱼潜在

---

① 沈周《市隐》诗，见《石田诗选》卷7，第661页。
② 丘浚《市隐》诗，《重编琼台稿》卷5。见《四库全书》第1248册，第99页。
③ 《明史》卷298《沈周传》，第7630页。
④ 王鏊《石田先生墓志铭》，见《震泽集》卷29，第440页。

渊，或在于渚，深则渊而潜焉，浅则渚而游焉，而鱼之乐一也。道之着，粲然于吾前而莫之避也，焉往而不乐哉？故士或处乎山林，或处乎朝市，其乐亦一而已。"①

尽管山林、朝市皆可获得隐居之乐，此间隐居观念的变化，还是从总体上扭转了宋元以来文人筑园转向郊野山林的趋势。观念的转变，也使文人择友结社的准则发生了很大变化，交友重在情意相投，只要是同道相知，无论是翰林、帝师，将军、郡守，还是农夫、工匠，释僧、士子，这些耕隐于艺术的大师、园林主人，都报以随缘达观的心态以道相招，以诗酬答。

二、君子攸居——园林景境以人品决高下

古典园林是中国传统文化艺术的综合载体，不仅荟萃了各种传统艺术形式，还综合了借物比德、以园言志的道德精神。因此，在苏州园林史上，朱勔父子有园，张士诚兄弟、外戚都有园，沈万三也有园，虽然主人皆富甲一时，园林也华丽宏阔，却很少有文人题咏，多遭世人忿恨，只因为园林主人品第不高、文德不济。所以，品赏园林意境的高低，主人的品格也是关键。这一期间，苏州园林几乎全是君子攸居，主人都是有高尚品德的当世才俊。

君子厚德以载物，沈周堪称典范。"先生高致绝人，而和易近物，贩夫牧竖持纸来索，不见难色。或为赝作求题以售，亦乐然应之。"② 文徵明的《沈先生行状》说："先生为人修谨谦下。虽内蕴精明。而不少外暴，与人处曾无乖忤，而中实介辨，不可犯然。喜奖掖后进，寸才片善，苟有以当其意，必为延誉于人不藏也。尤不忍人疾苦，缓急有求，无不应者，里党咸属，咸仰成焉。"③ 由于他人品淳厚，待人谦和，不善拒绝，以至于"每黎明门未辟，身已塞乎其港矣"。④

杜琼——为人"介特有守，而不为过矫之行"，为文"和平醇实"，更兼质朴纯孝，"年七十有九卒，三吴交从会葬者千余人。因私谥曰：渊孝先生"。⑤

龚诩——"刚肠嫉恶，而言必以忠信孝友，重惜名检，于子弟尤谆诲亲切。为文抑扬反复，曲折详尽，读之愈繁而愈密，尤长于诗，诗多关风教，道民情好恶，而恻怛忠厚，有少陵忧恤之心焉。"⑥ 为了当年的"城门

---

① 程本立《临清道隐诗后序》，见《巽隐集》卷3。《四库全书》地1236册，第188页。
② 王鏊《石田先生墓志铭》，见《震泽集》卷29，第440页。
③ 文徵明《沈先生行状》，见《文徵明集》，第593页。
④ 《明史》卷298《沈周传》，第7630页。
⑤ 王鏊纂《姑苏志》卷55，第815页。
⑥ 沈鲁《龚大章墓志铭》，见《野古集》卷下。《四库全书》第1236册，第331页。

一恸",他萍踪漂泊了近30年,以逃避永乐的追索,有大侠朱家、郭解的道义和风范。因其志行高古,时人私谥其号"安节先生"。

刘珏——"有志于学不愿为吏",50岁时"挂冠归田,高旷靡及";"性孝友恭谨,未尝失色于人,操履清白,人不得以私干之"。① 曾经任监察御史的职务,自然难免树敌,但是他品质高洁,对手想挟私陷害也找不到借口。

韩雍——不仅有文才武略、大节磊落,而且"洞达闿爽,重信义……临战率躬亲矢石",虽因宦官中伤而致仕,"公论皆不平,两广人念雍功,尤惜其去,为立祠祀焉"。②

吴宽——"为人静重醇实,自少至老,人不见其过举,不为慷慨激烈之行,而能以正自持。遇有不可,卒未尝碌碌苟随。言词雅淳,文翰清妙,无愧古人。成化弘治之间,以文章德行负天下之望者,三十年。"③

光福徐氏诸园主人,虽然多为乡里隐者,但个个都是仁厚君子。耕学斋主人徐用庄仅一介布衣、匠人,历任郡守都称赏他,"有所建营,悉用综理,无不称善",④ 吴宽、韩雍也对他深表敬意,而西山村民几乎把他当作平准标尺、精神领袖。有徐氏"鲁灵光"美誉的徐孟祥,更是"孝友终身,推而敦族,外而信友,夐具时情,卓树古义"。⑤

吴江水竹园主史明古,"足迹不出百里之外,然江浙间人知其名,至于郡县大夫亦皆礼下之,而予取以为友盖四十年于此矣。其志正而直,其言确而厉,其所为无弗依于礼者"。⑥

在苏州城外筑园艺梅的张廷慎,乃"孤洁之士,刚劲而有节,淡薄而不华……"⑦

可见,这一期间里,文人对于私家园林的筑造、游赏、品评、解读,皆不仅仅局限于园林山水草木之内,而是与主人的人格品质、文德才艺、行为风尚等内在精神境界紧密地结合在一起,仅有园林物质实体,还不足以成为佳园。文献可按的这一时段的苏州园林,主人皆德才兼备,其人格追求、道德品质与园林景境高度一致、完美融合,这几乎是中国园林艺术史上罕见的风景。时人郑文庄在《怡梅记》中,对于山水意趣与人品之间对应关系有

---

① 王鏊纂《姑苏志》卷52,第771页。
② 《明史》178卷《韩雍传》,第4735、4737页。
③ 王鏊纂《姑苏志》,卷52 第775页。
④ 韩雍《谢徐用庄序》,见《襄毅文集》卷10,第739页。
⑤ 祝允明《徐处士碣》,《怀星堂集》卷16。见《四库全书》第1260册,第595~596页。
⑥ 吴宽《隐士史明古墓表》,见《家藏集》卷74,第728页。
⑦ 郑文庄《怡梅记》,《平桥稿》卷7。见《四库全书》第1246册。第578页。

一段讨论，对后人解读这一现象颇有启发意义："流天下皆水也，而惟智者能怡之。峙天下皆山也，而惟仁者能怡之。植江南皆梅也，而惟清者能怡之。何耶？以其似之焉耳。盖智者达于事理，而周流无滞，有似于水，故其怡在水。仁者安于义理，而厚重不迁，有似于山，故其怡在山。清者之人，一尘不染，有似于梅，故其怡在梅。所谓维其有之，是以似之也。"①

当时文人在园林中筑山凿池，种竹艺梅，不仅是为了游观、诗咏或图绘，还把山水、梅竹等视作与自己道德相似的雅友，因此，此间吴地园林皆是君子攸居，是品格与风尚的载体。对比元季曹善诚梧桐园中的解语花，杨铁崖园林雅会上的鞋杯故事，曹氏之庸俗、杨氏之龌龊自不待言。

三、养亲自怡、耕稼会友——园林雅正传统的主题与丰富本色的功能

洪武年间，迫于多种原因，决计自处不仕的江南文人，一方面努力深隐到远离都市的江湖、山野，茅屋小园大多篱墙缭绕、简朴萧疏，另一方面为筑造宅园寻找各种各样的合法借口，所取园名，基本上都是以一斋、一榭、一亭、一轩来代指全部，且不出农耕、尽孝、劝学等名教范围内的主题。因此，欲语还休、躲躲闪闪，是这一时期文人造园的一个鲜明特征。建文以后，这一局面渐渐改变，宣德至成化年间，苏州文人造园已经完全放开了手脚——造园目的逐渐多样化，园林主题丰富，题名高调，造景题款个性鲜明，园林内的文人聚会酬唱等活动也频繁起来。

在古代中国，事君尽忠、事亲尽孝，耕稼务本、读书举仕，是天经地义的准则与美德。以此为主题造园，既可实现文人造园自处的目的，也能满足其现实的人生需求，又符合官方倡导的主旋律。因此，建文至成化年间，随着苏州园林筑造逐渐复兴，尽管造园追求已经逐渐多样化，但养亲与耕读依然是两个主流的造园主题。

孝亲。无锡华氏以孝亲彪炳史册，梅里（今梅村）的华幼武（1307—1375）是元末明初华氏的又一孝子。华幼武6岁丧父，母亲陈氏守志守贞、克勤克俭，"后廿年朝廷从有司请为表其宅里"，② 华幼武成年后造"春草堂"以奉母尽孝。这一母贞子孝的佳话受到时人广泛的嘉许，大学者黄溍、宋濂先后为之传记称颂，另外还有陈谦的《春草轩诗序》、郑元佑的《春晖》、胡助的《春草曲》、杨维祯的《同胡太常赋春草轩辞》、陈基的《春草辞为华君彦清作》、张雨的《奉题彦清寿母之春草轩》，以及段天佑、李孝光、陈谦、高明、王逢、杨铸、宇文公谅、贡师泰、谢理、韩文玙、王余

---

① 郑文庄《怡梅记》，《平桥稿》卷7。见《四库全书》第1246册。第578页。
② 陈谦《春草轩诗序》，《赵氏铁网珊瑚》卷9，见《四库全书》第815册，第542页。

庆、黄师宪等人的《春草轩诗》等。

建文至成化年间，在苏州许多以孝亲为主题的园林中，杜琼如意堂是其中的典范。杜琼"生一月而孤，母顾育而教之"，杜琼成年后筑园奉母尽孝，因为母亲感慨园中佳卉"幽芳而含贞"，甚如己意，"每爱而玩焉"。① 于是杜琼取园名"如意堂"。杜氏晚年得乐圃林馆部分旧址，延伸宅园扩为一体，建延绿亭以自娱。一场暴风雨摧毁了园亭，杜琼之子杜启又重修延绿亭以取悦父亲。前后半个世纪，孝亲主题始终贯穿杜氏小园。此外，汤克卫筑奉萱堂与杜琼筑如意堂颇为相似，"其父曦仲早世，母李（氏）鞠之成人，克卫既克有立，且幸母之寿康，乃作堂以备养颜之"。② 王德良的瞻竹堂从表面上看是敬仰绿竹，实际上也是"珍爱先君之竹……以为先人所好也，岁时壅灌，爱护甚至，意不自已，乃作瞻竹堂以寓孝思"。③ 常熟陈符的驻景园又名南野斋居，此园筑于陈符辞官回乡后，"诸子恭勤孝养，营园池，杂植花卉奇树，作二亭其中，以奉之翁"。④

耕稼。田、园、林、圃不仅是此间文人城市山林的重要主题，而且是现实生活的组成部分，无论园址在城外还是在城内，无论主人是山人画师还是出将入相，保障供给都是此间私家园林的重要功能。因此，此间园林普遍具有鲜明朴素的生产园特性。

城外的园林，原本就与乡村、山林紧密融合，生产几乎是此类园子天然的功能和特色。蔡升的西村别业，生产与游观综合水平冠绝洞庭西山："洞庭之山，高出湖上，延袤数百里……至于田园之乐，生殖之殷，山水登临之胜，则蔡氏西村别业专焉。"⑤ 张洪访徐用庄的耕学斋，不仅欣赏了清幽、淳朴的山园美景——"池与书楼，修竹环绕，千竿自春徂冬，往往助其胜，而最后地广成圃。杂树花果之属，皆数拱余。竹益茂郁，然深山中矣"，而且还享受到了绝对绿色的农家菜："主人肃客，瀹新茗，已而为酒。果取之树，笋取之竹，蔬取之圃，而巨口细鳞取之堰。"⑥ 沈周是明代吴门画派的开山大师，其有竹居也是一派耕稼田园趣味："近习农功远市哗，一庄沙水别为家。墙凹因避邻居竹，圃熟多分路客瓜。"⑦ 在《湾东草堂为弟朴赋》

---

① 徐有贞《如意堂记》，见《武功集》卷3，第130页。
② 徐有贞《奉萱堂记》，见《武功集》卷4，第168页。
③ 吴宽《瞻竹堂记》见《家藏集》卷37，第318页。
④ 杨士奇《故南野翁陈君墓表》，《东里续集》卷31。见《四库全书》1239册，第71页。
⑤ 聂大年《西村别业记》，出自《林屋民风》卷6，转引自王稼句编著《苏州园林历代文钞》，174页。
⑥ 张洪《耕学斋图记》，见陈从周、蒋启霆编著《园综》，第272页。
⑦ 沈周《乐野》诗，见《石田诗选》卷7，第662页。

中，沈周对躬耕垄亩、"力田养亲"的田园生活，充满了无限喜悦与深刻理解：

> 爱子别业湾之东，去家仅在一里中。
> 蔽门遮屋树未大，矮檐但见麻芃芃。
> 频年一意耽诗酒，翻然改与耕夫偶。
> 赤脚馌饭走细塍，戴笠牵牛映新柳。
> 时人喃喃讥子愚，问翁尽有高明居。
> 何致妻子嫌侧陋，何信兄弟专镃铢。
> 从人自说渠自好，力田养亲殊有道。
> 强于远宦窃斗升，手种长腰使亲饱。
> 力田养亲乐已多，兄弟妻子如子何。
> 我与题诗解嘲骂，门外雨来虹满河。①

城内园林虽然面积相对逼仄，但生产特性也很鲜明。"韩氏祖宗以来，世家力田于陈湖之东"，或缘于此，韩雍菿溪草堂的产业园特性尤其浓郁。隆庆版《长洲县志》说其"溪流环带，竹木交荫，宛然阡墅"。草堂面积30亩，种竹万竿，材可造屋、实可疗饥的花木果树数千株，其余隙地皆为菜畦。"物性不同，随时发生，取之可以供时祀，给家用。而当雪残雨收、月白风清之时，与良朋佳客游其间，又可以恣清玩解尘虑"。韩雍还特别强调，"若异卉珍木，古人好奇而贪得者，不植焉"。② 与菿溪草堂相邻的吴宽东庄，俨然一个城内的大型农庄，其中不仅多异卉珍木，也有菜地、瓜田、果林、桑园，还有大片的稻田、麦地。而且，贵为帝师的园林主人，也时有参与生产的躬耕体验，时常亲临垄头田边，去听耕田种菜的农夫、园丁讲解农事经。一个水浊雾浓的雨后黄昏，吴宽还险些被菜农误以为是偷瓜人：

> 晚凉散步清阴下，一树古槐当广厦。
> 畦间雨过井水浑，墙上烟凝日光赭……
> 城中尘雾涨天高，披襟谁是同游者。
> 果然此日是鲍翁，昨种苦瓜今可把。③

其实，强大的生产功能，必然会产出多余农产品，相互赠送、周济邻人，也是常有的，"东庄水木有清辉，地静人闲与世违。瓜圃熟时供路渴，稻畦收后问邻饥"。④ 在农庄，偷瓜、摘菜都是不必当真的事情。

---

① 沈周《湾东草堂为弟朴赋》，见《石田诗选》卷3，第588页。
② 引文皆出于《菿溪草堂记》，见《襄毅文集》卷7，第725页。
③ 吴宽诗《园中晚步戏作》，见《家藏集》卷10，第72页。
④ 沈周《东庄》诗，钱谷选编《吴都文粹续集》卷17。见《四库全书》第1385册，第441页。

刘廷美的小洞庭，是面积狭小、精巧雅致的城内写意山水园，在园林造景中，却也照样具备很强的生产功能。环绕园内假山遍植橘柚，是谓"橘子林"，所产橘子不仅能够满足自给，而且还能馈赠亲友：

绕山种橘树，枝叶团阴森。霜后熟累累，万颗垂黄金。

江陵莫专美，龙阳已成林。摘来赠亲友，羲帖不须临。

"藕花洲"在假山脚下——"山下有洲皆植莲"，所产莲藕也常常被用来款待客人：

种藕绕芳洲，藕生绿荷长。南风催花发，十里闻清香。

饮客折碧筩，解酲啖雪霜。眷言君子心，千古同芬芳。①

怡养性情、自娱自乐、雅集会友、以园载道，曾是古代文人造园最根本的目的，元代末年一度成为江南文人造园最主流的追求，洪武年间，文人造园对此皆讳莫如深，而今又成为文人园高调彰显的主题了。钱孟浒的晚圃是城内的小园子。钱孟浒早年游京师，谒贵人，以书画营生，获利丰厚，这有点像顾阿瑛。后回乡筑园，"逍遥野服，讴吟懊懊以自适。及夫秋霜既肃，则向之脆者，坚而好华者，敛而实。橙黄橘绿，畦蔬溪荇，高者可采，下者可拾，孟浒则邀朋速客，觞咏其间，谈笑竟日，其乐陶陶"②——小小园囿，竟然综合了耕稼、自乐、雅会诸事，那个时代的文化名人皆要筑私园，也就很好理解了。徐季清继曾祖徐达佐遗风，筑先春堂，在山园之中自娱自乐："田园足以自养，琴书足以自娱，有安闲之适，无忧虞之事，于是乎逍遥徜徉乎山水之间，以穷天下之乐事，其幸多矣。"③

为了突出园林这种怡养性情、娱乐自适的主题，文人还着意对园林以及其中景境进行题名，高调彰显其中的蕴意，园名如"可竹斋"、"虹桥别业"、"晚圃"、"松轩"、"环翠轩"、"驻景园"、"湖山旧隐"、"有竹居"、"小洞庭"、"锦溪小墅"等；园中景境如龚诩东庄的"悠然处"、"秋水亭"，石碉书隐中新筑的"盟鸥轩"，朱挥使南园的"一镜亭"、"钓鱼矶"、"栽菊径"、"盟鸥石"、"芙蓉台"，小洞庭的"隔凡洞"、"蕉雪坡"、"卧竹轩"、"岁寒窝"，吴宽东庄中的"振衣冈"、"醉眠桥"、"知乐亭"、"看云亭"、"临渚亭"等。

洪武以后，较早高调举行园林雅集的，大约要算是筑园于相城西庄的沈孟渊了。沈孟渊"凡佳景良辰，则招邀于其地，觞酒赋诗，嘲风咏月，以

---

① 韩雍组诗《刘金宪廷美小洞庭十景》，见《襄毅文集》卷1，第618页。
② 王轼《晚圃记》，钱谷选编《吴都文粹续集》卷17。见《四库全书》第1385册，第412页。
③ 徐有贞《先春堂记》，见《武功集》卷3，第95页。

适其适",① 时人把他比作昆山顾德辉。永乐初年，沈孟渊感慨诸文友出仕在即、后会难期，于是驰书邀友，举办了著名的西庄雅集，后由沈公济回忆作图，杜琼为之序。沈贞吉、沈恒吉兄弟不但继承了父辈高隐不出的隐志，增筑有竹居以砥砺性情、吟咏自适，同时也继承了好客好友的家风。石田先生"固喜客至，则相与燕笑咏歌，出古图书器物，摸抚品题，酬对终日不厌"。② 徐有贞、刘廷美、文宗儒、吴宽等，皆有雅会于有竹居的诗咏。另外，刘廷美"致政归时，不修世事，惟筑山凿池于第中，日与徐武功、韩襄毅、祝佩轩、沈石田诸老游，号曰小洞庭，实寄兴于三万六千顷七十二峰间也。每集多联句之作，而先生为之图"。③ 沈周还为魏昌园中的雅会作了《魏园雅集图》。徐有贞诗《题唐氏南园雅集图》说："吴中盛文会，济济多英彦。"④ 可见，此间园林雅会已经是文人一种常态化的活动。洪武年间一度绝迹的文人游园雅集，在此间吴门的艺术家群体中悄然复兴了。

筑园以备致仕后退养，也是当时吴人造园的一种目的。丘浚在《葑溪草堂记》中说："古之君子，存心也豫，其志卓然。有以定乎其中，其理跃如，有以见乎其前。是以其进其退，皆豫有以为之地而不苟。右都御史韩公吴人，而生长于燕，既仕，而始复于吴。治第于葑溪之上，盖豫以为退休归宿之地也。"⑤

吴宽在京城为官，时时牵挂吴中故园，弟弟吴宣每每增修园林，也多以备吴宽辞宦后退养为念。"折桂桥边旧隐居，近闻种树绕茆庐。如今预喜休官日，树底清风好看书。"⑥ 后来侄儿吴奕在"振衣冈"之上增修了"看云亭"，又在"桑州"的对面增修"临渚亭"，也是为吴宽来归修养而作："尔父西庵扁拙修，当年种树带平畴。近闻肯构为吾计，有待归休与客游。"⑦

四、自然疏朗、朴雅入画——健康雅正的园林艺术风貌

朴与雅的和谐，是朴雅、淡雅、清雅，从总体上来看，自然疏朗、朴雅入画、清逸高韵，是此间苏州文人园林的基本风貌。这一风貌的形成有两个主要原因：一是伴随城市经济的发展繁荣，苏州文人园林还处于复兴时期；二是主人群体性的高尚品格，此间园林主人多为才艺品行冠绝当世的君子。

---

① 杜琼《西庄雅集图记》，钱谷选编《吴都文粹续集》卷2。见《四库全书》第1385册，第47页。
② 王鏊《石田先生墓志铭》，见《震泽集》卷29，第440页。
③ 见《四库全书》《御定佩文斋书画谱》卷86。
④ 徐有贞《题唐氏南园雅集图》，见《武功集》卷5，第204页。
⑤ 丘浚《葑溪草堂记》，《重编琼台稿》卷18。见《四库全书》第1248册，第539页。
⑥ 吴宽诗《闻原辉弟东庄种树结屋二首》，见《家藏集》卷2，第12页，
⑦ 吴宽著《家藏集》卷28，第217页。

文人造园淡泊少费，绝不矫情造作，主人的雅趣所尚、情志所寄，又与园林造境紧密结合，因此，此间园林艺术发展呈现出既雅且正的健康方向。

最能彰显出此间文人园林朴素风貌的，首先是大大小小的真山水、真园田。对比元季和中晚明，此间苏州园林与自然田园、林圃、山水深度融合的艺术风貌非常鲜明，园林大多以篱墙小院、田庐农舍的形式，掩映于自然大环境之中。此间园林无论大小，基本上都或有真山水，或有真园田，或者二者兼有，这也是当时文人园林强大生产功能的物质载体。即便是写意小园，陆昶的锦溪小墅也有森森竹林，有"澄溪溶溶自东南来"，刘珏的小洞庭也有郁郁橘林。吴宽说："结庐不必如城市，只学田家白板扉。"① 其东庄水木清辉，一片山林田园的旖旎风光，拙修庵、全真馆等建筑，仅仅是掩映在高树之下的茅屋小院而已。徐孟祥雪屋乃徐达佐耕渔轩的余绪，却毫无元季园林的典丽与奢华。"结庐数椽，覆以白茅，不自华饰，惟粉垩其中，宛然雪屋也"② ——这是当时文人园林中最常见的建筑形式。二是简化对园内花木、水石的处理上。精心设计理水和堆叠大体量的假山，还没有成为此间苏州造园的时尚。自然的山水、园田是不必过多刻意修饰的，此间文人园林大都没有那种娇贵绚丽的花木，堆土累石之类的叠山，大都体量很小，仅用一些花木、水石略作点缀和写意。园林对水体的处理也多为顺其自然，没有明显的分景设计。吴宽东庄面积较大，四面有河，于是就河流之便分别设有南港、北港；同时，自西南角引河水入园，依地形分割而成"艇子浜"、"西溪"、"曲池"、"知乐亭"等水景。韩雍的葑溪草堂、陆昶的锦溪小墅面积都比较小，都是直接引溪水入园成景的，葑溪草堂园中水域就是几亩方塘和一角的池水。小洞庭园中水景也仅是凿一荷花池而已。三是园林造景与游赏多借景园外的田圃和山水，园林空间虽小，艺术境界却十分阔大，造景虽简朴却与主人的高情雅韵完全和谐。另外，此间文人园居中家具陈设也比较朴素，那些材质名贵、工艺考究的硬木家具，在此间园中还不很密集，也没有成为时尚。

从当时文人的诗歌、序文、园林画、山水画中，可以比较清晰地看出此间文人园林自然朴雅、造景疏朗、韵致清逸的艺术风貌，除却沈周的《魏园雅集图》、《东庄图册》以外，传世的此间苏州文人园林画作，还有谢晋的《溪隐图》（图3-13），杜琼的《友松图》（图3-14），沈贞的《竹炉山房图》（图3-15），沈周的《盆菊图》（图3-16）、《青园图》（图3-17）等。

---

① 吴宽诗《闻原辉弟东庄种树结屋二首》，见《家藏集》卷2，第12页。
② 杜琼《雪屋记》，见邵忠，李瑾选编《苏州历代名园记·苏州园林重修记》，第72页。

图 3-13　谢晋《溪隐图》①　　　　　图 3-15　沈贞《竹炉山房图》②

图 3-14　杜琼《友松图》③

---

① 沈周《溪隐图》，见纪江红主编《中国传世山水画》，第 184 页。
② 沈贞《竹炉山房图》，见纪江红主编《中国传世山水画》，第 189 页。
③ 杜琼《友松图》，见纪江红主编《中国传世山水画》，第 184 页。

图3-16 沈周《盆菊图》①

图3-17 沈周《青园图》②

朴素和雅意之间并不是相互排斥的。耕学斋"扁舟绿水才三尺,小圃黄花满四围";③徐拙翁宅园"家住万安山,茅堂循翠湾。邮连青嶂远,门掩白云间",④山园充满诗情画意的雅趣。沈周有竹居几乎是与周边田园融合在一起的清雅田舍:

> 人爱吾庐吾亦爱,秋原风物带晴川。
> 兰甘幽约宜阶下,竹助清虚要水边。
> 只好荫茅同背郭,何须蓄石慕平泉。
> 苦吟自觉多新病,华发时笼煮药烟。
> 鹤毛鹿迹长交路,荇叶苹花亦满川。
> 炙背每临檐日底,曲肱时卧树阴边。
> 一区绿草半区豆,屋上青山屋下泉。
> 如此风光贫亦乐,不嫌幽僻少人烟。⑤

---

① 沈周《盆菊图》,见纪江红主编《中国传世山水画》,第195页。
② 沈周《青园图》,见纪江红主编《中国传世山水画》,第196页。
③ 吴宽诗《寿徐耕学》,见《家藏集》卷7,第49页。
④ 谢晋《题徐山人居》,《兰庭集》卷下。见《四库全书》第1244册,第467页。
⑤ 沈周组诗《奉和陶庵世父留题有竹别业韵六首》,见《石田诗选》卷7,第657页。

文人园林毕竟不只是农家小院，其朴素中寄托了文人的雅趣与情志，这才成为文人园居。因此，尽管以自然朴素、因形就势为主，但是，与洪武年间仅以一轩、一阁、一斋、一堂为核心的宅园相比，此间文人园林造境已经开始重视分区造景的空间设计，而且，一些写意性的、小体量的山水理景艺术小品也渐渐复兴起来。

沈周的《东庄图册》原为二十四帧，即为二十四景，加上吴宽诗歌中一些没有入画的景境，东庄造园分区约三十余境。面积较小的园林也莫不如此，杜琼如意堂凡十一景，韩雍为小洞庭作了十咏，刘廷美为葑溪草堂绘了十景，韩雍为朱挥使南园作了八咏，吴宽为郡学园林作了十咏，陈蒙为龚诩的昆山东庄八景分别题咏，龚诩则作了《玉峰郊居十咏》，等等。这种分区造境，在空间布局上是需要整体设计、系统规划的，历史上在元末一度盛行，如狮子林、乐圃林馆、玉山佳处等，单从这一点来看，宣德至成化年间，苏州园林兴造已经达到了历史上的最高水平。

苏州城的平原地形，决定了城内园池的山林气息只能依赖人工的凿池和堆叠来写意。中国古典园林积土成山、叠石成峰、凿池作湖，具有悠久的历史，自北宋朱勔采办花石纲以来，累石凿池成为苏州园林兴造的重要内容，且尤以湖石为主，元末则渐渐成为文人筑园中的必有元素。许有壬《孤屿》诗说："生平乐山性，不为仕止移。更爱山在水，从人笑吾痴。篑土仍累石，凿泉或开池。"① 倪云林清閟阁的窗外置巉岩怪石，皆为太湖石、灵璧石中的奇品，有些奇石甚至高于楼堞。顾德辉的玉山佳处中也多湖石，狮子林中湖石假山更是冠绝古今。入明以后，洪武年间虽然一度禁止造园，文人照样悄悄地"累石出幽径，分泉入乔林"。② 永乐年间，吴门大画家谢孔昭，作画还曾属款"谢叠山"，吴宽作诗说："风流前辈杳难攀，谑语空传谢叠山。"③ 谢晋是否会叠山，今已不得而知，景泰、天顺年间，倒是有个人称陆叠山的匠人闻名江南。《西湖游览志余》说："杭城假山称江北陈家第一，许银家第二，今皆废矣，独洪静夫家者最盛，皆工人陆氏所迭也。堆垛峰峦，拗折涧壑，绝有天巧，号陆叠山。张靖之尝赠叠山诗云：'出屋泉声入户山，绝尘风致巧机关。三峰景出虚无里，九仞功成指顾间……'"④ 张靖之（即张宁）《寄王廷贵尚书书》一文中说："前岁，叠山人陆生来见，所和拙作，及闻生言阁下

---

① 许有壬《孤屿》诗，《圭塘小稿》（续集）。见《四库全书》第1211册，第726页。
② 郑潜《真意亭》，《樗庵类稿》卷1。见《四库全书》第1232册，第100页。
③ 吴宽《谢孔昭临黄大痴画》诗，见《家藏集》卷8，第57页。
④ 田汝成纂《西湖游览志余》卷19，第352页。

语及不肖嗣事，颜色自觉凄恻。耳目所接，始知故人之情不逾畴昔。"① 可知，此陆叠山走南闯北，连太宰王廷贵家也曾延其叠山，而王廷贵与韩雍、李东阳等，皆有密切交往，因此，他到苏州为诸文人园累石叠山，也完全是有可能的。另外，朱存理在《题俞氏家集》一文中，提到当时的吴门山人周浩隶，为俞振宗石碉书隐堆叠了"秋蟾台"，"台上平旷，可坐四三人，荫以茂木"。②

园林筑山，通常是面积大则以堆土成岭、点石成峰为主，面积小则或叠石或置石。从总体上来看，此间苏州园林面积都比较小，因此，诸如蓱溪草堂、郡学、方克正的公余清趣馆等，虽然都有假山景境，刘廷美的小洞庭、夏昶的锦溪小墅，更以假山为核心来造境，但是，这些园林假山大都小而简朴。此间可能只有吴宽东庄的假山体量较大，较有气势。振衣冈是一个土包石的大假山，从沈周的《东庄图册》来看，其山阳一面可能就是麦山了，其看云亭斜下方的鹤洞，则完全是叠石而成的假山洞景，所用石料应为湖石——这应该是五代钱文奉东墅的遗迹。沈周有竹居内是否叠有假山，今已难以考稽，不过沈周对园林叠山很留意，甚至还比较内行。《石田杂记》中有三条关于园林选石、用石技巧的论述，可见，当时艺术大师对于园林叠山的匠人技艺，已经有了很深的关注：

青石之上，不可植芦苇——"凡青石不可以芦束在上，筑则石破，人家碑石不可芦席覆盖，经露则有席痕。"

新石做旧之法——"昆山人取昆石，初出土，有土色新红，不惬观。但于冷粪坑中浸，久之取出，水濯洗过，则同旧色。"

假山石生青苔之法——"石上欲生苔藓，以马粪水调薄，加土浆在内，涂于石上，则生。"③

在这一期间的文人园中，盆景小品也渐渐成为陈设中的常见清供，在某种意义上，盆景可以被看作是微型园林。元季勾曲外史张雨有著名的盆景"蕉池积雪"："旧有汉铜洗一，作碧玉色，受水一斗。后有赠白石，上树小芭蕉，吾因置洗中，名曰蕉池积雪，仿佛王摩诘画意。"④ 当时文人多有题咏唱和。宣德至成化年间，苏州的盆岛小玩已经非常流行。王鏊在《姑苏志》中说："虎邱人善于盆中植奇花、异卉、盘松、古梅，置之几案间，清雅可爱，谓之盆景。春日卖百花，更晨代变，五色鲜秾，照映市中。其和本卖者，举

---

① 张宁《寄王廷贵尚书书》，《方洲集》，卷17，见《四库全书》第1247册，第390页。
② 朱存理《题俞氏家集》，《楼居杂著》。见《四库全书》第1251册，第603页。
③ 分别见沈周著《石田杂记》，第18、19页。
④ 张雨《句曲外史集》（补遗卷中）。见《四库全书》第1216册，第406页。

其器；折枝者，女子于帘下投钱折之。"① 杜琼《友松图》中的园内桌案上就有盆景。有人赠送吴宽一松树盆景，吴宽既好奇又珍爱，并为此写了诗歌《有以庐山千年松遗予者，种盆石上苍翠可爱》，予以比德自勉。

眼底依然五老峰，离奇数寸亦长松。盆中贮水成儿戏，几上看山称老慵。

全节始知君子德，小材宁却大夫封，茯苓岁久还如斗，拳石空嗟自不容。②

"苏州好，小树种山塘。半寸青松虬干古，一拳文石藓苔苍。盆里画潇湘。"③ 据说虎丘山脚下的这些园艺师、叠山匠人，都是朱勔的后人。④ 杜琼正统五年（1440年）游西山时，在徐拙翁家也看到了一盆景："窗下有石盘，盘可贮水，浸昆山石其中。石山有桧，长二尺许，本如拇指大，翁云已三十年矣。"⑤ 后来盆景渐渐成为全国文人时尚，《菽园杂记》说："京师人家，能蓄书画及诸玩器、盆景、花木之类，辄谓之爱清。"⑥

五、皇家大匠、民间巧工——香山匠人全面崛起

研究这一期间的苏州造园艺术，香山帮匠人的崛起，是不能忽略的，虽然园林兴造是以主人的诗画才情及精神追求为主导，但是，离开能工巧匠的艺术创作，文人的艺术构思就很难被物化成园林，文人园居与农家小院、地方民居之间，也就难以区别了。吴中筑造工艺历史悠久，向上可以追溯到春秋时阖闾、夫差筑城造园，宋时丁谓也以精通营造成名获爵。明人张大复在《梅花草堂笔谈》中说："吴中土木之工半居南宫乡，其人便巧，而少冒破。"张大复所言"南宫"之乡的土木工匠，主要是指香山帮匠人；"其人便巧"是说香山帮匠人技艺精湛；"少冒破"是说匠人们为人平和朴实。永乐至成化间，正是香山帮崛起的时代。此间香山匠人的核心人物是蒯祥。《江南通志》说："蒯祥，吴县人，为木工，能主大营缮。永乐十五年建北京宫殿，正统中重作三殿及文武诸司，天顺末作裕陵，皆其营度。能以两手画龙，合之如一，每宫中有修缮，中使导以入。祥略用尺准度，若不经意。既成以置，原所不差毫厘。初为营缮所丞，累官至工部左侍郎，食从一品俸。宪宗时，年八十一，犹执技供奉上，每以蒯鲁班呼之。"⑦

---

① 王鏊纂《姑苏志》，卷13，第197页。
② 见吴宽《家藏集》卷18，第130页。
③ 沈朝初《忆江南》词，见王稼句编校《苏州文献丛钞初编》，第677页。
④ 黄省曾在《吴风录》中说："朱勔子孙居虎丘之麓，尚以种艺垒山为业，游于王侯之门，俗呼花园子。岁时担花鬻于城市，而桑麻之事衰矣。"见《吴中小志丛刊》，第174页。
⑤ 杜琼《游西山记》文，钱谷选编《吴都文粹续集》卷50。见《四库全书》第1386册，第524页。
⑥ 陆容著《菽园杂记》卷5，第62页。
⑦ 《江南通志》167卷。见《四库全书》第511册，第865页。

明朝匠户皆编制入籍，一般为世袭罔替。今人研究表明，蒯祥木工技艺来自家传，其祖父蒯思明曾参与了洪武初年南京宫城的营造，并且是个领班师傅。其父亲蒯福也以吴门匠人领班的身份，参与了明成祖北京宫城（故宫）的营造，蒯祥正是在其祖父、父亲的传带下，才成为时代顶尖木工大师的。①这里引述以蒯祥为代表香山帮工艺崛起，主要是为了揭示两个问题。一是苏州匠人的地位得到了全面的提高。"（景泰七年）以工匠蒯祥、陆祥为工部侍郎。蒯祥以木工，陆祥以石工，俱累擢太仆寺少卿，至侍郎，仍督工匠，时称为匠官"②。在朝堂上，蒯祥于工部侍郎任上直到八十余岁寿终。在地方上，徐拙翁也以人品和技艺得到公卿、郡守以及地方百姓的交口称赞。二是苏州营造工艺技术水平全国领先，而且逐步全面进入园林营造的各个环节。单从文人诗咏及图绘上来看，似乎木工、瓦工、砖细工、雕刻工、假山工、油漆工、装裱工等，与当时文人园林营造之间，没有太多的关系。实际上，在造园过程中，这些工种一个也不能少，只是文人们很少记录，园林画大多是全景、写意，很少局部特写、写实，也很少反映这一真相。吴宽诗咏其板屋之朴素，"匠巧免刻楹，童顽难毁瓦。中虚亦生白，外美聊饰赭"。板屋因为朴陋至极才不作雕刻，可见，此间园林建筑已经有雕刻了，而且，尽管朴陋，板屋外墙还是用了赭色油漆的。另外，吴宽在《题何刻工卷》中，描述了一个雕刻碑文的匠人何刻工：

> 女娲补天天不漏，卷石犹穿太山溜。
> 郢工运斤风欲生，斲出难供孙楚漱。
> 云根可断亦可转，磨砻几日方成就。
> 梁州之贡天下无，忽然跃出东山袖。
> 颂功载德绝妙辞，两手不停烦刻镂。
> 丞相中郎字奇古，右军率更笔深秀。
> 东山虽老眼犹明，一一犹能论结构。
> 空堂考击声丁丁，丝连缕缀如絺绣。
> 小或蝇头大或丈，深必因肥浅必瘦。
> 东山择业何其贤，古人石刻今流传。
> 周宣中兴文石鼓，李唐九成铭醴泉。
> 延陵墓上止十字，荐福寺里须千钱。
> 行人泪堕岘山下，过客手摹江水边。

---

① 参考曹汛《蒯祥的生平·年代和建筑作品》，《北京建筑工程学院学报》，1996年第1期。
② 见《四库全书》本《御批历代通鉴辑览》，第104卷。

> 其余诸刻难尽述，东山直视如无前。
> 百年独守三寸铁，姓名与石同贞坚。
> 回看巧技未旋踵，肆中野草浮荒烟……①

何刻工运斤成风，刻石技艺如女娲补天，天衣无缝。今按吴宽好友邵宝《答朱巡按士光》一文，有"昨刻工何球去，曾附上片楮，计已到矣"，② 此何刻工或许就是邵宝所言的何球。另外，通过营建南北二都，陆墓金砖也渐渐闻名天下，这也为吴门砖雕工艺繁荣做好了准备。

综合起来看，此间木工、玉石工、刻工、假山工等造园所涉及的各工种，皆出现了技艺高超的大师，而且，匠人的社会地位普遍提高，渐渐深入到文人的生活与造园之中，苏州园林艺术风貌大变化的新时代已经来临在即了。

---

① 吴宽著《家藏集》，卷1，第9页。
② 邵宝《答朱巡按士光》，见《容春堂集》（续集）卷17，第707页。

第四章 弘治至嘉靖年间苏州园林研究

第一节 江河日下的社会风气与苏州造园的空前繁荣

"明代中期",历来是一个重要而又界定模糊的概念,鉴于此,本课题研究选择直接使用朝代,对明代中期苏州园林艺术发展作相对的时代界定——弘治、正德、嘉靖三朝,起于弘治元年(1488年),止于嘉靖末年(1566年),三代历程合计约80年。划分这样一个相对的明代苏州园林艺术繁荣时代,主要有三个思考支点:一是基于以苏州为代表的明代江南城市经济、文化及社会风气发展演变的实际进程;二是基于明代苏州园林艺术风格的发展变迁;三是这样断代与传统历史学上的明代中期概念比较接近,是兼顾了对整个明代社会的政治、经济、文化发展进程的综合考虑。

一、昙花一现的弘治中兴与朱明王朝的国运陵夷

1487年9月,明孝宗朱祐樘即位,第二年建元,年号弘治。《明史》说:"孝宗独能恭俭有制,勤政爱民,兢兢于保泰持盈之道,用使朝序清宁,民物康阜。"[1] 弘治一朝是明朝继"仁宣之治"后的又一治世,也是朱明王朝的鼎盛时代。

弘治中兴并不是建立在继往开来的基础之上,而是从锐意改革前朝留下的烂摊子开始的。朱佑樘改革始于登基后的第一个月,以整顿吏治为起点。首先是"斥诸佞幸、侍郎李孜省、太监梁芳、外戚万喜及其党",解决了早已被朝野怒目、毫无作为的"纸糊阁老"和"泥塑尚书";[2] 接着是"汰传奉官,罢右通政任杰、侍郎蒯钢等千余人……革法王、佛子、国师、真人封号",彻底清除了肘腋边上的邪恶势力;然后是选贤任能,重组内阁,徐溥、刘健、谢迁、丘濬、李东阳等先后入阁。这一系列有力措施,迅速打造了君

---

[1] 《明史》(本纪第十五)《孝宗本纪》,第197页。
[2] 吕毖《明朝小史》:"(成化)帝时内阁三人,万安贪狡,刘翊狂躁,刘吉阴刻。时昭德宫好奇玩,中外有结内臣进宝玩,则传旨与官,以是府库竭爵赏滥,三人不出一语争救。当时遂有'纸糊三阁老,泥塑六尚书'之谣。"见车吉心主编《中华野史》(明史),第4489页。

臣和谐、中正仁厚的朝政局面。随后，朱佑樘把他的惩治腐败、革故鼎新、祛邪扶正的改革逐步推行于天下：减地方银课及冗余官吏，诛妖僧继晓以正风俗，禁止宗室、勋戚奏请田土以及受人投献，停罢内官烧造瓷器，连续数年停年度的宫廷织造采办，在各地免税免粮，等等。同时，弘治帝还以身作则，多次"减供御品物，罢明年上元灯火"，① 多次拒收四方进献的奇货宝物。因此，弘治18年的历史上，王朝虽然与北方民族战事不断，国中地震、水患灾变频频，地方藩王蠢蠢欲动，但国势依然激流勇进、临难而上，扭转了成化后期积贫积弱的颓势，创造了盛世太平的大局。对于园林艺术发展而言，弘治中兴所带来的不仅仅是政通人和、风清物阜，还有健康的审美观念和纯正的艺术风尚。

然而，富不过三代，似乎是朱明王朝的一个定律，弘治一朝18年励精图治的业绩，很快就被后来者糟蹋回到了起点。弘治十八年（1505年）六月朱佑樘驾崩，武宗朱厚照即位，以第二年为正德元年。虽然先后有谢迁、刘大夏、王鏊、李东阳等老臣苦苦支撑，但朱厚照既不能"承孝宗之遗泽"，也没有"中主之操"。② 正德16年的统治可谓作恶多端：放逐大臣、辱杀忠良、恣肆暴戾、偏用邪阉、游戏朝政、纵容藩王、贪财好奇、荒淫后宫——"正德"一朝成为朱明国运盛衰转折的公认节点，王朝从此驶上了王道式微、福祚日衰的轨道。

世宗嘉靖帝朱厚熜1521年即位。在位长达45年。虽然他"御极之初，力除一切弊政，天下翕然称治"，却因力图为亲生父母争名分，以致君臣失和、朝政混乱。阉党和邪教势力乘虚而入、卷土重来，生性好大喜功、贪婪荒淫的朱厚熜转而便长期不理朝政。一面是国内纲纪混乱、叛乱频发，一面是北方边境战事不绝，倭寇数度袭掠东南，内外交困之下，"府藏告匮，百余年富庶治平之业，因以渐替"。后世史官论定他是"中材之主"，③ 其实是有所保留的。

二、日渐失范的法律道德与躁竞功利的士林风尚

在民主制度和民主意识缺失的古代中国，上行下效是社会道德风尚形成的最基本途径。从成化后期的王道衰微，到弘治中兴，再到正德、嘉靖的国运陵夷，社会风气的变化与王朝政治和帝王品格的波形起伏紧密相连。社会风气、士林习尚与江南园林艺术发展息息相关，因此，这也成为划分苏州园

---

① 本段引文皆出自《明史》（本纪第十五）《孝宗本纪》，第196页。
② 参考《明史》（本纪第十六）《武宗本纪》，第212页。
③ 本段引文皆出自《明史》（本纪第十八）《世宗本纪二》，第235页。

林艺术史的重要参照点。

弘治元年（1488年），马文升就给朱佑樘呈上了一篇《申明旧章以厚风化事》奏议，明确指出："至景泰年间，祖宗成宪所司奉行未至，风俗渐移。近年以来，群小用事，恣肆奸欺。贩卖宝石之徒，窃盗府库银两，供帐服饰，拟于王者；饮食房屋，胜于公侯。以致京城之内，递相效尤，习以成风，虽尝禁约，玩法不遵。军民之家，潜用浑金，织成衣服，宝石镶成首饰，僧道俱着纻丝绫罗。指挥亦用麒麟绣补，其官员相遇，尊卑不分，俱不回避。娼优隶卒，骑坐驴马，亦不让道。违礼僭分，无所忌惮，名分逾越，风俗奢侈，旧章废坠，礼制因循未有甚于此时者也。"①

经过勤勤恳恳的18年努力，弘治王朝不仅建设了国家政治的中兴局面，而且在世风教化上成就卓著。因此，袁袠在《世玮》中说："弘治以前，淳朴未雕，禁防犹在。"②刘元卿在《贤弈编》中也说："盖余尝从田墅间，闻诸长老谈宣、正、成、弘间民物殷盛，闾阎熙熙，由时一二元宰哲臣，器宇宏深，质行方正。故里风朴略，古意盎然。"③然而，正德皇帝16年荒淫无度的闹腾，不仅导致朝纲混乱，阉祸弥漫，而且使社会风气江河日下。正德十三年（1518年），内阁大学士石珤撰文怒斥："今天下风俗刓敝，廉耻日薄，贪黩之吏，布在郡邑，政以贿成，化以力梗，嫚侮之渐，其变为犯。"④嘉靖皇帝45年的无所作为、胡作非为，加快了社会风气的败坏速度。面对日渐不可收拾的时局和世风，一批志在有为的有识之士不断发出警示的声音。吏部尚书廖纪直言："正德以来，士多务虚誉而希美官，假恬退而为捷径。或因官非要地，或因职业不举，或因事权掣肘，或因地方多故，辄假托养病致仕。甚有出位妄言弃官而去者，其意皆籍此以避祸掩过，为异日拔擢计，而往往卒遂其所欲。以故人怠于修职，巧于取名，相效成风，士习大坏。"⑤兵部主事袁袠，更是洋洋洒洒写下了数万言的政论文《世玮》，既对颓靡不振的世风进行了批判分析，也给出了全面而中肯的改革建议：

今士大夫之家，鲜克由礼，而况于齐民乎！其大者，则丧葬、婚娶有同夷狄。古者哭则不歌，今乃杂以优伶，导以髦缁、笙管、铙鼓，当哀反乐。会葬者，携妓以相娱；主丧者，沈湎以忘返。古者婚姻，六礼而已。今乃倾赀以相夸，假贷以求胜。履以珠缘，髻以金饰，宝玉翠绿，绮丽骇观，长衫

---

① 马端肃《端肃奏议》卷10。见《四库全书》第427册，第798~799页。
② 袁袠《世玮·革奢篇》，见车吉心主编《中华野史》（明史），第1323页。
③ 刘元卿《贤弈编》，见车吉心主编《中华野史》（明史），第1173页。
④ 石珤《送少宗伯王公奉使归省诗序》，见《熊峰集》卷6，第594页。
⑤ 余继登《皇明典故纪闻》，见车吉心主编《中华野史》（明史），第2082页。

大袖,旬日异制。京师则世禄之家,两浙则富商大贾,越礼逾制,僭拟王者。(革奢篇)

今天下之凋敝,其最者莫若赃吏,而吏之犯赃者多出于小官,自丞簿以至杂流,其不贪者盖百之一二焉,是皆入钱以鬻爵者也。……而入钱拜官者,不过处以杂流,固未有偃然为令得亲民者也。……入钱多者且为大县令,名器之滥,流品之淆,未有如今日者也!(惜爵篇)

我太祖高皇帝,洞览古今,深鉴前失。监局之官,不得过四品,掌禁宫、备洒扫而已。宣统以来,优假稍过,威福渐移。王振、喜宁诸阉,权势隆赫,凶焰熏灼……然吉祥构逆,外连亨彪,事发仓猝,危而后济。宪、孝两朝,汪直、李广表里为奸,所幸朝政清明,不甚害事。暨武皇之初年,刘瑾、马永成等,号为八党,蛊惑圣心,相继窜殛,檐廊一空,诤臣杜口,直士卷舌。杀戮之威,遍乎缙绅,诛求之惨,毒及氓庶,潜蓄异谋,肆行逆迹。(裁阉篇)

今天下之最可忧者,莫甚乎士习之躁竞。夫躁竞者,进则恬,退则远,而贤不屑倒植,教化陵夷,风俗坏败,而沦胥以溃矣。(抑躁篇)

自久任之法坏,而速化之弊滋,重内而轻外,恶劳而喜逸,士希清贯,人竞要津,牧宰冀台谏之司,郎署徼翰林之选,视庙宇为传舍,剥膏血为钩饵。苞苴公行,货贿昼入,谄谀成风,钻刺得志,未有如今日者也。恶直丑正,反蒙讥笑。(久任篇)①

正风俗、宣教化以革除奢侈;规范选士程序,以遏制卖官鬻爵;裁汰宦官、减少内务、亲理朝政、严禁干政,以消除阉祸;理顺官吏的考核与晋升机制,以抑制急功近利的躁竞风气;改革定期易地轮转的制度,延长地方官的任期,以促使地方官能够安心职守、持续施政……可以看出,袁袠的这些分析和建议发自肺腑,不仅切中时弊之肯綮,对后世的吏制改革也具有参考价值。然而,面对昏聩无道的中材之主,这些焦虑和呐喊都变成了于事无补的闲言碎语,仁人志士的热情和智慧最终还如一江春水东流而去。

三、苏州城市经济的繁荣与风俗人情的淡薄

尽管弘治以降王道衰微、国运陵夷、世风日下,但是,以苏州为首的江南城市经济却不仅没有因此萧条,反而是日益繁荣起来。这似乎是不符合常理的怪现象,其实却并不难解释,因为尽管本是鱼米之乡,明代中期以后苏州的城市经济,却早已不再是以初级农产品生产为支柱了,此间苏州已经成为高端消费品的生产、交易中心,后人说"苏州以市肆胜",也是这个原因。

---

① 袁袠《世玮》,见车吉心主编《中华野史》(明史),第1320~1323页。

对于消费型的市商经济来说，社会风气的浮躁浅薄、崇富竞奢，不仅不是坏事情，而且能够创造更大的市场和更多的机会。这听起来乖违人情，令人难以接受，似乎是一种以损害整体经济健康的掠食型经济，是居于高端的不对等的渔利性经济形态，具有损人利己的味道。然而，商业生产往往是拒绝道德评价的，每当社会物质财富积累到了特定的阶段，出现消费型经济中心，社会风气由朴素转为奢靡，都是自然而然的过程，这是商品经济运作的内在规律。当时松江籍的经济学家陆楫就在《苏杭俗奢与市易》一文中，为这种消费型城市经济作了比较系统的辩护：

> 论治者类欲禁奢，以为财节则民可与富也。噫！先正有言，天地生财，止有此数。彼有所损，则此有所益，吾未见奢之足以贫天下也。自一人言之，一人俭则一人或可免于贫；自一家言之，一家俭则一家或可免于贫。至于统论天下之势则不然。治天下者，将欲使一家一人富乎？抑亦欲均天下而富之乎？……今天下之财赋在吴越，吴俗之奢，莫盛于苏杭之民。有不耕寸土而口食膏粱，不操一杼而身衣文绣者，不知其几何也，盖俗奢而逐末者众也。只以苏杭之湖山言之，其居人按时而游，游必画舫肩舆，珍馐良酿，歌舞而行，可谓奢也。而不知舆夫、舟子、歌童、舞妓，仰湖山而待爨者不知其几。故曰：彼有所损，则此有所益。……若使倾财而委之沟壑，则奢可禁。不知其所谓奢者，不过富商、大贾、豪家、巨族，自侈其宫室、车马、饮食、衣服之奉己而已。彼以粱肉奢，则耕庖者分其利；彼以纨绮奢，则鬻者、织者分其利。正《孟子》所谓"通功易事，羡补不足者也。"上之人胡为而禁之？若今宁、绍、金、衢之俗最号为俭，俭则宜其民之富也，而彼诸郡之民，至不能自给半游食于四方。凡以其俗俭，而民不能以相济也。要之：先富而后奢，先贫而后俭。……奢俭之风，起于俗之贫富，虽圣王复起，欲禁吴越之奢难矣。或曰："不然。苏杭之境，为天下南北之要冲，四方辐辏，百货毕集，使其民赖以市易为生，非其俗之奢故也。"噫！是有见于市易之利，而不知所以市易者，正起于奢。使其相率而为俭，则逐末者归农矣。宁复以市易相高耶？且自吾海邑言之，吾邑僻处海滨，四方之舟车不经其地，谚号为"小苏州"。游贾之仰给于邑中者，无虑数十万人，特以俗尚甚奢，其民颇易为生尔。然则吴越之易为生者，其大要在苏奢，市易之利，特因而济之耳，固不专恃乎此也。长民者因俗以为治，则上不劳而下不忧，欲徒禁奢可乎？呜呼！此可与智者道也。①

明代中期以后，苏州不仅成为全国经济最发达的城市，而且成为引领全

---

① 陆楫撰《蒹葭堂杂著摘抄》，见车吉心主编《中华野史》（明史），第1903页。

国时尚的首郡,只是此间引领时代潮流所凭借的,已经不再仅仅是高水平的文学、书画等文人雅尚,还有各种各样的、精巧的世俗玩物,因此,吴地城市风俗人情的日渐淡薄也以苏州为首。张瀚在《松窗梦语》中说:"今天下财货聚于京师,而半产于东南,故百工技艺之人多出于东南,江右为伙,浙、直次之,闽粤又次之。"① 何良俊说:"年来风俗之薄,大率起于苏州,波及松江";他对松江"小苏州"的现实地位很是不平:"吾松不但文物之盛可与苏州并称,虽富繁亦不减于苏。……想吾松昔日盛如此,则苏州亦岂敢裂眼争耶?今(嘉靖年间)则萧索之甚,较之苏州,盖十不逮一矣。"② 明代中期吴地世风真相,可以从时人黄省曾的《吴风录》中,得到比较全面地总结:

……至今吴人好游托权要起家。……正德间,附于阉人刘瑾者有汤氏。家无担石者,入仕二三年即成巨富,由是莫不以仕为贾,而求入学庠者,肯捐百金图之,以大利在后也。

……至今吴人有通番求富者,并海崇明三沙奸民,多以行贩抄掠为业。

……沿至于今,竟以求富为务,书生惟藉进士为殖生阶梯,鲜与国家效忠。

……至今吴俗权豪家,好聚三代铜器、唐宋玉窑器、书画,至有发掘古墓而求者,若陆完神品画累至千卷,王延喆三代铜器万件,数倍于《宣和博古图》所载。自正德中,吴中古墓如城内梁朝公主坟、盘门外孙王陵、张士诚母坟,俱为势豪所发,获其殉葬金玉古器万万计,开吴民发掘之端。其后西山九龙坞诸坟,凡葬后二三日间,即发掘之,取其敛衣与棺,倾其尸于土。盖少久则墓有宿草,不可为矣。所发之棺,则归寄势要家人店肆以卖。乃稍稍辑获其状,胡太守缵宗发其事,罪者若干人。至今葬家不谨守者,间或遭之。

……至今吴中缙绅士夫多以货殖为急,若京师官店六郭,开行债典,兴贩盐酤,其术倍克于齐民。

……由是自城至于四郊及西山一带,率为权豪所夺,为书院、园圃、坟墓,而吴之丛林无完者矣。至于黄县令辈(希效),则又尽撤古刹以赠权门贪夫,否则厚估其值,令释道纳之,大扰郡中,至今未已。

……至今吴中士夫,画船游泛,携妓登山。③

可见,曾经风土清嘉的苏州,在约百年城市商品经济利益的蛊惑下,买

---

① 张瀚著《松窗梦语》,盛冬铃点校,第76页。
② 何良俊撰《四友斋丛说》,第323页。
③ 黄省曾《吴风录》,见陈其弟点校《吴中小志丛刊》,第176~178页。

官敛财、入海为寇、见利忘义、发冢盗墓、炒作文物、官商勾结、侵田夺宅、携妓冶游，等等，都已成为屡见不鲜的常行，风俗人情已经退化到了一败涂地的边缘。

四、吴民游乐风气炽盛与苏州园林营造的空前繁荣

宋人张镃在《仕学规范》中说："吴俗喜游嬉请谒"，苏州民俗中原本就有竞豪奢、好冶游的因子。春秋时阖闾、夫差两代吴王迷恋于盘游之乐，曾引发后世文人不断地感叹。据司马迁《史记》记载，春秋时阖庐、战国时春申君、西汉时刘濞，都曾先后招致天下之喜游子弟来吴。晋唐宋元间南渡而来占籍的世家也多好游乐。随着社会风气日渐奢靡，随着苏州消费型城市经济快速繁荣，弘治以降，吴人（尤其是市民阶层）的乐游风气迅速复苏并兴盛起来。《石湖志》中说："石湖当山水会处，游人至者，无日无之，惟清明、上巳、重阳三节最盛，人无贵贱贤否，倾城而出，各村亦然，弥满于山谷浦溆之间，不下万人，舟者、舆者、骑者、步者、贸易者、博塞者、剧戏者、吹弹歌舞者、阙而饮者、谑而笑者、醉而狂酗而争者、祭于神祷于佛哭于墓者、放棹而鸣锣击鼓者、张盖而前呵后拥者、吊古而寻基觅址者、挟妓而招摇过市者，累累然肩摩踵接，至阻塞不可行，喧盛不减都邑，太平气象虽西湖恐亦无此。"

正如陆楫所言，旅游有一条服务产业链，石湖一带的原著民虽然本分朴拙，此间也充分参与到这个产业中来了，抬轿子、划船、提供住宿、准备饮食，旅游服务产业一派繁荣（图4-1）："自行春桥至薇村、陈湾诸处人家，俱有两人竹轿，陆行者多情而乘之，轻便安稳，随高下远近，无适不宜。水行有舟，大则楼舡而两橹四跳；小则短棹而风帆浪楫，行住坐卧任意所如。尝观他处，舆于山者，未必有水；舫于水者，未必有山，不能两备。惟石湖有山有水，可舫可舆，诚佳处也。"②

苏州城四面被山水包围着，除石湖外，可游之处还有许多，好冶游的苏州市民，渐渐根据季节和风景变化，形成一个约定俗

图4-1 唐寅《石湖行春桥图》①

---

① 董寿琪编《苏州园林山水画选》，第123页。
② 两条引文皆出莫旦增补《石湖志》，见陈其弟点校《吴中小志丛刊》，第370~371页。

成的出城游览规律（图4-2、图4-3）。虎丘一年四季都适合登高游眺，因此，"四时游客无寥寂之日，寺如喧市，妓女如云"；其他地方"则春初西山踏青，夏则泛观荷荡，秋则桂岭九月登高，鼓吹沸川以往"。① 明代中后期，苏州郡守几番颁布法令，毁舟、禁止游山，或许正是因为冶游风气失控，而误了农桑稼穑之事。

图4-2　文徵明《石湖图》

图4-3　文徵明《横塘图》

---

① 黄省曾著《吴风录》，见陈其弟点校《吴中小志丛刊》，第175页。

人们通常认为,盛世造园是园林历史上的一般规律,其实这里的"盛世"与历史学上的盛之间未必一致。从某种意义上说,华丽而精美的园林也是一种耗资巨大的高层次、享受型艺术,这种园林的兴造一般不会正当盛世之年,而是要滞后一段时间,因为营造这样的园林不仅需要巨大的财富积累,高超的工艺技术水平,还需要社会审美风尚发展到特定的阶段,才能被人们欣赏和接受。从元代末年的吴地造园历史来看,奢华、典丽的园林营造,不仅不是在太平盛世,而是恰在危机四伏的峥嵘岁月。刘敦桢先生说:"苏州与唐和北宋时的洛阳、南宋时的吴兴、明代的南京有所不同,但其性质同为官僚地主们的消费城市则无差别。"① 弘治以降,萎靡不振的世风,耽于冶游的时尚,消费经济的繁荣,高超的工艺技术,迅速催生出江南私家园林营造的勃勃生机。苏州这一古老的园林城市,则进入私家园林营造的空前繁荣时代。此间的扬州、南京等地,造园也逐渐兴盛起来。

今人每每说起明代苏州园林之多,或是说250余处,或是260多处,或者是271处,其实这是个描述得越精确反而错误越具体的数据。明朝前后历时276年,一方面,园林兴废是一个不断变化的动态,同一处园林在不同时期,会因为增修、易主、重建而被数次统计。另一方面,由于当时私家园林实在太多,有很多小园林,主人名气不大,也没有求得名家写序或图绘,撰写方志的人不知道,或者是忽略不计了,后人自然也就难以弄清楚了。因此,弘治、正德、嘉靖间,苏州究竟确切有多少园林,既无从稽考,似乎也不是非常必要,时人黄省曾说得已经够清楚了:"至今吴中富豪,竞以湖石筑峙奇峰阴洞,至诸贵占据名岛以凿,凿而峭嵌空妙绝,珍花异木,错映栏圃。虽闾阎下户,亦饰小小盆岛为玩。以此务为饕贪,积金以充众欲。朱勔子孙居虎丘之麓,尚以种艺垒山为业,游于王侯之门,俗呼花园子。岁时担花鬻于城市,而桑麻之事衰矣。"②

这段文字传递出至少有这样几条信息:一是当时的富人家家都有园林,园林必有假山,而且叠山不仅多用湖石,还在用石叠山上有强烈的攀比心理;二是一些既富且贵的家族,干脆圈占小山、小岛,一方面以开凿湖石牟利,一方面广种奇花异木、就地筑园;三是住在里巷弄堂的小户人家,虽然没有财力或空余地面筑造大园林,却也在院子里摆弄一些盆景,或者园林小品,以点缀居处环境;四是筑造园林耗资巨大,以至于很多家庭积累多年的财富都投在了造园上;五是当时园林累石叠山、盆景艺术、

---

① 刘敦桢著《苏州古典园林》,第4页。
② 黄省曾著《吴风录》,见陈其弟点校《吴中小志丛刊》,第176页。

花卉园艺，皆已经成为脱离农业的一门专门职业，后世称为叠山师，当时俗称花园匠。俞平伯诗歌说："料理园花胜稻梁，山农衣食为花忙。白兰如玉朱兰翠，好与吴娃压鬓芳。"① 说的就是虎丘山下的这些园林工艺师。

"苏州好，城里半园亭。几片太湖堆崒嵂，一篇新涨接沙汀，山水自清灵。"② 其实，清人沈朝初所见到的苏州园林城市局面，在明代中期就已经完全形成了，而且，此间不仅是"城里半园亭"，市民几乎户户都以居宅有园为时尚，即便是说满城皆园林似乎也不为过。

第二节 弘治至嘉靖年间苏州名园考述（一）

弘治至嘉靖年间，苏州园林艺术发展进入了空前繁荣时期，不仅整个城市犹如一座巨大的花园，城外郊区及下属县邑，私家园林也多如星斗。这些私家园林的建造和分布，具有两个明显特征：一是选址区域相对集中；二是主人之间关系密切，甚至出现了家族性系列园林。本节重点从区域分布特征入手，对此间吴地名园进行简要的梳理与考述。

就苏州古城这座巨大的城市花园而言，此间园林有四个分布相对集中的区域，分别是西北片区、东北片区、城南片区、城东片区。从总体风貌来看，东部园林少而西部多，东部朴素而西部华丽，依然延续了古城东西两部分在艺术审美及民风人情上的历史差异。③

一、西北片区

西北片区主要指阊门内外包括夏家湖、桃花坞一带，以及城外山塘街、虎丘等地在内的一大片区域。苏州城外自然山水资源丰富，而西北虎丘、西部石湖一带，长期以来都是最受苏州人钟爱的游乐佳处，加上距离运河水道与东太湖的交汇口距离最近，又是苏州通往中原政治中心的官道之口，因此，西北一带历来都是苏州市肆繁荣、比较热闹的区域。唐伯虎《阊门即事》诗说：

世间乐土是吴中，中有阊门更擅雄。

翠袖三千楼上下，黄金百万水西东。

---

① 俞平伯《题顾颉刚藏〈桐桥倚棹录〉兼感吴下旧惊绝句十八章》，见《苏州文献丛钞初编》，第684页。

② 沈朝初《忆江南》词，见王稼句编校《苏州文献丛钞初编》，第677页。

③ 《中吴纪闻》："自刘、白、韦为太守，风物雄丽东南之冠。……盖自长庆以来更七代三百年，吴人至老死不见兵革，俗渐繁盛，竞尚奢侈，西（吴郡）过于华，东（长洲）近于质。宫室之美，衣饰之丽，饮食之腴，器用之珍，西常浮于东。娼优僭后妃之缘，闾巷拟王侯之制，东每减于西之半也。奇技淫巧、刺组绦筒，曾不列于东肆，击鲜剖新，凡由东产者，西将饫而东始荐也。靓妆炫服，堕马、盘鸦，操筝倚市，蔚、娄、齐盖罕矣。惟以织造为业者，俗曰机房妇女，好为艳妆，虽缛欠雅矣。"第143页。

五更市卖何曾绝,四远方言总不同。

若使画师描作画,画师应道画难工。①

自秦汉至唐宋,这一带先后有五亩园、梅园、桃花坞别墅等,造园基础良好。弘治至嘉靖年间,这里也是一个园林密集的片区。先后有王鏊、文徵明、杨循吉、唐伯虎、祝允明、钱同爱、王宠、王守等当世名流,在这里筑有私家宅园。

(1) 文徵明宅园——从停云馆到玉磬山房。文徵明(1470—1559年)曾待诏翰林院,参与了武宗实录的修纂,是继沈周之后吴中文化艺术界的一代宗师,此间名流如王宠、王守、蔡羽、汤珍、彭年、钱榖、陈淳、袁褧、陆师道、周天球、黄省曾、王谷祥、何良俊等人,皆尊文氏为师,以出其门下为荣,文徵明的宅园无疑是此间重要的私家园亭之一。

文徵明有先业,《江南通志》说,在"长洲县德爱桥,其父林所构,即停云馆也。徵明孙震孟宅又在宝林寺东"。② 文震孟是文徵明曾孙,《江南通志》这里弄错了。德爱桥准确位置今已经难以考稽,《珊瑚网》说:"徵明舍西有吉祥庵。"③ 今按《姑苏志》说:"猛将庙在中街路仁风坊之北景定间,因瓦塔而创神。本姓刘名锐,或云即宋名将刘锜,弟尝为先锋,陷敌保土者也。尝封吉祥王,故庙亦名吉祥庵。"④ 对照古城的相关地图,今天可以给出文氏宅园一个大致位置(图4-4)。

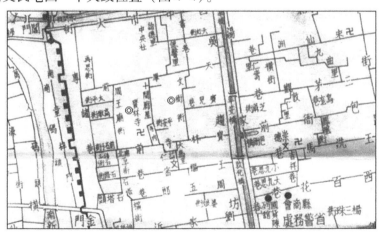

图4-4 《吴县城厢图》(1940年)中的"宝林寺"与"文衙弄"

---

① 宋戈编《唐伯虎诗选》,第83页。
② 《江南通志》卷31。见影印本第600页。
③ 郁逢庆纂《书画题跋记》卷11,见《四库全书》第816册,第740页。
④ 《姑苏志》卷27,第357页。

文林为官廉洁、一生清贫,其停云馆不仅面积小,而且景境营造也很朴素、简单,基本上沿袭了园林艺术上一个时代的朴雅风貌。这是一所以假山为主景的小园林,由于主人长期疏于打理,一度几近荒废。文徵明在一组以序为题的诗序中说:"斋前小山秽翳久矣,家兄召工治之,剪薙一新,殊觉秀爽。"① 欣喜之余,他咏诗十首,为后人了解停云馆,留下了最直接的资料:

急澍涤嚣埃,方墀净于扫。寒烟忽依树,窗中见苍岛。
日暮无来人,长歌薙芳草。道人淡无营,坐抚松下石。
埋盆作小池,便有江湖适。微风一以摇,波光乱寒碧。
小山蔓苍萝,经时失崎崒。秋风忽披屏,姿态还秀出。
层峰上崇垣,徘徊见西日。清风自何来,离离洒芳树。
斋居不知晏,但见秋满户。欲咏已忘言,悠然付千古。
叠石不及寻,空棱势无极。客至两忘言,相对餐秀色。
檐鸟窥人闲,人起鸟下食。寒日满空庭,端房户初启。
怪石吁可拜,修梧净于洗。幽赏孰知音,拟唤南宫米。
百卉凌秋瘁,坚盟怜稺松。谁令失真性,屈曲薙攀松。
终然夭矫在,寒月走苍龙。幽人如有得,独坐倚朱合。
岩岫窅以闲,松风互相答。此乐须自知,叩门应不纳。
阶前一弓地,疏翠阴蘙蘙。有时微风发,一洗尘虑空。
会心非在远,悠然水竹中。西日在屋角,落影摇窗光。
抚时怀美人,还陟墙下冈。风吹白云去,万里遥相望。

从这十咏中可以看出,小园叠山高仅数尺,却依然不失岩峦崚嶒、丘壑苍古的意味。由于面积逼仄,不能开池,小园仅埋盆于地下,聊作波光潋滟的江湖。文徵明曾孙文震亨《长物志》中有"一勺则江湖万里"的写意造园理论,停云馆的"埋盆作池",可以看作是其家族写意造园理论的先期实践。小山上多种花草,旁边矮松苍翠,墙角几竿水竹,高梧修净,芳草茵茵,松风呼应,鸟雀亲人,这是典型的以主人品格和艺术修养取胜的文人小园。文徵明有《咏竹》诗歌二首,其序说:"旧岁王敬止移竹数枝,种停云馆前,经岁遂活,雨中相对,辄赋二诗寄谢敬止。"② 可知,墙角那几竿竹子,还是从王献臣拙政园中移来的。嘉靖六年(1527年)春,文徵明辞官回乡,又在先业东部,拓建了玉磬山房。文嘉在《先君行略》中说:"明春

---

① 见《文徵明集》卷1,第19页。
② 文徵明《咏竹》诗,见《文徵明集》第910页。

冰解,遂与泰泉(黄佐)方舟而下,到家筑室于舍东,名玉磬山房,树两桐于庭,日徘徊啸咏其中,人望之若神仙焉。"① 后人常把玉磬山房当作文徵明在停云馆之外另辟的一处私园,其实这仅是一组曲尺结构的书堂小院,平面设计图如玉磬形,而且与停云馆紧密相邻,停云馆居于西面,即为西斋。后来,由于停云馆房舍过于破旧,且庭院过于拥堵,文徵明把它拆掉了,并写了诗歌《岁暮撤停云馆有作》,记录了拆除时的场景:

> 不堪岁晏撤吾庐,愁对西风瓦砾墟。
> 一笑未能忘故榜,百年无计芘藏书。
> 停云寂寞良朋阻,寒雀惊飞故幕虚。
> 最是夜深松竹影,依然和月下空除。②

玉磬山房新落成时,好友汤珍写诗祝贺,诗中清晰地交代了一代宗师雅居小园的格局:

> 精庐结构敞虚明,曲折中如玉磬成。
> 藉石净宜敷翠樾,栽花深许护柴荆。
> 壁间岁月藏书旧,天上功名拂袖轻。
> 草罢太玄无客到,晚凉高栋看云行。③

顾璘诗歌也说,"曲房平向广堂分,壁立端如礼器陈"。④山房曲尺如磬,借助篱墙柴扉,构成四面合围。院中碧梧匝地,使人很容易联想起云林子的清閟阁;小小的石假山上,植树种花,苍翠雅洁,又有点像南园俞氏的石碉书隐。

文氏园是一所仅可曲肱而卧、容膝而居的贤君子之斗室。文徵明自己说:"横窗偃曲带修垣,一室都来斗样宽。谁信曲肱能自乐,我知容膝易为安。"⑤尽管停云馆和玉磬山房面积都很小,但是,君子之居蓬荜也自能生辉(图4-5)。从文徵明《人日停云馆小集》、《期陈淳不至》等诗歌,以及许多时人的笔记来看,文氏雅舍小范围的道友聚会是很频繁的。后来东厢山房的小院子里,渐渐增种了绿竹、苍松、瘦梅、海棠、蘘菊、蜀葵等花木,与原停云馆留下来的水竹、山池相呼应,小园景境与风致才略有充实,但直到文氏暮年,玉磬山房依然维持了狭小而简约的面貌。

---

① 文嘉《先君行略》文,见《文徵明集》(附录)第1618页。
② 文徵明《岁暮撤停云馆有作》,见《文徵明集》,第897页。
③ 汤珍《文太史新成玉磬山房赋诗奉贺》,《石仓历代诗选》卷496。见《四库全书》第1394册,第115页。
④ 顾璘《寄题文徵仲玉磬山房二首》,《山中集》卷4,见《四库全书》第1263册,第202页。
⑤ 文徵明《玉磬山房》诗,见周道振校辑《文徵明集》第333页。

（2）唐伯虎的桃花庵。唐寅（1470—1523年）是个才子，这是江南妇孺皆知的事情，然而，这位才子一生坎坷潦倒、充满不幸。在经历了科场浮沉，亲历了囹圄圈圈，壮游了天南地北，目睹了亲人生生死死后，唐伯虎经世之心彻底冷淡，决计以"闲来就写丹青卖"混迹红尘了却残生。正德二年（1507年），唐寅与好友张灵一起，在古城西北桃花坞故地建了桃花庵，后来又增修了梦墨亭，即《唐伯虎文集序》所谓："筑室桃花坞中，读书灌园，家无担石，而客尝满坐。"① 文徵明诗说："今日解驰逐，投闲傍高庐。君家在皋桥，喧阗井市区。何以掩市声，充楼古今书。"又说："皋桥南畔唐居士，一榻秋风拥病眠。用世已销横槊气，谋身未办买山钱。"② 可知，唐寅居第在皋桥之南，桃花坞在皋桥之北，桃花庵是其别业。因此，祝允明说："治圃舍北桃花坞，日盘饮其中，客来便共饮，去不问，醉便颓寝。"③

历史上的桃花坞曾经是面积约七百余亩的超大型生产园，唐氏桃花庵却很简朴、狭小，其名气之大，多半是来源于主人有名，以及桃花坞一带的自然环境——这里历来就是市民城内看花赏景的名区。王鏊《过子畏别业》诗说："十月心斋戒未开，偷闲先访戴逵来。清溪诘曲频回棹，矮屋虚明浅送杯。生计城东三亩菜，吟

图4-5 文徵明《停云馆言别图》

---

① 袁袠《唐伯虎集序》，钱谷选编《吴都文粹续集》卷56。见《四库全书》第1386册，第687页。
② 文徵明诗《饮子畏小楼》、《夜坐闻雨有怀子畏次韵奉简》，分别见《文徵明集》第4页、114页。
③ 祝允明《唐子畏墓志并铭》，《怀星堂集》卷17。见《四库全书》第1260册，604~606页。

怀墙角一株梅。栋梁榱桷俱收尽，此地何缘有佚材。"① 可见，从明初到嘉靖150年过去，这个地方的基本风貌变化不大，依然是溪流萦回的一片片菜地，是看菜花、赏桃花的好地方。

魏嘉瓒先生认为，永乐间便有人在桃花坞重建园林了："废园，在桃花坞。……是永乐年间养真老人沈均遁迹之所。有锁烟亭、镜心池、闻香室、环翠轩、栖鹤楼诸胜。清初归谢氏。"② 又说沈均有自咏诗："苍松翠柏自春秋，长使幽人共卧游。金谷园中桃李艳，岁寒时节着花否？"③ 魏先生在两部著作中表述确切、不容置疑，然而，皆未交待所据文献出处，不知这个养真老人沈均为何许人也。④ 杨维桢有《送沈均父序》一文，文中此沈均父乃"其貌若荏而中，精悍无敌"的方外侠客，⑤ 然而，杨维桢洪武三年（1370年）已谢世，此沈均父应不会永乐间还在桃花坞筑园。从明初徐贲《雨后过桃花坞》诗可知，此地在明初经历过全面的烧杀掠略，已经完全废为田畴。⑥ 今按《姑苏志》："章氏别业在阊门里北城下，今名桃花坞。当时郡人春游，看花于此，后皆为蔬圃，间有业种花者。"⑦ 说明从洪武初至弘治末期间，此地已废为菜圃。另外，"锁烟亭"、"镜心池"、"闻香室"、"环翠轩"、"栖鹤楼"，这么多的景境组合在一起，应该是一所规模较大的园林，却没有任何其他的时人诗文、文献言及此园景境，也难免令人生疑。而且，无论是这些园景的命名风格，还是园中建有楼阁，也皆不符合永乐年间苏州文人园林的艺术风格，倒是有明代中叶以后的痕迹。明代名流在桃花坞恢复建园，应该是从唐伯虎、张灵开始。

（3）祝允明怀星堂。怀星堂原名天全堂，是祝允明外祖父徐有贞宅园，大约在三茅观巷，与文徵明宅园是前后邻居。徐氏中表及群从先后迁居他处，祝允明嘉靖间辞官回乡，此园即归祝氏所有。《怀星堂记》说："怀星堂，在苏州阊闾子城中之乾隅，日华里裘美街，有明逸士祝允明之所作也。清嘉左抱，吴趋右拥，面控邑公之室，背倚能仁之刹。斯其表环，尤有襟密，则西接旃林王中书空室家，以宅三宝者也；南临乐圃朱秘书属渊孝，以

---

① 王鏊《过子畏别业》诗，见《震泽集》，卷5，第193页。
② 魏嘉瓒编著《苏州历代园林录》，第111页。
③ 魏嘉瓒著《苏州古典园林史》，第204页。
④ 笔者今案，民国刊本《吴县志》中有相关文字，魏先生关于废园之说可能来自于此。
⑤ 杨维桢《东维子集》卷8。见《四库全书》第1221册，第455页。
⑥ 徐贲《雨后过桃花坞》："林晚带城阴，斜光里巷深。过时思燕赏，感物废行吟。暂出畦间蝶，将栖槲外禽。乱离虽有恨，能到亦娱心。"《北郭集》卷4，见《四库全书》第1230册，第582页。
⑦ 王鏊纂《姑苏志》卷31。第436页。

栖双高者也，至于堂之奠趾，懿惟少保左丞石林叶公少蕴之也。"①

祝允明、唐伯虎、徐祯卿都是喜欢呈才肆志的奇绝文士，作文有浓厚的辞赋家气息，关于其辞赋中宅园位置及雕梁画栋的描述，不必字字句句都求真，其交代的宅园在承天能仁寺之南、乐圃故地之北的位置，也仅是大概，两者之间相隔好几个街区呢，更不在"阊闾子城中之乾隅"。

（4）钱同爱宅园有斐堂。钱同爱字孔周，是文徵明长子文彭的岳父。钱氏世代以行医为业，其有斐堂以桃花烂漫取胜，文徵明《钱氏西斋粉红桃花》诗说：

温情腻质可怜生，泡泡轻韶入粉匀。新暖透肌红沁玉，晚风吹酒淡生春。
窥墙有态如含笑，对面无言故恼人。莫作寻常轻薄看，杨家姊妹是前身。②

文徵明另外还有《人日孔周有斐堂小集》、《重阳前一日饮孔周有斐堂》等诗歌。③ 有斐堂与怀星堂为近邻，其西北不远处就是唐寅的桃花庵了。祝允明《钱园桃花源》诗说：

落英千点暗通津，小有仙巢问主人。狂客莫容刘与阮，流年不管晋和秦。
桑麻活计从岩穴，萝薜芳缘隔世尘。只有白云遮不断，卜居还许我为邻。④

此间古城西北片区的园林，还有南濠的王宠、王守兄弟宅园，⑤ 杨循吉宅园。⑥ 在消夏湾边上有蔡羽宅园。在阊门南侧有王鏊的"怡老园"。在阊门外李继宗巷有尚书吴一鹏的"真趣园"。在三太尉桥附近有皇甫汸的"月驾园"。桃花坞还有陆俸园"桔林"。另外，虎丘自从东晋王珣、王珉兄弟在虎丘舍园为寺以后，这里就成为苏州最为重要的寺庙园林区域了。从沈周的《虎丘十二景图册》（图4-6）和仇英绘的《虎丘山塘图》（图4-7）来看，此间虎丘已经成为寺院、园林、山林密集融合的一个庞大园林群体。尽管园在山中、山在寺中，但是，由于寺庙园林特殊的开放特性，这里一直都是苏州城郊最受人们青睐游观胜地。加之与其相邻的山塘街一带长期都是繁华热闹的市肆，虎丘一带渐渐形成了开放式公共园林的风貌。

总之，古城西北隅，是此间城内私家园林最为密集的区域。

---

① 祝允明著《怀星堂集》卷21。见《四库全书》第1260册，第663页。
② 文徵明《钱氏西斋粉红桃花》，见《文徵明集》第204页。
③ 两首诗歌《人日孔周有斐堂小集》、《重阳前一日饮孔周有斐堂》分别见《文徵明集》第231页、第177页。
④ 祝允明著《怀星堂集》卷8。见《四库全书》第1260册，第475页。
⑤ 文徵明《王氏二子辞》，见《文徵明集》第511页。
⑥ 《江南通志》卷31："杨循吉宅在长洲县南濠，致政后居支硎山南峰，曰南峰隐居。"见影印本第600页。

虎丘山塘（沈周）　　　　　　　　　憨憨泉（沈周）

松庵（沈周）　　　　　　　　　　　悟石轩（沈周）

生公台（沈周）　　　　　　　　　　剑池（沈周）

图4-6　沈周《虎丘十二景图册》

千佛堂云岩寺塔（沈周）

五圣台（沈周）

千顷云（沈周）

虎跑泉（沈周）

竹亭（沈周）

跻云阁（沈周）

图4-6 沈周《虎丘十二景图册》（续）①

---

① 董寿琪编著《苏州园林山水画选》，第115~122页。

二、东北片区

古城东北片区的园林,主要集中在临顿路北段一带。这一带河道交叉、水源充足,历来都是古城内主要的稻田区域,有着良好的造园基础条件。这里还有深厚的造园历史,西晋高士戴颙的宅园、郁林太守陆绩的居处都在这里,唐时陆龟蒙、皮日休曾在此地唱和流连,元代末年还有著名的狮子林,以及张士诚的驸马府。此间,这里的狮林寺园虽依然为势家所据,但其山池依旧可观,新辟的范氏近竹园、顾荣夫春庵等,也都是景境清雅的文人园,而王献臣所筑拙政园,无疑是此间文人园中的经典而重要的佳作。

(1)范氏近竹园。王鏊曾来访其园居,并留下了一首五言律诗:

昔闻临顿里,近在古城东。
甫里先生宅,龙图老子宫。
幽亭花外远,曲径柳边通。
五月无烦暑,琅玕满院风。②

图4-7 仇英《虎丘山塘图》①

许多文献都记录了此间这里有大片竹林,范氏近竹园可能园子就在这片竹林附近吧。从王鏊题咏诗歌来看,此园选址在"甫里先生宅"(陆龟蒙宅居旧址),又临近"龙图老子宫"(宁真道观)。小园曲径通幽、繁花小亭、翠柳拂风,绿竹满园,应该是一所景境丰富的清雅园居。陆宅故址和道观后来都被王献臣建造拙政园时兼并了,而这也很可能就是范氏园最后的归宿。

(2)顾春潜春庵。顾春潜,名兰,字荣甫。顾荣甫在郡学读书期间,是文徵明最为友好的同窗之一,其辞官归隐的经历也与文徵明相似。文徵明《顾春潜先生传》说:"吴郡城临顿里人也。所居有田数弓,每春时东作,则有事其间。因筑室以居,署曰:春庵,自称春庵居士。他日仕归,邂逅于潜,人问于潜所为得名,曰:'昔人谓于此可以潜隐也。'乃忻然笑曰:'吾亦从此

---

① 董寿琪《苏州园林山水画选》,第124页。
② 王鏊《过范氏近竹园》诗,见《震泽集》卷5,194页。

逝矣。'遂改称春潜。……春潜顾已倦游，竟投劾去。居官尤事持廉，常禄之外一无所取，亦不以一物遗人。在淄时属当岁觐，故事入觐，多行苞苴以要誉当路。春潜徒手不持一钱，父老知其如此，率邑中得数十缙为赆。春潜为诗却之，及是归，家徒四壁。先所业田已属他人，独小圃仅存，有水竹之胜。故喜树艺，识物土之宜，花竹果蔬各适其性，浅深有法，播植以时。而时其灌溉，久皆成林，花时烂然，顾视喜溢，循畦履亩，日数十匝，不厌客至，烧笋为具，觞咏其间，意欣然乐也，于是二十年余矣。自非疾病，风雨及有大故，未尝一日去此，而于世俗酬应，仕路升沈，与凡是非征逐一切纷华之事，悉置不问。"①

顾荣夫的春庵既无叠山，也不理水，是一所淡薄自怡的处士隐庐。尽管如此，小园中的竹林有顾辟疆园的风致，丛菊寄托了陶渊明园田的雅怀——花木水竹中投射出主人耿介磊落的品格和自由洒脱的精神，这正是中国古典文人园林最核心的价值所在。因此，文徵明是顾氏春庵的常客，并对其陋巷小圃一再称赏：

> 临顿东来十亩庄，门无车马有垂杨。
> 风流吾爱陶元亮，水竹人推顾辟疆。
> 早岁论文常接席，暮年投社忝同乡。
> 寄言莫把山扉掩，时拟看花到草堂。

又说：

> 为爱高人水竹庄，几回系马屋边杨。
> 每开蒋径延求仲，常伴山公有葛强。
> 陋巷谁云无辙迹，城居曾不异江乡。
> 春来见说多幽致，开遍梅花月满堂。②

另外，汤珍诗说："高城背日江流细，远市浮烟塔影微。"③ 可知，春庵的景境营造和赏园，已经开后世拙政园借景北寺塔之先河了。

（3）王献臣拙政园（图4-8）。王献臣，字敬止，号槐雨，世居吴门。王氏年少得志，弘治八年（1495年），曾奉命宣使朝鲜。程敏政说："敬止少年，伟丰仪，妙词翰，选于众而使远外，名一旦闻九重。临遣之日，赐一品服，视他使为荣。"④ 虽然王献臣仕宦之职是历史上臭名昭著的锦衣卫，是为文人所不齿的内卫特务，但是，他并不轻易苟言苟行、得过且过，因此，

---

① 文徵明《顾春潜先生传》，见《文徵明集》第652页。
② 文徵明诗《顾荣夫园池》、《荣夫见和再迭》，皆见《文徵明集》第370页。
③ 汤珍《次韵签顾子荣》，《石仓历代诗选》卷496。见《四库全书》第1394册，第114页。
④ 程敏政《送行人王君使朝鲜序》，见《篁墩文集》卷33。

在司职御史期间，他慨然自任、力图有为。然而，很快他就因连续遭同行算计被下狱问讯，最后降了两级、远谪岭南。这一段铁肩担道义的经历为王献臣博得了美名，许多吴地文人对此都大加赞赏——沈周、李东阳、徐祯卿等人都为王氏赋诗，或赞许其勇，或宽慰其谪迁。①

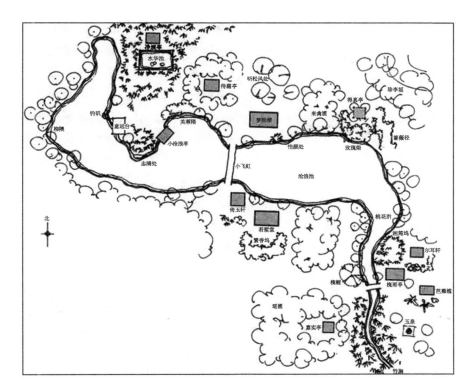

图4-8　王氏拙政园平面图②

在民间传说中，王献臣营建拙政园过程中的一些做法，实在令人难以称道：据说王献臣圈占了大弘寺，赶走了寺僧，剥夺了佛像的金箔，以此为基础造拙政园，以至于晚年遭到因果报应，患了严重的皮肤病。传闻过实和附会之处是很明显的，王鏊主持修纂的《姑苏志》中说："大弘寺在城东北隅，元大德间，僧判签友兰建净法师开山，延祐间奏赐今额名。僧余泽居

---

① 李东阳有《王永嘉献臣恩养堂王自御史谪海南以量移今职》，沈周有《和林郡侯送王敬止赴任琼州韵》、《送王敬止谪琼州》二首，徐祯卿有《王敬止御史始窜海南继移永嘉令自燕中迎养》等诗歌。

② 顾凯著《明代江南园林研究》，第76页。

155

此，尝别创东斋，斋前有井，因自号天泉。元末寺毁，相传毁时见红衣沙门立烟焰上，久之乃没，寺既荡尽，而东斋独存。"①《江南通志》说："拙政园在长洲县娄门内大弘寺西，明侍御王宪臣所筑，广袤二百余亩。"可见，大弘寺的毁灭并不是在王献臣的手上，只是拙政园后来不断扩建，可能将其仅存的东斋圈入园中了。

然而，不管是事先圈占，还是逐步蚕食，王氏于齐门内筑拙政园都没有留下很好的口碑。王献臣很可能是一位品格确实有缺陷的勇士，作为仕途失意的文人，其退隐吴门创构拙政园，无论是对于当时苏州文人园，还是对后世苏州园林艺术发展，都是一件重大的事情，然而，这个体量两百余亩，约四倍于吴宽东庄的名园，在时人留下来的文献中，居然没有一次像样的名流聚会。此等名园留下来的相关文献如此之少，这在苏州园林艺术史上是不多见的。而且，除文徵明外，在当时其他文人为数不多的诗咏之中，还偶尔有闪烁其词的味道，唐伯虎诗说：

> 铁冠仙史隐城隅，西近平畴宅一区。
> 准例公田多种秫，不教诗兴败催租。
> 秋成烂煮长腰米，春作先驱两髻奴。
> 鼓腹年年歌帝力，不须祈谷幸操壶。②

唐伯虎称赞王献臣"铁冠仙史"，还是源于他那段从御史到牢狱的不平凡经历，此外诗中再无多少称赞之意。"准例公田"是说王氏造园没有侵占他人田宅，只是援例获得的公田，却有点此地无银三百两的味道。积极"催租"，"驱奴"耕作等，也有违于文人园林的风雅远俗与仁和淡泊的基本风范。令后人疑惑不解的是，文徵明图咏拙政园的31首诗歌，以及这篇著名的园记，都没有被编入《甫田集》，而是依赖书画著录流传下来的，这也引起了后人的注意。顾凯先生转引柯律格的研究，推测可能是后人觉得社交活动与园林隐逸追求之间有冲突，有损于文待诏的"清高"，故而略去。③ 其实，从晚唐皮、陆以来，文人园中酬唱一直都是被人们尊重和欣赏的雅事，是无伤清高的雅集、雅会。笔者推测，抑或后人觉得王献臣这样的人不应该和文徵明靠得太近，因而略去这些诗文。推测终归于猜想，无论如何，幸有文徵明为拙政园所作的序文、诗咏、图绘，今人才有研究王献臣拙政园的基本文献。

---

① 王鏊纂《姑苏志》卷29，第377页。
② 唐寅诗《西畴图为王侍御作》，《石仓历代诗选》卷493。见《四库全书》第1394册，第54页。
③ 参考顾凯著《明代江南园林研究》，第99页。另外，长期以来，流传着当时吴门文坛盟主文徵明参与了此园的设计、筑造的说法。实际上此说疑窦很多，文徵明图绘拙政园时，王献臣园林早已造好了。

后人又常常用文徵明这些诗文图绘，来反证王献臣的高洁、廉正。这不难理解，如果文徵明认为王献臣是个不入流伪君子，他是绝不会为其园林作序并图咏的。其实，在《送侍御王君左迁上杭丞叙》中，文徵明清清楚楚地说明了他认识王献臣的过程："往岁先君以书问士于检讨南屏潘公，公报曰：'有王君敬止者，奇士也，是故吴人。'他日还吴，某以潘公之故，获缔好焉。及君以行人迁监察御史，先君谓某曰：'王君有志用世，其不能免乎？'"① 可见，在王献臣还吴以前，文林并不认他，只是听了南屏长者潘辰称誉王氏为"奇士"，才与其交往。父亲称赞王献臣有经世致用的志向，所以文徵明也与王献臣成了朋友，并认可他是"持重而博大"的耿介之士。

　　文徵明作于嘉靖十二年（1533 年）的《王氏拙政园记》，是一篇翔实的说明文，其中有三条信息很重要。一是留下了拙政园之初三十一景的空间布局和基本面貌；二是解释了拙政园名的由来；三是交代了作者写序文的主观原因。文徵明说："徵明漫仕而归，虽踪迹不同于君，而潦倒末杀，亦略相似，顾无一亩之宫，以寄其栖佚之志，而独有美于君。既取其园中景物，悉为赋之而复为之记。"② 可见，文徵明结交王献臣，为其父亲王瑾写碑记，为其本人写园记，为其子王锡麟取字，为其筑园计划参谋、图绘题诗，主要原因有三：一是钦佩其敢于犯颜抗争；二是两人有相似的仕途经历；三是自己没有能力营构园林，而羡慕王氏园中景境，赋诗图绘既是应园林主人之邀请，也是在寄托自己的园林情怀。另外，《弇州四部稿》说："《拙政园记》及古近体诗三十一首，为王敬止侍御作，侍御费三十，鸡鸣候门而始得之。然是待诏最合作语，亦最得意笔。考其年癸巳，是六十四时笔也。"③ 若此，文徵明这些诗文图绘，也是其市隐于艺术的人生中一宗商业活动，而王侍御支付了三十金，鸡鸣时就候于门外，也算是有足够的诚意。

　　今按《清河书画舫》、《珊瑚网》、《御定佩文斋书画谱》、《式古堂书画汇考》、《六艺之一录》等书画录可知，除《拙政园图》外，文徵明至少还分别为拙政园绘有十二帧、二十帧、三十一帧的图册。真本今皆不知所在，仅其中三十一帧图册及题咏，存有黑白的影印本（图 4-9）。图册三十一景总序即为《王氏拙政园记》，时间款是"嘉靖十二年癸巳九月"。具体景境为：梦隐楼、若墅堂、繁香坞、倚玉轩、小飞虹、芙蓉隈、小沧浪、志清处、柳隩、意远台、钓矶、水花池、净深、待霜、听松风处、怡颜处、来禽

---

① 文徵明《送侍御王君左迁上杭丞叙》，见《文徵明集》第 438 页。
② 文徵明《拙政园诗三十一首》，见《文徵明集》第 1205 页。
③ 王世贞《弇州四部稿》卷 131，见《四库全书》第 1281 册，第 192 页。

圃、得真亭、珍李坂、玫瑰柴、蔷薇径、桃花沜、湘筠坞、槐幄、槐雨亭、尔耳轩、芭蕉槛、竹涧、瑶圃、嘉实、玉泉。"凡为堂一、楼一，为亭六，轩槛池台坞涧之属二十有三，总三十有一，名曰拙政园。"①

现存记录王献臣拙政园风貌的诗歌，也以文徵明为最多，除去其图咏中的三十一首外，文徵明还有一些诗歌，比较全面地反映了王氏园池的总体风貌。与园记和三十一首图咏一样，这些诗歌也没有被编入《甫田集》。

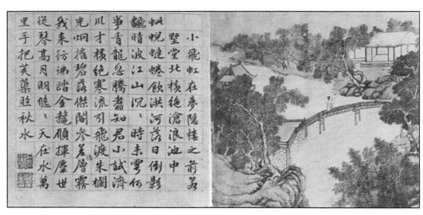

小飞虹

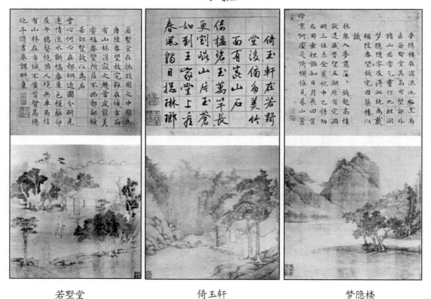

若墅堂　　　　　倚玉轩　　　　　梦隐楼

图 4-9　文徵明《拙政园三十一景图咏册页》

---

① 文徵明《王氏拙政园记》见周道振校辑《文徵明集》，第 1275 页。

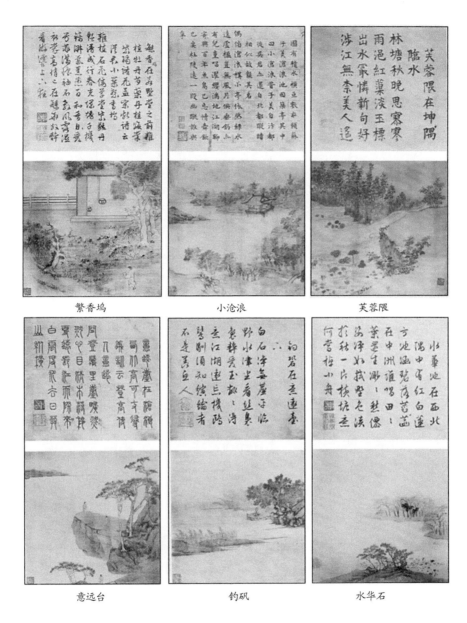

繁香坞　　　　　小沧浪　　　　　芙蓉隈

意远台　　　　　钓矶　　　　　　水华石

图4-9　文徵明《拙政园三十一景图咏册页》（续）

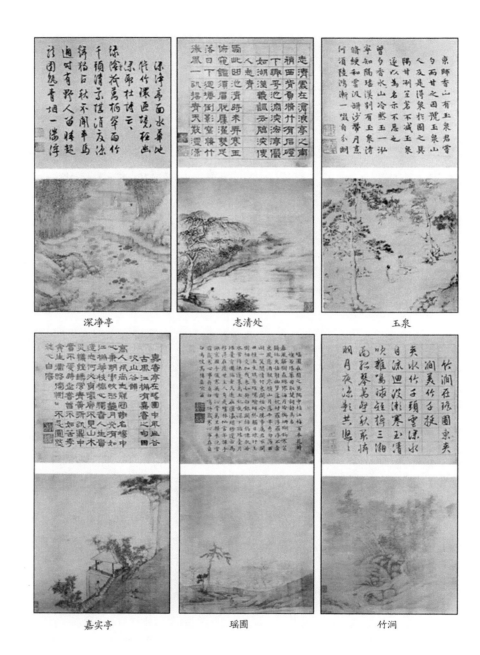

图4-9 文徵明《拙政园三十一景图咏册页》(续)

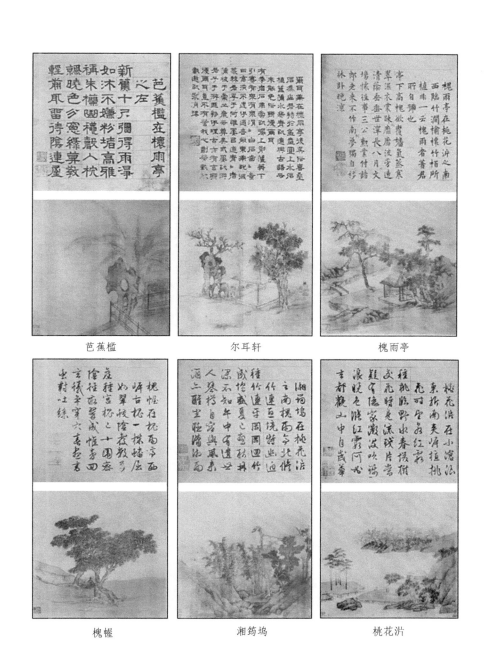

图4-9 文徵明《拙政园三十一景图咏册页》(续)

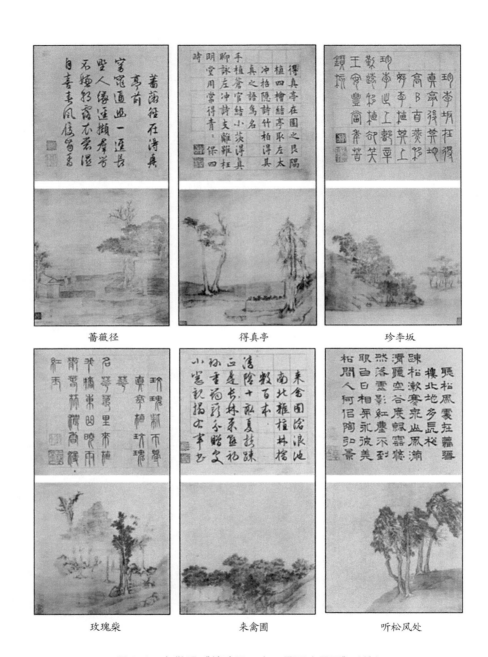

图4-9 文徵明《拙政园三十一景图咏册页》（续）

 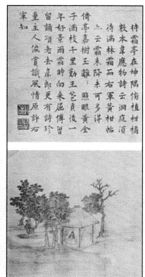 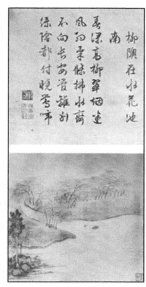

| 怡颜处 | 待霜亭 | 柳隩 |

图4-9　文徵明《拙政园三十一景图咏册页》①（续）

《饮王敬止园池》说：

> 篱落青红径路斜，叩门欣得野人家。
> 东来渐觉无车马，春去依然有物华。
> 坐爱名园依绿水，还怜乳燕蹴菊花。
> 淹留未怪归来晚，缺月纤纤映白沙。②

《寄王敬止》诗说：

> 流尘六月正荒荒，拙政园中日月长。
> 小草闲临青李贴，孤花静对绿荫堂。
> 遥知积雨池塘满，谁共清风阁道凉？
> 一事不径心似水，直输元亮号义泉。③

《席上次韵王敬止》诗说：

> 高士名园万竹中，还开别径着衰翁。
> 倚楼山色当书案，临水飞花拂钓筒。

---

① 图册见于董寿琪《苏州园林山水画选》，第45～77页。
② 文徵明《饮王敬止园池》诗，见《文徵明集》第896页。
③ 文徵明《寄王敬止》诗，见《文徵明集》第906页。

老去不知官爵好，相遇惟愿岁年丰。

秋来白发多幽事，一缕茶烟扬晚风。①

从这些诗歌可以清晰地看出，当时拙政园周边依然是车马稀少、旷若郊野的城北农田区域的朴野风貌。从"高士名园万竹中"可知，当时拙政园周围竹林之繁盛。园中以大面积水域为造景主体，山水应和、建筑稀疏、竹林密布，整体景境与吴宽东庄颇相似。

总之，拙政园是当时苏州城内最大一所园林，也是当时苏州园林中，设计最为系统完整，景境层次最为丰富，审美主题与艺术形式融合得最为自然紧密的一处园林。今天拙政园已成为世界名园，经历了五百年桑田沧海，名园其实早已不再是原始的风貌，对照今昔的平面图，可以看出其间的巨大变迁。

三、城南片区

（1）沧浪亭。苏州古城的西南一带，是"草树郁然，崇阜广水，不类乎城中"的地方，②也是历代都有名园次第兴废的造园佳处。唐开成初年有寺僧在这里修建千佛堂，五代时这里有钱元璙的南园、孙承佑池馆，后来范仲淹在这些旧址上修建了郡学。历代私家园林也续续不绝，苏舜钦的沧浪亭更是成为古代文人园林艺术精神的标杆。元代以降，这里除却郡学和俞氏书隐之类的几所小宅园，绝大部分都先后被圈入大云寺、南禅集云寺、大云庵（结草庵），成为寺庙园林的一部分，"沧浪亭"也一度从文献和文人的视野中消逝了。其实，从元末至明中，沧浪亭一带始终还是林密竹茂、草长水碧的园林，只是由私家园林变成了南禅寺庙的附属园而已。由于地处幽僻的城隅，水面仅架以小木桥，此间沧浪亭成为长期人迹罕至的清闲之境。到了明代中期，文人对此地的关注逐渐多了起来。

吴宽在《南禅集云寺重建大雄殿记》中说："宋苏子美谪湖州长史，流寓吴中，作沧浪池以乐，今寺后积水犹汪汪然。"③弘治十年（1497）八月，沈周在此地寓居数日，其《草庵纪游诗并引》说："庵近南城，竹树丛邃，极类村落间。隔岸望之，地浸一水中，其水……如带汇前为池，其势萦互深曲，如行螺壳中。池广十亩，名放生，中有两石塔，一藏四大部经目，一藏宝昙和尚舍利。东西二小洲，椭而方，浮汩塔下，犹笔研相倚东。洲南次通一桥，惟独木板耳。过洲复接一木桥，人行侧足栗股，彻桥若与世绝，自此

---

① 文徵明《席上次韵王敬止》诗，见《文徵明集》，第963页。
② 苏舜钦《沧浪亭记》，见王稼句编著《苏州园林历代文钞》，第4页。
③ 见吴宽著《家藏集》卷37，第315页。

达主僧茂公房。房据东,偏中有佛殿,后亘土冈,延四十丈,高逾三丈,上有古栝,乔然十寻……尘海嵌佛地,回塘独木梁。不容人跬步,宛在水中央。僧闲兀蒲坐,鸟鸣空竹房。巍然双石塔,和月浸沧浪。"①

沈周的序文与诗歌,清晰地描绘出明代中期沧浪亭一带的园池面貌,由此可知,沧浪亭流水萦回、崇阜高冈的基本形势,古今基本相同。有些地方与今天的环境差异较大,值得特别关注。一是现在沧浪亭北面水域中有两座塔,分别存放佛寺经文和高僧舍利;二是塔旁有土基如小洲,以小洲为中点,绝水的独木板桥分为两段;三是今天的沧浪亭土山上下一带是寺僧的禅房,且有偏殿;四是当时沧浪亭已经倾圮无迹了。另外,禅院曾经的放生池,不是今天沧浪亭的那一泓悬潭,而是周遭潆洄深曲的十亩水域。

约50年后,大云庵遭回禄之灾,嘉靖二十五年(1546年)重建后,文徵明为新修的寺庵写了《重修大云庵碑》:"庵在长洲县之南,虽逼县治而地特空旷,四无民居,田塍缦衍,野桥流水,林木蔽亏,虽属城闉,迥若郊墅。庵介其中,水环之如带……望若岛屿,独木为梁,以通出入,撤梁则庵在水中,入庵则身游尘外。僧庐靓深,古木森秀,暎树临流,恍然人区别境。余屡游其间,至辄忘反,非直境壤幽寂,而僧徒循循,多读书喜文,所雅游皆文人硕士,若沈处士石田,若杨礼部君谦,蔡翰林九逵,皆尝栖息于此。"② 文徵明碑记说出了北面水上独木板桥的另外一个妙处——拆卸木桥后,寺僧和访客便可世事都不问,摇首出红尘了!

如此幽静的禅林净土,文人自然是乐于逗留,沈周、文徵明、祝允明、杨循吉、汤珍、蔡羽、王宠、王守等人都是这里的常客,且每来则流连忘返。这从几人的诗咏中可以看出来:

文徵明:"积雨经时荒渚断,跳鱼一聚晚波凉。渺然诗思江湖近,便欲相携上野航。"③

文徵明:"沧浪池水碧于苔,依旧松关映水开。城郭近藏行乐地,烟霞常护读书台。"④

文徵明:"城南有约访招提,风雨沧浪只尺迷。惆怅一春能几醉,蹉跎四事苦难齐。"⑤

汤珍:"几随诗客来投社,每忆经僧坐品香。隔市梵音知不远,翠烟深

---

① 王鏊纂《姑苏志》卷29,第379页。
② 文徵明《重修大云庵碑》,见《文徵明集》第794页。
③ 文徵明诗《沧浪池上》,见《文徵明集》254页。
④ 文徵明诗《重过大云庵次明九逵履约兄弟同游》,见《文徵明集》第282页。
⑤ 文徵明诗《结草庵僧相邀阻雨不行》,见《文徵明集》第339页。

处有禅房。"①

祝允明:"古寺依文殿,高城瞰野田。每经思版筑,忘世更怀贤。"②

杨循吉:"门前即人世,活板作飞梁。古殿崇三宝,寒泉绕四央。"③

蔡羽:"五载栖云宅,如浮海上舟。断梁僧渡熟,疏竹鸟啼稠。"④

王宠:"趺坐长眉老,棱棱插五峰。池开通宝筏,巢古挂云松。"⑤

另外,从文徵明写于嘉靖二十五年(1546年)的碑记,以及这些名流的诗咏,都可以看出,当时大云庵没有恢复修建亭子。然而,徐缙(徐子容)诗歌《赠镜庵上人》说:

沧浪池头秋水深,沧浪亭上秋月明。

上人栖隐已七十,披衣拥锡倾相迎。

竹扉松径自成趣,犹记当年濯缨处。

从兹借榻学无生,笑指天花落庭树。⑥

可见,徐缙此次来访,大云庵已经恢复修建了沧浪亭。归有光曾应大云庵住持文瑛之请,撰写了《沧浪亭记》,由于序文没有注明时间,后人长期不知文瑛复建沧浪亭和请序约在何时。康熙三十四年(1695年),宋荦抚吴时重修沧浪亭,曾得"文衡山隶书'沧浪亭'三字揭诸楣,复旧观也",⑦可见文徵明曾为沧浪亭题额。文徵明嘉靖三十八年(1559年)辞世,因此,大云庵复建沧浪亭,请文徵明题额,徐缙作诗吟咏,归有光写《沧浪亭记》,应该都是在文徵明写碑记(1546年)至其辞世(1559年)这13年之间。

(2)郡学。此间郡学依然是城南片区景境优美的书院园林,王鏊说:"其间方池旋浸,突阜错峙,幽亭曲榭,穹碑古刻,原隰鳞次,松桧森郁,又他郡所无也。"⑧ 传统的"郡学十景"韵致依旧,时人皇甫汸的《郡学八

---

① 汤珍诗《题寄大云庵沧浪上人》,《石仓历代诗选》卷496。见《四库全书》第1394册,第115页。
② 祝允明诗《沧浪池》,《怀星堂集》卷6。见《四库全书》第1260册,第448页。
③ 杨循吉诗《沈石田寓结草僧院次韵》,钱谷选编《吴都文粹续集》卷30。见《四库全书》第1386册,第45页。
④ 蔡羽诗《赠澄上人》,钱谷选编《吴都文粹续集》卷30。见《四库全书》第1386册,第49页。
⑤ 王宠诗《寓大云庵赠茂公》,钱谷选编《吴都文粹续集》卷30。见《四库全书》第1386册,第49页。
⑥ 徐缙诗《赠镜庵上人》,钱谷选编《吴都文粹续集》卷30。见《四库全书》第1386册,第48页。
⑦ 王稼句编著《苏州园林历代文钞》,第4页。
⑧ 王鏊《苏郡学志序》,《震泽集》卷13,第213页。

景》诗歌，吟咏了其中的南园、道山、泮池、杏坛、古桧、来秀桥、采芹亭、春雨亭的景境。①

四、城东片区

城东片区主要在今天的苏州大学本部一带，在明代苏州园林的上一个艺术时代，这里由北向南分别有东禅寺园、吴宽东庄、韩雍葑溪草堂，以及一些零星的小规模宅园。弘治至嘉靖年间，这一带始终是园林相对集中的区域。

（1）东禅寺。此间东禅寺依然是一个尘嚣远隔的寺庙园林，位置大约就在今天苏州大学本部之北的方塔一带。文徵明《东禅寺》诗说："古寺幽深带碧川，坐来清昼永于年。虚堂市远人声断，小砌风微树影圆。"② 另外，文徵明还有以序为题的诗歌《九日期九逵不至，独与子重游东禅，作诗寄怀兼简社中诸友》、《秋日同杜允胜、汤子重游东禅次子重韵》、《东禅寺与蔡九逵同赋》等诗歌，③ 皇甫汸有《东禅寺题张琴师故居》诗，④ 皇甫涍有《晚过东禅》诗。可见，东禅寺也是当时文人乐于游赏逗留的清幽佳处（图4-10）。

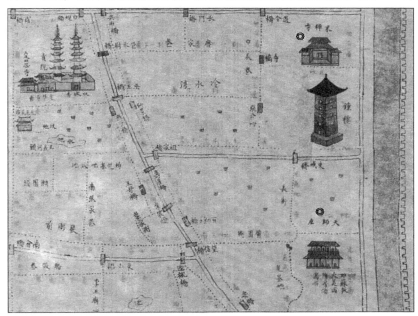

图4-10 光绪六年（1880年）《苏州城图》中的"东禅寺"、"天赐庄"
（东庄，现为苏大校本部）

---

① 皇甫汸著《皇甫司勋集》，卷31。见《四库全书》第1275册，第703页。
② 文徵明《东禅寺》诗，见《文徵明集》第109页。
③ 分别见《文徵明集》第243页、第38页、第44页。
④ 皇甫汸著《皇甫司勋集》，卷32。见《四库全书》第1275册，第708页。

（2）东庄。名园创构很困难，守护和传世更难。此间，吴氏的东庄本该传至第三、第四代了，然而，这所名园此间处境却每况愈下，进入了更名、易主的前奏。吴宽家族人丁不旺，其弟弟吴宣英年早逝，吴宽之子吴奭、吴奂皆早早夭亡，以吴宣之子吴奕为嗣，吴奕身后情况今不甚了了，可能东庄最早大约在嘉靖晚期就易主他人了。

尽管不再如早年那般水木清辉，吴氏东庄此间很长一段时间里还是依然存在的，时人经过这里，偶尔还留下了一些诗咏。文徵明《过吴文定公东庄》说：

> 相君不见岁频更，落日平泉自怆情。
> 径草都迷新辙迹，园翁能识老门生。
> 空余列榭依流水，独上寒原眺古城。
> 匝地绿阴三十亩，游人归去乱禽鸣。①

弘治元年（1488年）文徵明仅18岁，这里诗中自称是"老门生"，可知此诗歌写作时间，应当在弘治后期，吴宽辞世之前。吴宽此间已经是孝宗朝堂上伏枥之老骥了，数度请辞未能获准，终于在弘治十七年（1504年）七月，卒于京师。文徵明《游吴氏东庄题赠嗣业》诗说：

> 渺然城郭见江乡，十里清阴护草堂。
> 知乐漫追池上迹，振衣还上竹边冈。
> 东郊春色初啼鸟，前辈风中流夕阳。
> 有约明朝泛新水，菱濠堪著野人航。②

此诗中的"嗣业"不是官职名，而是"继承家业"之意，赠诗的对象应该就是吴奕了。从标题用"吴氏"而讳称园主姓名，以及"前辈风中流夕阳"句，可知，虽然草堂依旧十里青荫，主人吴宽此间已经下世了。祝允明《东庄》诗说：

> 场上鸡豚争稻穗，渡头鱼鸭避菱科。
> 老农到处东庄有，只少君家击壤歌。③

缺少了主人打理的文人园林，渐渐又回到了农庄的本色。虽然园池中鸡鸭成群，场地上禽畜争食，然而，貌似热闹的园林中，已经没有了当年草木清辉的名园精气，仅剩下耕田的老农和耘圃的园翁，萧条之气令人油然而生寒意。

（3）葑溪草堂。相比较于吴宽的东庄，韩氏的葑溪草堂，此间的状况

---

① 文徵明《过吴文定公东庄》，见《文徵明集》第255页。
② 文徵明《游吴氏东庄题赠嗣业》，见《文徵明集》第205页。
③ 祝允明著《怀星堂集》卷7。见《四库全书》第1260册，第468页。

要好得多,不但园池依旧,还时有一些小规模的文人聚会。黄省曾《宴韩子承宗荮溪草堂与刘时服》说:

中丞高馆旧,公子翠屏开。曲水当门转,飞梁夹树来。
花枝昼吐艳,水气暖生苔。乐意关啼鸟,闲情付酒杯。
醉来白幰岸,时傍碧溪回。梦得新能赋,云霞费剪裁。①

除此之外,此间城东还有一些规模较小的园林,如马生的"东溪"等,②,这里就不再展开论述了。

五、苏州城外近郊的园林

如果说此间的苏州城犹如一座大园林,那么,整个吴中各地的园林,也是一派花团锦簇的盛况。苏州城外由近及远,有石湖片区、阳山片区、阳城湖片区、东山片区、西山片区等园林集中的区域。其他下辖县邑如常熟、太仓、昆山、松江等地,也有相对集中的园林区域,此间无锡锡山、惠山一带园林之盛,几乎有超越苏州虎丘之势。

(1)石湖片区。明代中期以后,石湖渐渐成为继虎丘以后文人最爱游观之处,文徵明《甫田集》中有记游石湖诗歌约百首。石湖一带此间最有名的园林,有卢氏兄弟的芝秀堂和石湖草堂。

王鏊《芝秀堂记》说,卢氏芝秀堂得名于天顺年间,后来子孙不仅能够世守家业,而且继承了家族的隐逸风气,因此,芝秀堂不仅是依山傍水的佳园,也是意境清高的高士隐庐。王鏊《宿卢氏芝秀堂留别师邵师陈二首》诗说:

越来溪上思悠悠,斜日门前一系舟。
水若有情随我去,山虽无语为君留。
梅花红褪墙头雪,麦叶青回垄上秋。
一曲沧浪人去远,平湖万顷接天流。③

石湖草堂在上方山下,治平寺(楞伽寺)僧智晓于正德十六年(1521)始创,由于这年世宗嘉靖皇帝即位,许多文献都把这一时间说成了嘉靖元年,其实明代皇帝习惯上建元在即位的第二年。蔡羽《石湖草堂记》说:"夫登不高不足以尽江湖之量,处不深不足以萃风烟之秀,于其所宜得而有之,草堂所以作也。夫平湖之上,翳以数亩之竹;厓谷之间,旷以泉石之

---

① 黄省曾《宴韩子承宗荮溪草堂与刘时服》,《石仓历代诗选》卷501。见《四库全书》第1394册,第196页。
② 祝允明诗《题荮门外马生东溪》:"吴城三面水为州,郡郭东南一派流。羡尔高居占清胜,更东东去是瀛洲。"《怀星堂集》卷8。见《四库全书》第1260册,第476页。
③ 见王鏊《震泽集》卷5,第190页。

位,造物者必有待也。使无是堂,则游焉者不知其所领;倦焉者不知其所休,是湖与山终无归也。"①

从蔡羽的草堂记可以看出,石湖草堂是游观石湖绝佳的制高点,因此,这是一处借助自然、融于自然的山水园。五年之后,蔡羽再为石湖草堂作了一篇后记,足见其对石湖草堂的特别之情。除这两所园林外,莫震《石湖志》中,还记录了此间大大小小二十余处园池亭馆。②

(2)阳山片区。阳山在吴城外西偏北处,被堪舆家认为是吴中山岭之首,《姑苏志》就把它列作吴山第一。此间阳山园林密集,而且,这些园林主人大多都是决意隐居的山人。岳岱自号秦余山人,又号漳余子,就隐居在这里,其隐庐取名为阳山草堂。③ 岳岱在其编写的《阳山志》中又记录了另外一处也很有名的阳山草堂:"阳山草堂,在大石坞下,顾大有居也。其堂制壮而美,又有园池竹亭。顾君工诗,兼善绘事。"④ 顾大有除草堂外,还有大石山房、大石书院。这两处阳山草堂主人还是好朋友,岳岱还为顾大有的山房题款。当时许多文人多次造访阳山寻访二人,并作诗唱和,如袁昭阳的《同陆明府过阳山访岳山人》、《咏阳山草堂竹赠岳山人》,陆俸的《至阳山访岳山人》,徐伯虬的《同九嶷顾子访岳山人》,顾闻的《同徐子过岳山人》等等。⑤ 此外,嘉靖间山人顾仁效也隐居此地,其草庐也取名为阳山草堂,王鏊为其草堂作序:"顾君仁效结庐其下,仁效年少耳,则弃去举子业,独好吟咏,性偏解音律,兼工绘事。每风晨月夕,闭阁垂帘,宾客不到,坐对阳山,挂颊搜句,日不厌。或起作山水人物,或鼓琴一二行,或横笛三五弄,悠然自得,人无知者,知之者其阳山乎?因扁其居曰阳山草堂。"⑥ 除了这三处阳山草堂外,当时这里还有玉峰先生朱希周的阳山别墅、白铁道人王济的戈家坞隐居等等。⑦

东山、西山片区的园林在后面家族化园林考述中有所探讨,这里不再展开。此间昆山、太仓私家园林营建的热闹盛况,可以从王世贞的《太仓诸园小记》一文看出大概。此文简要记述了其间11个园子,即其王氏兄弟三园、弇山园、田氏园、安氏园、王氏园、杨氏日涉园、吴氏园、季氏园、曹

---

① 蔡羽《石湖草堂记》,见钱谷选编《吴都文粹续集》卷31。《四库全书》第1386册,第71页。
② 莫震《石湖志·园第》,见陈其弟点校《吴中小志丛刊》第340~343页。
③ 《姑苏志》卷31:"阳山草堂,在长洲县……明山人岳岱结庐其中。"见影印本599页。
④ 岳岱《阳山志》卷8,见陈其弟点校《吴中小志丛刊》,第190页。
⑤ 分别出自《御选明诗》卷30、卷85、卷93。见《四库全书》第1442~1444册。
⑥ 王鏊《阳山草堂记》,见《震泽集》卷17,第309页。
⑦ 参考岳岱《阳山志》卷8,见《吴中小志丛刊》190页。

氏杜家桥园等。① 无锡县邑的惠山、锡山一带，出城西门仅三里路程，是运河与梁溪河的交汇点，又依山傍水，在地形、地理位置等方面，与苏州虎丘和山塘街一带相似，因此也成为造园最为集中的地方。此间这里诸园中，以邵宝的二泉书院、秦金的凤谷行窝（寄畅园）等为最。另外，此间无锡东亭华鸿山的"嘉遁园"中，有"忘言斋"、"松筠阁"、"避俗处"、"清机阁"、"面壁亭"、"水竹居"、"碧山仙隐"、"独观阁"、"万玉山房"等造景，② 也是一个景境丰富的文人园。总之，此间江南私家园林建造，不仅进入了空前繁荣的时代，而且，选址分布区域化集中的特征已经非常清晰。

第三节 弘治至嘉靖年间苏州名园考述（二）

一百多年的安定承平，市商经济的繁荣昌盛，物质财富的大量积累，文人官宦世家的逐渐形成，这些都是家族性造园潮流到来的催生剂，而这一切条件在明代中期的苏州聚焦了，家族性系列园林应运而生，王鏊家族园是其中的典型代表。

一、王鏊的园林

王鏊（1450—1524 年），字济之，号守溪，其家族自靖康南渡移居以来，世居太湖洞庭东山的王巷。③ 父亲王琬曾任光化知县，育有子女 6 人。王鏊在《亡妹故叶元在室人墓志铭》中说："先少傅所生子女六人，而先夫人出者四，伯铭、仲鏊、叔铨、与归南濠叶氏妹也。"④ 另外两位是王鏊的同父异母兄弟，分别是王鏊、王镠。王鏊的子一辈有王铭之子王延学，王鏊之子王延喆、王延陵，王鏊长女婿徐缙。父子两代合计 9 人，皆各有园池，构成了王氏家族系列园林的基本阵容。

在王氏家族中，无论是政治地位、社会名望，还是园林营造，王鏊都是核心人物。《江南通志》说："西园在吴县西城桥西，夏驾河上，明王鏊别墅，又有真适园在东洞庭。"⑤ 王鏊造园旨在养心适意，因此其京都有"小适园"，回乡后造"真适园"，这也成为王氏家族园在主题和标题上的共性——王铨移居东太湖之滨塘桥，造"且适园"；王铭之子王延学在湖上造"从适园"。

---

① 王世贞《太仓诸园小记》，见王稼句编著《苏州园林历代文钞》，第 281 页。
② 刘士义《新知录摘抄》，见《中华野史》（明史卷），第 1693 页。
③ 文徵明《太傅王文恪公传》："其先有百八者，自汴京扈宋南渡，遂居山中，至是族属衍大，号其地为王巷，"见《文徵明集》第 656 页。
④ 见王鏊著《震泽集》卷 29，第 441 页。
⑤ 《江南通志》卷 31。见影印本 604 页。

（1）真适园。园在东山王巷。小园仅五亩余，造景也很简朴，王鏊于园中却得到了鸟宿山林、鱼回故渊的心静神闲的真恬适！园初成时，王鏊有《洞庭新居成》诗：

> 归来筑室洞庭原，十二峰峦正绕门。
> 五亩渐成投老计，三台谁信野人言。
> 郊原便自为邻里，水木犹知向本源。
> 莫笑吾庐吾自爱，檐间燕雀日喧喧。①

宅园周遭青山绿水、峰峦起伏，近邻原野田畴，园内鸟雀喧闹。不难看出，这是个融于原野之中的乡村园，虽未着"隐"字，却颇有桃源意境。"吾庐吾自爱"——对于倦于仕宦的王鏊说，这实在是暮年致仕后最好的归宿。

真适园的空间是宅园合一、前庭后园的传统格局。在小园前庭植有翠柏和梧桐，某年三月，柏树滴露味道甘甜，老相国站在树下久思不得其解："不知造化真何意，独凭栏干玩未休。"② 庭园中筑有当时常见的石栏合围的牡丹圃，其《三月三日庭前白牡丹一枝独开》诗说：

> 红紫休夸锦作堆，瑶华一朵占先开。
> 似从姑射山头见，不减唐昌观里栽。
> 绰约每怜天与态，珑璁应藉雪为胎。
> 风情一种无由见，携酒谁当月下来。

后来牡丹花次第盛开了，于是他又写了《庭前牡丹盛开》诗：

> 一年花事垂垂尽，忽见庭前锦绣层。
> 粉脸薄侵红玉晕，芳心斜倒紫檀棱。
> 春云不动阴常覆，晓露微沾媚转增。
> 造化无私还有意，石栏干畔几回凭。③

元明间文人有园中种梧桐的传统，倪云林、曹善诚洗梧故事都成了美谈。明末松江隐君子陈继儒说："凡静室，须前栽碧梧，后植翠竹，前檐放步，北用暗窗，春冬闭之，以避风雨，夏秋可开，以通凉爽。然碧梧之趣，春冬落叶，以舒负暄融和之乐；夏秋交荫，以蔽炎烁蒸烈之威。四时得宜，莫此为胜。"④ 王鏊真适园中也有手植的两株梧桐。从《庭梧七首》可知，⑤

---

① 王鏊《洞庭新居成》诗，见《震泽集》卷4，第181页。
② 《三月六日庭前柏树有露如脂，其味如饴，或曰甘露，或曰非也。作诗纪之》，见《震泽集》卷6，第207页。
③ 王鏊《庭前牡丹盛开》诗，见《震泽集》卷7，第211。
④ 陈继儒《小窗幽记》卷6，第273页。
⑤ 王鏊《庭梧七首》诗，见《震泽集》卷7，第215页。

这两株梧桐给王鏊带来的,有空中琴瑟、凤栖于梧的遐想,也有炎炎夏日里碧荫匝地阴凉,有秋夜"缺月挂疏桐"的萧瑟,也有梧桐细雨、小楼梦回的凉意。因此,嘉靖元年(1522年)夏,一株梧桐被暴风雨摧折,王鏊还专门写了《伤庭梧》诗。①

小园外接田畴、园圃,虽然仅五亩余,景境却很开阔。而且,后园中种植以梅花为主,寒梅傲雪时节,小园千万株梅花一夜绽放,景境颇为壮观。王鏊有七绝《二月真适园梅花盛开》四首:

> 万株香雪立东风,背倚斜阳晕酒红。
> 把酒花间花莫笑,风光还属白头翁。
> 花间小坐夕阳迟,香雪千枝与万枝。
> 自入春来无好句,杖藜到此忽成诗。
> 香雪千山暖不消,我行处处踏琼瑶。
> 绝胜破帽骑驴客,风雪寻诗过灞桥。
> 春来何处能奇绝,金谷梁园俱漫说。
> 谁信吾家五亩园,解贮千株万株雪。②

现存记录真适园景境最为全面的文献是文徵明的《柱国先生真适园十六咏》,③ 研读这十六咏可知,小小山园中景境层次颇为丰富。园有别馆,别馆庭园中有置石成峰的"太湖石",有举杯待月、顾影徘徊的"款月台",书斋的窗下是一副蓄水石槽"涤砚池"。后园中有借园外之山而入园成景的"莫厘巘",在借湖水以成景的"湖光阁"上可以"临澜弄清渌","苍玉亭"周边的青青翠竹"寒光锁浓绿","寒翠亭"旁桧柏"翠阴寒簌簌",那千株万株梅花即为"香雪林",站在"芙蓉岸"只见水中"芙蓉照秋水,烂然云锦披","鸣玉涧"中清流萦迴、泠泠如玉,横跨玉涧之上的是"玉带桥",假山旁有"舞鹤衢",近旁还有饲养鹅鸭的"来禽圃",后园有路名"菊径",两旁黄菊"采采自成行",就荒小路的尽头有"蔬畦"、有"稻塍"。

(2)西园。园在城西夏家湖边上的西城桥,造园者是其长子王延喆,目的是为愉悦亲老、以尽孝道,因此又叫怡老园。文震亨在《王文恪公怡老园记》中说:"近《邑志》误以为(怡老园)即文恪西园。西园故在百花洲,久不可考。"④ 这篇园记使后人常常以为王鏊在城内有两处园林。实

---

① 《嘉靖改元七月廿五日,飓风大作,庭前双梧其一忽颠,赋诗伤之》。见《震泽集》卷8,第215页。
② 王鏊《二月真适园梅花盛开》组诗,见《震泽集》卷6,第207页。
③ 文徵明《柱国先生真适园十六咏》,见《文徵明集》第23页。
④ 此园记见陈从周、蒋启霆选编《园综》,第235页。

际上是文震亨弄错了,西园就是怡老园。王鏊此园是当时文人经常雅集之处,文徵明有《侍柱国王先生西园游集》一诗,诗有"园在夏驾湖上"的题注,可知其西园并不在百花洲。诗曰:

> 名园诘曲带城闉,积水居然见远津。
> 夏驾千年空往迹,午桥今日属闲人。
> 江南白苎迎新暑,雨后孤花殿晚春。
> 自古会心非在远,等闲鱼鸟便相亲。①

王鏊和了一首诗歌《徵明饮怡老园有诗次其韵》:

> 吴王销夏有残闉,特起幽亭据要津。
> 剩水绕时伤往事,短墙缺处见行人。
> 绿杨动影鱼吹日,红药留香蝶护春。
> 为问午桥闲相国,自非刘白更谁亲。②

这两首次韵诗显然是同一次、同一地的诗酒唱和,文徵明作"西园",而王鏊作"怡老园",可见,这是同一处园林两个名字而已。另外,文震亨这篇园记还有其他错误,如:"自园成,而文恪亦绝口不及朝事,惟与故沈周先生、吴文定公、杨仪部循吉辈,结文酒社。"实际上,王鏊致仕回乡是在正德五年(1510),园怡老筑成于正德七年(1512)前后,吴宽早已于弘治十七年(1504)就去世了,沈周也先于正德四年(1509)下世了。这三老根本没有一起吴城再聚首,白发叙故旧的可能。

王延喆自幼成长在锦衣玉食的环境中,他堪称当时吴中豪奢第一人,因此,他与王鏊的造园审美思想之间有很大的差异。虽然仅仅用时两三年,怡老园中的山池构筑依然很是奢华。据说怡老园中凿池叠山是以洞庭东山为原型的。顾璘有《宴守溪相国园亭二首》:第一首诗中有"蓉池窥海岛,芝馆踏烟霄"诗句,可见园中凿池拟湖、水中叠石的痕迹;第二首诗歌中有诗句:"窈窕平泉宅,清华独乐园。烟霞深晚景,花竹霭春温。招隐临丛桂,怀仙倚洞门。"③ 诗歌直接把园林叠山比作李德裕的平泉庄,园中更有小山丛桂、江湖烟霞、花竹幽洞等景境,皆流露出些许富贵气息。时人皇甫汸有五律《王舍人邀游故相文恪公园亭》二首,从标题来看,此时王鏊已故去,王延喆尚未入主和增修园子:

> 东阁轻簪组,西园盛屦綦。石闻穷海至,花自洛阳移。

---

① 文徵明《侍守溪王先生西园游集(守溪先生次韵)》,见《文徵明集》,第236页。
② 王鏊《徵明饮怡老园有诗次其韵》,见《震泽集》卷6,第199页。
③ 顾璘《息园存稿诗》卷8。见《四库全书》第1263册,第401页。

> 柳色萦城合，槐阴夹路垂。吴宫清跸水，留作养鹅池。
> 疏傅遗金少，为园不买田。楼台卑绿野，花石减平泉。
> 径草萋春雨，城乌起暮烟。临池俱欲赋，谁在凤毛先。①

诗歌再次把此园比作平泉庄，而且透露出一个秘密——"石闻穷海至，花自洛阳移"——叠山之石，园内花木，皆采集于天南地北。此园楼台高耸，可俯视城内炊烟与灯火，也可远眺城外绿野与田畴。王鏊可能并不很喜欢这一沾染了浓厚富贵气息的造景，其诗歌中也很少言及此园，然而，在一些不经意之处，王鏊诗文还是透露出怡老园富丽堂皇的真相：

> 寻山何用过城西，屋后巉岩且共跻。
> 高柳暖风初罢絮，曲栏疏雨不成泥。
> 洛中雅自推三朂，王所端宁止一齐。
> 独乐有园今共乐，不妨诗酒日相携。②

诗中王鏊自己也说，看山不必再出城了，屋后的假山已如真山一般！而且，自诩其吴城中的园居风雅犹如洛中三朂。正德十六年（1521），王鏊在怡老园中设宴，当时吴中群贤如祝允明、唐伯虎等，都参与了这次园林雅会。据说唐伯虎名联"海内文章第一，山中宰相无双"，就出自这次雅会。王延喆的亲家翁陆粲（字子余），为这次盛会撰写了《怡老园燕集诗序》一文。③

二、王鏊兄弟的园林

（1）王铭的安隐园。王铭（1443—1510年），字警之，号安隐，王鏊同母兄。王铭园居题名在文献中缺少记载，安隐园应是以主人雅号为名。王铭一生高隐安卧于东山之麓，与时人交游甚寡，因此，他人也很少有诗文吟咏其园中景境。今仅可从王鏊、吴宽等少数与其关系密切的亲友文集中，找到些许相关的信息。

第一，王铭于东山筑园隐居，既不是因为仕途受挫，也不是图谋终南捷径，是完全出于志在山林。王鏊《安隐记》记录了王铭的一段关于隐居的言论："伯氏警之，抱淳履素，不乐进取，自称安隐居士。伯氏之言曰：'……太湖之濆，洞庭之麓，有田数亩，吾肆力而耕于是，凿其中以为池，疏其傍以为堤，除其高以为园。园，吾艺之橘；池，吾畜之鱼；堤，吾种之梅竹花柳。吾诚于是安焉，乐焉，以终吾身。吾于世非有负也，非有所希

---

① 皇甫汸《皇甫思勋集》卷21。见《四库全书》第1275册，第637页。
② 王鏊《杜允胜偕陆子潜兄弟携酒至园亭》诗，见《震泽集》卷7，第224页。
③ 陆粲《陆子余集》卷1。见《四库全书》第1274册，第584卷。

也,非有所不合也。譬吾之于隐也,若鱼之在水,不知其为水;鸟之在山林,而忘其为山林也。子以为何如。'"① 王铭这番安隐高论令王鏊很受触动,当即表达了"他日将从兄而隐"的愿望。

第二,在当时炫富争豪、攀高结贵之风日渐抬头的风气里,地方官吏却几乎都不知道王鏊有这么个家兄,可见王铭的山园隐居既高且深,既朴且安,实在不愧其安隐之号。王鏊《伯兄警之墓志铭》说:"年未艾,归卧湖山间,灭迹城市。鏊立朝三十年,州县不知其有兄也。鏊在内阁,人或曰:'弟当要路,不可因是媒进耶?'兄曰:'吾尝劝吾弟唯公唯正,苟以吾故挠其节,虽贵不愿也。'……其于声色、玩好、博弈、游戏一无所留意,王氏自宋家太湖之包山,世以忠厚相承,而近世亦不能无少变也,兄盖有前人之风焉。"当时,"近时贵家,多以势持州县,短长侵牟齐民,以广其田园,高其第宅,或劝可效之"。② 王铭本分、朴素地安隐终身,坚决不肯仗势随俗为非作歹,这也可见其"安隐"出于内心和本性。吴宽《送王警之还洞庭》一诗,还专门作了个题注:"济之兄,号安隐",③ 也从另外一个侧面,可以看出王铭匿迹之深。

第三,王铭虽朴实本分,追求身心安隐,但家庭颇为不幸。王铭有四个儿子,王宠、王宰皆早早夭亡,第三子王延质也在36岁时病逝,仅有第四子成长较顺利,这位公子就是后来围湖造园的王延学。

(2)王铨的且适园。王铨(1459—1521年),字秉之,号中隐,王鏊同母弟。王铨虽然自号中隐,却与长兄安隐先生趣味迥异,他经历过一段热衷功名而无所成就的沮丧人生,中隐是其中年之后的名号。为此,王鏊还写了一首七律《慰秉之》来安慰他:

> 功名不用叹差池,利钝人生固有之。
> 襄野迷途回未远,邯郸荣梦觉多时。
> 尚平易足君应尔,蘧瑗知非我所师。
> 芥蒂胸中都扫尽,兄酬弟劝复何疑。④

王鏊在《亡弟杭州府经历中隐君墓志铭》中说:"余性寡谐,而与弟独气合,以天伦之亲,而加以契我。弟以余为师,余以弟为友,非但世之兄弟而已也。"⑤ 兄弟二人是唱和相随、亦师亦友的亲密关系,因此,王鏊《震

---

① 王鏊《安隐记》,《震泽集》卷15,第294页。
② 王鏊《伯兄警之墓志铭》,见《震泽集》卷29,第435页。
③ 吴宽《送王警之还洞庭》,见《家藏集》卷19,第142页。
④ 王鏊《慰秉之》见《震泽集》卷6,第208页。
⑤ 王鏊《亡弟杭州府经历中隐君墓志铭》,见《震泽集》卷31,第459页。

泽集》中有许多王铨园居的信息。王鏊《且适园记》说："太湖之东，有闲田焉，南望包山，数里而近。北望吴城，百里而遥。吾弟秉之行得之……吾其憩于是乎？包山信美矣，有风涛之恐。吴城信美矣，有市廛之喧。兹土也得道里之中，适喧静之宜。其田美而美，其俗淳而和，吾其憩于是乎。"①从王鏊的诗文中可知，王铨的且适园不在祖居王巷，而是在与包山隔湖相望的湖边一个叫塘桥的地方。王鏊的诗文也可以断续勾勒出王铨移居、造园、筑楼的大致过程。"弘治壬戌（1502年），吾弟秉之始去洞庭。"后来，王秉之在移居地生活得很适宜，王鏊写了《和秉之塘桥郊居自适之韵》一诗：

> 山人本自爱山居，南望家山咫尺如。
> 香玉满场收晚稻，银丝绕筋荐溪鱼。
> 水东父老还为主，城里交亲好寄书。
> 适意且潜潜且起，人生何必问其余。②

从诗中可知，王铨在移居之初，还有过一段载耕载渔的耕隐置业生活。此间文徵明也在《次韵王秉之新庄书事》诗中说："背郭通村小筑居，任心还往乐何如。山中旧业千头橘，水面新租十亩鱼。"③也可以作为王铨此间创业置产的补正。再后来，王铨在新居处创构且适园，王鏊写了十首七绝《秉之作且适园有诗和之》。

从王鏊为王铨撰写的园记及墓志铭可知，王秉之宅园也是前宅后园格局，前宅有堂，题名为"遂高堂"。④后园中杂莳花木，景境层次颇为丰富：在橘林中有"楚颂亭"，在田畴旁有"观稼轩"，临水有"观鱼亭"，其余还有"格笔峰"、"浣花泉"、"理丝台"、"归帆泾"、"菱港"、"蔬畦"、"柏亭"、"桂屏"、"莲池"、"竹径"等诸多景致，以及以资登高远眺的高楼。此楼是在王鏊建议下营造的，王鏊认为此园既平旷且幽静，唯独缺少了登高，于是建议造楼"以瞰乎远，据乎胜"。楼阁造于园成之后，是因地就势的借景构造，楼新成时，王鏊写诗《题秉之塘桥新楼》以祝贺。由于东山故园在遥遥相望的东南，所以，尽管此楼四望皆有可观，却题名曰"东望"，以"示不忘本源也"。王鏊曾登楼远眺，并撰写了《东望楼记》一文："予登之，忽焉若飘腾以超乎埃埃，远山偕来显设。天际北望，则横山、灵岩，若奔云停雾；西望则穹窿、长沙，隐现出没，若与波升降；东望则洞庭一峰，秀整娟静，松楸郁郁，若可掇而有也。或郊原霁雨，草树有晖。或墟

---

① 王鏊《且适园记》，见《震泽集》卷16，第304页。
② 王鏊《和秉之塘桥郊居自适之韵》，见《震泽集》卷4，第181页。
③ 文徵明《次韵王秉之新庄书事》诗，见《文徵明集》，第207页。
④ 今存遂高堂在东山陆巷村。

落斜阳,烟云变态。"①

（3）王鏊、王镠宅园。这二人是王鏊同父异母兄弟。王鏊,字涤之,宅园名壑舟。或许是亲疏有别,王鏊诗文中言及这两位兄弟宅园的文字很少,王鏊为王涤之宅园撰写了一篇《壑舟记》。园记说:"仲兄涤之既倦游,筑室洞庭之野,穹焉如舟,因曰是宜名壑舟。"② 园名得意于庄子寓言——藏舟于壑,不图有用而只求平安。

关于王镠宅园,王鏊有一首律诗记述了于王镠宅院观灯的经历——《己卯开岁九日,弟镠宅观灯次秉之韵》:

    灿灿红莲映绿池,看灯又是去年时。
    银球雪色悬珠箔,画带波文缩铁丝。
    闪铄最宜初月映,飘摇无藉好风吹。
    因思二十年前会,凤阁传宣趋进词。

正德十四己卯（1519）,是年王鏊高龄 70,王铨 61 岁,王氏家族正是家业最旺的时候。王镠宅中大年初九夜晚放灯,园池中荷灯闪铄,辉映绿水,园子里悬挂满各种装饰有彩画的花灯,天上还有随风扶摇而上的孔明灯。同卷中紧随此诗之后,还有一首《咏鱼枕灯》诗,可能说的也是这次观灯所见:

    火树千枝总不如,莹然光彩透冰壶。
    共言鱼枕春裁玉,忽讶龙涎夜吐珠。
    云母屏开云影动,水晶帘展水纹铺。
    香罗万眼夸吴市,琐细空劳咏石湖。③

关于花灯制作和节日放灯,时人张翰的一段话,对了解当时的此类风尚很有帮助:"夫农桑,天下之本业也,工作淫巧,不过末业。世皆舍本而趋末,是必有为之倡导者,非所以御轻重而制缓急也。余尝入粤,移镇苍梧。时值灯夕,封川县馈一纸灯,以竹篾为骨,花纸为饰,似无厚重之费,然束缚方圆,镂刻文理,非得专精末业之人积累数旬之工,未能成就,可谓作巧几于淫矣。灯夕方徂,门隶请毁。积月之劳,毁于一旦,能无可惜？余禁止之。因思吾浙之俗,灯市绮靡,甲于天下,人情习为固然。当官者不闻禁止,且有悦其侈丽,以炫耳目之观,纵宴游之乐者。贾子生今,不知当何如太息也！夫为人上者,苟有益于下,虽损上犹为之。如有损于下,虽益上不为。今之世风,上下俱损矣。安得躬行节俭,严禁淫巧,祛侈靡之习,还朴

---

① 王鏊《东望楼记》,见《震泽集》卷 16,第 303 页。
② 王鏊《壑舟记》,见《震泽集》卷 7,第 309 页。
③ 王鏊两首观灯诗歌皆见于《震泽集》卷 7,第 221 页。

茂之风，以抚循振肃于吴、越间，挽回叔季末业之趋，奚仅释余桑榆之忱也。"① 可见，王鏊园中挂灯与放灯，不是节庆期间一般意义上的开心花絮，而是对家族财力、实力的豪华而盛大的展示。仅从年年放灯一幕，王鏊园池的宏丽奢华便可见一斑，其宅园与真适园、安隐园的风格应该不属于一类。

另外，此间王鏊的亲家翁毛珵的宅园也很华丽。文徵明在《本贯直隶苏州府吴县某里毛珵年八十二状》中说："晚岁业益充拓，田园邸店遍于邑中，垣屋崇严，花竹秀野，宾客过从，燕饮狼籍，虽极一时之盛。"②

三、王鏊子婿的园林

正德、嘉靖年间，王鏊的子婿渐渐进入而立之年，也开始自立门户构筑宅园，代表人物有王鏊之长子王延喆、季子王延陵，王铭之子王延学，王鏊女婿徐子容等。

（1）王延喆宅园。王延喆（1483—1541年），字子贞。这位王公子的身世很特殊，他的亲姨妈是弘治皇帝的昭圣张皇后，舅舅是飞扬跋扈的昌国公张鹤龄，父亲是两朝相国，岳父毛珵曾任太仆寺少卿、南都御副使。王延喆的少年时代主要是跟随王鏊在京城度过的，曾有多次出入大内的经历，是一个地地道道的贵族公子。凭借既富且贵的特殊身世，年龄未满20岁的王延喆，以势家公子的身份在苏州到处开当铺、放贷银以及强买强卖，轻而易举地置办起万贯家业。

王延喆城西宅园是在怡老园基础上扩建而成的。怡老园本来就是王延喆所筑，王鏊在时，园中的山水楼阁就已经十分奢华。王鏊去世后，王延喆得以完全按照自己的意趣进行增修，把园林扩展到天官坊与国柱坊之间。虽然出身书香门第，但是王延喆无论造园还是园居，艺术审美趣味都与明代传统风范明显不同。关于其城西宅园的园景构筑，从流传至今的时人文献中，找不到多少信息，在后世文震亨的《王文恪公怡老园记》中，却可以看出一些痕迹："入其园，古栝老桧百章，花竹称是，石骨如铁，藓蚀之。藤萝蛇绾，汀蓼、石发、钱菌、云芝皆作，山典般盘色。鸟雀不惊，苍翠极目，无一不遂其性。而公晋身任手据，仅竭疏渝，扶颓剪棘，荟蔓之力，至亭榭在。当时所谓清荫、看竹、玄修、芳草、撷芬、笑春、抚松、采霞、阆风、水云诸胜，或仅存其名，或不没其迹，或稍葺其敞，而终不敢有所更置、恢拓。曰：'我祖父缔造之意寄焉。'嘻！是真不以金碧着兹园矣。"③ 文震亨

---

① 张翰著《松窗梦语》卷4，第79页。
② 文徵明《本贯直隶苏州府吴县某里毛珵年八十二状》，见《文徵明集》第620页。
③ 文震亨《王文恪公怡老园记》文字，见《园综》，第236页。笔者对原文句读略有修正。

在园记中说，此后约百年里，王氏子孙没有再对怡老园进行增减和改造，应该是在王延喆之后没有再增修过。有些造景随着时间推移已经自然漫灭了，到了明代末年，园子已经全然没有了往日的宏丽与辉煌。尽管如此，园记还是留下了当时园景的一些名称："清荫"、"看竹"、"玄修"、"芳草"、"撷芬"、"笑春"、"抚松"、"采霞"、"阆风"、"水云"等。从这些名称，后人还可以遥想当时园景之盛。

（2）王延学从适园。从适园筑造在东山的湖边，是典型的湖山园林。虽然不像王延喆造怡老园那般豪奢、张扬，园景艺术风格也不尽相同，但是王延学筑造从适园消耗财力之大，也绝非一般文人造园可以想象——王铭的这位公子显然也没有继承其父一生安隐的家风。

仅从王鏊相关的诗文来看，从适园的营造至少经历了三个阶段。

第一阶段是营造静观楼。王鏊在《静观楼记》中说："两洞庭分峙湖心，望之渺渺忽忽，与波升降，若道家所谓方壶、员峤者。湖山之胜，于是为最，楼在山之下，湖之上，又尽得湖山之胜焉。"静观楼是营造在湖边浅水区的观景楼，王鏊登楼后所见："西洞庭偃然，如屏障列其前。湖中诸山，或远或近，出没于波涛之间。"① 并把它和滕王阁、岳阳楼相媲美。可见，此楼不仅选址非同一般，而且体量很高大。王鏊另有《静观楼成众山忽见》一诗：

    山居尽日不见山，楼上山来自何处。
    中峰独立群峰随，头角森森出林树。
    澄湖万顷从中来，浪卷三山欲飞去。
    得非奋迅从地出，无乃飞腾自天下。
    我来楼上何所为，长日观山与山语。
    东风吹醉还吹醒，山自为宾我为主。②

楼阁高耸于湖畔水湾，浮翠于丛林之上，王鏊登楼后甚至有了主宰湖山、小视洞庭的自信。文徵明游东山时曾在静观楼住宿了三个夜晚，写了《宿静观楼》，中有"秋山破梦风生树，夜水明楼月在湖。尽占物华知地胜，时闻人语觉村孤"诗句，③ 可以作为此楼静观湖山胜概的补证。

第二阶段是围湖造田。王鏊《从适园记》说："静观楼之景胜矣，去楼百步，故皆湖波也。侄学始堰而涸之，乃酾乃畚，乃筑乃耨，期年遂成沃壤。"④ 从静观楼向湖中延伸约百步，把此间的水域筑围堰、排水，然后担

---

① 王鏊《静观楼记》，见《震泽集》卷15，第291页。
② 王鏊《静观楼成众山忽见》诗，见《震泽集》卷1，第127页。
③ 文徵明《宿静观楼》，见王稼句编注《苏州园林历代文钞》，第161页。
④ 王鏊《从适园记》，见《震泽集》卷17，第312页。

土造园田——这还真有点愚公移山的味道。

第三阶段是造园。丛适园充分利用了周围湖山以借景造园：一方面是造轩、榭于波光潋滟之中，一方面在湖中造高亭以观远山。王鏊一首以序为题的诗歌说，"任延学作亭湖上甚壮，欲予诗以落之，率成二首"：

几醉池亭雪色醪，近闻亭子势尤高。
白鸥不避新翻曲，黄鸟时窥旧赐袍。
波影半帘云滉瀁，山形四面画周遭。
我来壁上题诗句，秃尽山中顾兔毫。①

除了借自然湖山胜景外，丛适园也营造了大量的"有若自然"的园林景境，以及园田林圃。《丛适园记》说："湖山既胜，又益以花木树艺。秋冬之交，黄柑绿橘，远近交映，如悬珠，如缀玉。翛然而清寒者，为竹林。窈然而深邃者，为松径。穹然而隆者，为栖亭。其余为桑园，为药畦，为鱼沼，而诸景之胜，咸纳于清风之亭。"

以围湖造田为基础，丛适园中橘树成林、竹林繁茂、松柏翁郁，加之桑田、药畦、花圃、鱼沼，可见，除却适合登楼、登亭以游观湖光山色以外，园林造景还具备较强的生产功能。从某种意义上说，这种围湖造园，也算是江南文人园林艺术史上的一个奇迹，这也许就是黄省曾《吴风录》所言富贵之家侵占湖山名岛以营造园林的实例吧。②

（3）徐子容薛荔园。徐缙字子容，洞庭西山人，是王鏊的女婿。按吴宽《隐士徐静庵墓表》可知，西山这一支徐氏"婺之桐山人，后徙吴之洞庭山，遂为邑"。③ 按王鏊《静庵处士墓志铭》可知，徐子容祖父徐震（字德重）曾师从五经博士陈嗣初学诗，诗名一度传至京师。④ 吴俨《挽徐德重》诗说："吴门昔有隐君子，家住洞庭山上头。诗律深严唐句法，衣冠典雅晋风流。"⑤ 如此看来，徐氏在西洞庭山也算是世家，薛荔园又是当时西山名园，把此园作为王鏊家族园林之一，似乎有些牵强了。然而，把薛荔园列入王氏家族园林系列也不缺少理由：一是徐缙既是王鏊的女婿，也是王鏊的学生，曾师从王鏊求学五载，⑥ 翁婿二人关系非同一般；二是筑成此园的

---

① 王鏊《震泽集》7，第214页。
② 黄省曾《吴风录》："至诸贵占据名岛以凿，凿而峭嵌空妙绝，珍花异木，错映阑圃。"
③ 吴宽《隐士徐静庵墓表》，见《家藏集》卷72，第707页。
④ 王鏊《静庵处士墓志铭》，见王鏊《震泽集》卷27，第418页。
⑤ 吴俨《吴文肃摘稿》卷2。见《四库全书》第1259册，第388页。
⑥ 王鏊《赠徐子容序》："有徐氏以同者……其子缙依予学者五年矣，其质秀而文，可与进者也。始予开以读书之法，而惺然继，予授以修词之法，而悚然，而豁然，而沛然。"见《震泽集》卷11，第260页。

是徐缙,并非其先人,"薛荔之有作,实自先太史公(徐缙父亲徐以同),始太史公谋以娱静庵府君之老也,而未成,成之者缙也,是故堂曰思乐";①三是王鏊致仕回乡后,时常在这里游居。

从当时文人过从薛荔园留下的诗文来看,徐子容的这座园池,也是兼得天然山水胜景与人工造景之美的湖山园。王鏊在两首诗歌中,扼要地勾画了其外围的大环境:

> 早从胥口望龙挺,舟入青溪曲曲通。
> 一片湖山归手内,万家烟火隔云中。
> 家住西峰第几坳,青山重叠水周遭……
> 地势欲凭湖面阔,天窥空讶月轮高。②

洞庭西山山水清秀、林壑幽美,本身就如同一个花团锦簇的大园林,徐氏薛荔园则是此超大自然园中的美丽宅园。因此,陆深《薛荔园记》说:"建置经位,心目之所及,则山益高,水益深,景益清,远造化之巧,所不能与者,又托之乎人,若徐氏之于洞庭,洞庭之有薛荔园是也。园之广,凡数亩,地产薛荔,因以名园云。""建置经位"就是"经营位置",是谢赫山水六法之一,是关于山水画整体布局的理论,可见,薛荔园之整体设计与景境营构皆符合山水画意。

陆深的园记中,有两条信息很重要。一是薛荔园十三景优美如画,兼容于湖光山色之间,置身其中有红尘远隔、仙居世外的感觉。这也许是王鏊晚年时常来这里游居的一个原因——"园之景凡十有三,曰思乐堂,曰石假山,曰荷池,曰水鉴楼,曰风竹轩,曰蕉石亭,曰观耕台,曰蔷薇洞,曰柏屏,曰留月峰,曰通冷桥,曰钓矶,曰花源,四时朝暮之变态无穷,而高下离立,足以当欣赏而游高明,可谓胜矣。洞庭既胜,而园又胜也,使人乐焉,若仙居世外烟霞之与徒,而日月之为客也。"二是此园还秉承了苏州文人造园以思亲尽孝的传统。此园的构筑设想和材料准备,都起于徐子容的父亲徐以同,徐子容落实造园工程,是在完成父亲的未了之愿。因此,他于园中登涉游观,不惟感受到园居之乐,还能借助园景以追念父亲的音容笑貌——"先公府君木主在焉,一石一峰,先世之藏也。至于一泉、一池、一卉、一木之微,亦皆先人之志也。每一过焉,陟降泛扫之余,恍乎声容之在目,缙也何敢以为乐。"③

---

① 陆深《薛荔园记》,见《俨山集》卷55,第346页。
② 分别出自王鏊《过西洞庭徐氏》、《饮徐氏新楼》,皆见《震泽集》卷4,第170页。
③ 以上三条引文,出于陆深《薛荔园记》,见《俨山集》卷55,第346页。

王鏊曾为帝师，徐子容后来也入东宫侍读，这二人翁婿兼师生，十分相得。由于对刘瑾阉党一伙当道的不满，王鏊早早致仕，在《徐氏薜荔园》一诗中，可以看出这位岳丈对快婿早早远离是非之境的期待：

　　　　花木年深锦作围，日高淀紫滴成霏。
　　　　雁声晚过横山远，帆影春归渡渚稀。
　　　　木末芙蓉风尽落，墙头薜荔雨多违。
　　　　却嫌旧日园林主，凤沼承恩久未归。①

　　在当时诸名园中，徐子容的薜荔园是留下来文献信息最多的一个，这主要得力于陈淳的那组《薜荔园图》。《珊瑚网》收录的陆深图记实际就是《薜荔园记》的前半段，但是《珊瑚网》所收图记中有时间款："正德十二年（1517年）十月之吉，赐进士出身翰林院编修文林郎经筵国史官，上海陆深谨记。"② 从图记可知，陈淳图绘薜荔园是在正德十二年以前，陆深是看图写园记的。除陆深的记文外，当时名流如二泉先生邵宝、空同先生李梦阳、大复山人何景明、东桥居士顾璘、衡山先生文徵明、凌溪先生朱应登、西原先生薛蕙、胥台山人袁袠、国子司业景伯时等，都在此图上题跋留诗。其中，邵宝的诗跋时间款为："正德己卯九月望后五日，二泉邵宝书于惠山之松风阁。"③ 正德十四年（1519年）岁在己卯，邵宝诗跋晚于陆深的记文约两年，且书于惠山的自家园中，可见，这些文人题写诗跋不是在一时一地。对这种情况最合理的解释是，徐子容宦游在外期间一直把这组故园图绘带在身边，时常与同道人阅图并索诗题跋。

　　这组图册早已不见传世，后人只能从这些诗文中，探寻薜荔园十三景的大致设计。园林依山临湖，宅院部分以"思乐堂"为主建筑，庭院中置峰石高仅几尺，小池也不足一弓，是拳石勺水的写意小筑。湖边临水筑有"水鉴楼"（图4-11），登楼可以远眺湖山云帆，也可以水为鉴，俯视波光里的楼山倒影。此园的大假山构筑在湖边的水池中，池中之水又与湖水相通，因此，石峰既是园中的假山，又如湖中的小岛。小轩建在竹林之中，倚轩对竹，清风过处，翛翛琅琅，如鸣玉、如泉溪。园中借助山形修筑了高台，登台四望，园林外面是大片的田野，因此名"观耕"。沿着园中曲径前行探幽，只见芭蕉掩映着湖石，蔷薇的红花绿叶遮蔽了假山的石洞。过了洞口，是一片荷花池，池水中又置有峰石，奇峰玲珑有孔，故名"留月

---

① 王鏊《徐氏薜荔园》诗，见《震泽集》卷6，208页。
② 陈淳号白阳山人。陆深《薜荔园图》记，汪砢玉《珊瑚网》卷40。见《四库全书》第818册，第753页。
③ 这十人的题跋诗文，皆见汪砢玉《珊瑚网》卷40，有的也被收录在个人文集中。

峰"——两百年后的刘蓉峰在留园水池中置印月峰,可能也借鉴了薛荔园这一做法。在水域窄小如山涧的地方,筑有很小的一座石拱桥,如修虹饮涧,桥下流水潺潺。过了小桥只见翠柏遮路,犹如屏风,故名"柏屏"。屏后面所掩藏的乃是一片桃花源,以及突兀在水边的垂钓石矶。到这时游人才恍然明白,自己刚刚走过了一段缘溪寻找世外桃源的访仙之路!

图4-11　万历刻本《李卓吾评琵琶记》插图中的水鉴楼①

除这三处园林以外,《太湖备考》中说,王鏊之季子王延陵筑有"招隐园",在"真适园"西,园中有"击壤草堂"、"红睡轩"、"垂杨池馆"、"停云峰"、"丽草亭"等诸胜。清初园归康熙间太仆席本贞,更名"南园",又称"席园"。明人贺泰有咏园诗:

> 移得淮南招隐山,林泉幽意便相关。
> 凌空岩岫云随起,倒影楼台水自环。
> 画意蓬壶余想象,会中省旧共跻攀。
> 兴来击壤歌成处,彩服争趋鸠杖问。②

士大夫官宦世家的形成,是家族园林兴盛的直接原因之一,王鏊家族系列园林是此间形成较早且很典型的一系,为稍后苏州城内的徐氏家族园林和昆山、太仓的王氏家族园林的出现,揭开了序幕。

---

① 陈同滨编著《中国古代建筑大图典》,第662页。
② 参考魏嘉瓒先生编著《苏州历代园林录》,第122页。

另外，关于此间东西山的湖山园林，还有两点需要略作补充。一是除王鏊家族系列园林外，还有一些私家园林，如东山的东冈高士施鸣阳宅园、陆长卿园池，吴县横山吴氏醒酣亭、光福瓜泾徐季止园，① 以及吴江大姚村陈道复五湖田舍等等。② 二是嘉靖后期倭患频频，并且逐渐从海边县邑向内地蔓延，苏州城外园林，尤其是太湖边私家园林的持续发展受到了很大影响。今按《殊域周咨录》、《云间据目抄》、《嘉靖东南平倭通录》，嘉靖三十二年至三十五年（1553—1556 年），倭寇几乎每年都会劫掠太湖边村落，所到之处烧杀淫掠，上海、嘉兴、松江、昆山、太仓、吴江、苏州等城郊深受其害。其中嘉靖三十四年（1555 年），倭寇竟然从杭州杀入徽州，袭掠南京后，流窜转掠了溧水、宜兴、无锡、木渎。黄省曾"嘉靖乙卯，避倭难，侨寄金陵六年"的逃难，③ 就始于这一年。文彭有一首以序为题诗："二月三日大雪，因忆往岁石湖看雪亦是日也，倭寇未宁，城中戒严，不得出游，有怀却寄季孚。"④ 从诗序也可以看出此间倭寇的猖獗，以及对城外私家园林艺术发展环境的影响。

第四节 弘治至嘉靖年间苏州园林艺术审美透视

弘治、正德、嘉靖三朝，明代的王朝政治好像坐上了下山的缆车，国家政治形势明显呈现日渐混乱暗弱的陵夷走势，伴随这种政治形势的还有日益颓靡的士林习气和社会风尚。然而，这一乱局却在客观上进一步刺激了江南消费型城市经济的快速发展，苏州迅速从鱼米之乡、文化艺术名城，发展成为引领时代风尚的高端消费品生产与贸易中心，这又加快了吴地风俗人情向浅俗、淡薄、势利、奢侈方向的进一步发展。同时，吴地匠人的造园技术和艺术审美水平，也得到了快速提升，达到了前所未有的高度。因此，此间苏州园林繁荣表面的背后，是一个复杂而喧闹的社会现实，审美思想也比上一个艺术时代要复杂得多。

一、造园主体的变化

与成化以前相比，弘治初至嘉靖末前后约 80 年间，苏州园林在造园主体上至少有两个明显的变化：一是人群的类型更加丰富，二是园林主人人格

---

① 王鏊《震泽集》中，有《次韵东冈十咏》、《六月十九日避暑偃月冈》、《重阳后复雨宿东冈》、《饮横山吴氏醒酣亭》、《陆长卿为三山甚伟因赋》、《醒酣亭记》、《访徐季止于瓜泾》、《送徐季止还南》、《四月八日饮陆长卿园亭》等诗文可以参考。
② 《江南通志》卷31："五湖田舍在长洲县大姚村，白阳山人陈淳所居。"见影印本第603页。
③ 陈其弟点校《吴中小志丛刊》，第179页。
④ 《文氏五家集》卷7。见《四库全书》第1382册，第510页。

品质差异较大。

　　江南私家园林主人历代都以文人为主，因此又叫文人园林，然而，文人是一个大而模糊的人群类型，还可以细分出若干个不同种类。随着明代苏州园林艺术从沉寂走向复兴，再到繁荣，园林主人群体的构成也逐渐复杂起来。具体来说，洪武年间苏州园林主人基本上就一类，主要是逃仕深隐的文人；建文至成化间，园林主人则有退隐的官僚，隐于艺术的市隐文人，耕读渔樵的山人隐士等；弘治至嘉靖间，苏州园林主人类型就更加复杂了。明季吴地文坛领袖王世贞说："文徵仲先生，前辈卓荦名家，最老寿。其所取友祝希哲、都玄敬、唐伯虎辈为一曹，钱孔周、汤子重、陈道复辈为一曹，彭孔嘉、王履吉辈为一曹，王禄之、陆子传辈为一曹，先后凡十余曹皆尽而最后乃得先生。"① 可见，仅文徵明一人身边的文人，王世贞就可以分为十类人，而且，年龄齿序并不是这里分类唯一参照点，王世贞分类还兼顾了各自的职业、身份、性情等其他因素，这可以从一个侧面，说明此间文人群体的复杂性。

　　此间苏州园林主人至少有六种文人。一是曾经显达后致仕回乡的文人，典型代表是王鏊、王献臣、毛珵、杨循吉、陆师道、徐子容等。这一类文人造园能力强，园林规模相对宏大，园林艺术水平也比较高，是此间苏州园林营造的中坚。二是仕途失意的文人，这一人群或是求仕不成，或是因为对于政治的失望，转而借助苏州发达的消费型市商经济，凭借深厚的文化艺术素养，建立文化艺术名流的圈子，游离在出与处之间，走艺术人生之路。以文徵明为首的文化精英和艺术家圈子中，就有不少这样的人，如祝允明、唐伯虎、徐祯卿、蔡羽、汤珍、王谷祥、顾荣甫等。他们或是选择城中幽静偏僻的里巷，或是在郊区的湖山之间，构筑宅园以深居简出、怡乐自适。三是书画艺术名家。他们一生没有太多染指政治，多以山人自况，主要凭借自己高水平的艺术成就赢得社会声望，代表人物有王宠、陈道复、黄省曾、钱谷、岳岱、顾大有、顾仁效等人。这一群体的园居多在城外的湖山之间，以朴素清雅的草堂为主。对于这两类人群来说，园子是他们交友的空间平台，也是他们的工作室，因此，他们筑园数量很多。限于主人的经济实力较弱，此类园林简朴而富于意趣，但是，或为写意性城市小园，或者是借助自然的湖山景色，园林艺术审美水平较高。第四类人是先置产后治园。他们或以个人的技术能力，或以商贾，或是凭借权势，置办起丰厚的家产，然后以此为基础

---

① 王世贞《周公瑕先生七十寿叙》，《弇州续稿》卷39。见《四库全书》第1282册，第515页。

营造私园。如钱同爱、钱同仁兄弟就以家传的高超医术起家，王延喆、王延学兄弟则是凭借家族权势敛财。这类人群往往家资充裕，营造园林的物质基础较好，后世贾而好儒的徽商造园就是他们的继续。第五类人主要在乡村和山林，他们既未登仕，也不以艺术或技术来维持生计，而是选择最传统的耕隐方式，筑园于垄亩之间，有的人是依托世业，有的人则借势圈占山池。此类人所筑多为湖山园、郊野园，主要集中在洞庭东山、西山等湖边，如王铭、王鏊、王铨、施鸣阳、陆长卿、徐季止园等。第六类是寺僧。此间寺庙多有附属园林，住持的文化艺术修养也很高，因此，文化艺术名流也多愿意与之交往。仅《甫田集》中，文徵明记游吴中寺院的诗歌就将近百余首，其中《病中怀吴中诸寺》组诗，① 一次就有"治平寺寄听松"、"竹堂寺寄无尽"、"东禅寺寄天机"、"马禅寺寄明祥"、"天王寺寄南洲"、"宝幢寺寄石窝"、"昭庆寺寄守山"等七首诗歌，既怀念诸佛门净土的园池，又兼怀知交释僧。

　　身份、职业、年龄等方面的差异，仅仅是园林主人在表面层次上显现出来的区别，此间造园主人更深层的、更本质的差异，是在主人的才情与人品上——既明显有别于此前一个艺术时代园林的园林主人，同一时代主人相互之间的差异性也很大。成化以前，以龚诩、杜琼、刘珏、韩雍、沈周、吴宽、徐用庄、徐孟祥等为代表的园林主人，个个都有端正的品格，人人都有高深的文化艺术素养，以至于在那个时代的园林艺术审美思想中，艺术与人品之间形成了熔融互彰的整体关系。在筑园而隐的表象后面，他们或以文德，或以仁孝，或以淳朴，或以政声，或以经术，或艺术，或以技术等等，引领时代风尚，惠及身边的人们。因此，他们的园居和他们本人，都能赢得那个时代人们的共同敬意和称赏。弘治至嘉靖年间，尤其在正德以后，苏州园林主人在才情、品格及园林艺术审美上，渐渐出现了差异性，甚至出现了错位和断裂。郭英德先生认为，明代社会以正德年间为界，划分为前后两个时期，前一个时期是宋元传统文化思想继承时期，后者则是具有鲜明的世俗性、市民性的文人个性张扬、率性自为的时期，因此后一个时期文学艺术得以蓬勃兴盛、百花齐放。② 对于园林艺术而言，文人才情、品格与传统艺术审美之间的裂痕，在持续发展中不断扩大，直到明代结束，这种分裂客观上既为苏州园林艺术的设计与营造带来了多样性，也对苏州园林艺术的健康发展产生了较大的冲击。

---

① 文徵明诗《病中怀吴中诸寺》，见《文徵明集》第309页。
② 参考郭英德、过常宝著《明人奇情》，第1页。

王鏊在《伯兄警之墓志铭》中说："近时贵家多以势持州县短长，侵牟齐民，以广其田园，高其第宅。或劝可效之，兄曰：'吾尝劝吾弟唯廉唯慎苟以吾故伤其洁，虽富不愿也。'……王氏自宋家太湖之包山，世以忠厚相承，而近世亦不能无少变也，兄盖有前人之风焉。"① 王铭谢世于正德五年（1510年），他人劝王铭效仿势家侵夺小民土地以广其园宅的"近世"，应该就在弘治后期。另外，陆粲在王延喆的墓志铭中也说："君年未二十归吴，即慨然欲恢拓门户。当是时，吴中富饶而民朴，畏事自重，不能与势家争短长。以故君得行其意，多所兴殖，数岁中则致产不赀，诸赀贷子钱若垆冶，邸店所在充斥……中岁愈更约，敕为恭俭，罢诸辜榷妨细民业者。"②

王延喆生于成化十九年（1483年），"年未二十"应该是在弘治十六年（1503年）以前，其置业起家的办法很简单：依靠既富且贵的特殊身份，放高利贷、强买强卖和开当铺（当时势家的当铺常常是盗墓贼的销赃窝点）。直到中年以后，王延喆才停止那些妨碍小民生活的专卖业务。可见，王延喆的发家史很不光彩，而他恰恰就是为王鏊筑怡老园的那个公子。由此也可知，侵占民宅、强夺田产，是那个时代势家常见的现象，王献臣侵占宁真道观、大弘寺及周边大片土地扩建拙政园，并不是个案。王延学在湖边围湖营造从适园，也有封山占水的嫌疑。

显然，这些名园主人的才情、品格，与上一个艺术时代的园主相比，相差不啻在天壤之间，与同代宗师文徵明之间，也泾渭分明——文徵明因宅园空间过于狭小，拆掉了父亲留下来的停云馆，也没有去侵占他人的宅地。缺少了主人的高尚品格，园林艺术与主人人品之间出现了分裂。这种园林无论景境多么优美，规模多么宏丽，对于时人来说，都是富家、势家的大宅子，财主、地主的后花园而已，并不一定会敬重和称赏。这是苏州园林艺术史上的重大变迁，对园林艺术的健康发展，造成了深刻的伤害。北宋末年，市民一夜之间拆掉了朱勔父子的园池，就是这个原因。

另外，轻浮、浅薄的时代风尚，也全面地影响了此间吴地文人及园林主人。时人袁袠（1502—1547年）在其政论文集《世玮》中指出，奢侈无度、买卖官爵、宦官干政、浮躁功利、沽名钓誉等时代风尚，严重影响了士林习气。《明史》说："吴中自枝山辈，以放诞不羁为世所指目，而文才轻艳，倾动流辈，传说者增益而附丽之，往往出名教外。"祝允明、唐伯虎、

---

① 王鏊《伯兄警之墓志铭》，见《震泽集》卷29，第435页。
② 陆粲《前儒林郎大理寺右寺副王君墓志铭》，《陆子余集》卷3，见《四库全书》第1274册，第616页。

文徵明三人同岁，而祝、唐等人身上的放诞无忌、轻狂浮躁等气息，与文徵明绝不相类。

祝允明"文章有奇气，当筵疾书思若涌泉，尤工书法，名动海内"，各地来求文求书的文化商人纷沓而至，与当年访求沈周颇相似。然而，这位祝三公子鄙视礼教，"好酒色、六博，善新声"，以至于访求者"多贿妓掩得之"。由于"不问生产，有所入辄召客豪饮，费尽乃已，或分与持去，不留一钱"，弄得走在大街上身后总跟着一串债主，他自己反以此为乐！

唐伯虎有奇才，也多奇行。在呈才任性、轻狂放诞这方面，他一点也不亚于祝枝山，也正因是过于张扬，才招致他人嫌猜妒忌，终于不明不白地从科场进了牢狱。《明史》所说的"文才轻艳"，在唐、祝二人的许多诗歌中表现得十分明显。

杨循吉年龄长于祝、唐二人4岁，30出头时便辞官归隐支硎山，貌似高隐远俗，其实是个内心颇不安宁的假山人。"武宗驻跸南都，召赋《打虎曲》，称旨。易武人装日侍御前，为乐府小令。帝以优俳畜之，不授官，循吉以为耻，阅九月，辞归。既复召至京，会帝崩，乃还。"正德皇帝本是历代帝王中的丑角，杨循吉脱去山人的荷衣道袍，主动去为他扮了九个月的御前小丑，对于素来崇尚自由和自尊的吴地文人来说，这实在是奇耻大辱！

常熟桑悦也是个奇绝才子。"尤怪妄，亦以才名吴中，书过目辄焚弃，曰已在吾腹中矣。"有才气固然是好事，恃才傲物，不通人情，那也是很难进入贤人堂的。内阁大学士丘浚也算是雅望深重的长者了，因为爱惜桑悦的才气，专门派使者到其任训导的郡学来访贤。桑悦不但不迎接，甚至使者三次招请，他也不肯相见，还出言不逊，恶语伤人："始吾谓天下未有无耳者，乃今有之。与若期三日后来，渎则不来矣。"①

此间这些文人的奇言奇行，如果都是完全出于自然而朴素的童心也就罢了，只能说这是一群富于才华而缺少教养的奇人而已。实际上，由于内心的颇不宁静，他们的行为已经明显有些刻意和造作了。顾炎武在《日知录》卷18说："盖自弘治、正德之际，天下之士厌常喜新，风气之变已有所自来。"或是因为喧闹而浮躁的世风，或是出于炒作名气的目的，或是对终南捷径还有所希冀，他们渐渐失去了平常心情，以至于在性情、品格方面，暴露出这样那样的不端。

王鏊、王铭等老一辈兄弟"以忠厚相承"，安隐本分，而王延喆、王延学等子侄辈却飞扬跋扈、浮躁轻狂，王鏊对此只能慨叹："近世亦不能无少

---

① 上面几位文人事迹引录，皆可参考《明史》卷286《文苑列传》，第7351～7353页。

变也"。文徵明一生宽仁淳厚,然而其为人风范也没有被子侄们完全继承,《金陵琐事》中有五峰山人文伯仁一段任性骂座的故事:"文伯仁,衡山之犹子,画名不在衡山下,好使气骂坐,人多不能堪。寓栖霞寺白鹿泉庵中数年,有东山徐姓者,礼请伯仁至家,水阁上作画,水阁即临太湖。宾主相谈,微有不合,伯仁遂掀拳大骂。徐隐忍不过,乃曰:'文伯仁在我家,敢如此无状。今投尔于太湖,谁得知之?'急呼家僮数人来缚。伯仁计无所出,长跪求免。徐据上坐,以大石压顶,历数其生平而唾骂之。伯仁唯唯而已,乃免为鱼鳖饵。"① 文伯仁虽然是"衡山之犹子,画名不在衡山下",却也是"好使气骂坐"的躁竞之流,没能秉承其家族古朴、仁厚的家风。

可见,轻浮、躁竞的风气已经深刻地濡染了吴地文人,以王鏊、文徵明这两位文坛、艺术圈的宗师与盟主为代表的吴门风流,已到了迫近黄昏的境地。在性情修养上,此间有一个明显的代沟性裂痕,这对明代苏州园林艺术审美趣味的变化产生了直接而深刻的冲击。

二、造园主题与功能的变化

弘治至嘉靖年间,尽管造园主人的职业类型、才情性格之间存在差异,但是,苏州文人造园在主题和功能上的变化却有明显的一致性。成化以前,文人造园目的和功能依然以传统的耕隐与生产、孝亲与会友、修养情操等为主。弘治以降,这些传统主题和功能被全面地淡化了,转而强调的是逐乐。满足自我的兴趣追求、追求享乐,是此间文人造园在主题与功能上的一致性变化。

首先,园林传统的耕隐主题和生产功能普遍弱化。拙政园面积是吴宽东庄的三倍之多,其生产功能在当时园林中算是强者了,但是与前朝相比,其三十一景中已经没有了吴宽东庄的"麦山"、"稻畦"、"果林"、"竹田"等朴素的生产性景境。而且,王献臣在园中"灌园鬻蔬"之类的农事,主要靠驱使佃户、啬夫来完成,其身份是文人、园主、地主、财主的合一,与此前在这里躬耕隐居的戴颙、陆绩、陆龟蒙等都不相同。桃花坞本是城内的蔬菜生产基地,然而,唐伯虎在桃花庵中日日饮酒,以醉为乐,仅靠卖画卖文为生。唐子畏高调地宣称:"不炼金丹不坐禅,不为商贾不耕田。闲来写就青山卖,不使人间造孽钱。"② 从这首自信的宣言中,可以清楚地看出明代中期文人园林对传统耕隐主题的离弃,以及对文化艺术作品商品化的适应与认同。如此一来,园林就成为他们创作艺术商品的工作室了。然而,唐伯虎

---

① 周辉《金陵琐事》,见车吉心主编《中华野史》(明史),第2914页。
② 唐伯虎诗《言志》,见陈书良编《唐伯虎诗文全集》,第10页。

一生才高命薄，靠卖画卖文维持生计，虽然不必劳累肢体，钱赚得相对轻松，又不失文人的风雅，但是，不善置产又不肯躬耕的园居生活有时候是靠不住的，忍饥挨饿也是常有的事情。其一首以序为题的七绝说，

"风雨浃旬，厨烟不继，涤砚吮笔，萧条若僧，因题绝句八首，奉寄孙思和"：

> 十朝风雨苦昏迷，八口妻孥并告饥。
> 信是老天真戏我，无人来买扇头诗。①

其次，在此间文人园林中，传统的事亲尽孝主题也被大大地淡化了。王延喆怡老园虽然标榜的是为愉悦亲老，但是，其富丽堂皇的风格并不符合王鏊的审美趣味。徐子容薜荔园虽然能够见景思亲，但也没有履行实际上的养亲、尽孝职能。其他园林几乎皆无关乎孝亲的主题了。

第三，筑园以安隐自处、砥砺情操、修养道德，这本来也是文人园林最传统的主题，在这个时代也成为曲高和寡的调子了。

王鏊《安隐记》中说："其迹仕也，其心仕也，安仕者也。其迹隐也，其心隐也，安隐者也。一斯专，专斯乐，乐斯安，安斯久，久斯不变。有人焉居庙堂而有江湖之志，栖山林而有魏阙之思，是其能安乎？能久且不变乎？否也。"② 安隐先生王铭一生默默地耕隐于湖山之间、本分淡泊地自守自乐，然而，明代中期像王铭这样的人越来越少了。许多文人虽然在山中筑园，也以山人自况，但是，有的人心中深藏着强烈的"魏阙之思"，有的人希冀以山人名号来扩大影响、炒作名气。因此，文人园林传统的隐居主题，此间也已经渐渐变了原味、走了样。

反之，此间文人园林造景强调情趣、追求自我快乐的倾向更加鲜明。如王鏊家族园林中，从北京的小适园，到东山的真适园，以及王铨的且适园，王延学的从适园，都明确地把对自适的追求题写在园林名称中。追求自适自怡之乐，原本也是文人园林的传统主题，只是追求快乐是有层次差异的。从汉魏江南文人园林诞生伊始，至明代中期，文人园林中的快乐自适，总是强调对自由精神和独立人格的追求，是高层次的心灵快乐，仅在元季约30年的时间里，出现了放纵忘情、得过且过、贪图享乐的末世狂欢一幕。明代中期，园林主人在类型、性情、品格上的多样化，使得园林主人对快乐的追求也出现了明显的层次差异。

无论在年龄上，还是在人格性情与审美修养上，王鏊、文徵明等都属于

---

① 陈书良编《唐伯虎诗文全集》，第5页。
② 王鏊《安隐记》，见《震泽集》卷15，第294页。

传统文人,因此,他们造园、居园、赏园的审美趣味,更多还是强调在精神层面上的心灵愉悦。特别是文徵明,无论是停云馆还是玉磬山房,都仅仅是一个简朴而狭小的文人宅园,但是他依然于其中享受了完整的君子攸居之乐,因此,其宅园是典型的写意园,全面地继承了传统文人园林健康的审美理念。《寒夜录》中一段文字可以从一个侧面折射出文徵明的园林审美追求:"文衡山先生停云馆,闻者以为清闶。及见,不甚宽广。衡山笑谓人曰:'吾斋、馆、楼、阁无力营构,皆从图书上起造耳。'大司空刘南垣公麟,晚岁寓长兴万山中,好楼居,贫不能建,衡山为绘层楼图,置公像于其上,名曰神楼。公欣然拜而纳之,自题《神楼诗》,有'从此不复下,得酒歌圣明。问余何所得?楼中有真性'之句。尝观吴越巨室,别馆巍楼栉比,精好者何限?卒皆归于销灭。而两公以图书歌咏之幻,常存其迹于天壤,士亦务为其可传者而已。今之仕宦罢归者,或陶情于声伎,或肆意于山水,或学仙谭禅,或求田问舍,总之,为排遣不平。然不若读书训子之为得也。"①

写意是中国古代文人画山水的最主要笔法,文徵明以图绘园林的方式,来寄托自己的园林意趣,堪称是园林意趣中的最高境界。在文徵明看来,园林仅是寄托情志和兴趣的符号而已,造景不必在乎大小多少,只要有精神的自由、心灵的舒适、人格的独立,即使面对画中园池也可神游湖山。这也可以从另一侧面,为文徵明多次图绘拙政园补充了一个解释(图4-12)。此间,与文徵明的园林审美思想比较一致的文人,大多都与是与其同辈的长者,如春庵主人顾荣甫、安隐先生王警之、昆山状元朱希周等。朱希周致仕后也曾在吴趋坊隐居过,焦竑在《玉堂丛语》中说:"朱恭靖公归吴趋里中,市货溢衢,纷华满耳。入公之堂,萧然如村落中见野翁环堵。"②

图4-12 文徵明《真赏斋》图

---

① 陈宏绪《寒夜录》,见车吉心主编《中华野史》(明史),第4138页。
② 焦竑《玉堂丛语》,见车吉心主编《中华野史》(明史),第2181页。

在享乐主义的驱动下，此间文人喜欢把园林想象成为桃源仙境。如西山徐子容薜荔园就是按照陶渊明《桃花源记》来设计游观路线和系列园景的。沧浪亭一泓碧水之上，仅架以可拆卸的独木板桥，拆了木板，园子就红尘远隔了。文徵明在玉磬山房庭园的两桐之下，徘徊啸咏，"人望之若神仙焉"。① 唐伯虎高歌"桃花坞里桃花庵，桃花底里桃花仙"，② 又假借子虚乌有的九鲤湖仙授墨的故事造了"梦墨亭"。拙政园中的"梦隐楼"也是来自于九鲤湖故事，据说湖神赠送给王献臣的是个"隐"字。

无论是寄情于登高眺远，还是图绘写意园林，或者是附会一些桃源仙境的设计，这都是在精神层面上的园林乐趣，是江南文人园林传统审美追求的延伸，然而，王延喆园中的"望竿灯"之乐，就完全是两回事情了。明人徐应秋《自奉之侈》一文说："国朝王文恪子大理寺副延喆，性豪奢。治大第，多蓄伎妾子女，斥置珠玉、宝玩、石尊、罍、窑器，法书名画，价值数万。尝以元夕宴客，客席必悬珍珠灯，饮皆古玉杯，恒醉归。肩舆至门，门启则健妇舁之，后堂坐定，群妾弇而盛服者二十余。列坐其侧，各挟二侍女，约髪以珠琲，群饮至醉，有所属意，则凭其肩，声乐前引入室，复酬饮乃寝。晚年益豪奢，自喜宠姬数十人，人设一院，左右鳞次，而居院设一竿，夜则悬纱灯其上，照耀如昼。每夜设宴，老夫妇居中，诸姬列坐，女乐献伎，诸姬以次上寿，爵三行，乐阕，夫人避席去，乃与诸姬纵饮为乐。最后出白玉卮进酒，此卮莹洁无瑕，制极精巧，云是汉物，宝惜不轻及人，惟是夜所属意者，则酌以赐焉。婢视卮到处，预报本院，院婢庀楹温酒，以待房老掌灯来迎，诸姬拥入院，始散去。余纱灯皆熄，惟本院存，各院望见竿灯未熄，知尚私饮未寝，啧啧相羡。"③

王延喆这种择房寝宿、高挂灯笼的做法，可能来自宫中，姚之骃在《元明事类钞》中，把它凝练成"望竿灯"故实。这种既庸俗又豪奢的"大红灯笼高高挂"式的低级趣味，与苏州文人园林传统的艺术精神已经完全背离了，然而，王延喆并不是这种过度追求感官快乐的个案，追求低层次的感官快乐是明代中后期江南文人造园的一种比较普遍的审美取向。

三、园林在景境营造方面的变化

明代中期，随着苏州文人造园能力的增强，随着园林主人的类型、性情、品格，以及园林主题与功能的变化，园林在景境营造上也发生了一系列

---

① 文嘉《先君行略》文，附录于《文徵明集》（附录），第1618页。
② 唐伯虎《桃花庵》诗，见陈书良编《唐伯虎诗文全集》，第14页。
③ 徐应秋《玉芝堂谈荟》卷3，第29页。

变化。

首先是在造园选址上发生了明显变化。造园选址显示出很强的自觉性、主动性与选择性，这也是园林选址相对集中的根本原因。《园冶》论造园，第一要务是"相地"，即选择地形和周边环境适合造园的地块。计成认为造园选址以山林地、江湖地为上，郊野、乡村次之，最不适合造园的是城市地——"市井不可园也；如园之，必向幽偏可筑，邻虽近俗，门掩无哗。"① 此间文人在古城内的园林，无论是西北的桃花坞、东北的临顿里，还是东片的葑门内、西南的沧浪屿，都是城内幽静偏僻之处。选址在城外的则集中在虎丘、石湖、东山、西山、阳山、阳澄湖等湖山之间。在下属县邑，如昆山、吴江、常熟的园子，也以临湖、近山为主，例如此间昆山的园林集中在西郊玉峰（马鞍山）一带，无锡的园林主要以临近惠山、锡山、蠡湖、梁溪为主。可见，继宋末与元季之后，江南私家园林再一次显示出向城外湖山之间发展的趋势。因此，从大局上来看，如果说此前文人筑园选址，更多继承性和随机性，此间则已经显示出鲜明的主动选择性了，而这种选择的结果恰恰是符合园林艺术审美的内在规律的。

其次是造园规模更加宏大。规模逐渐增大，是明代苏州园林一直存在的发展趋势。洪武年间，文人造园仅以一斋、一轩、一池、一亭等化整为零的形态，园林要借助宅园以外的湖、山、林、壑等自然景观，才能来完成园林景境的营造。后来造园令解禁，文人渐渐可以营造一些小规模的宅园了。刘大夏说"百年今独见东庄"，东庄是成化年间苏州最大的园林，面积也仅有60亩左右。相比较之下，弘治至嘉靖年间，苏州园林在规模上要明显大得多，王献臣拙政园面积达两百亩之多，王延喆的城西园子竟然从天官坊延伸到国柱枋。城外湖山之间的园林与自然山水结合在一起，面积大小本不很重要，尽管如此，且适园是宅园与农庄的合一，从适园依山围湖造园，薜荔园在水滨圈山围湖以造山岛，园林面积也不会小。这期间园林面积逐渐阔大，至少有三个原因，一是主人造园经济实力雄厚，二是权势之家对土地的兼并加剧，三是国家限制营造的法令松弛。洪武二十六年（1393年）颁行的"营缮令"早已成为空文，其中所禁止的"歇山、转角、重檐、重拱及绘藻井"，以及"楼居重檐"，"宅前后左右多占地，构亭馆、开池塘，以资游眺"等等，各地都随处可见了。

在面积逐渐阔大的同时，此间文人园林还增加了向高出发展的趋势，即造高楼。园中造高楼以资游眺，苏州园林古已有之，最有名的莫过于子城后

---

① 计成《园冶·相地》，见陈植《园冶注释》第53页。

圃的齐云楼了。另外，元末时隐士卢士恒在城外湖畔筑有听雨楼，在《听雨楼诸贤记》中，有张伯雨、倪云林、王蒙、苏大年、饶介、周伯温、钱惟善、张绅、马玉麟、张羽、赵俶、鲍恂、姚广孝、高启、韩奕、陶振、王谦、王宥等当时诸名流的楼上听雨留诗。① 顾德辉的玉山佳处中，有湖光山色楼、春晖楼、小游仙楼（又名小蓬莱）等楼阁。张天英在歌咏小蓬莱楼时说："十二楼前看明月，太乙明星夜相访。"杨维桢诗歌也说："仙家十二楼，俯瞰芙蓉渚。"②

入明以后，楼阁在苏州园林中似乎一夜之间不见了踪影，直到在成化以前，在相关诗歌、园记以及图绘中，都很少见到以楼为景的园林景境。直到弘治以降，楼阁始在苏州园林中再次出现，而且，此间造楼阁的速度与密度，犹如山林间的雨后春笋。今按王鏊、文徵明、唐寅、祝允明等人的文集可知，除前文中已有所提及的拙政园梦隐楼、王铨且适园东望楼、王延学从适园静观楼外，王延喆怡老园、唐伯虎宅第、文徵明宅园、王宠兄弟南濠宅园、临顿路王汉章宅园、祝允明怀星堂等皆有楼阁，尤其是阊门一带，楼阁尤为密集。在城外的园林中，石湖还有袁鲁仲的列岫楼，在太湖边上有明秀楼，王鏊亲家西山徐氏（薛荔园主人徐子容的父亲徐以同）也新造了楼阁，光福潘氏造了湖山佳胜楼，周天球园中造了四雨楼等等。另外，此间的寺院、道观，如灵源寺、楞伽寺、虎丘千顷云、玄妙观等等，也都修造了高台楼阁。

造楼台最直接的目的，就是要便于登高望远，此间苏州园林内楼阁之密集，既是文人造园能力提高的表现，也说明苏州城内宅居已很密集，相互之间遮挡了视线，也遮挡了远借城外湖山之景的视线。因此，无论是城内诸园中的小楼，还是湖山之间的静观楼、东望楼、列岫楼、湖山佳胜楼、四雨楼等高大建筑，都是为了满足眺游湖山而努力增加园林借景高点的设计。园内造楼阁也因此成为此间园林造景区别于上一个艺术时代的明显标志。

第四是园林造景的整体设计与分景处理更加系统化、程式化。虽然刘廷美的小洞庭、吴宽的东庄，已经对园林景境设计进行了分景处理，然而，从总体上看，弘治以前的苏州文人园林造景，更注重对整体意境和主题的把握，整体设计多为因地制宜、顺势而为，分景设计的自觉性较弱，还没有成为主流。弘治以降，随着园林面积的增大，主人造园能力的增强，苏州园林在园景的设计与创造上，艺术主体自觉意识明显增强，整体设计、分景处理

---

① 参考《清閟阁全集》卷12《听雨楼诸贤记》，见《四库全书》第1220册，第340页。
② 分别见《玉山名胜集》（卷上），第45页；（卷下）198页。

渐渐成为造景的主流程式。一些名园往往延请艺术家参与以设计，以山水画卷为蓝本，以绘画手法来造园，因此，此间文人园林造景更像是立体的文人山水画卷。典型案例有真适园十六景、拙政园三十一景、薜荔园十三景、且适园十四景等。其中，王献臣拙政园三十一景各自都可以成为一幅图画，是园林分景设计的成功典范。从文徵明的序咏可以看出，这三十一景是紧紧围绕水体处理和变化为线索的一个整体。或者说，围绕着远离政治这一主题，设计者把园林中的水域定性为沧浪之水，然后用理水来贯穿全园，如此不仅园林诸景得水而活，而且，主人拙于政治而情寄沧浪的造园主题，也得到了全面贯彻。徐子容薜荔园十三景的设计主题，是"仙居世外，烟霞之与徒"，① 因此，园林中的假山与峰石多置于水体之中，最高的楼阁水鉴楼也建造在水中，似乎是在暗示着传说中的仙岛琼阁故事。后园中的游园线路和移步换景，也完全按照《桃花源记》中所叙路线设计，暗示了此园乃是武陵渔人所见的桃花源。整体设计使园林的景境层次更加完整，使诸景境之间的呼应关系更加和谐，甚至可以组合叙事；分景设计可以使园林景境更加丰富，造景细节更加完美，使每一处景境都符合画意，大大提升了园林局部景境的观赏效果。可见，明代中期以后，苏州文人园林造景艺术在技法和规程上逐渐系统、成熟起来。

另外，此间园林理水审美技法也有了很大的发展变化。园林理水技巧更加多样、纯熟，园中水域很少再有上一艺术时期蓊溪草堂那种园中一方池的简单处理，而是结合假山、因形就势理地出江湖、沧浪、山溪、飞涧等多种艺术形态的水体。这样一来，园中水就多了一些灵动的气息，园林景境也因得水而活泼起来。其间最典型的例子要算是拙政园理水了。

在此间园林整体设计中，借景意识明显增强。园林的空间范围总是有限的，汉魏以来，中国古典园林渐渐走过了自然山水园阶段，逐步向城市和近郊发展，而私家园林在面积和体量上总是比较狭小的，因此，巧借园外景观以成就园内的景境营造，是江南文人园林理景艺术的重要技法。弘治以来，苏州园林的借景处理更加主动、巧妙，园内造景和园外借景之间的因借互补关系更加自然。其中，以王鏊真适园、王铨且适园、治平寺石湖草堂等为代表湖山园林，借景远近山水最为自然。城内诸园，或借景塔影，或借声梵音，或筑楼阁以远借城外湖山。总之，积极寻找园外可借之景，已经成为此间文人造园的普遍规律。

第五，园林景境营造的写实手法逐渐增多，写意与写实手法结合更为紧

---

① 陆深《薜荔园记》，见《俨山集》卷55，第346页。

密。传统的文人园造景，尤其是营造城市山林，写意无疑是最为重要的艺术手法，文徵明的玉磬山房、顾春潜的春庵、朱希周的草堂等小宅园，不仅依然秉承了传统的写意手法，而且，写意性更加强烈。文徵明宅园中，假山高仅数尺，凿地嵌盆以为湖，甚至以案头图画来寄托心中的园林意趣！然而，随着主人造园能力的增强，园林面积的扩大，园林主人审美追求的俗化，文人园林造景中的写实做法逐渐多了起来，因此，园林艺术审美的表象化、视觉化、具象化倾向在明显加强。例如，怡老园中的假山，不仅在外观形胜上模拟太湖东山，而且体量巨大，连王鏊自己都说："寻山何用过城西，屋后巉岩且共跻"；① 拙政园中有大面积的水域，小飞虹、芙蓉隈、小沧浪、志清处、柳隩、意远台、钓矶、水花池、净深、志清处等，皆是围绕水体设计的写实与写意相结合经典景境。城外的一些园林营造在真山真水之间，真适园、石湖草堂则借景湖山，从适园、薜荔园则直接圈占山水入园。总之，实景成为此间园林景境的重要组成部分。

第六，置石叠山、园居盆景、博古陈设等，渐渐成为此间文人园林造景的必有元素和重要补充，造园中的人力工程明显增加。

叠山。"石令人古，水令人远。园林水石，最不可无。"② 苏州文人园林中叠山理水的悠久历史，至少可以上溯到汉魏时吴人为戴颙"共为筑室"时的"聚石引水"，甚至是陆绩宅园的郁林石。然而，山石的开采、搬运和叠置都比较困难，随着唐宋以来文人奇石嗜好的过度膨胀，叠山、置石已渐渐成为文人园中的奢侈品，尤其是营造体量巨大的假山，或者是设置一些奇石、峰石，更需要耗费巨大的资财。因此，在明代中期以前，吴中市商经济还处于复苏和发展阶段，社会审美风尚也比较朴素，叠山并不是园林造景中的必有元素。成化以前的许多宅园，例如杜琼的如意堂、沈周的有竹居、王廷用的可竹斋、钱孟浒的晚圃、唐氏南园、处士王得中宅园、吴江史明古宅园、常熟陈符的驻景园、昆山龚大章宅园玉峰郊居等等，都不见以叠山争胜，有的园林根本就没有假山。弘治以降，这种情况发生了很大的变化，"吴俗喜叠石为山"，③ 叠山已经成为吴地造园的风俗，因此，黄省曾在《吴风录》中说，此间不仅富豪以园中湖石假山来炫富争豪，就连闾阎下户，也要在庭院中卷石勺水。此间叠山不仅成为园林造景中的必要元素，一些园林甚至造有多处假山。一些湖山园林中还要在真山之上营造假山，徐子

---

① 王鏊《杜允胜偕陆子潜兄弟携酒至园亭》诗，见《震泽集》卷7，第224页。
② 文震亨《水石》，见陈植《长物志校注》第102页。
③ 文徵明《王氏拙政园记》，见《文徵明集》第1275页。

容的薜荔园就是典型的一例。薜荔园本是依山临湖而造，园中却筑有大量的假山：思乐堂前庭院中置有峰石，湖边浅水区的大假山如湖中小岛，后园中借助山形修筑了高台和湖石溶洞，荷花池中有玲珑剔透的奇石留月峰。

  在苏州园林的叠山与置石造境中，蕉石组合小品是一种常见的设计。这一做法起于成化以前，至明代中期逐渐成为一种普遍现象。陆容《菽园杂记》说："南方寺观及人家多种芭蕉，但可资观美而已，实无所用。或以其叶代荷叶，衬蒸麦者。然夫人有症瘕，及血气病者，感其气则益甚，是亦不可用也。闻猪瘟者，以其根饲之，鱼泛者，亦其杆剉投池中则已，未之试也。"①陆容卒于弘治九年（1497年），可见，种芭蕉以资观赏，在明代中前期已比较常见，但是尚未形成稳定的蕉石小品组合。从现存明刊古籍的插图中，也可以看出这一园林小品艺术形式逐渐普及的发展趋势（图4-13～图4-15）。

图4-13　弘治本《全相西厢记》
插图中的蕉石②

图4-14　万历本《投桃记》
插图中的蕉石③

---

① 陆容著《菽园杂记》卷10，第122页。
② 陈同滨《中国古代建筑大图典》，第616页。
③ 陈同滨《中国古代建筑大图典》，第634页。

图 4-15　崇祯本《吴骚合编》插图中的蕉石林①

盆景。盆景可以被视作缩小版的园景，宋元间，苏州虎丘山下的盆景匠人逐渐脱离了农业生产，盆景设计与制作逐渐成为一门相对独立的艺术。成化以前，盆景已经成为文人园居环境设计中常见元素。弘治以降，盆景在文人园林中更为普及，文徵明有《赋王氏瓶中水仙》、《瓶梅》、《赋盆兰》等咏盆景的诗歌。②而且，盆景在形式上也在不断丰富，体量逐渐增大，其集萃式的写意艺术与文人小园的理景艺术手法同出一辙，因此，"盆岛"之类的小品，常常被作为园林大项理景工程之外的点缀和补充。例如，文徵明停云馆中理水，就是凿地埋盆作池而为之；徐子容薛荔园的思乐堂庭院中，也仅"为山兮几仞，为池亦寻宛"；③拙政园尔耳轩"于盆盎置土水石，植菖蒲、水冬青以适兴"，④这些园林理景其实都是盆景做法。后世高濂总结说："盆景之尚，天下有五地最盛。南都、苏、松二郡，浙之杭州，福之浦城，人多爱之，论值以钱万计，则其好可知。但盆景以几桌可置者为佳，其大者列之庭榭中物，姑置勿论。"⑤可见，高濂"姑置勿论"的"列之庭榭中"的大型盆

---

① 陈同滨《中国古代建筑大图典》，第 779 页。
② 皆见《文徵明集》第 115 页。
③ 邵宝《徐太史薛荔园辞十三首》，见《容春堂集》（续集）卷 1，第 408 页。
④ 文徵明《王氏拙政园记》，见《文徵明集》第 1275 页。
⑤ 高濂《高子盆景说》，见《遵生八笺》卷 7，第 256 页。

景,已经直接融入园林理景设计之中,成为园林景境构成的重要元素。

博古。文人园居以博古文物自娱,或是与同道中人一起品鉴,这在元末时曾一度盛行,最为典范的要算是倪云林的清閟阁、顾德辉的玉山佳处了。入明之初,这种风气迅速衰落,直到宣德以后才渐渐复兴,沈周在有竹居中,就时常这样做。正德、嘉靖年间,在强烈的利欲驱动下,这种风气似乎在一夜之间,超过了元末,达到了鼎盛。

《吴风录》说:"自顾阿瑛好蓄玩器、书画,亦南渡遗风也。至今吴俗权豪家好聚三代铜器、唐宋玉窑器、书画,至有发掘古墓而求者,若陆完神品画累至千卷。王延喆三代铜器万件,数倍于《宣和博古图》所载。自正德中,吴中古墓如城内梁朝公主坟、盘门外孙王陵、张士诚母坟,俱为势豪所发,获其殉葬金玉古器万万计,开吴民发掘之端。其后西山九龙坞诸坟,凡葬后二三日间,即发掘之,取其敛衣与棺,倾其尸于土。盖少久则墓有宿草,不可为矣。所发之棺,则归寄势要家人店肆以卖。乃稍稍辑获其状,胡太守缵宗发其事,罪者若干人。至今葬家不谨守者,间或遭之。"这段文字清晰地描绘出当时文人园林中盛行陈列文物玩器的风气,也从另一个侧面,交代了王延喆城西园内的珠玉、宝玩、石尊、曡、窑器、书法、名画、古玉杯、白玉卮等物品的主要来路。园林主人品第驳杂,因此,尽管发冢盗墓令人凝眉,器物上沾染了太多的利欲,但是,园林中依然充斥着各种博古奇货。然而,此间园林主人围绕文物的清雅意趣却是很淡薄的,尽管王延喆园中文博物品精美丰盛,与清閟阁、玉山佳处、有竹居中的清供与雅玩相较,其间旨趣相去万里之遥,反倒是与元末以海盗、海运起家的李时可宅园约略相似。一叶可知秋,虽然仅仅是文人园林中的一个陈设细节,却可以使人清晰地感受到明代中期时的末世前奏。

四、引领全国的奢华工巧

对于造物艺术来说,苏州古典园林好像是航母,是巨大而复杂的综合载体。其中的叠山理水、草木比德、诗文图绘,以及主人的情志等,往往更接近于大道,也更容易借助纸墨载体流传后世。其中的砖木雕刻、壁画彩绘、家具陈设等,或是附着在具体的建筑物上,或是要借助具体园居情景才能充分显示出其造物意趣,随着明代苏州园林实体烟消云散,后世难以通过园林载体重见这些造物艺术的辉煌了。因此,今人只能借助一些间接的文献资料,对此间苏州园林营造中的装饰艺术和家具陈设的工艺水平,作推测性判断。

在园林建筑与附属装饰方面,明朝开国时原本极其崇尚简朴,曾三令五申禁防奢华,然而,风气变化和纲纪松弛之快,是早期立法者始料不及的。明初文人林弼说:"夫人唯苦于丰约之过计也。苟为不计,则虽荜门圭窦不为卑也，华堂广厦不为高也，绳枢瓮牖不以为朴，雕梁画栋不以为侈。何者？其志不以是而移也。"① 然而，这种不以居处宅第简约、奢华而移志的言论，很快就成为阳春白雪之曲了。成化二年（1466年），罗伦在万言《廷试策》中说："庶人帝服，娼优后饰，雕梁画栋惟恐其不华，珍馐绮食惟恐其不丰，锦绣金玉惟恐其不多，姝色丽音惟恐其不足，此奢侈之风盛也。"②可见，成化年间，本来常用于宫殿、庙堂、寺观上的雕梁画栋，已渐渐流行于士大夫之宅院了。至正德、嘉靖年间，士大夫对这种情形已屡见不怪了，顾璘贺同僚新第落成时就说："雕梁画栋相鲜地，最爱诗题素壁光。"③

明代中期以后，苏州渐渐成为东南，甚至全国的经济、文化、艺术中心，中国古代工艺美术史上的"明式"，在某种意义上即可等同于"苏式"。园林主人往往是当时苏州的一等公民，因此，此间苏州园林中附属的诸多建筑装饰物、生活日用物的造物工艺，皆为当时的最高水平，具有不可动摇的风向标地位。张瀚在《松窗梦语》中说："今天下财货聚于京师，而半产于东南，故百工技艺之人多出于东南，江右为夥，浙、直次之，闽粤又次之。……迨来国事渐繁，百工技艺之人，疲于奔命。广厦细旃之上，不闻简朴而闻奢靡；深宫邃密之内，不闻节省而闻浪费。则役之安得忘劳，劳之安能不怨也。近代劳民者莫如营作宫室，精于好玩。……至于民间风俗，大都江南侈于江北，而江南之侈尤莫过于三吴。自昔吴俗习奢华、乐奇异，人情皆观赴焉。吴制服而华，以为非是弗文也；吴制器而美，以为非是弗珍也。四方重吴服，而吴益工于服；四方贵吴器，而吴益工于器。是吴俗之侈者愈侈，而四方之观赴于吴者，又安能挽而之俭也。"④

当然，也要看到，虽然雕梁、画栋等建筑装饰已经在此间苏州文人园林中渐渐流行开来，但是，总体上来说，与后世繁缛密丽的造物风格相比，尤其是与入清以后的苏州园林古建装饰风格相比，无论是在门窗、栏杆的造型与图案上，在梁架、画屏、枋额、柱础的砖木雕刻上，还是其间的彩绘彩画上，明代中期的艺术审美特征，还算是古拙而朴素的。⑤ 例如，从此间的版刻书籍插图及文人画作可以看出，园林大多依然是那种疏篱花径的简单围墙，围栏也大多为简单二方连续图案的朴素设计。

---

① 林弼《燕垒斋记》，见《林登州集》卷16，第136页。
② 罗伦《廷试策》，《一峰文集》卷1。见《四库全书》第1251册，第638页。
③ 顾璘《吴太宰新堂初成有鹊来巢》，《息园存稿诗》卷13。见《四库全书》第1263册，第439页。
④ 张瀚著《松窗梦语》，第76页。
⑤ 参考崔晋余主编《香山帮建筑》，第50~65页。

对于这种由朴素发展到奢华的造物风尚变化，人们大多习惯于批判和忧虑，怀疑其存在的合理性。一些观念相对传统的苏州园林主人，一方面仍然守持着简约朴素、淡泊宁静的古道，一方面造园和园居生活又濡染了时代风气，以至于自己也觉得矛盾，言及园居时，还常常进行隐讳和回护。例如，在《薜荔园记》中，主人徐子容在请陆粲为其园林景境作序时说："先公府君木主在焉，一石一峰，先世之藏也。至于一泉、一池、一卉、一木之微，亦皆先人之志也。每一过焉，陟降泛扫之余，恍乎声容之在目，缙也何敢以为乐，愿子为我记之，以示后之人。"这是在从孝思的方面，为自己造华丽的大园子找理由。毛珵是王延喆的岳父，在当时苏州园林主人群体中，他属于与王鏊同辈的长者。然而，这位老先生晚年致仕后，把大量的精力都用在了增殖产业上，造园和园居的奢华也与其女婿王延喆颇为相似。文徵明在其行状中就有意回避了这一个事实，说毛珵没参与造园享乐一类的事情："晚岁业益，充拓田园，邸店遍于邑中。垣屋崇严，花竹秀野。宾客过从，燕饮狼籍，虽极一时之盛，而公无与也。雅善养生，平生保身如金玉，爱养神明，调护气息。至于暄寒起卧，饮食药饵，节适惟时。"①

回顾人类文明史，在一个相对持续稳定的社会阶段里，造物审美渐趋华丽，这是造物技术与社会财力发展的必然结果，也是艺术历史发展的基本规律。因此，不能简单用进步或退化，来对艺术形式美的变化进行贴标签。反之，此间苏州园林生产功能的逐渐弱化，园林主人类型的丰富，审美取向的情趣化，园林选址自觉意识的增强，园林造境设计与处理方法的系统化、程式化，以及造景手法的多样化等等，都是中国古典园林的艺术个性正在不断地形成和彰显的发展历程，是艺术审美形式发展进步的表现。

---

① 文徵明《本贯直隶苏州府吴县某里毛珵年八十二状》，见《文徵明集》第620页。

第五章　繁荣表象下的分裂与回归——晚明苏州园林研究

第一节　晚明苏州园林艺术的生境与发展概况

在历史学、政治学、社会学以及古代哲学、文学、艺术学等学科体系里，"晚明"都是一个界定相对清晰、内涵相对一致的概念。明史专家吴晗先生说："从社会风俗方面来说，明朝人认为嘉靖以前和嘉靖以后是两个显著不同的时代，有不少著书的人指出了正德、嘉靖以后社会风俗的变化。"① 本论题研究中的"晚明"，指的是嘉靖朝以后的明代，是明穆宗（朱载坖）隆庆初年至明代灭亡的这一历史阶段，其间经历了隆庆、万历、泰昌、天启、崇祯、南明弘光等六朝约80年。园林艺术兴造具有较强的延续性，清朝对江南文人园林营造也没有制定特殊的抑制性政策，因此，苏州园林史上的晚明艺术审美思想一直延续至清代初期。

一、试听鹧鸪声里，满川风雨黄昏——晚明的家国形势与政治环境

诸学科对"晚明"的界定之所以相对一致，根本原因在于，嘉靖以后明代的国势、政局以及时代风气，进入了一个每况愈下的持续性颓靡时期。所谓晚明六朝，其实，光宗泰昌一朝是仅仅几个月的蟪蛄春秋，弘光也仅是王朝覆灭后流落江南王族的一时余音，主体是隆庆朝6年，万历王朝47年，天启朝7年，以及崇祯朝17年。这些年号，几乎已经成为中国历史上的乱世与亡国的代名词了。

穆宗朱载坖1567年建元，前后在位6年，《明史》说他："端拱寡营，躬行俭约，尚食岁省巨万。许俺答封贡，减赋息民，边陲宁谧。继体守文，可称令主矣。第柄臣相轧，门户渐开，而帝未能振肃干纲，矫除积习，盖亦宽恕有余，而刚明不足者欤！"② 相对宽仁有为的帝王总是年寿不永，甚至英年早逝，这似乎是朱明王朝永远跳不出去的魔咒，这也是王朝大势总是在

---

① 吴晗著《明史简述》，第89页。
② 《明史》（本纪第十九）《穆宗本纪》，第260页。

跌宕中坚持，而没能造就一个持续全盛时代的重要原因。朱载垕的作为主要在于躬行节俭、减赋休战，而不是面对前朝颓势重整纲纪、振奋国势，而且在位时间也很短，因此，他没能为晚明开局奠定较好的基础。

神宗朱翊钧的万历初期，虽然一度有张居正辅政，"国势几于富强"，然而，重臣之间的相互掣肘、攻讦，帝王的无道无为与胡作非为，后宫以及宦官的全面干政，致使王朝约半个世纪的统治纲纪废弛、君臣相乖、奸小当道、文人朋党。万历末年的宫廷三案，是各种乱政与内讧的集中爆发，也启动了明朝大势走向灭亡的关键。因此，《明史》说："溃败决裂，不可振救。故论者谓明之亡，实亡于神宗。"又说："明自世宗而后，纲纪日以陵夷，神宗末年，废坏极矣。虽有刚明英武之君，已难复振。"①

熹宗天启皇帝如果不是心智不全，就可能是个大智若愚的超常人。面对已经难以收拾的乱局，他干脆来个不收拾，专心去研究如何提高自己的木工手艺，把乱七八糟的政事全部交给了宦官出身的"九千岁"。然而，无论朱由校是智是愚，"天启大爆炸"都注定成为古代历史上"天人感应"的经典案例。"妇寺窃柄，滥赏淫刑，忠良惨祸，亿兆离心，虽欲不亡，何可得哉。"② 明朝已经进入了天怒人怨的灭亡倒计时。

尽管崇祯帝朱由检"沈机独断，刈除奸逆"，力图"慨然有为"③，但是，内乱已做大，强敌已临门，他在举国动荡飘摇中苦苦支撑了17年，不仅没能重整山河，还成了以身殉国的亡国一君。把崇祯帝逼上万岁山自尽的，表面上看是李自成的乱军，或者是多尔衮的铁骑，深层的原因还在于此前半个多世纪王朝乱政的积患积弊。

二、城市商品经济的继续繁荣与人文环境的深度颓靡

封建王朝的家国形势与政治环境，通常是影响其他诸社会意识形态变化的总源头，在中国古代文化思想史上，晚明是一个极其特殊的时期。从政治、经济，到文化、艺术，城市商业文明前所未有地彻底冲击了社会生活的每一个角落，到处充斥着虚伪、浮躁、一败涂地的末世乱象。以李贽"童心说"为代表的王学左派人性学说，一方面解放了人们的个性精神，另一方面也激活了人们被久久压抑的欲望。在享乐主义的鼓噪下，崇拜财富、炫耀财富、挥霍财富成为一种时代风尚。同时，随着文化艺术的大众化、世俗化，传统的文人艺术、高雅艺术也渐渐失守了原则，迷失了方向，

---

① 《明史》（本纪第二十一）《神宗本纪》，第295页。
② 《明史》（本纪第二十二）《熹宗本纪》，第307页。
③ 《明史》（本纪第二十四）《庄烈帝本纪二》，第335页。

整个时代的文化品格和艺术精神踏上了沿着浅俗化方向沉沦而下的节拍——这是一个貌似灿烂热闹而迷失了灵魂的浮华时代。万历朝首辅申时行（1535—1614年）的诗歌《吴山行》，全面形象地绘写了晚明吴地奢华空虚的社会风气。

> 九月九日风色嘉，吴山胜事俗相夸。
> 阛闠城中十万户，争门出郭纷如麻。
> 拍手齐歌太平曲，满头争插茱萸花。
> 横塘迤逦通茶磨，石湖荡漾绕楞枷。
> 兰桡桂楫千艘集，绮席瑶尊百味赊。
> 玉勒联翩过羽骑，青帘络绎度香车。
> 影缨挟弹谁家子，趿屐鸣筝何处娃。
> 不惜钩衣穿薜荔，宁辞折屐破烟霞。
> 万钱决赌争肥狞，百步超骧逐帝騧。
> 落帽遗簪拼酩酊，呼卢蹴鞠恣喧哗。
> 只知湖上秋光好，谁道风前日易斜。
> 隔浦晴沙归雁鹜，沿溪晓市出鱼虾。
> 荧煌灯火阗归路，杂沓笙歌引去槎。
> 此日遨游真放浪，此时身世总繁华。
> 道旁有叟长太息，若狂举国空豪奢。
> 此岁仓箱多匮乏，县官赋敛转增加。
> 闾阎调瘵谁能恤，杼柚空虚更可嗟。
> 何事倾都涸丘壑，何缘罄橐委泥沙。
> 白衣送酒东篱下，谁问遗桑处士家。①

晚明一年不如一年的王朝政治和时代风气，加剧了城市商品经济进一步向过度膨胀而失范的自由状态发展。明代中后期，江南城市经济已经渐渐从生产型经济向消费型经济转变，这种消费型商品经济晚明时不仅已高度发达，而且对江南各地社会主流价值观念造成了巨大冲击，甚至是全面地重塑。这就是吴地一带晚明的士林风尚、民俗风情、文化艺术审美等人文环境变化的大背景。在这一转变过程中，苏州始终走在杭州、松江、绍兴、嘉兴、湖州、扬州、常州等诸城市的最前沿，扮演着引领时代风尚的江南首郡角色。这种复杂的政治、经济、文化背景，直接、全面、深刻地影响了苏州园林艺术的发展形势和审美趣味。

---

① 顾禄撰《清嘉录》，第141页。

以苏州为中心的晚明江南商业文明是一个复杂的课题，从园林艺术史研究的角度来看，其中有两个问题比较值得关注：一是以徽商为代表的文化商人的崛起，二是耕读生活方式及耕隐人生在社会主流价值观念中全面褪色。

商人与文人之间的互补与联手，早在元代的江南就曾经一度盛行。元代后期江南文化艺术创作空前辉煌，背后就有商人的无影之推手，此间吴地文人园林营造逆势繁荣，也与此有着紧密而重要的联系。明代开国以重农抑商为经国之本，城市商品经济在明初一度受到抑制。明代的商品经济再度繁荣，商人群体逐步壮大，商人介入文化艺术领域，以及文人再次认可并充分利用艺术作品的商品属性，大约都起于明代中期的成化、弘治年间。沈周偏居相城有竹居的时候，常常是早晨门还未开，门前河道中就已经舟楫拥塞了——这些远涉而来的人们，大多数不是书画艺术圈中的道友，而是文化艺术品商人。

经过约百年的发展，晚明以徽商为代表的江南商人群体已经发展壮大，他们不仅在经济领域获得了全面的优势地位，而且渐渐成为炒作和推动吴地文化艺术品创作、引导造物风尚走向的主要操手。他们大都具备良好的文化艺术素养，又带着明确而强烈的商业目的。他们充分地利用了吴中精致、细腻、巧思的传统造物技术，推动着吴地造物审美观念全面接受和融入商品化意识，以至于吴地文化艺术领域中传统的清雅、高古的审美品格，很快在商业利益欲望的潮流中被稀释得消损了本色。王世贞在笔记《觚不觚录》中感慨："闲居无事，偶臆其事而书之。大而朝典，细而乡俗，以至一器一物之微，无不可慨叹。若其今是昔非，不觚而觚者，百固不能二三也。"① 在王世贞看来，此间造物设计历经了百般变化，值得称道的却寥寥无几，这显然是一个极不正常的现象。王世贞没有能从商业利益欲望过度膨胀的角度，给出造成这种现象的根本原因，但是他清醒地认识到了这与徽商介入有直接的关系。《觚不觚录》又说："画当重宋，而三十年来忽重元人，乃至倪元镇，以逮明沈周，价骤增十倍。窑器当重哥、汝，而十五年来忽重宣德，以至永乐、成化，价亦骤增十倍。大抵吴人滥觞而徽人导之，俱可怪也。今吾吴中陆子刚之治玉，鲍天成之治犀，朱碧山之治银，赵良璧之治锡，马勋治扇，周治治商嵌，及歙吕爱山治金，王小溪治玛瑙，蒋抱云治铜，皆比常价再倍，而其人至有与缙绅坐者。近闻此好流入宫掖，其势尚未已也。"

袁宏道也说："近日小技著名者尤多，皆吴人。瓦壶如龚春、时大彬，

---

① 金沛霖主编《四库全书子部精要》（下册），第901页。

价至二三千钱铜,炉称胡四,扇面称何得之,锡器称赵良璧,好事家争购之。然其器实精良,非他工所及,其得名不虚也。"①

苏州传统的精湛造物技术,引领江南时尚的城市地位,徽商系统化地炒作与经营,结合而成为一条文化商品创作、销售、增值的生产链,吴地文人艺术创作迅速进入了商品化生产的深水区域。时人周晖在《二续金陵琐事》中记录了一则对话:"凤洲公(王世贞号凤洲)同詹东图(詹景凤,休宁人,隆庆年间进士)在瓦观寺中。凤洲公偶云:'新安贾人见苏州文人,如蝇聚膻';东图曰:'苏州文人见新安贾人,亦如蝇聚膻'。凤洲公笑而不答。"②"如蝇聚膻"是一种赤裸裸的利益关系,吴地文人与徽州商人又是当时活跃在江南城市经济高层的两类主要人群,因此,这种唯利是图的和谐互惠关系,成为导致晚明江南文化艺术环境走向深度颓靡的主要原因之一。

文人一旦在利益诱惑面前丧失了操守,艺术创作便随之失去了个性和方向。虽然晚明苏州的文化艺术舞台一直都不寂寞,充斥着的却大多是缺少艺术精魂与品格的艺人,甚至是擅长并专享作伪之利的文化骗子,艺术作伪之风空前炽烈,连张凤翼、王稚登、周秉忠这样的大师也身涉其中。沈德符说:"骨董自来多赝,而吴中尤甚,文士皆以糊口。近日前辈,修洁莫如张伯起,然亦不免向此中生活。至王百谷,则全此作计然策矣。"③明末清初文人姜绍书在《韵石斋笔谈》中,记录了周秉忠高超的作伪水平:"吴门周丹泉巧思过人,交于太常。每诣江西之景德镇,仿古式制器以眩耳食者,纹款色泽,咄咄逼真,非精于鉴别,鲜不为鱼目所混。一日从金阊买舟往江右,道经毘陵,晋谒太常,借阅此鼎,以手度其分寸,仍将片楮摹鼎纹袖之。旁观者未识其故。解维以往,半载而旋,袖出一炉云:'君家白定炉,我又得其一矣。'唐大骇,以所藏较之,无纤毫疑义。盛以旧炉,底盖宛如辑瑞之合也。询何所自来,周云:'余畴昔借观,以手度者,再盖审其大小轻重耳,实仿为之,不相欺也。'太常叹服,售以四十金,蓄为副本,并藏于家。"④

王百谷、周丹泉毕竟是当世的艺术大师,除却精于作伪,各自都有自己的创作流传后世。李日华在《味水轩日记》中记录的这位嘉兴人朱殿,则是一位职业作伪高手:"里中有朱肖海者,名殿,少从王羽士雅宾游,因得盘桓书画间。盖雅宾出文衡山先生门,于鉴古颇具眼,每得断缣坏楮应移易

---

① 王士禛《居易录》卷24。见《四库全书》第869册,第612页。
② 周晖撰《金陵琐事·续金陵琐事·二续金陵琐事》,第312页。
③ 沈德符著《万历野获编》,第655页。
④ 金沛霖主编《四库全书子部精要》(中册),第1331页

补款者,辄令朱生为之。朱必闭室寂坐,揣摩成而后下笔,真令人有优孟之眩。顷遂自作赝物售人,歆贾之浮慕者,尤受其欺。又有苏人为之搬运,三百里内外,皆其神通所及。所歉者,每临文义,辄有龃龉,易于纳败。余每以横秋老眼,遇其作狡狯处,一抹得之。念其衣食于此,不忍攻也。"①

李日华日记中的"王羽士雅宾",不知是何许人也,文徵明门人中有雅宜山人王宠,日记所指可能就是这位王山人。王羽士本来只是教授朱肖海修补旧损字画的技术,不曾想世道变了,这位后生学会了精湛的技术后,竟然专营作伪以谋生,而且还找来苏州商人,在方圆三百里内外为他兜售这些赝品——作伪不仅已经成为职业,而且有了比较完整的生产、销售链,开始了流水线作业。这种系统化大量作伪的现象一直持续到清代,钱泳在《履园画学》中,还提到了苏州专诸巷钦氏家族以作宋元艺术赝品为生的事情:"近来所传之宋元人如宋徽宗、周文矩、李公麟、郭忠恕、董元、李成、郭熙、徐崇嗣、赵令穰、范宽、燕文贵、赵伯驹、赵孟坚、马和之、苏汉臣、刘松年、马远、夏圭、赵孟頫、钱选、苏大年、王冕、高克恭、黄公望、王蒙、倪瓒、吴镇诸家,小条短幅,巨册长卷,大半皆出其手,世谓之'钦家款'。"②

可见,过度膨胀的商业化,对以苏州为首的江南城市人文环境造成了巨大的冲击和伤害,而晚明的苏州园林就是在这种饱受商业文明冲击的环境之中,进入了造园的最盛时期。

三、晚明江南经济文化环境对苏州园林发展的影响

"苏湖熟,天下足。"唐宋以来,以苏州为首的东南一带渐渐成为天下的粮仓,农耕也成为居民最普遍的生活方式。宋元以前,不管园林主人是民是官,是士是商,私家园林营造都以耕读生活方式和耕隐人生追求为最基本的生存土壤。因此,宋代以后,随着中国农耕经济中心转移到了江南,私家园林营造中心也从此前的长安、洛阳、邺城、开封,转移到了江南的苏州、吴兴、杭州、建康等地。元明以降,太湖流域人口逐渐稠密,人均田亩迅速减少,加上朱明王朝开国以来对江南长期持续征收惩罚性田赋,致使从事农耕的居民纷纷破产。郑若曾在《论东南积储》一文中说:"我国家财赋取给东南者,什倍他处,故天下惟东南民力最竭,而东南之民又惟有田者最苦。平居每以赋役繁重,视田产如赘疣,思欲脱去而为逃亡者大半。"③ 入明以

---

① 卢辅圣主编《中国书画全书》(第三册),第1117页。
② 于安澜编《履园画学》,第4页。
③ 郑若曾《论东南积储》,《江南经略》卷8(下)。见《四库全书》第728册第477页。

来，吴地手工业发达，吴民造物技术始终领先于全国，这也是一个客观的被动性原因。

既然农耕生产已经渐渐成为导致居民贫困、破产的主要原因之一，居民弃农经商、弃农从工，也就是自然而然的选择了。随着明代中后期城市商品经济的高度发达，工商结合渐渐成为吴地居民最主流的生产模式。明代中期时杨循吉就指出了这一现象："大率吴民不置田亩，而居货招商。阛阓之间，望如锦绣；丰筵华服，竞侈相高。而角利锱铢，不偿所费，征科百出，一役破家。说者谓役累土者而利归商人，其然其然。故外负富饶之名而内实贫困者。"① 随着发展程度不断加深，苏州古城内外的居民，几乎人人都上了工商业这条船。顾炎武在《肇域志》中说："一城中与长洲东、西分治。西较东为喧闹，居民大半工技。金阊一带，比户贸易，负郭则牙侩辏集，胥、盘之内密迩，府县治多衙役厮养，而诗书之族聚庐错处，近阊尤多。城中妇女习刺绣。滨湖近山小民最力啬，耕渔之外，男妇并工捆屦、擘麻、织布、织席、采石、造器营生。梓人、甓工、垩工、石工，终年佣外境，谋蚕办官课。"②

在晚明商业文明潮流的冲击下，耕读生活方式和耕隐人生追求在社会主流价值观念中全面褪色，这是晚明江南城市经济文化环境对苏州园林发展造成的最大、最深的影响。一方面，失去了最基础、最传统的生存土壤，古代文人私家园林营造的主题、审美理想，渐渐发生了深刻的变化。另一方面，离开了耕读持家的生活方式，"缙绅家非奕叶科第，富贵难于长守"了，也渐渐造成了"吾吴中无百年之家久矣"的现象。③ 这一现实严重影响了诸多名园的传承，使得明代苏州园林在营造、养护、增修的历史过程中，往往不断辗转于不同主人之手，以至于园林本来的设计匠心和艺术造境原貌，在流传中被不断地改变和破坏。

尽管审美观念上的变化是巨大的，晚明苏州造园风气却依然如故，并得到了强化。对于以苏州为中心的吴地一带来说，晚明是顺承明代中期发展大势而下的，明代中期园林兴造呈现出来的两大特点——家族园林兴盛，园林选址相对集中，在晚明苏州造园活动中，都得到了全面的继承和进一步发展。同时，在某些方面，晚明苏州园林也显示出鲜明的时代特征。例如：昆山、松江、太仓等下属县邑，以及扬州、杭州、绍兴等周边州府的私家园林

---

① 见陈其弟点校《吴邑志》，第8页。
② 顾炎武撰《肇域志》（第一册），第261页。
③ 归有光《张翁八十寿序》，见周本淳点校《震川先生集》卷13，第326页。

营造全面兴盛,大有后来居上,赶超苏州的势头;园林主人群体的构成更加复杂,以至于发生了明显的分裂;园林审美思想、景境设计也发生了很大的变化等等。

在园林选址的空间分布上,晚明苏州基本延续了明代中期的局面,城内园林依然集中在西北、东北,以及东城的葑门和城南的沧浪、南园一带,城外的园林依然围绕着四郊的湖山。所不同的是,晚明这些地方的园林更加密集,数量更多,著名园林的占地面积和营造规模更加宏大,园林风貌和造景层次更加丰富了。同时,晚明家族性园林的繁荣也达到了江南园林史上的最高点。据说申时行家族在古城有大小八处园林;古城内外的拙政园、东庄、葑溪草堂、留园、紫芝园等诸多名园,都为来自太仓的徐氏家族所有;昆山、太仓的园林无论在数量上,还是在园林规模与艺术水平上,都以王世贞家族园林为最。除此以外,古城的张凤翼、太仓的王锡爵、常熟的瞿汝说、昆山的顾锡畴等,都有或多或少的家族性造园。不仅苏州如此,此间扬州有郑氏,绍兴有祁氏、张氏等,也都有规模宏丽的家族园林群。

如果说明代中期的苏州,"城里半园亭"的局面已经形成,那么,晚明的江南园林兴造进入了全面兴盛的阶段,各城市都以苏州为范本,进入了园林化城市的建设阶段。仅就新造园而言,此间的昆山、松江、无锡、扬州、绍兴等地可能并不比苏州逊色。在《苏州历代园林录》中,魏嘉瓒先生罗列了晚明新造园林大约130多处,其中苏州古城及吴县、长洲的新造园合计约44处,而昆山、太仓两地的新造园合计约51处,此间常熟、吴江、松江等地还有新造园约40余处。尽管这些数据不很精确,却能够宏观地反映出晚明苏州下属县邑造园的全盛态势。此外,祁彪佳在《越中园亭记》中说:"越中园亭开创,自张内山先生始。"① 张内山即张天复,浙江山阴人,嘉靖二十六年(1547年)进士,是明末东南名士张岱的高祖。可见,明代东南一带其他城市造园的全面兴盛也是在晚明期间。

"趋时与闭门,喧寂不同调",随着园林数量迅速增加,园林主人的人群构成也更加复杂了。在明代中期不同类型园林主人之间既有差异的基础上,晚明苏州园林主人渐渐分裂成为界限清晰的不同群体,园林艺术也进入了趣味追求和景境风貌色彩纷呈的复杂阶段。同时,明代苏州造园艺术也进入了审美反思与理论总结阶段。一方面是园林艺术大师密集,先后出现了周秉忠、张南阳、计成、张南垣等造园艺术家,以及王世贞、王士性、袁宏道、谢肇淛、文震亨、李渔、张岱等一大批热衷于园林,且具有高深园林艺

---

① 祁彪佳著《祁彪佳集》,第199页。

术理论修养的文人；另一方面是出现了《长物志》、《园冶》、《闲情偶寄》等艺术理论专著，以及《五杂俎》、《陶庵梦忆》等与园林艺术关系密切的笔记。

总之，晚明是一个国势陵夷、商业繁荣、世风萎靡、思想自由的热闹时代，其间以苏州为代表的江南园林艺术的发展，深受这种时代风气的浸染。同时，经历了千百年跌宕起伏的发展，苏州的私家园林艺术在园林总量上已经稳居全国第一的位置，在造园技术和艺术审美理论总结方面，也都达到了艺术史上的最高点。

第二节　晚明苏州名园考述（一）——苏州城区的徐氏家族园林

晚明约 80 年间是苏州私家园林营造的鼎盛时期，也是园林艺术审美思想色彩纷呈的复杂阶段。对园林进行区域分布、主人的家族性、主人审美情趣及园林艺术风貌差异等进行分类梳理，有利于全面清晰地揭示出晚明苏州园林艺术发展的客观状态。

阊门外徐氏是晚明苏州的豪门，这一家族原籍为常熟直塘，后来划归入太仓，因此，现存关于其家族的资料，也主要在太仓方志之中。与苏州古城内外的顾、陆、朱、张、王、韩，及太湖边上的范氏、徐氏、华氏等传统望族相较，这一家族实际上是后来居上的新市民。根据魏嘉瓒先生考证，大约在永乐年间，太仓徐氏家族中有徐渊自太仓直塘移居虎丘彩云里，此即为苏州阊门外徐氏的始祖。① 徐渊之子徐朴（寻乐老人），既工于书画、音律，又精于货殖，成化、弘治间，其"贸易江湖二十余年致丰饶"，可见，这一徐氏家族是顺应明代苏州商品经济快速发展而崛起的城市新贵。徐朴有二子：长子徐焆，次子徐耀。徐焆有三子：长子徐圭（性泉），次子徐封（默川），三子徐佳（少泉）。徐耀之子徐履祥是嘉靖辛丑科（1541 年）进士，育有六子，其中第三子便是万历朝的工部营缮郎中、迁光禄寺少卿的徐泰时。

在徐氏这些子孙中，徐封有紫芝园。徐佳、徐圭入主拙政园。此间留居太仓的徐氏后人徐廷裸也移居苏州，其人整合了吴宽的东庄和韩雍的蓼溪草堂而为徐参议园。徐泰时、徐溶父子有东园（留园）和西园（后舍园为寺，即今天的西园寺）。徐泰时女婿范允临有天平山庄。阊门外还有徐子本园。可见，在晚明苏州园林艺术视阈中，徐氏家族具有举足轻重的特殊地位，无论是新造园，还是对前朝名园的继承，其家族园林都是此间苏州古城内外诸

---

① 参考魏嘉瓒著《苏州古典园林史》，第 235、255 页。

园中的精品。

一、徐默川紫芝园

关于晚明苏州徐氏家族园林群，徐树丕笔记《识小录》中有一些记载，虽然仅是些丛残小语，因出自徐氏后人之手，亦皆为弥足珍贵的园林史料。徐树丕说："余家世居阊关外之下塘，甲第连云，大抵皆徐氏有也。年来式微，十去七八，惟上塘有紫芝园独存，盖俗所云假山徐，正得名于此园也。因兄弟构大讼，遂不能有，尽售与项煜。煜小人，其所出更微，甲申从贼，居民以义愤，付之一炬，靡有孑遗。今所有者，止巨石巍然旷野中耳。园创于嘉靖丙午，至丙戌而从伯振雄联捷，至甲申正得九十九年，不意竟与燕京同尽，嗟乎！嗟乎！"

徐默川的紫芝园初创于嘉靖二十五年（1546年，岁在丙午），被苏州市民焚毁于崇祯十七年（1644年，岁在甲申），徐树丕的记载，扼要地勾勒出紫芝园近百年历史的大致脉络。更重要的是，《识小录》收录了王稚登（号百谷）的《紫芝园记》，① 此文比较完整地记录了万历二十四年（1596年，岁在丙申）紫芝园景境最盛时期的大致面貌。仔细研读王百谷的园记，可以看出紫芝园造景有这样一些明显的特征：

第一，园林的总体空间布局是南宅北园、宅园分离的格局。"太仆家在上津桥，负阳而面阴，右为长廊数百步，以达于园。园南向，前临大池，跨以修梁，曰'紫芝梁'。"可见，徐默川的紫芝园与其宅居之间，既非别墅，也非紧密融合的宅园，而是一种亦即亦离的空间关系。晚清顾文彬怡园与其宅居之间的空间布局关系，与此颇有相似之处。

第二，园林面积较小而造景层次繁密，尤以假山林立为最，因此景境丰富而疏朗不足。"园凡若干亩，居室三之，池二之，山与林木、磴道五之，峰三十六，亭四，洞三，津梁楼观台榭岛屿不可计。"整个园子除却1/5面积的水域，其他全部是假山、楼阁等建筑，小小水面上还有几处桥梁和许多岛屿，而假山叠峰竟然达36处。时人以"假山徐"来指代其家，可见，假山已经成为当时人们对紫芝园最深刻而鲜明的印象。园林叠山技巧非常高超，小小空间群峰林立，其间以磴道、洞壑和石梁相联络沟通，并在游山路径之中，还营造了两处溶洞、一处水洞和琴台，可能有效法狮子林的痕迹。群峰中最高大者为"霞标峰"，周围布满造型各异又富有意趣的湖石，"或如潜虬，或如跃兕，或狮而蹲，或虎而卧。飞者、伏者、走者、跃者，怒而奔林，渴而饮涧者，灵怪毕集，莫可名状"。"霞标峰"旁营造了"骋望

---

① 徐树丕著《识小录》，见江畬经选编《历代小说笔记选》（金元明），第292页。

台"，登台四望，可以"东望城闉，千门万户；西望诸山，群龙蜿蜒"。"骋望台"下是"双联"溶洞，洞内"清旷通明"，竟然"可以罗胡床十数"。可见，苏州园林堆叠湖石假山的各种技法到晚明已经完全成熟。

第三，园中屋宇建筑高大密集，且富丽堂皇。仅王稚登的园记中，就记录了"永祯堂"、"东雅堂"、"五云楼"、"延熏楼"、"白雪楼"、"留客楼"、"迎旭轩"、"浮白轩"、"遣心"水槛、"太乙斋"画室等十几处屋宇建筑，另外还有四座亭子，多处游廊、桥梁、曲室。其中，沿着住宅东侧进入园林的主门"翼然"高耸，可能已经有了门楼构造。"东雅堂"是园林中最宏大的广厦，不仅高大坚壮，而且，还大量地使用了斗栱："栋宇坚壮，宏丽爽垲，榱题斗栱，若雁齿鱼鳞，夏屋渠渠，可容数百人。"园记又说："一泉一石，一榱一题，无不秀绝精丽。雕墉绣户，文石青铺，丝金缕翠，穷极工巧，江左名园，未知合置谁左。"可见，此园建筑中已经大量地使用彩绘、雕刻、错金、花窗、铺地等建筑装饰了。仅从园林造景的角度来看，此园"仙家楼阁，雾阁云窗"，其密集的琼楼玉宇般建筑与较小的园林面积之间并不十分协调，过于奢华的建筑风貌，濡染了商人家园鲜明而浓郁的炫富争豪气息，与传统文人园的自然、朴素的审美理想之间渐行渐远。

第四，此园中的堂、楼、亭、台、阁、轩等，不仅有题名，且已多有题额，而题额还多出自名家之手，这也是此间园林中的新风景。例如，"永祯"堂、"东雅"堂题额出自文徵明，"友恭"堂题额出自梅花墅主人许元溥，"揽秀"门额、"仙掌"峰题额出自王稚登等。园林景境央请当世名家墨迹题款，在元末时曾一度很流行，顾德辉的玉山佳处几乎每一景境都有杨铁崖、郑元佑、高明、吴克恭、于立、陈静初等人题写的楹联。然而，入明以后，这一风尚一度中断，明代中前期苏州园林中的大多景境都只有题名而不书题额。到了晚明，这一风气又渐渐盛行起来。

另外，王稚登园记中说："园初筑时，文太史为之布画，仇实父为之藻缋。"后世也多援引此说，认为此园设计出自文徵明之手。以笔者愚见，这一说法不乏疑窦。此园嘉靖二十五年初创时，文徵明已经77岁高龄，耄耋之年还为一个富豪后生造园亲自布画、设计，这不符合文太史的处世风格，而且，此园密集的建筑设计，富丽堂皇的整体风貌，与文徵明的园林审美思想之间大相径庭。仇英是否图绘了此园，今也已难以稽考了。从徐树丕的随笔可知，明末时因为徐氏兄弟不睦，手足冲突竟然发展到需要打官司的地步。这种事情既丢人现眼，又破费了家财，最终此园被售予了项煜。项煜本是崇祯朝的礼部侍郎、少詹事，也曾与东林党人有过交往，因为甲申（1644年）投降了李自成，招致吴地士民的忿恨和鄙弃，怨恨最后被集中发泄在其园居上，一代名园就这样被袭掠后一把火烧个精光。

二、徐泰时东园

徐泰时（1540—1598年），字大来，号舆浦，长洲人。万历八年（1580年）进士，先后仕历工部主事、营缮郎中、光禄寺少卿、太仆寺少卿等职。徐泰时造东园（即今留园），是在其因涉嫌贪贿而被解职"回籍听勘"期间。范允临在《明太仆寺少卿舆浦徐公暨元配董宜人行状》中说他："一切不问户外事，益治园圃，亲声伎。里有善垒奇石者，公令垒为片云奇峰，杂莳花竹，以板舆徜徉其中，呼朋啸饮，令童子歌商风应革之曲。"① 魏嘉瓒先生说："徐朴是徐泰时的曾祖父，他的别业就是东园的最早基础。"② 这一推测是可信的，东园修造前后历时仅两年多，大约于万历二十三年（1595年）竣工，如果没有良好的基础，这么短时间内是难以造出一代名园的。

此间袁宏道与江盈科分别任职吴县和长洲的知县，二人先后数度来访园中，因此，二人诗文中留下了关于东园景境的早期资料。袁宏道说："徐同卿园在阊门外下塘，宏丽轩举，前楼后厅，皆可醉客。石屏为周生时臣所堆，高三丈，阔可二十丈，玲珑峭削，如一幅山水横披画，了无断续痕迹，真妙手也。堂侧有土陇甚高，多古木。陇上太湖石一座，名瑞云峰，高三丈余，研巧甲于江南，相传为朱勔所凿，才移舟中，石盘忽沉湖底，觅之不得，遂未果行。后为乌程董氏构去，载至中流，船亦覆没，董氏乃破赀募善没者取之，须臾忽得其盘石亦浮水而出，今遂为徐氏有。范长白又为余言，此石每夜有光烛空然，则石亦神物矣哉。"③ 袁宏道的园亭纪略的确很简略，从中却也可以看出东园造景的一些主要特征。与紫芝园一样，东园也是一所宏丽豪华的园林，但总体空间设计与紫芝园不同，徐泰时东园是前宅后园的合一布局，这一点与今天的留园没有太多差别。东园中的假山出自当时著名画家周秉忠之手，其中临水近宅处的假山为山脉走势。

江盈科在《后乐堂记》中说："里之巧人周丹泉为累怪石，作普陀、天台诸峰峦状。石上植红梅数十株，或穿石出，或倚石立，岩树相得，势若拱遇。其中为亭一座，步自亭下，由径右转，有池盈二亩，清涟湛人。"④

结合袁、江二人的描述，此高三丈，长二十丈余的巨大石屏，这幅了无断续痕迹的山水横披画，可能就是今天留园中心水池西北侧的湖石假山群的基础，在今天留园的"闻木樨香亭"处，可能就是原先叠山构亭之处。在

---

① 范允临著《输寮馆集》卷5，见《四库禁毁书丛刊》（集部）第101册，第314页。
② 魏嘉瓒著《苏州古典园林史》，第236页。
③ 袁宏道《吴中园亭纪略》，见《三袁随笔》，第53页。
④ 江盈科《后乐堂记》，见《雪涛阁集》，第250页。

袁宏道寥寥两百字中，他还提到了东园的土假山："堂侧有土陇甚高，多古木。垄上太湖石一座，名瑞云峰，高三丈余。"可见，今留园西侧的土包石大假山，乃是明末艺术大师的遗构，江南奇石之一瑞云峰，就点缀于此土假山之上。这种积土成山、置石成峰的处理方式，也是晚明苏州园林土石假山的常见做法，当时退居阊门内的尚书杨成有五峰园，其中五峰也都是这种做法。关于这一瑞云峰的来历，袁宏道采用了当时的里巷传说，后来张岱的《陶庵梦忆》、徐树丕的《识小录》，也都用了此说。袁宏道还转引了范允临的说法，说此石能夜生光辉，似乎为有灵神物。尽管这些街头巷语流传广泛，却大多为不稽之谈。

江盈科在《后乐堂记》中说："公蓄两娈童，眉目狡好，善鹳鹆舞、子夜歌。酒酣，命施铅黛、被绮罗，翩翩侑觞，恍若婵娟之下广寒，织女之渡银河，四坐宾朋无不凝吟解颐，引满浮白，饮可一石而不言多。"在徐泰时的行状中，范允临也说他"呼朋啸饮，令童子歌商风应革之曲"，可见，万历间昆曲演剧已经深度融入苏州私家园林中，成为园林主人的家养班子了。

从江盈科的诗文来看，徐氏东园花卉种植，已经明显有了"一年无日不看花"的追求，东园就是一个大大的花园。《后乐堂记》中说，园内有牡丹、芍药、紫薇、芙蓉、木槿、木兰、红梅、野梅等花卉，其诗歌《徐同卿席上赋》说："名花杂植数百茎，四时常得教春住。"这种私家园林的花园化倾向，也是晚明苏州园林发展的一个普遍趋势。江盈科说："乃知三岛飞仙，谪居尘世，方能消受此景。不肖碌碌簿书，坐此间一刻，便欲蜕去。"① 又说："名园况比阆壶看。"② 总体来看，徐泰时的东园也是一所屋宇轩敞、华丽宏大的园子，园林造景可能与紫芝园一样有逍遥享乐的慕仙追求。

万历二十六年（1598 年），徐泰时谢世，此后直到徐泰时之子徐溶成年，东园由徐泰时女婿范允临代管。徐氏除东园外还有西园，后来由于家境难以维持，徐溶舍西园为寺，此即今天的西园寺。徐溶在天启年间谄媚魏忠贤，成为招致天下士民不齿的阉党一员。《明史》说："故天下风靡，章奏无巨细，辄颂忠贤。……廷臣若尚书邵辅忠、李养德、曹思诚、总督张我续，及孙国桢、张翊明、郭允厚、杨维和、李时馨、汪若极、何廷枢、杨维新、陈维新、陈尔翼、郭如闇、郭希禹、徐溶辈，佞词累续，不顾羞耻，忠贤亦时加恩泽以报之。"③

---

① 江盈科《与徐少浦》，见《雪涛阁集》，第 637 页。
② 江盈科《陈进士召集徐园》，《雪涛阁集》，第 637 页。
③ 《明史》（列传第一百九十三）《魏忠贤传》，第 7820 页。

崇祯登基后的头等大事就是罢黜阉党,因此,徐氏家道衰落,东园衰落,可能都在崇祯初年。按范来宗《寒碧庄记》可知,入清以后,"东园改为民居,比屋鳞次,湖石一峰,岿然独存,余则土山瓦阜,不可复识矣"。东园此后的再次复兴,已是在清代中期刘蓉峰入园为主的时候了。

三、徐子本园

现存关于徐子本园的文献资料很少,今从张凤翼的《徐氏园亭图记》,① 可粗知徐子本其人,及其园林景境设计的大略。

第一,此园主人徐子本与徐默川、徐泰时同为一个家族,其园林是此间徐氏家族又一新造园池。张凤翼在图记中说:"徐氏园亭图也,园在阊门外,新桥之北,去城二里而遥,园去桥半里而近。"徐树丕《识小录》说:"余家世居阊关外之下塘,甲第连云,大抵皆徐氏有也。"江盈科《后乐堂记》说:"太仆卿渔浦徐公解组归田,治别业金阊门外二里许。"综合这三条文献可知,徐子本园不仅在阊门外徐氏家族世居的"连云甲第"之内,而且与徐泰时的东园同在阊门外二里许的地方,因此两园林之间距离近在咫尺之间。关于徐子本其人,张凤翼在图记中说:"主人子本,乃好行其德者,又敬爱客,嘉、隆间,尝与寿承、休承、孔加、公瑕、鲁望诸名胜嬉遨其间,至信宿忘返,殆若不知园之非吾有者。当时未有图也,已而钱山人叔宝为之图,图成而子本之伯子孝甫装潢之,属予为之记。"

寿承即文彭,休承即文嘉,孔加即彭年,公瑕即周天球,鲁望是袁裹之子袁尼,钱山人叔宝即钱谷。从徐子本交友圈可以看出,他应该是嘉靖、隆庆间吴地书画艺术界的活跃人物之一,很可能又是一个文化商人。与紫芝园一样,此园也是初造于嘉靖后期而传承至晚明的名园。此园初造时无图,此图与记乃是园林传至徐子本侄子徐孝甫时分别请钱宠、张凤翼补作。

第二,与紫芝园、东园相较,徐子本园面积和规模都较小,景境层次也略显疏朗、朴素一些。此园以"水木清华堂"为中心,堂前为一东西蜿蜒转折的大水池。池东侧和南侧皆为体量较小的石假山,石峰与花木掩映而构成此园东南进门处的屏风。假山上的丛桂之间,构有"天香"小亭,东南山水花木映衬交织,颇有"悠然见南山"的山林隐逸风气。水池自"水木清华堂"西南折向北,沿水池的转折处,造有小桥、斋馆、禅房、蕉窗、丛竹、茅亭等。

第三,此园造景巧妙地使用了借景处理。小园造景尽管精致,但受限于面积和体量,必须借助借景才能使有限空间中的景境层次更加丰富。此园至

---

① 王稼句编著《苏州园林历代文钞》,第50页。

少有两处成功的借景。一处是站在大水池西南角的桥面回首池北，利用池水为镜面来借景北面的楼阁、林木，即"自桥北望重屋，笙蠚飞甍入池，俨如倒景"。另一处是在园西北角的水边，造有高台，高台之上造楼阁，充分增加高度，以借景园外的湖山，即"沿池而北，历台至楼。登斯楼也，左城右山，应接不暇，而虎丘当北窗，秀色可摘，若登献花岩顾瞻牛首山然。俯而视之，则平畴水村，疏林远浦，风帆渔火，荒原樵牧，日夕异状。"

第四，此园理水明显经过了缜密的构思。一方面是园林造景空间设计围绕水脉自西北向东南这一主线，另一方面是对水面的分散与聚合处理也很恰当，西南与东南处的桥梁处理，在不经意之间又暗合了传统理水"天门开"、"地户闭"的风水观念。

四、范允临天平山庄

范氏家族世居天平山、支硎山一带，范允临的天平山庄本是范氏祖业，也是范仲淹墓园之所在，又不在古城区，因此，与此间徐氏家族园林之间，本来没有多少关系。然而，范允临的夫人徐媛为徐泰时之女，范允临不仅是徐氏的女婿，而且，"盖吾亦少孤，十四而先君捐馆舍，十五而母氏弃杯桊"，① 范允临就是在徐泰时的庇护下成年的。还有，徐泰时下世后，范允临不仅临时代管了其东园（今留园），而且，其嗣子徐溶也是由范允临抚育长大成人的。因此，范允临所造园林，与徐氏家族园林之间有着丝丝缕缕亲缘关系。

范允临是范仲淹十七世孙，万历二十三年（1595年）进士。今按汪琬《前明福建布政使司右参议范公墓碑》："前明福建参议范公，既解云南组绶，退居里中，惟用文章翰墨倡率后进，享有林泉之乐，从容寿考，殆三十有八年"；又说："于是，公归而筑室天平之阳，徙家居之。日夜流连觞咏，讨论泉石，数与故人及四方知交来吴者，往还邀嬉山水间。"② 可知，晚明范氏天平山庄的复兴，是在范允临挂印回乡之后。范允临卒于崇祯十四年（1641年），汪琬说他享有林泉之乐约38年，由此可以推断，其于天平山兴建庄园大约是在万历三十一年（1603年）。范允临精于书法，与董其昌齐名，汪琬认为他是明代吴中古道朴风的最后继承人——"盖百余年来，吴士大夫以风流蕴藉称者，首推吴文定、王文恪两公。其后则文徵仲待诏继之，最后公又继之。逮公物故，而先哲之遗风余韵尽矣。"

---

① 范允临著《输寥馆集》卷5，见《四库禁毁书丛刊》（集部）第101册，第314页。
② 汪琬《前明福建布政使司右参议范公墓碑》，《尧峰文钞》卷10，见《四部丛刊》（集部）第276册，第33页。

关于山庄的园景，张岱在《陶庵梦忆》中有简要的记述。此园是一个宅园、墓园、自然山水园融合为一的庄园，其园林景境营造最为鲜明的特征就是园林景境与园外自然山水交融和谐。自然山水园的艺术风貌，使人很容易回想起六朝私家园林的自然山水园时代，这种风貌也符合晚明苏州文人园林新一轮向城外湖山之间发展的分裂趋势："园外有长堤，桃柳曲桥，蟠屈湖面，桥尽抵园，园门故作低小，进门则长廊复壁，直达山麓……山之左为桃源，峭壁回湍，桃花片片流出。右孤山，种梅千树。渡涧为小兰亭，茂林修竹，曲水流觞，件件有之。竹大如椽，明静娟洁，打磨滑泽如扇骨，是则兰亭所无也。"①

为了突出山水元素的自然风貌，此园在景境设计时，特别把园门设计得很低矮，园中"绘楼幔阁、秘室曲房，故故匿之，不使人见也"。反之，对于"万笏朝天"的特殊地形，以及桃花流水、竹林梅圃，则完全听任其自然而然，以至于竹子高大粗壮得都如房屋梁柱一般了。而且，主人范允临最为得意的景境，也不是园林造景，而是"月出于东山之上"的山林月色，以及山园雪景——"山石嶙岈，银涛蹴起，掀翻五泄，捣碎龙湫，世上伟观。"

作为晚明的名园之一，范允临天平山庄在屋宇建筑及装饰陈设等方面，还是不能完全摆脱时代风气影响的——"开山堂小饮，绮疏藻幕，备极华褥，秘阁请讴，丝竹摇飏，忽出层垣，知为女乐。"可见，园林建筑装饰华美绮丽、刻镂藻绘，明显都是时代建筑装饰艺术的主流风格。至于其园中的丝竹女乐、轻歌曼舞，也是当时私家园林中雅俗共赏的常见风景。

五、徐廷裸园

徐廷裸，字士敏，号少浦，昆山人。根据魏嘉瓒先生考证，徐廷裸与此前移居苏州阊门外彩云里的徐氏为同宗，是留居太仓的徐氏后裔，此间其人也移居苏州城内，并在万历六年（1578年）购东庄旧址经营徐氏园。②

袁宏道在《园亭纪略》中说："近日城中唯葑门内徐参议园最盛。"徐廷裸这所冠绝吴门的园林，有着非同寻常的历史。王世贞《游吴城徐少参园记》说："郡城之坎隅，有水木冈阜之胜，甲于一城，友人徐少参廷裸治之十年矣。或曰故吴文定公东庄也，后人芜而它属焉。万历之戊子（1588年）仲春十六日，余赴留枢，过郡，徐君与蒋少参梦龙醵而见要，至则日亭午矣。"③

---

① 张岱《范长白》，见《陶庵梦忆》第37页。
② 参考魏嘉瓒著《苏州古典园林史》，第207页。
③ 赵厚均、杨鉴生编注《中国历代园林图文精选》（第3辑），第172页。

这则游园序文交代了徐廷裸园居的来历——吴宽东庄，亦即五代时钱文奉的东墅；也交代了徐氏据有东庄的大致时间——万历戊子（1588年）前10年，即万历戊寅（1578年）。王世贞《古今名园墅编序》又说："徐参议廷裸园，因吴文定东庄之址而加完饬。"① 后世多依此认定徐参议园就是吴宽东庄，然而，从"或曰故吴文定公东庄也，后人芜而它属焉"来看，徐廷裸可能不是直接从吴氏手中承袭的东庄。另外，徐氏还侵占了韩雍蓟溪草堂等周边一些其他宅园。

王世贞在《与元驭阁老》书信中说："弟于菩萨行毫不肖似，老婆心间有之，然亦不至热拍也。止是面皮软，不能力拒人而已。只如韩氏子初为徐少参陵夺其先祠，托戚友引诉，弟无辞以对，姑善待之。以后复来，出一疏稿相示，云欲诣都上疏，求数行达尊兄。弟以年久远，劝其勿轻动……"② 王元驭即王锡爵，号荆石，嘉靖壬戌（1562年）会试第一、廷试第二，万历十二年（1584年）拜礼部尚书兼文渊阁大学士，万历二十一年（1593年）拜武英殿、建极殿大学士，并入阁为首辅。这位王阁老应是太仓历史上品阶最高的官员了。在这封往来书信中，对于王锡爵给予"菩萨行"的赞誉，王世贞谦辞说："菩萨行毫不肖似，老婆心间有之。"王阁老之所以如此盛赞王世贞，是因为这样一段旧事：徐廷裸在得到东庄后，又强占韩雍之蓟溪草堂旧业，甚至仗势陵夺了韩氏宗祠；韩氏子孙先是托亲友向时任南京刑部尚书的王世贞申诉，王世贞拖延不办，"无辞以对，姑善待之"；后来韩氏子孙决定进京告御状，请王世贞为这件事前后诉讼过程做个证明，并希望能请王锡爵干预此事，王世贞又再次做了和事佬，劝说韩氏息事宁人。

王世贞这件事情做得既不尽职，也不很光明磊落。韩氏子孙之所以在告御状之前拜访王世贞，并希望他能请托时任宰辅的王锡爵干预此事，不仅是为了完成诉讼的程序，也不仅因王锡爵是太仓人，深层的原因是徐廷裸与王锡爵乃是儿女亲家。③ 由此也可知，徐廷裸是万历后期吴门有着通天背景的势家。仗势陵夺他人田宅的事情，在正德年间的苏州就已经出现，晚明徐廷裸又更进一步，连前朝礼部尚书的名园、副都御史的祠堂，也成为其侵凌对象了。徐氏"郡城之坎隅"的园林，不仅包括了吴宽的东庄，陵夺了韩雍

---

① 赵厚均、杨鉴生编注《中国历代园林图文精选》（第3辑），第380页。
② 王世贞《与元驭阁老》，《弇州续稿》卷177。见《四库全书》第1283册，第542页。
③ 今按《纯节祠记》："昙阳子之女于学士公也，盖尝字徐生矣。……徐生之父参议公……而生骤病物故。昙阳子知之，蓬跣三日，哭出其橐，则有成制，缟服、草履御之，以见学士。……徐生讳景韶，有文行，十八而夭。参议公名廷裸，以需调归。学士公王氏名锡爵。"《弇州续稿》卷56。见《四库全书》第1282册，第736页。

的菿溪草堂，而且，还圈占了当年东庄和菿溪草堂周围一些体量较小的民居、宅园、墓园等。根据王世贞与王锡爵的书信，结合时人沈瓒撰笔记《徐少浦园》一文，可以作出这样的推断——"徐少浦名廷禄（祼），苏之太仓人，后居郡城，为浙江参议。家居为园于菿门内，广至一二百亩，奇石曲池，华堂高楼，极为崇丽。春时游人如蚁，园工各取钱方听入，其邻人或多为酒肆，以招游人。入园者少不检，或折花、号叫，皆得罪，以故人不敢轻入。其所任用家僮，皆能致厚产，豪于乡，人畏之如虎。"① 吴宽东庄面积六十余亩，韩雍菿溪草堂约三十余亩，而徐廷祼园"广至一二百亩"，面积和体量远远大于这两所园林之和，多出来近百亩的面积，应该就是被其虎狼般家僮协势强占的小民宅园了。

虽然徐廷祼园主体的前身是"百年今独见东庄"的吴宽家园，以及"万竹孤梅慕昔贤"的韩雍草堂，并以其宏大的规模和丰富的景境独步晚明，但是，其园林造景浸染着浓厚的巧丽与奢华时代趣味，早已不再是当年草木清辉、田野平畴的朴素风貌了。在《园亭纪略》中，袁宏道对其园景有简练的描述和允当的评价："画壁攒青，飞流界练，水行石中，人穿洞底，巧逾生成，幻若鬼工，千溪万壑，游者几迷出入，殆与王元美小祇园争胜。祇园轩豁爽垲，一花一石俱有林下风味，徐园微伤巧丽耳。""王元美"即王世贞，弇山园是王氏倾注毕生才情和财力营造的佳园，"小祇园"就是其前身。袁宏道认为徐氏园境层次堪与小祇园比肩，只是园景工巧华丽有余而疏朗野趣不足——其实，后来弇山园筑成后，园景也不如袁宏道所见时的"小祇园"这般"轩豁爽垲"而有"林下风味"了。

由于没有留下传世画册，关于徐廷祼园具体景境设计，今人也只能从王世贞、袁宏道等当时文人游园诗文中来推断了。在《游吴城徐少参园记》中，王世贞按照自己的游园路线，简略描绘了徐氏园林的主要景境和总体特征。

此园依然延续了早年东庄宅园合一的空间布局，袁宏道视其为吴门最盛，其斗豪炫富的盛势集中表现在宅居建筑之上。"辟崇堂五楹，雄丽若王侯。前为大庭，庭阳广池。"晚明苏州私家园林中的建筑，普遍具有高大雄伟、轩敞华丽的追求，而徐氏园中的建筑"雄丽若王侯"，已没有多少传统文人园林建筑的味道了。五代钱文奉开创东墅时，曾"累土为山，亦成岩谷，晚年经度不已"，因此，后世这里的园林假山，长期以土山为主体，当年东庄中的麦山，就是依托假山坡而成的田畴。徐廷祼据有东庄后连续经营了10年，把园林假山改造成为群山环抱的形势："三隅皆山，卉树鬈鬠，

---

① 沈瓒《徐少浦园》，见《明清珍本小说集·近事丛残》，第18页。

冈岭道峻。"可知徐氏改造后的群山，依然以土山为主，但是已经增加了一些成岭成冈的叠石，今天苏州大学校本部尊师轩近旁的土假山，可能就是其遗迹。王世贞在游记中说："山后逶迤长溪。"在《古今名园墅编序》中又说此园"饶水竹而石不称"，为了叠山峰、筑岩洞，以及把水流打理成为山溪和瀑布，山上置石是必需的。王世贞曾沿着山间的石径，"逶迤上下，或峻或夷……前历深洞，登绝顶，主峰最雄壮，复下穿至一岩"。在游园诗中，王世贞说："轻篮出没疑秦岭，小艇回沿似武夷。渐入深崖青窈窕，忽排连岫玉参差。"①袁宏道也在诗歌《饮徐参议园亭》中说："古径盘空出，危梁溅水行……欹侧天容破，玲珑石貌清。"②因为假山以土为主，因此，山上"饶水竹"，竹林茂密至于游人登山都受到阻碍了。

此园造景最为绝妙最受王世贞称道的，就是理水中的瀑布造景——"复前陟降几百许武，则瀑布岩出矣。岩陡削可三丈许，仰而望之，势若十余丈者。选乱石为峭壁，喻天成已。岩鼓瀑，瀑自山顶穿石隙而下，若一足练，中忽为燕尾，迸入小圆池，千珠逆喷，复翻池窦，而绕余前，浮觞渺渺，争先取捷。久之，瀑水益雄，布属于地，卧而观之，面发沾洒，诵'瞑地为天色，飞空作雨声'句，大叫称快。酒至数十巨罗。不能醉。盖徐君预蓄水十余柜，以次发之，故不竭。吾不知于龙湫开先若何，慧山两王园故真泉，业弗如也。"在山顶预置蓄水柜，应时开启以成飞流、瀑布，计成在《园冶》中记录了这种理水之法。面对此园林奇景，王世贞既饮酒诵诗，又大叫称快，甚至认为这比无锡惠山的天下第二泉还要奇妙可观。在《咏徐园瀑布流觞处》诗中，王世贞说：

  得尔真成炼石才，突从平地吐崔巍。
  流觞恰自兰亭出，瀑布如分雁荡来。
  片玉挂空摇旭日，千珠麇水沸春雷。
  醉能醒我醒仍醉，一坐须倾一百杯。

王世贞这次游园，徐廷裸先是画舫载酒，并"前一舣艋为鼓吹导绕出"——这种闹哄哄招摇过市的排场已了无文人游园气息；接着是"有三篮舆候丛竹间"，以接送游客下山——连登游假山都不曾涉足亲历；假山间竹林茂密，遮挡了行路，徐廷裸竟然对竹林刀斧开路，"妨则芟之"，"其始治岩岭亦然"——他治理假山的岭溪岩壑也是这么干的！这种治园与游园的方式实在是文人中少见。在晚明文学艺术史上，王世贞是艺术修养和人文

---

① 王世贞《徐参议邀游东园有述》，《弇州续稿》卷18。见《四库全书》第1282册，第231页。
② 转引范培松，金学智主编《苏州文学通史》（第二册），第695页。

品第都享有盛名的大家,然而,也许是"只缘身在此山中",所以就"不识庐山真面目"了。对于这所徐参议园的主人居园与游园审美情趣,他几乎没有一点怀疑与反思——在品格与才情方面,徐廷裸与传统文人园林主人之间天地迥别,这是晚明徐氏园与前朝文人园林最大的不同之一。

徐氏横极一时,其园林也盛极一时,然而,其所奉行的作恶称霸之道,为千夫所指,是注定不能传家久远的。徐廷裸大约于万历六年(1578年)取得此园,前后经营十余年,大约在万历三十年(1602年),徐氏又亲眼见证了此园的毁灭——从经营到被拆毁,此园存在仅仅约24年。沈瓒《近事丛残》说:"有周宾者(徐家恶僮之一),尤恣横,壬辰(1592年)岁为按院所访,及被害人等告发,行吴江县问拟强占人妻,绞死狱中。至壬寅(1602年),有陈进士允坚为令尹,近卒。其家眷自墓所归,路逢徐仆辈,相争殴。陈之子仁锡已为孝廉,集群孝廉举词。长洲邓令君云霄尽法究治,凡家人俱捕禁笞责荷校,至门无阋人。参议公与公差人隔阆阃扉而语,无人怜援之者。其园居亭榭山沼尽为里人及怨家拆毁过半。不久参议亦死,丧葬吊送者少。死后其子复犯人命,至吴江检审,刘令君罚银二千,助修塘工,其事乃已。徐氏遂以不振。今园仍在,乃讬别宦之名主管之以避祸,而堂阁之间,已鞠为茂草矣。"①

沈瓒是晚明吴江派戏剧家沈璟的弟弟,万历十四年(1586年)进士,曾任职刑部主事,因此,他对于徐氏家族作奸犯科劣迹及最终下场的记录,是比较可靠的资料。从沈瓒的记录可知,徐廷裸晚年这一家人竟然到了招致郡内众孝廉同仇敌忾、联名公诉的地步——在苏州园林史上,这种因市民公愤而最后被集体拆毁的园林,大约只有朱勔的同乐园、项煜的紫芝园、徐廷裸园、松江董其昌宅园几例。徐氏园至万历末年依然残存,但权属已挂靠在他人名下了而不敢称徐氏园了,园林也随之一片荒芜,如此结局竟成为这一有着约七百年历史的古园林的最后一幕。

六、徐少泉拙政园

晚明苏州造园最盛,名园的命运却多有波折,因此,被毁灭的园林远远多于流传下来的数量,而拙政园则是侥幸流传下来的名园之一。

根据徐树丕《识小录》记载,在王献臣之子王锡麟时,拙政园就易主徐氏了。《识小录》说:"娄门迎春坊,乔木参天,有山林杳冥之致,实一郡园亭之甲也。园创于宋时某公,至我明正嘉间,御史王某者复辟之。其邻为大横寺,御史移去佛像,赶逐僧徒而有之,遂成极胜。……当御史殁后,

---

① 沈瓒《徐少浦园》,见《明清珍本小说集·近事丛残》,第18页。

园亦为我家所有。曾叔祖少泉以千金与其子赌，约六色皆绯者胜。赌久，呼妓进酒，丝竹并作，俟其倦，阴以六面皆绯者一掷，四座大哗，不肖子惘然巨测，园遂归徐氏。故吴中有'花园令'之戏，实仿于此。"① 徐树丕的记载是关于拙政园易主徐氏这段历史最直接的材料。王锡麟固然是个败家的屠头，徐氏家族仗势诈赌以攫取园林的做法，也实在不够光彩。这些主人劣迹斑斑，品格修养及文德才情的水平也比较差，因此，他们占有和传承名园的同时，也往往在不断改变园林景境的早期设计，而这种改变大多不是建设而是破坏。在《古今名园墅编序》中，王世贞说："徐鸿胪佳园因王侍御拙政之旧，以己意增损而失其真。"就是指徐佳（徐少泉）对拙政园的破坏性增益。尽管如此，"乔木茂林，澄川翠干，周围里许方诸名园为最古矣。"② 此园依然是当时景境风貌最为古朴自然的园林之一。

可见，无论在数量、体量上，还是在园林的地位和影响力上，晚明徐氏家族园林都是苏州园林中最为显耀的一类。这一家族有着浓郁的官商结合的背景，园林充满了商家巨室的豪气，诸多园林主人的人格品质和造园审美思想也参差不齐，这却是晚明苏州园林特有的、真实的时代气象。

第三节 晚明苏州园林艺术考述（二）——晚明苏州其他名园

除徐氏家族园林外，晚明苏州古城内还有其他一些名园，如申时行的适适圃、王有壬（王鏊之孙）的怡老园、张凤翼的求志园、文震孟的药圃、王心一的归园田居、归湛初的洽隐山房、杨成的五峰园、顾凝远的芳草园等。这些名园或是继承前朝名园而更新，或是晚明期间首创，大多数园林至今尚有遗存。

一、申时行适适圃

申时行（1535—1614年），字汝默，号瑶泉，长洲人。他曾是嘉靖四十一年（1552年）状元，万历十一年（1583年）出任首辅，八年后致仕。退养吴门后，申时行自号休休居士，享受园居之乐约23年，因此，其私园别墅可能不止一处。魏嘉瓒先生说："申时行回里后，在苏州有住宅八处，景德寺前四处，百花巷四处，分别题为金、石、丝、竹、匏、土、革、木，庭前皆植白皮松，阶用青石。"③ 申家园林与徐氏家族园林也有密切关系——申时行不仅是徐氏的外甥，而且，自幼被过继给舅舅家并改姓徐，直到状元

---

① 徐树丕《识小录》，见《历代小说笔记选》，第294页。
② 袁宏道《吴中园亭纪略》，见《三袁随笔》，第53页。
③ 魏嘉瓒著《苏州古典园林史》，第148页。

及第后才恢复申姓。

申时行最受世人关注的园林，就是位于乐圃旧址的适适圃。《江南通志》说："适适圃，在吴县乐圃坊内，即古乐圃地，明申时行所筑，中有赐闲堂。"① 这里五代时是钱文恽的金谷园，北宋时有朱长文的乐圃，元末有张适的乐圃林馆，宣德、成化间有杜琼的如意堂，嘉靖初为长洲县学，万历中为申时行所有，后来申时行之子改适适圃为蘧园。清初以后，这里先后有蒋楫、毕沅、孙士毅、汪藻等入园为主。可见，今天的环秀山庄是苏州现存名园中最为古老且园史最为完整的一个。关于申时行适适圃的园林景境，后世没有流传园记、图绘等资料，从已知的一些零星资料来看，此园古木参天，佳木成荫，景境幽深而朴雅。园内有千年银杏数十棵，张霞房《红兰逸乘》说："万历间，宰辅申公谢政林居，第傍别业曰适圃，故唐武后龙兴寺基，有老银杏数十章，皆千年古物。"② 另外，园中柳树成堤，杏花成林，丛桂飘香，申时行对此皆有诗歌吟咏。其《咏适适圃杏垣》诗说：

坊开裴墅锦，花发董林株。望欲迷琼苑，栽疑近白榆。

微风舒露脸，小雨湿烟须。春意枝头闹，从教醉玉壶。③

其《咏适适圃桂林》诗歌说：

岩壑同栖处，风霜独秀时。暗飘灵隐粟，高擢广寒枝。

露气侵衣袂，天香扑酒卮。桂丛吾自密，不负小山期。④

其《咏适适圃柳堤》诗歌说：

一借河桥色，长留水阁阴。笼烟眉锁黛，扬日缕垂金。

叶底三眠梦，枝头百啭音。五株频对咏，真慰故园心。⑤

从这些零散的文献可以看出，申氏适适圃在当时依然是一所古意盎然的传统文人园，而且，园林花木植物更加高大、密集了。

二、张凤翼的求志园

张凤翼（1527—1613 年），字伯起，号灵虚，长洲人，晚明苏州著名的文人、书法家、戏曲作家。张凤翼与两位兄弟张燕翼、张献翼皆有才名，时人称为"三张"。

张凤翼故居位于今临顿路西侧的干将路 128 号文起堂，这是目前苏州古城区内仅存的几处明代建筑遗存之一。晚明时此园附近还有江盈科的小漆

---

① 《江南通志》卷 31，见影印本第 605 页。
② 杨循吉等著，陈其弟点校《吴中小志丛刊》，第 12 页。
③ 王云五主编《广群芳谱》，第 600 页。
④ 王云五主编《广群芳谱》，第 955 页。
⑤ 王云五主编《广群芳谱》，第 1825 页。

园、钱谷的辟疆园等。求志园是传统宅园空间布局中的后园，今人得以清晰地研讨求志园景境设计的不俗风貌，主要得力于钱谷的《求志园图》和王世贞的《求志园记》。钱谷作画自题款为："嘉靖甲子夏四月（嘉靖四十三年，1564）钱谷作求志园图。"今可见到的王世贞园记最早版本，即为书写于钱谷园图的跋文，落款为："戊辰（隆庆二年，1568）春三月天弢居士王世贞书。"由此可以推断出，张凤翼开创此园大致就在嘉靖末。钱谷和王世贞都是张凤翼的好友，也是求志园的常客，因此，二人的图与记都具有很强的写实性。今对照园图，结合园记，可以比较容易地还原此园的平面设计图。

沈德符《万历野获编》说："近日前辈，修洁莫如张伯起"；沈瓒《近事丛残》说："张孝廉伯起，文学品格，独迈时流，而耻以诗文字翰，结交贵人。"可见，在晚明苏州文人中，张凤翼以品性高洁、格调不俗而居众人之上。园如其人，其求志园的景境设计风格，也不苟同与晚明苏州流行的园林营造俗趣，显示出浓重的传统文人园林的艺术审美气息。

在园记中，王世贞转述了张凤翼本人的造园目的："吾它无所求，求之吾志而已。"主人营造园林的核心追求在于"求志"，在身心俱闲、自得其乐的精神追求。这种人超然物外、明志远俗的高尚情趣，与当时造园奢华、炫富的流行风气泾渭分明，与当时以徐氏家族园林为代表的巨室私园也不属于同一种格调类型。因此，在园林造景方面，此园不但没有多少金粉气，甚至连置石与叠山也不曾有，正如张凤翼本人所言："诸材求之蜀、楚，石求之洞庭、武康、英、灵璧，卉木求之百粤、日南、安石、交州，鸟求之陇若、闽广，而吾园固无一也。"这一点从钱谷所绘的园图中也可以看出来。这里需要特别指出的是，今人认定干将路128号的文起堂，就是张凤翼的故居，其实，"文起堂"名既不见于王世贞的园记，也不见于钱谷的园图，而且，现实的砖雕门楼、贴砖照壁等，也不见于与张凤翼求志园相关的史料中，与张凤翼求志园的风格也不一致，因此，现存遗迹应该是张凤翼后人所建。

求志园是一所富有传统文人风雅趣味的园子，园中以篱墙杂植荼蘼、玫瑰为花屏，缘墙小路为"采芳径"。园中建筑仅有会客的主厅"怡旷轩"、祠祀先人的"风木堂"、陈列图史的书房"尚友斋"、香雪廊、文鱼池等基本构造。园林中面积最大的两处空间，是一方池塘和大面积的树林（图5-1）。从园记与图绘中看，求志园对于其中水域几乎未作多少处理，仅在中间造一曲桥以便于通往后面的花圃和林区。此水面主要功能可能正如其名，就是主人养鱼池。江盈科《张伯起池上看驯鹭》说："水禽自昔美鸳鸯，锦翼辉辉翠鬣长。惯趁春风眠别渚，乍随秋色下寒塘。芙蓉花底双双立，杨柳堤边款款翔。似解主人机事少，斋头饮啄总相忘。"① 其《访张伯起留饮》诗又说："马蹄无意逐风尘，独抱渔竿事隐沧。……园花的的娇随酒，水鸟依依巧狎人。"②

通过这两首诗歌可知，园中水池还有两个另外功能——池竿垂钓和驯养水禽，这也是晚明其他园中少有的趣事。

园林造景疏朗简朴、淡雅幽静，与苏州传统文人造园艺术风格一脉相承。李攀龙有诗："驾言旋北郭，灌园依一丘。白云荡虚壑，余映翻寒流。"③说的正是此园虚灵疏旷的景境。也正因此，虽然此园在当时苏州无数园林中既狭小且朴陋，很不引时人瞩目，却有钱谷作图绘（图5-2），王世贞写园记（图5-3），以及王谷祥篆书"求志园"

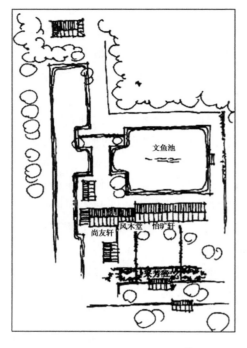

图5-1 求志园平面图④

（图5-4）和文徵明手书"文鱼馆"的题额。另外，传世的钱谷图绘后面，还有当时名流皇甫汸、李攀龙、黄姬水、黎民表等人的跋文。⑤

图5-2 钱谷绘《求志园图》⑥

---

① 江盈科《雪涛阁集》，第94页。
② 江盈科《雪涛阁集》，第95页。
③ 李攀龙《求志园》诗，《沧溟集》卷4。见《四库全书》第1278册，第223页。
④ 顾凯著《明代江南园林研究》，第138页。
⑤ 参考徐朔方著《晚明曲家年谱·张凤翼年谱》，第194页。
⑥ 求志园"题额"、"园记"、"园图"皆见董寿琪《苏州园林山水画选》，第78～80页。

图 5-3　王世贞书《求志园记》

图 5-4　王谷祥篆书"求志园"题额

三、王心一的归园田居

王心一世居苏州，万历癸丑（1613年）进士，一生仕途三次上下沉浮，皆缘于对客氏及魏忠贤阉党的斗争，《江南通志》说他"直言劲节，推重一时"，他是晚明东林士夫中的重要斗士。王氏自撰的《归园田居记》说，① 此园营造肇始"于辛未之秋"（崇祯四年，1631），"落成于乙亥之冬"（崇祯八年，1635）。后来王心一再度出仕，"庚辰（崇祯十三年，1640）归田，又为修其颓坏，补其不足"，造园前后断续经历了十余年。此园现已并入拙政园，成为今拙政园之东园，园景面貌变化也比较大，园门东向已经改为南向，中心建筑兰雪堂也从涵青池北移至缀云峰南面，成为拙政园进门之前厅了。今人研究归园田居原始风貌，可以参考的早期文献资料有：王心一本人撰写的《归园田居记》、康熙年间画家柳遇的《兰雪堂图》（图5-5）、沈德潜的《兰雪堂图记》、顾诒禄的《三月三日归园田修禊序》等。另外，当代王氏后裔所绘的"归园田居复原图"，以及今人所绘"归园田居复园示意图"，也是很有价值的研究资料。

王心一不仅是一个仕途有为的清流，而且精通丹青绘事，研究相关的文献资料就可以发现，其归园田居属于晚明典型的文人园，景境设计最大

---

① 王心一《归园田居记》，见王稼句编著《苏州园林历代文钞》，第46页。

图 5-5　柳遇《兰雪堂图》①

的特点就是模范元明间大家的山水画,这从《归园田居记》和《兰雪堂图》中,都可以看出来。园记开篇说:"予性有邱山之癖,每遇佳山水处,俯仰徘徊,辄不忍去。凝眸久之,觉心间指下,生气勃勃。因于绘事,亦稍知理会。"可见,王氏是习惯以水墨丹青的视角来对待其所见山水的,因此,其园林叠山理水模范名家山水画卷,也就成为一种自然而然的审美取向。归园田居叠山有两个集中区域,分别使用了湖石和黄石,王心一明确指出,这两处叠山都本于画中山水,而且,叠山师陈似云也是丹青妙手:"东南诸山采用者湖石,玲珑细润,白质藓苔,其法宜用巧,是赵松雪之宗派也。西北诸山,采用者尧峰,黄而带青,质而近古,其法宜用拙,是黄子久之风轨也。余以二家之意,位置其远近浅深,而属之善手陈似云,三年而工始竟。"由此也可以看出,归园田居与当时许多私家园林,尤其是与一些势家、商人的园林造景之间,有着鲜明的审美差异。

中国古代文人艺术历来都以"自然美"为重要的审美追求,文人造园更是如此,自然之美也是归园田居景境设计和营造上的鲜明特征。此园居是晚明苏州古城内面积较大的园林,然而,"门临委巷,不容旋马,编竹为扉,质任自然",园林理景从门景开始,就特别强调一种自然朴素、清幽淡

---

①　董寿琪《苏州园林山水画选》,第83页。

雅的文人艺术趣味。园内理景围绕山、水来展开，"地可池则池之，取土于池，积而成高，可山则山之。池之上，山之间，可屋则屋之"，可见，归园田居的山水设计完全是按照地形的自然面貌而稍加人工。高大而奢华是晚明苏州园林建筑的流行趋势，然而，归园田居中的建筑则体量小而色调素雅，掩映于山水花木之间而疏密有度，因此，园林景境总体呈现出山水大花园的自然风貌。园中有秾香楼，可以登楼领略园林内外的荷风与稻香。园林内花木之繁多更是令人目不暇接，水生者、草本者有芙蓉、荇藻、牡丹、芍药等，木本者有丛桂、梅花、竹林、垂杨、紫藤、梧桐、杨梅、玉兰、海棠、山茶、老梅、苍松、柑橘等等，桑麻桃李，鸡犬相闻，一派自然的乡村田园风光。更为可贵的是，这偌大山林中的"丛桂参差"、"拂地之垂杨"、"梧桐参差，竹木交荫"、"茂林修竹"、"梅杏交枝"，"大半为予之手植"——主人在园中亲手大量地种树、种花，这已经是明代中期以后苏州私家园林不再多见的情景了。

从王心一的园记来看，其归园田居中有明确题名的园景大约五十余处，分别为："墙东一径、秾香楼、荷花池、芙蓉榭、泛红轩、小山之幽、兰雪堂、涵青池、缀云峰、联璧峰、小桃源、漱石亭、桃花渡、夹耳岗、迎秀阁、红梅坐、竹香廊、山余馆、啸月台、紫藤坞、清泠渊、一邱一壑、聚花桥、试望桥、缀云峰、连云渚、螺背渡、听书台、悬井岩、幽悦亭、杨梅澳、竹邮、饲兰馆、石塔岭、延绿亭、玉拱峰、梅亭、紫薇沼、漾藻池、紫逻山、卧虹桥、片云峰、卧虹渚、小剡溪、杏花涧、五峰山（紫盖峰、明霞峰、赤笋峰、含华峰、半莲峰）、放眼亭、流翠亭、拜石坡、资清阁、串月矶、草亭、奉橘亭、想香径"等等，此外，"诸峰高下，或如霞举，或如舞鹤，各争雄长于缀云下者，予不能尽名之"。如果由此来看，园景的数量和密度是很大的，甚至有些拥塞的感觉了，这一状况既有晚明苏州园林造景密丽的时代特征，又不完全是园林景境设计的真相。归园田居园林造景精于构思，因此，一步一景、移步换景成为其景境的鲜明特征，这五十余景大多数是主人及其雅友对园林景境的归纳和凝练，而不全是质实的建筑（图5-6、图5-7）。这也是晚明文人园林理景艺术逐渐趋向精细化、雅致化、程式化的一个重要标志。

作为晚明苏州文人园林代表作品之一，充满文人艺术的书卷气，成为归园田居理景艺术又一鲜明特征。园中有"听书台"，以专供"听儿子辈读书声也"；五十余处景境题名不仅格调雅致，而且，题名多有明确出处，充满古典诗文的气息；为之书写题额者又皆为当时大家、名流。因此，园景既文且雅，富有文人艺术的趣味。例如，此园园名出自陶渊明的诗歌，洞景

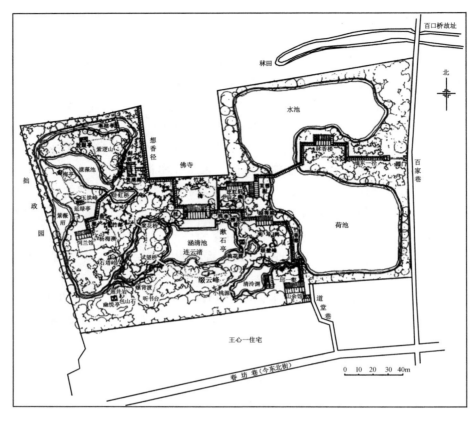

图 5-6 归园田居复原示意图①

"小桃源"出自武陵渔人游桃花源故事,"兰雪堂"出自李白的诗句"春风洒兰雪","涵青池"出自储光羲"池草涵青色"诗句等等。其中"归田园居"、"兰雪堂"题额为文震孟(字湛持)所书,"墙东一径"为归世昌(字文休)所题写,丛桂之景"小山之幽"为蒋伯玉题写,"一邱一壑"出自辛弃疾的词,题额为陈元素(字古白)所书,"流翠亭"为叶廷秀(字润山)手书。

四、许自昌梅花墅

许自昌(1578—1623年),字玄佑,长洲人,自号梅花主人,梅花墅是他在唐人陆龟蒙的吴江别业旧址上构筑的园林。关于许自昌的配字,这里有必要考订一下。许自昌好友钟惺在《梅花墅记》中说:"友人许玄佑之梅花墅也。";陈继儒在《许秘书园记》中说:"吾友秘书许君玄佑。"然而,《江南

---

① 潘谷西主编《中国古代建筑史》,第 398 页。

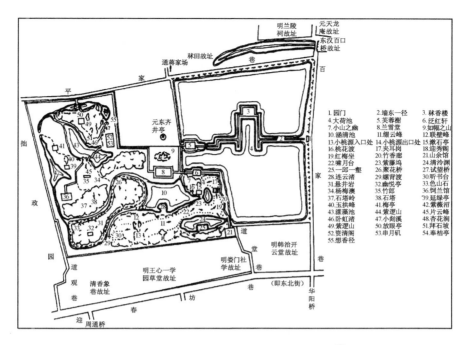

图 5-7　王氏后人绘归园田居复原平面图①

通志》却说:"梅花墅在元和县甫里,明秘书许元佑所构。"②这里说许自昌字"元佑";李流芳《许母陆孺人行状》文中也说:"中书君许元佑。"钟惺、陈继儒是许自昌的好友,说法是可信的。清代刊刻史料中的"元佑"、"元祐"配字,其实是为避康熙讳所改字。然而,这一避讳改字很不谨慎——今按李流芳《许母陆孺人行状》文可知,许自昌的子一代恰好就是"元"字辈,后人稍不留心就会被误导,把两代人误作一代人了。

一代	许朝相,即郡幕公(元配沈氏、继室陆氏)						
二代	许自昌,即中书君(字玄佑,清时避康熙"玄烨"讳被改为"元佑")						
三代	许元溥		许元恭		许元礼	许元方	许元毅	许元超	?
四代	许定泰	许定升	三女	许定国	许定祚	一女	许定震	一女	许定豫			

当时著名诗人冯敏卿在《赠许玄佑》诗中,说他"生岂菰芦人,硕貌何俣俣。豪气狭八丘,深心托千古。"③虽然许自昌中书舍人是捐来的官衔,

---

① 潘谷西主编《中国古代建筑史》(第四卷),第397页。
② 《江南通志》卷31。见影印本第605页。
③ 徐朔方著《晚明曲家年谱·许自昌年谱》,第465页。

但是，他广交雅友，是晚明江南乡贤名流中的重要一员。因此，后人研究其人及其梅花墅，资料还是比较丰富的。其中钟惺的《梅花墅记》、陈继儒的《许秘书园记》、祁承爜的《书许中秘梅花墅记后》，① 以及当时名流游园后留下的诗歌等等，都是关于梅花墅园林景境设计的第一手资料。

梅花墅是晚明文人乡村园林艺术的代表，此园位于当年陆龟蒙湖畔隐于耕渔的别业旧址，周围不仅河道密布如网，而且多农舍渔村。园内池水也不施驳岸，水宽也罢，土狭也罢，全凭自然，长堤、柳杨、竹林、茭白、菱芡、蒲草、芙蓉、荇藻，这一切与园外面的水乡田园风光自然融合，浑然一体。园林景境与园外乡村的自然美景融为一体，艺术境界突破了通常意义上的园林边界，这也是梅花墅造景在空间设计上的最大特点。在这一点上，梅花墅与范允临的天平山庄有异曲同工之妙。对此，主人自己的概括是"静对寒流意自闲，开门绿野闭门山"。②

钟惺在《梅花墅记》中说："出江行三吴，不复知有江，入舟舍舟，其象大抵皆园也。乌乎园？园于水，水之上下左右，高者为台，深者为室，虚者为亭，曲者为廊，横者为渡，坚者为石，动植者为花鸟，往来者为游人，无非园者。然则人何必各有其园也，身处园中，不知其为园，园之中，各有园，而后知其为园，此人情也。予游三吴，无日不行园中，园中之园，未暇遍问也。"在钟惺看来，三吴之地山清水秀，村落墟里到处都如园林一样美丽，而梅花墅就是这乡村大园林中的一个小园林。陈继儒在《许秘书园记》说："其地多农舍渔村，而饶于水，水又最胜。太公尝选地百亩，蒬裘其前，而后则樊潴水种鱼。玄佑请锹石围之，太公笑曰：'土狭则水宽，相去几何？'久之，手植柳皆婀娜纵横，竹箭秀擢，茭牙蒲戟，与清霜白露相采采，大有秋思。玄佑乃始筑梅花墅。"

从造园艺术元素上来看，梅花墅是一所充分利用水体造境的水景之园。钟惺之所以认为三吴村野到处都是园林，主要是因为有丰富的自然水体。围绕秀美的水体，因势随意而为，都可以成为优美的园林，而梅花墅"其为水稍异"，又比其他地方的水景更美好。

一是因为水多而集中。从相关园记和诗文来看，水之于梅花墅几乎是无处不在。《梅花墅记》说："登阁所见，不尽为水，然亭之所跨，廊之所往，桥之所踞，石所卧立，垂杨修竹之所冒荫，则皆水也。……三吴之水皆为

---

① 这几篇园记皆见于王稼句编著《苏州园林历代文钞》，第196~199页。
② 许自昌《冬日钟伯敬先生同诸君集小园》诗，见徐朔方著《晚明曲家年谱·许自昌年谱》，第478页。

园,人习于城市村墟,忘其为园;玄佑之园皆水,人习于亭阁廊榭,忘其为水。水乎?园乎?"也正因水景丰富,钟惺才有"闭门一寒流,举手成山水"的诗句。园内不仅多曲桥、水榭、水阁,连廊(流影廊)、亭(在涧亭、碧落亭)等都是建在水体之上的,在"漾月梁"桥之上还建有桥亭。园中最为华丽的中心建筑"得闲堂",也是三面临水而建。

二是因为梅花墅对园内水体处理的许多奇思妙想都是此前园林理水中不多见的。首先是采用暗道引水入园。梅花墅周围"饶于水,水又最胜",然而,"墅外数武,反不见水,水反在户以内,盖别为暗窦,引水入园"。这种以暗道引入园内主水源的理水做法,在此前的江南私家园林中极其罕见,清初张然、张轼父子在无锡寄畅园用暗道取水叠成溪谷"八音涧",可能与此法相似。其次是园中水景处理妙趣横生。梅花墅游园之路不仅有登阁、攀山,而且连接着涉水的石矶、水洞和桥梁,一路游来跌宕摇曳——"磴嵝分道,水唇露数石骨,如沉如浮,如断如续。蹑足寒渡,深不及踝,浅可渐裳,而浣香洞门见焉。嵌岈峐崿,窍外疏明,水风射人,有霜霓虹龙潜伏之气。时飘花板冉冉从石隙流出,衣裾皆天香矣。洞穷,宛转得石梁,梁跨小池,又穿小酉洞。洞枕招爽亭,憩坐久之。"园中水体驳岸处理得嶙峋起伏、苍苔斑斑,高下曲折皆有景致,还设计有浅滩之景——"径渐夷,湖光渐劈,苔石累累,啮波吞浪,曰锦淙滩。"再次是水面景境设计优美,层次丰富。梅花墅水面景致设计不仅多曲桥、多曲廊、有桥亭,还多岛屿——"辇石为岛,峰峦岩岫,攒立水中",加之长堤依依杨柳,莲沼茭蒲、芙蓉、荇藻"竟川含绿,染人衣裾",相互掩映,交错成景,大大丰富了园林水景的层次。①

从游园效果上来看,梅花墅的园景设计很注重移步换景的空间变化和四时轮回的季相变化,实现了一步一佳境、四季皆可观的艺术追求。陈继儒《许秘书园记》说:"窈窕朱栏,步步多异趣",指的就是此园景境设计的空间变化。钟惺《梅花墅记》说:"升眺清远阁以外,林竹则烟霜助洁,花实则云霞乱彩,池沼则星月含清,严晨肃月,不辍暄妍。予诗云:'从来看园居,秋冬难为美。能不废暄萋,春夏复何似。'虽复一时游览,四时之气以心准目,想备之。欲易其名曰贞萋,然其意淳泓明瑟,得秋差多,故以滴秋庵终之,亦以秋该四序也。"

显然,园林在设计之初,就对秋冬之景进行了精心的设计和准备,因此,即便是秋冬之日,也有霜林烟霞、寒波映月、萋萋草木、临水草庵等,

---

① 引文皆见陈继儒《许秘书园记》。见王稼句编注《苏州园林历代文钞》,第197页。

成为补秋、补冬之景。

另外，此园的演剧舞台设计也与众不同，不仅是超大的，而且居于园林中心位置，位于园中最为宏丽的建筑"得闲堂"的近前。这与主人的喜好与职业关系密切。许自昌是晚明著名的戏曲家，因此，得闲堂"在墅中最丽，槛外石台可坐百人，留歌娱客之地也"。① 《许秘书园记》说，此石台"广可一亩余，虚白不受纤尘，清凉不受暑气。每有四方名胜客来聚此堂，歌舞递进，觞咏间作，酒香墨彩，淋漓跌宕于红绡锦瑟之旁。"

"蒹葭飞翠薄郊原，枫冷吴江忆故园。梦里青山连越峤，望中白练断吴门。忽惊此日传双鲤，恍似当年畅一尊。正念伊人天际外，秋山叠叠隔江村。"② 入清后不久，这所晚明最为典范的文人乡村园林，就被许自昌的长子许元溥（字孟宏）舍作海藏庵禅寺院了，水绘之园的风采也很快消散在梵音之中了。

五、赵宧光、陈继儒的湖山园

在晚明苏州园林中，赵宧光的寒山别业、陈继儒的东畬山草堂，与范允临的天平山庄一样，都属于山林园。山林地造园不仅取材方便，而且，园林景境很容易与园外的自然山水融合，还可以借景湖山，使园景境界阔大高远，因此，《园冶》认为湖山是选址造园的上等地形。赵凡夫的寒山别业突破了传统意义上的园林，是一所以山为园、园山合一的超大庄园，在晚明苏州诸文人山园中独树一帜。今按赵宧光《寒山志》可知，寒山别业有这样一些独有的特点。

一是聚合山民，以山为园。寒山内居住着几十户原著山民，后来都渐渐主动纳土于赵氏，聚合在赵氏的周围而成为山庄中的居民了，因此，偌大寒山既是赵氏之山园，也是包容了数十户他姓原著民的山庄。《寒山志》说："时山中老翁以他故得予者，谬为游扬，间里信翁，因信不肖无他肠，由是比邻无不愿以山归我。不逾年，而前后左右，目中诸峰皆为我有矣。收户三十，连山五百以内二顷，缭以周垣一千余丈，始可任意纵横，措其布置，阙者使全，没者使露，秽者使净，坡者为阿，宜高者防以堤阜，宜下者凿以陂沱。……意欲其塞者，除蓁而石现；意欲其通者，疏脉而泉流。稍加力役，百倍其功，果出天成，若非人力。"③

原始朴素又层次丰富的山林园景，与园主超尘绝俗的文德才情紧密结

---

① 《梅花墅记》，见王稼句编注《苏州园林历代文钞》，第195页。
② 祁承㸁《寄怀许玄佑》诗，见徐朔方著《晚明曲家年谱·许自昌年谱》，第468页。
③ 赵宧光《寒山志》，见陈其弟点校《吴中小志丛刊》，第236页。

合，是此园的第二个鲜明特征。寒山别业园林造景多是在自然林壑的基础上略施人工、提炼而成的。在《寒山志》中，赵宧光略述了其寒山别业既有和待造的园景，林林总总约八十余处，分别是：无边云、白云封坛、元崖、玉雪岑、丹井、蹋青冥、瀫露潭、千仞冈、拂秋霞、眠云石、芙蓉峰、无依峰、驰烟峰、云观馆、空空庵、阳阿石、种玉浆井、元酒坊、耕云台、鸣濑涧、墨浪涧、钓月滩、清凉池、浮凉石、浮幢、印堂台、青霞榭、雕蓣沼、飞鱼峡、寒山堂、骖鸾径、抱瓮陂、奏格堂（家庙）、"伯赵氏寒山阡"摩崖石刻、尺宅庐、蝴蝶寝、临晚楼、岚毗庵、悉昙章阁、须云阁、小宛堂、丙室、天阶馆、吸飞泉、悬圃、清浅池、谽岈谷、奔崖、玉兔石、倚天堑、翔风石、切云峰、藏蛟崖、𧀬伖曲、浮磬坪、开云峡、剖碧门、云片禺、凌波栈、千眠浦、奔声堰、归崖屿、野鹿薮、樵风楼、千尺雪（骇飙霳）、洒头盆、惊虹渡、碧鸡泉、云中庐、山农家、功德池、古天峰院（邃谷）、蜿蜒壑、菡萏峰、马头石、白杨堤、斜阳陂、法螺庵、紫蜕涧等等。这仅是寒山别业规模初具时的园景，自赵凡夫建园守茔，至其孙赵锟"弃山泉庐舍，席卷所有以东归"，① 赵氏家族三代居寒山半个多世纪。其间，赵凡夫和陆卿子（陆师道女）、赵灵均（赵凡夫子）和文淑（文徵明玄孙女，文从简女），这两代神仙眷侣般的园林主人，都是以人格品行及艺术修养垂范当世的人物，三代人对寒山别业园林景境不断地进行增益。后来赵氏东归，在清军的嘉定屠城中，家族有22人罹难，这直接导致寒山别业名园无主而旋即荒凉消散了。

鲜明而强大的生产功能，是寒山别业的第三个特征。自明代中期以降，苏州园林的生产功能就逐渐削弱了，至晚明苏州的一些城市山林，园林造景几乎毫不以生产为念，其根本原因是园主的经济来源不依赖于此。在城市商品经济繁荣失范的背景下，这也是时代风气和私园主人审美情趣变化的折射。然而，寒山别业主人赵氏，以及聚集在赵氏周围的原著数十户山民，都是以寒山别业作为其生产生活的最基本依托的。

另外，赵宧光是著名的金石学家，工于书法，尤精于篆刻。因此，山园中有大量的摩崖石刻，以及对园林景境进行摩崖石刻以品题点睛，也是赵氏寒山别业中一个鲜明的特色。

陈继儒是晚明吴地著名的山人，其山园为东畬山草堂。就晚明园林艺术而言，陈继儒有点像文震亨、李渔，是一位艺术理论成就远远大于造园实践的艺术家。在晚明文人走向湖畔山林以远离城市喧嚣的筑园潮流中，东畬山

---

① 《赵耀传》，见陈其弟点校《吴中小志丛刊》，250页。

草堂是一所规模较小且常常被人们忽略的园子。然而,他"少工文,与董其昌齐名,三吴名下士争欲得为师友,未三十弃诸生,筑室东佘山,以著述为事。短翰小词,皆极风致,兼善画,户外屦常满。"① 陈继儒一生隐居山园,因此,其关于山园隐居的艺术人生思考既深刻入理也朴雅清新。陈继儒这些园林思考大都记录在他的《小窗幽记》、《岩幽栖事》等笔记著作之中,在后面归纳晚明苏州园林艺术审美思想的章节中还会有所探讨,这里姑且从略了。

六、王世贞弇山园②

在晚明苏州私家园林中,太仓王世贞(1526—1590 年)弇山园可能是营造时间最为漫长、园林造景最为富丽的一个。此园营起造于"辛壬间"(1571—1572 年),前后历经约 20 年。早在嘉靖三十九年(1560 年),"弇山"一词就被王世贞用在《弇山堂识小录》题名中了。人生最后的十余年里,王世贞每每在致仕与复仕的间歇期间还对园子不断进行施工完善,园林景境也时有增益,因此,"弇山"园从设想到完成修造,前后贯穿了王世贞的后半生。王世贞起初造园设想是:"余意欲筑一土冈,东傍水,与中弇相映带,而瓜分其亩,植甘果佳蔬,中列行竹柏,作书屋三间以寝息。"然而,由于长期宦游在外,筑园事宜主要由管家操办,这位管家"其人有力用而侈",把园子筑造得越来越华丽,而王世贞辗转于仕宦之途"亦不暇问"。最后,实际造成的园子大大超出了王氏初始的设想,造园几乎耗尽了王氏全部的资财——"盖园成而后,问橐则已若洗"。③

今人研究明代园林,文献资料不足往往是最大的难题,然而,对于弇山园来说,这一情况要相对好得多。王世贞是一代文坛巨匠,后七子的领袖,对园林和园林文学作品又有独特而强烈的兴趣,因此,他为弇山园及其家族园林,留下了大量的文字资料。在《古今名园墅编序》中,王世贞说:"余栖止余园者数载,日涉而得其概。以为市居不胜嚣,而墅居不胜寂,则莫若托于园,可以畅目而怡性。会同年生何观察以游名山记见贻余,颇爱其事,以旧所藏本若干卷投之,并为一集。辄复用何君例,紀集古今之为园者,记、志、赋、序几百首,诗古体、近体几百千首,而别墅之依于山水者,亦

---

① 《江南通志》卷 166。见《四库全书》第 511 册,第 802 页。
② 在晚明苏州诸名园主人中,王世贞属于时序靠前的长者,其弇山园也早于此间的许多园林,之所以把此园置于殿后的位置,是出于遵循本文先城内后城外、先近郊后下属郡县的结构原则。
③ 王世贞《题弇山八记后》,见王稼句编注《苏州园林历代文钞》,第 247 页。

附焉。"①

关于其身边的园林，仅在其《弇州续稿》中，就有《山园杂著小序》、《来玉阁记》、《弇山园记》（八篇）、《题弇园八记后》、《题敬美书闲居赋后》、《疏白莲沼筑芳素轩记》、《小祇林藏经阁记》、《约圃记》、《离薋园记》、《澹圃记》、《太仓诸园小记》等园林散文名篇，这些资料或整体、或局部地记录了相关园林艺术风貌。另外，王世贞还有大量的咏园诗歌，仅《弇园杂咏》就有43首和28首各一组。在这百余首诗歌中，有一组诗歌清晰地显示出作者以诗序记录园林、勾绘园林的特殊目的，与《弇山园记》八篇互为表里，成为今人考证弇山园面貌的重要文献资料：

"入弇州园，北抵小祇林，西抵知津桥而止"；
"入小祇林门，至此君轩，穿竹径，度清凉界、梵生桥，达藏经阁"；
"度萃胜桥，入山沿涧岭，至缥缈楼"；
"自缥缈楼绝顶而下，东穿潜虬洞"；
"由西山别磴，至乾坤一草亭，西北望城楼，西南望武安王庙"；
"穿西山之背，度环玉亭，出惜别门，取归道"；
"由月波桥而东望梵音阁"；
"穿率然洞，入小云门，望山顶，却与藏经阁背隔水相唤"；
"壶公楼之背，对广心池之小浮玉"；
"度东泠桥蟹螯峰下娱晖滩"；
"由云根嶂之背，度双井转嘉树亭"；
"自分胜亭沿留鱼涧度玢碧梁"；
"由玢碧梁逾险得九龙岭"；
"傍广心池为敛霏亭，与振厡廊相对"；
"登来玉阁俯广心池，与西山对，下为振厡廊"；
"文漪堂临广池，前为小浮玉"；
"穿竹径，度知还桥，入文漪堂"；
"先月亭后拥竹，前俯广心潭"……②

这一组以序为题的诗歌，是王世贞设计推荐的游园线路，也为今人按图索骥，复原弇山园空间设计图提供了清晰的线索。顾凯博士就依据这些资料，把弇山园分为六个较大的相对独立景境区域，并绘制了《弇山园平面

---

① 王世贞《古今名园墅编序》，见赵厚均、杨鉴生编注《中国历代园林图文精选》（第3辑），第38页。
② 这一组诗歌出自王世贞《弇州续稿》卷5。见《四库全书》第1282册，第62~65页。

示意图》（图 5-8）。

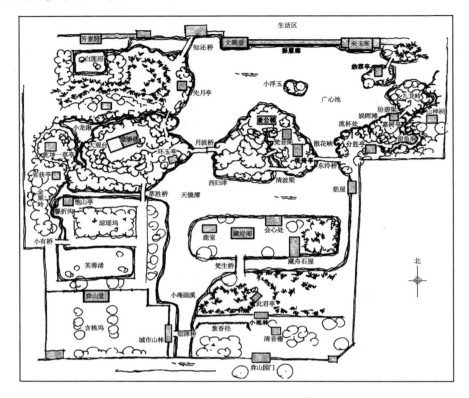

图 5-8　弇山园平面示意图①

在《题弇州八记后》文中，王世贞说："吾兹与子孙约：能守则守之，不能守则速以售豪有力者，庶几善护持不至损天物性鞠为茂草耳。……子孙晓文义者，时时展此记足矣，又何必长有兹园也。"事实也正如王氏所预料，弇山园的在王世贞谢世后不久即被转售他人；事实又出乎王氏所料，此园易主后不久就被拆分了，连其中的假山也被拆解作造园石料而分销他所了。一代名园消散幻灭之速，实在令人叹息！

从文献资料上来看，弇山园乃是当时吴地城市山林造景荟萃之作，而其造景最为显著的特点，就是对人间仙境的追求和创造。造景有追慕仙境的意趣，是晚明苏州私家园林中广泛存在的现象，例如，王心一的归园田居中有桃花源，赵宧光寒山别业中有悬圃，徐默川紫芝园中"仙家楼阁，雾阁云窗"，徐泰时东园是"名园况比阆壶看"。然而，像王世贞弇山园这样把追

---

① 顾凯著《明代江南园林研究》，第 127 页。

慕仙境写在园林题名中，把整所园林空间布局设计成为仙境的，却是仅此一家。

关于弇山园名的由来，王世贞在《弇山园记》中说："园所以名弇山，又曰弇州者何？始余诵南华而至所谓大荒之西，弇州之北意，慕之而了不知其处。及考《山海西经》，有云弇州之山五彩之鸟仰天，名曰鸣鸟。爰有百乐歌舞之风，有轩辕之国，南栖为吉不寿者，乃八百岁不觉爽然，而神飞仙仙，佯佯旋起旋止。曰：吾何敢望是。始以名吾园，名吾所撰集，以寄其思而已。乃不意从上真游，屏家室栖于一茅宇之下，偶展《穆天子传》，得其事曰：天子觞西王母于瑶池之上，天子遂驱升于弇山，乃纪其迹于弇山之石。而树之槐眉，曰：西王母之山则是弇山者。帝姬之乐邦，而群真之琬琰也。景纯先生乃仅以为弇兹日入地，夫奄兹在鸟鼠西南三百六十里，其中多砥砺，固可刻。而去陇首不远。二传皆先生笔遂忘之耶。则不佞所名园与名所撰集者，虽瞿然愧，亦窃幸其于古文闇合矣。"①

虽然王世贞在这里遮遮掩掩，说他的园子名弇山、弇州，与《庄子》、《山海经》、《穆天子传》中那个西王母的弇山暗合，是一个意外，实际上，"弇山"就是崦嵫山，就是传说中太阳歇息的仙山，就是西王母的瑶池所在之山。王世贞造园以追慕世外仙境的主观愿望，在园名中表现得非常清楚。在整体空间布局设计上，弇山园分别被水隔离为上弇、中弇、下弇三座假山，并以三山为划分园林景境区域的主要标志，这种园景空间设计，明显受到一池三岛仙境思想的启发，模拟海上仙山的用意还是比较清晰的。另外，在园林局部造景方面，有以"藏经阁"为中心的佛国圣境，周围的"琼瑶坞"（琼岛）、"凌波石"、"壶公楼"、"梵王桥"、"梵音阁"、"清凉界"、"青虹梁"、"雌霓梁"、"缥缈楼"等等造景，题名都浸染了浓厚的圣境仙宇色彩，园林景境如水中月、镜中花一般飘缈空灵。因此，王世贞《弇山园记》说："阁（藏经阁）之下亦宽厂，四壁令尤老以水墨貌佛境，宗风列榻其间，随意偃息轩后，植数碧梧，自此而北，水隔之路遂穷。阁之左有隙地，与中岛对踞水，为华屋三楹，以竢游客过者，历历若镜中花木……"

两千多年以来，一池三岛一直是北方皇家园林理水造景的主流范式，在江南文人私家园林中，这样处理水景并不常见。皇家园林的另外一个特点，就是集纳式造景，即把帝王喜好的各种各样景致都集中在园林中展现，却并不很在意这些景致之间的自然和谐，这是江南文人私家园林所罕见的。然而，王世贞的弇山园"宜花"、"宜月"、"宜雪"、"宜雨"、"宜风"、"宜

---

① 王世贞《弇山园记》，见王稼句编注《苏州园林历代文钞》，第242页。

暑"、宜晨游、宜晚宿、宜舟舫、宜垂钓、宜丝竹、宜醉客，是一所景境丰富、功能多样的集纳式大型综合园林。《弇山园记》说："园之中为山者三，为岭者一，为佛阁者二，为楼者五，为堂者三，为书室者四，为轩者一，为亭者十，为修廊者一，为桥之石者二，木者六，为石梁者五，为洞者，为滩若濑者各四，为流杯者二，诸岩磴涧壑不可以指计，竹木卉草香药之类不可以勾股计，此吾园之有也。园亩七十而赢，土石得十之四，水三之，室庐二之，竹树一之，此吾园之概也。"可见，弇山园不仅一池三岛的空间设计有皇家园林气息，而且，整所园林华丽的、集纳式的造景特征，也有帝王宫苑的味道。王世贞说："自余园之以巨丽闻，诸与园邻者游以日数……夫志大乘者，不贪帝释宫苑，藉令从穆满后以登弇山之巅，吾且一寓目而过之而，况区区数十亩宫也。"——就连王世贞本人，都认为自己的园林造景，已经透射出"帝释宫苑"的气息。

晚明苏州一带名园还有许多，有的是前朝名园的延续和复兴，如王鏊的怡老园此时面积进一步拓展，"园在阊胥两门之间，旁枕夏驾湖，水石亦美"，① 狮子林和沧浪亭也历经劫难后复兴，文震孟在袁祖庚醉颖堂基础上的拓建的药圃等；有的是新造园林，如归湛初宅园（即惠荫园）、杨成的五峰园等，在城外有顾天叙的晚香林，太仓还有王锡爵的家族园林，常熟有瞿汝说父子的家族园林，松江有潘允端的豫园和陆树声的适园，吴江还有顾大典的谐赏园等等。这里不再展开考述。

第四节　晚明苏州园林艺术审美思想透视

传统的江南文人私家园林虽然是园林主人现实生活的一部分，是一种物质文化层面的艺术载体，但是它又寄托着主人深层次的精神追求，映射出主人的人格品质，其景境营造的审美思想是追求超越世俗的高逸境界，因此，江南文人园林是古典高雅艺术样式之一。晚明江南的时代风尚与文人园林传统的审美理想之间，存在着明显差异，这种差异带来的碰撞，造就了苏州园林的一个全新时代风貌——浮华的时代风气、纷乱的文化思潮、自由的艺术思想，推动着园林艺术发展不断对传统审美规范进行突破与超越，这在晚明苏州园林的造景审美趣味、主人品格与艺术情怀、艺术技法与理论总结等方面，都有清晰的表现。

一、晚明苏州园林造景艺术的总体时代风貌透视

审美情感上的末世心态和园林造景注重表象化、视觉化的艺术效果，是

---

① 袁宏道《园亭纪略》，见《三袁随笔》，第53页。

晚明江南私家园林艺术审美发展变化的总体趋势。造成这一时代风貌的背后原因很多，其中，王朝末世纲纪松弛与社会风气道德失范，一百多年城市商品经济发展繁荣造就的财富积累，以及园林艺术发展的自身内在规律等，是其中几个最直接的原因。

末世心态有许多种表现，及时行乐、无惧生死、挥霍无度、奢侈放纵等，都是其中最常见的现象。在元末顾德辉玉山佳处中常常雅集的那群文人身上，就曾浓郁地弥漫着这种末世气息，两百多年后，这种气息再次笼罩在晚明江南的文人群体和私家园林之中。

时人张瀚在《松窗梦语》中，以歌舞演剧为例，怒斥了这种无度的末世浮华："夫古称吴歌，所从来久远。至今游惰之人，乐为优俳。二三十年间，富贵家出金帛，制服饰器具，列笙歌鼓吹，招至十余人为队，搬演传奇。好事者竞为淫丽之词，转相唱和。一郡城之内，衣食于此者，不知几千人矣。人情以放荡为快，世风以侈靡相高，虽逾制犯禁，不知忌也。"①

袁宏道曾长期在苏州一带为官，也曾是晚明江南文人领袖之一，然而，就连这么一位文名政声俱佳的袁中郎，也喜欢在舍生忘死的极端刺激之中感受快乐："行庄数十步，则卷而休，遇转快，至遇悬石飞壁，下戆无地，发毛皆跃，或至刺肤蹎足，而神愈王。观者以为与性命衡，殊无谓，而余顾乐之。退而追惟万仞一发之危，辄酸骨，至咋指以为戒，而当局复跳梁不可制。"② 袁宏道这种挑战极限的游山，已近乎后世的攀岩，其中有超越生死的胆略，更多的还是对今世人生无望的消遣和冷淡，这在其书札《龚惟长先生》中，说得又直白又透彻："数年闲散甚，惹一场忙在后。如此人置如此地，作如此事，奈之何？嗟夫，电光泡影，后岁知几何时？而奔走尘土，无复生人半刻之乐……然真乐有五，不可不知。目极世间之色，耳极世间之声，身极世间之鲜，口极世间之谭，一快活也。堂前列鼎，堂后度曲，宾客满席，男女交舄，烛气熏天，珠翠委地，金钱不足，继以田土，二快活也。箧中藏万卷书，书皆珍异。宅畔置一馆，馆中约真正同心友十余人，人中立一识见极高，如司马相如、罗贯中、关汉卿者为主，分曹部署，各成一书，远文唐宋酸儒之陋，近完一代未竟之篇，三快活也。千金买一舟，舟中置鼓吹一部，妓妾数人，游闲数人，泛家浮宅，不知老之将至，四快活也。然人生受用至此，不及十年，家资田地荡尽矣。然后一身狼狈，朝不谋夕，托钵歌妓之院，分餐孤老之盘，往来乡亲，恬不知耻，五快活也。士有此一者，

---

① 张瀚著《松窗梦语》，139页。
② 袁宏道《由舍身岩至文殊狮子岩记》，见《三袁随笔》，第79页。

生可无愧,死可不朽矣。"①

这种不论是非、不计毁誉、忘却廉耻、无视生死、及时行乐的纵欲心态,在当时文人之间具有广泛的普遍性。张岱在《自为墓志铭》一文中说:"少为纨绔子弟,极爱繁华,好精舍,好美婢,好娈童,好鲜衣,好美食,好骏马,好华灯,好烟火,好梨园,好鼓吹,好古董,好花鸟,兼以茶淫橘虐,书蠹诗魔,劳碌半生,皆成梦幻。"②

当时太仓籍首辅王锡爵曾概括说:"今之士大夫一旦得志,其精神日趋于求田问舍、撞钟舞女之乐。"③ 就连王世贞这位后七子的领军人物,也未能免俗——"昧于天人之际,语鲜性命之宗。颇溺荣华、好谈富贵。"④

从园林景境的数量和层次上看,嘉靖以前,即便是吴宽东庄、王献臣拙政园、王鏊真适园等著名园林,造景也都很疏朗、简约,拙政园三十一景已是非常之多了。然而,晚明苏州园林造景动辄就以数十计,王世贞的弇山园造景更是将近百计,赵氏寒山别业、王心一归园田居等文人园虽然造景艺术相对传统,富有自然、素雅的文人趣味,景境密度却也远远胜于此前的文人园林。不仅如此,晚明苏州园林营造的主流风气与世风基本一致——局部造景奢华了,园景的整体和谐却受到了损害;园景视觉上色调鲜丽了,造景的精神寄托却模糊了,这是当时园林普遍存在的现象。王世贞在《古今名园墅编序》中说:"徐封园饶佳石而水竹不称;徐参议廷祼园……饶水竹而石不称;徐鸿胪佳园因王侍御拙政之旧,以己意增损而失其真。"袁宏道在《吴中园亭纪略》一文中说:"近日城中惟葑门内徐参议园最盛,画壁拈青。飞流界练,水行石中,人穿洞底,巧逾生成。幻若鬼工,千溪万壑。游者几迷出入,殆与王元美小祇园争胜。祇园轩豁爽垲,一花一石俱有林下风味,徐园微伤巧丽耳。"对于晚明苏州园林艺术造景的整体和谐不足、局部雕镂有余、景境过于巧丽等等现象,这两位当世文学大师显然是心知肚明的。然而,正风化俗难而跟风从俗容易,加之普遍存在于文人潜意识之中的末世心态,王世贞的小祇园在被扩建成为弇山园后,园林景境也不再"一花一石俱有林下风味",反如七宝楼台,浸透了繁密、巧丽的时代趣味。

总之,在日渐喧嚣的世风鼓噪下,在发达、膨胀的城市商品经济推动下,晚明江南私家园林艺术创作发生了巨大的审美变化:园林面积小而造景密丽,空间小而建筑高大,园景色调过于鲜丽,建筑装饰日渐繁复,室内硬木家具

---

① 任亮直选注《袁中郎诗文选注》,第319页。
② 张岱著《陶庵梦忆》,第167页。
③ 张煊《西园见闻录》,见《续修四库全书》(子部·杂家类)第1168册,第86页。
④ 屠隆《三才》篇,见吴新苗著《屠隆研究》,第71页。

陈设日渐考究，博古清供日渐增多，园林植物总量及名贵花木数量剧增等等。作为一种典型的文人艺术，此前的江南私家园林总是以色调朴素、造景疏朗、意境幽雅、富有意蕴、高情逸致等，作为艺术创作的基本审美准则。晚明苏州园林的这些变化突破了园林艺术传统的审美准则，艺术审美趣味逐步转向深度世俗化的境地，在园林造景注重追求视觉效果的背后，在琳琅满目的繁密园林景境表象背后，浸透了浓重的物欲味道。这些变化与传统的文人园林艺术精神不完全一致，却恰是晚明苏州园林造景的普遍现象和总体趋势。

二、从"君子攸居"到富贵之园——园林艺术构成要素的华丽转身

晚明苏州造园几乎就是在炫耀财富，园林可以不再是"君子攸居"的精神乐园，而绝大多数都是富贵之园。这种富贵气息集中表现在当时造园对各种艺术要素的选材用料上，其中尤以城市山林为最。

这首先表现在筑山用石总量明显增多，而且往往和对奇石的追逐与崇拜结合在一起。中国古典园林筑山主要有土、石两种材料，取土筑山多因地制宜，可以和凿池结合在一起，既方便经济，又便于园艺，因此，中国古典园林早期多为"积土成山"。园林中累石成山的历史稍晚一些，六朝时苏州乡贤合力为高士戴颙筑室吴门，"聚石引水，植林开涧，少时繁密，有若自然"，① 这可能是苏州园林史上关于累石筑山的最早记载。在随后的一千多年历史上，虽然先有白居易的《太湖石记》予以传扬，后又被朱勔作为花石纲中的主要贡品，但是，湖石用在宋元以来的苏州名园中，依然仅以点缀为主，且多以一石成峰的形式，与园中的土山、亭阁、松竹花木等相掩映成趣。即便是众人集资兴建的狮子林，早期的湖石假山也是以土包石、置石成峰为主；倪云林的清閟阁超尘绝俗、冠绝当世，其间的湖石也仅仅是零散点缀。苏州园林假山长期以多土少石的土包石为主，这其中不仅有造园审美观念方面的原因，还因为聚石叠山在材料开采和运输方面有现实困难，这往往需要巨大的资财消耗。古代重型物资的运输只能用舟船，若不是依山造园，叠山石料的运输就会成为一项浩大工程，特别是运输一些体量巨大的奇石，更是一项艰难复杂的烧钱工程，北宋时朱勔为宋徽宗的艮岳采办花石纲，就时常为通舟楫而拆解了桥梁。徐泰时东园奇石瑞云峰，据说曾是湖州董份嫁女的陪嫁之物，董氏搬运此石，曾"以葱叶覆地，地滑省人力，凡用葱万余斤，南浔数日内，葱为绝种……载以归吴之下塘，所坏桥梁不知凡几"。② 今颐和园乐寿堂前有一巨大的寿山奇石，乾隆名之曰"青芝岫"，当年南下

---

① 李延寿著《南史·隐逸列传上》，第1866页。
② 陈从周著《梓室余墨》，第122页。

金兵看中了这块石头，可是，在从开封搬运至燕京的半道上金国就亡国了；明末又被太仆米万钟看中了，结果米氏也因为搬运这块石头而败了家，于是此石就得了"败家石"之名。直到后来被乾隆看中了，这块石头才终于完成了进京历程！可见，在山地以外构筑那种以石料为主的石包土假山，特别是选择一些纯粹的上等石料、奇石来构筑体量较大的假山，对于传统文人来说，这几乎是不可能实现的事情。然而，在晚明苏州许多私家园林的营造中，石材的使用不但大量增加了，而且常常出现选择奇石来筑山的奢华现象。这在明代中期王延喆造怡老园时仅初现端倪，到了嘉靖以后，渐渐成为了一种普遍现象。徐默川造紫芝园，其中假山面积竟然占园林总面积的一半以上，而且是使用了大量的湖石，园林叠山不仅有山涧、溪壑、溶洞、琴台，还有山峰三十六处，诸峰"或如潜虬，或如跃儿，或狮而蹲，或虎而卧。飞者、伏者、走者、跃者，怒而奔林，渴而饮涧者，灵怪毕集，莫可名状"，以至于时人竟以"假山徐"来代指其家族。徐泰时造东园时，请当时著名艺术大师周秉忠以湖石堆叠了一所巨大的石屏："高三丈，阔可二十丈，玲珑峭削，如一幅山水横披画，了无断续痕迹，真妙手也。"周秉忠为归湛初筑园时，堆叠小林屋洞水假山，用料也是湖石。徐廷裸的园林叠山与瀑布理水结合在一起，"画壁攒青，飞流界练，水行石中，人穿洞底，巧逾生成，幻若鬼工，千溪万壑，游者几迷出入。"王心一的归园田居中叠山，也大量地使用石材，其中，"东南诸山采用者湖石，玲珑细润，白质藓苔"，"西北诸山，采用者尧峰，黄而带青，质而近古"，此外还有缀云峰、小桃园等零散的叠山。王世贞的弇山园更是用石材平地堆出三座大山，叠山理水如仙境琼岛。谢肇淛在《五杂俎》中，就批评了此园用石过度："王氏弇州园，石高者三丈许，至毁城门而入，然亦近于淫矣。"① 后来弇山园败落，其中奇石被拆解转卖，时人称之为"弇州石"，也有点艮岳寿山石的败家味道了。

  在建筑上，晚明苏州园林中不仅多高大轩敞的、不守旧制的建筑，而且，建筑的功能和地位也发生了转换，可供歌舞演剧排练表演的集体娱乐性厅堂，往往成为园林中最为高大、华丽的中心建筑，紫芝园、徐廷裸园、梅花墅等莫不如此。在建筑装饰上，晚明园林也多采用鲜亮的色调和华丽的雕饰。例如，徐默川紫芝园中，就用了有雕镂装饰的门楼、华丽的斗栱和绚丽的彩绘。从张岱、陈继儒等人的游记可以看出，范允临的天平山庄、许玄佑的梅花墅等园林建筑上，也采用了一些鲜丽的彩色装饰——传统文人园林建筑不雕不绘的淳朴审美思想，到了晚明时已经基本没有了市场。

---

 ① 谢肇淛著《五杂俎》，第56页。

此外，晚明苏州私家园林中的家具陈设日益求巧、求精。明代硬木家具是中国古代设计艺术史上的一道亮丽风景，集中代表了"明式"设计风格，其中，"苏式"工艺又是"明式"的精华所在。关于明代硬木家具的使用，范濂的《云间据目抄》中有这样一段文字："细木家伙，如书桌、禅椅之类，余少年曾不一见。民间止用银杏漆方桌。自莫廷韩与顾、宋两公子用细木数件，亦从吴门购之。隆万以来，虽奴隶快甲之家，皆用细器。而徽之小木匠，争列肆于郡治中，即嫁妆杂器，俱属之矣。纨绔豪奢，又以椐木不足贵，凡床厨几桌，皆用花梨、瘿木、乌木、相思木与黄杨木，极其贵巧，动费万钱，亦俗之一靡也。尤可怪者，如皂快偶得居止，即整一小憩，以木板装铺，庭蓄盆鱼杂卉，内列细桌拂尘，号称书房。竟不知皂快所读何书也？"①

范濂这段文字记录了他对明代硬木家具使用普及变化的亲身感受，可见，明代硬木家具的广泛使用，主要在晚明——隆庆、万历以后，最早的生产中心就在苏州。晚明时这种硬木家具陈设数量和种类逐渐增多，渐渐成为苏州园林陈设中的必需品了，因此，当时文人也给予了特别的关注。在《长物志》中，文震亨专门用了一卷文字来讨论了园林家具陈设的款式、材质和装饰。

照壁——"得文木如豆瓣楠之类为之，华而复雅，不则竟用素染，或金漆亦可，青紫及洒金描画俱所最忌。"

几榻——"古人制几榻，虽长短广狭不齐，置之斋室，必古雅可爱，又坐卧依凭无不便适。……今人制作，徒取雕绘文饰，以悦俗眼，而古制荡然，令人慨叹实深。"

榻——"近有大理石镶者，有退光朱黑漆中刻竹树以粉填者，有新螺钿者，大非雅器。他如花楠、紫檀、乌木、花梨，照旧式制成，俱可用。"

天然几——"以文木如花梨、铁梨、香楠等木为之，第以阔大为贵。"

椅——"乌木镶大理石者，最称贵重，然亦须照古式为之。"

凳——"凳亦用狭边厢者为雅，以川柏为心，以乌木厢之最古。"②

文震亨的审美观念依然是比较传统的文人趣味，因此，在器物款式形制方面，他依然坚持简约、朴素的古制，然而，在家具材质的选择上，则与范濂所记述的晚明世俗趣味完全一致，皆为花梨木、铁力木、楠木、紫檀木、乌木、瘿木等硬木材质。这些木材材质硬度高、稳定性好、木色古雅、经久耐用，器物品质与古代传统文人所欣赏的朴拙、坚韧、深沉、淳厚的文化精

---

① 范濂著《云间据目抄》，第57页。
② 陈植《长物志校注》，第225页。

神相一致，是材料美与功能美相统一的典范。然而，这些木材之所以名贵，还别有其他原因——其主产地在西南的川、黔、滇、贵一带的群山密林之中，甚至远在东南亚一带的热带雨林中，原材料的开采和运输都极为艰难。《明史·食货志》说："采造之事，累朝侈俭不同。大约靡于英宗，继以宪、武，至世宗、神宗而极。其事目繁琐，征索纷纭。最钜且难者，曰采木。"①王士性在《广志绎》中也说："四川官民之役惟用兵、采木最为累人。西北、西南州县多用兵，东南多采木。"② 可见，采木之役与兵役相同，已成为置身于死地的苦差事。关于采木之苦，王士性还有比较清晰、具体的记载文字，为后世考证明式家具的材料来源，留下了珍贵文献资料：

> 楚中与川中均有采木之役，实非楚、蜀产也，皆产于贵竹深山大堑中耳。贵竹乏有司开采，故其役专委楚、蜀两省。木非难而采难，伐非难而出难。木值百金，采之亦费百金；值千金，采之亦费千金。上下山阪，大涧深坑，根株既长，转动不易，遇坑坎处，必假他木，抓搭鹰架，使与山平，然后可出。一木下山，常损数命，直至水滨，方了山中之事。而采取之官，风餐露宿，日夕山中，或至一岁半年。及其水行，大木有神，浮沉迟速，多有影响，非寻常所可测。……③

> （蜀）有名双连者，老节无文，似今土杉，然厚阔更优，多千百年古木。此非放水不可出，而水路反出云南，即今丽江，亦即泸水，亦即金沙江，道东川、乌蒙而下马湖。其水矶洑礁，汇奔驶如飞，两岸青山夹行，旁无村落。其下有所谓万人嵌者，舟过之辄碎溺，商人携板过此，则刻姓号木上，放于下流取之，若陷入嵌则不得出矣。嵌中材既满，或十数年为大水所冲激尽起，下流者竞取之以为横财。不入嵌者，亦多为夹岸夷贼所句留，仍放姓号于下流，徵财帛入取之。深山大林，千百年斫伐不尽。④

"贵竹"可能就是"贵筑"，在今贵阳市辖区内。从原木顺江而下，流经丽江、金沙江、东川、乌蒙山这一漂流运输路线来看，晚明西南采木之场，已经从中南延伸到大西南，甚至是今川藏交界一带的深山之中。又：

> （粤、琼）木则有铁力、花梨、紫檀、乌木。铁力力坚质重，千百年不坏；花梨亚之，赤而有纹；紫檀力脆而色光润，纹理若犀，紫檀无香而白檀香。此三物皆出苍梧、郁林山中，粤西人不知用而东人采之。乌木质脆而光

---

① 李洵著《明史食货志校注》，第275页。
② 王士性撰，吕景琳点校《广志绎》，第108页。
③ 王士性撰，吕景琳点校《广志绎》，第96页。
④ 王士性撰，吕景琳点校《广志绎》，第107页。

理，堪小器具，出琼海。①

从这段文字可知，两广和海南是晚明家具中小器具材料主要产地之一。此外，明代下西洋的境外航海，也带回来了大量的热带硬木材料，太仓是明代此类航海的主要进出港口之一，因此，以苏州为中心的吴地，就可能成为这些材料销售与使用的首要集散地。《广志绎》又说：

天生楠木，似专供殿庭楹栋之用。凡木多围轮盘屈，枝叶扶疏，非杉、楠不能树树皆直，虽美杉亦皆下丰上锐，顶踵殊科，惟楠木十数丈余既高且直。又其木下不生枝，止到木巅方散干布叶，如撑伞然。根大二丈，则顶亦二丈之亚，上下相齐，不甚大小，故生时躯貌虽恶，最中大厦尺度之用，非殿庭真不足以尽其材也。大者既备官家之采，其小者土商用以开板造船，载负至吴中则拆船板，吴中拆取以为他物料。力坚理腻，质轻性爽，不涩斧斤，最宜琢磨，故近日吴中器具皆用之，此名香楠。又一种名斗柏楠，亦名豆瓣楠，剖削而水磨之，片片花纹，美如画者，其香特甚，蒸之亦沉，速之次。又一种名瘿木，遍地皆花，如织锦然，多圆纹，浓淡可把，香又过之。此皆聚于辰州。或云，此一楠也，树高根深，入地丈余，其老根旋花则为瘿木，其入地一节则为豆瓣楠，其在地上者则为香楠。②

这段文字对楠木用在建筑与家具上的特殊材料价值，说得比较清楚，为后世解释"楠木厅"增添了注解——楠木厅通常是高大、宽敞的厅堂，这种厅堂的梁、架、柱都需要粗大而优质的木材；楠木不仅材质优秀、粗大稳定，更重要的是从根到梢不仅树干笔直，而且几乎没有粗细差别，这一特征使其成为天然的、最为适合的厅堂梁架材料。楠木天然的精美木纹和色泽，也是"材有美"的典范，其香味既是天然的驱虫防蛀药剂，又可增添家具的人文气息。另外，以楠木作舟，"载负至吴中则拆船板，吴中拆取以为他物料"，这种一举两得的木材运销方式也令人称绝。

在晚明的苏州园林中，与硬木家具陈设同步密集增加的，还有主人在园居中的博古雅藏，园林主人对于雅藏的着意，犹如倪云林之于清閟阁，只是缺少了倪氏的迂拙、高古，这种雅玩的收藏，就有点像古玩店而不是园林了。时人莫是龙指出："今富贵之家，亦多好古玩，亦多从众附会，而不知所以好也。且如畜一古书，便须考校字样讹谬，及耳目所不及见者，真似益一良友。蓄一古画，便须少文，澄怀观道，卧以游之。其如商彝周鼎，则知

---

① 王士性撰，吕景琳点校《广志绎》，第99页。
② 王士性撰，吕景琳点校《广志绎》，第96页。

古人制作之精，方为有益。不然与在贾肆何异？"①

与此前所不同的是，晚明收藏家既注重古旧雅玩，也善于囤积居奇地炒作当时的玩器、雅物，博古收藏已经明显成为一种商业投资了。袁宏道在《瓶花斋杂录》中说："古今尚好不同，薄技小器，皆得著名。铸铜如王吉、姜娘子，琢琴如雷文、张越，窑器如哥窑、董窑，漆器如张成、杨茂、彭君宝。经历几世，士大夫宝玩欣赏，与诗画并重。当时文人墨士、名公巨卿炫赫一时者，不知湮没多少。而诸匠之名，顾得不朽，所谓五谷不熟不如稊稗者也。近日小技著名者尤多，然皆吴人。瓦瓶如龚春、时大彬，价至二三千钱。龚春尤称难得，黄质而腻，光华若玉。铜炉称胡四，苏松人，有效铸者皆不能及。扇面称何得之。锡器称赵良璧，一瓶可直千金，敲之作金石声，一时好事家争购之，如恐不及。其事皆始于吴中狤子，转相售受以欺，富人公子动得重资，浸淫至士大夫间，遂以成风。然其器实精良，他工不及，其得名不虚也。"②

今天在苏州园林内偶尔可见的"琴砖"，晚明时也渐渐被广泛用于私园的书房、琴室，这种砖材腹大中空，有良好的共鸣效果，且尺寸大小恰好适合安放琴瑟，因此成为园林主人所珍赏的雅器。《长物志》说："琴台，以河南郑州所造古郭公砖，上有方胜及象眼花者，以作琴台，取其中空发响然。"③ 高濂在《琴窗杂说》中也说："弹琴，取古郭公砖，上有象眼花纹、方胜花纹，出自河南郑州者佳。"④

实际上，关于这种琴砖，早在洪武年间曹昭的《格古要论》中，就已经有了使用记载："琴桌须用维摩样，高二尺八寸，可入漆。于桌下阔可容三琴，长过琴一尺许，桌面郭公砖最佳。"⑤ 由于这种砖材早年罕见于民间，也不叫"琴砖"而叫"郭公砖"，因此，文人也鲜能关注。韩雍在《赐游西苑记》中，记录了他在禁苑中曾看到过这种砖材："琴台上横郭公砖，击之皆铿铿有声。"⑥ 今按相关文献，这种砖材最早被用于砌筑墓室，大约有隔水防潮的功能。正德年间的进士夏良胜说："郭公砖，世传为郭公窆墓石也，故名。予始见于好事家，异而珍之，顾视不已，乃验其迹……外文而理焉，中虚而硿焉，投之而通焉，受之而容焉，击之而有声焉，拊之若应焉，

---

① 莫是龙著《笔麈》，见车吉心主编《中华野史》（明史），第4436页。
② 袁宏道著《瓶花斋杂录》，见《三袁随笔》，第160页。
③ 陈植《长物志校注》，第289页。
④ 高濂著《遵生八笺》，第565页。
⑤ 曹昭著《格古要论》，第4页。
⑥ 韩雍《赐游西苑记》，《襄毅文集》卷9，第710页。

乘以几焉，荐以裀而覆之以罽焉。谓主人曰："奇石也，琴之友也，请归而试之。"①

弘治十五年（1502年）进士潘希曾在他的《太湖分趣文》一文中，记录了其在太仆寺少卿曹仿（字汝学，号霜厓，弘治十八年进士）私园中曾见到了这种砖料，当时已有"琴砖"之名了——"公作假山于瓮城南隅，号太湖分趣……结栖亭二，一置琴砖、石几，一竖峭石，刻'小飞来'三隶字。"② 可见，这种本用于墓室的砖料，明代中期时渐渐为文人所见识，并以文人的趣味给予其"琴砖"的雅名。晚明时则与各种被掘冢而出的玩器一样，成为园林中常见的雅物和主人珍爱的宝器。王士性《广志绎》说："（洛阳）郭公砖长数尺，空其中，亦以甃（用砖砌墙）冢壁，能使千载不还于土。俗传，其女能之，遂杀女以秘其法。今吴、越称以琴砖，宝之。"③ 后来，还有人用这种砖料作书法练习用纸，在《凌处士墓志铭》一文中，凌处士"学书不用纸，以退笔蘸水临帖于琴砖，日必千字。"④

在花木植物的总量和选配上，晚明苏州园林也显示出华丽的时代气息，园林中多名贵、珍奇的植物品种，一处园林往往就是一个巨大的花园。

关于园林花卉的选择与搭配，文震亨在《长物志》第二卷，有专门的论述，分别有牡丹、芍药、玉兰、海棠、山茶、桃、李、杏、梅、瑞香、蔷薇、木香、玫瑰、紫荆、棣棠、葵花、罂粟、薇、芙蓉、萱草、栀子花、玉簪、金钱、藕花、水仙、凤仙、茉莉、素馨、夜合、杜鹃、秋色、松、木槿、桂柳、黄杨、芭蕉、槐、榆、梧桐、椿、银杏、乌桕、竹、菊、兰等45种植物，以及瓶花、盆玩等。在《客座赘语》中，除了这些常见的花卉植物，顾起元还记录了当时江南园林中的一些名贵的、新出现的花木品种，如虞美人、佛桑花、建兰、树兰、金莲宝相花、红豆树、大红绣球花、西府海棠、垂丝海棠、贴梗海棠、毛叶海棠、秋海棠、绯桃、浅绯桃、白桃、扬州桃、十月桃、油桃、麝香桃、玉蝶梅、绿萼梅、红梅、浅红梅、白梅、蜡梅、龙爪槐、天目松、桧子松、娑罗树、楸桐、木瓜、香橼、梨、绣球花、罗汉松、观音松、海桐、凤尾蕉等等。仅仅是台阶边上和庭院墙角的点缀植物，顾起元就罗列了几十种之多：

凡庭畔阶砌杂卉之属，择其尤雅靓者：虞美人、罂粟、石竹、剪红罗、秋牡丹、玉芙蓉、蜨蝶花、鸳鸯菊、秋海棠、矮脚鸡冠、金凤花、雁来红、

---

① 夏良胜《东洲初稿》卷1。见《四库全书》第1269册，第723页。
② 潘希曾《竹涧集》卷5。
③ 王士性撰，吕景琳点校《广志绎》，第39页。
④ 毛奇龄《西河文集》卷140，见王云五主编《万有文库》，第1205页。

雁来黄、十样锦、凤尾草、翠云草、金线柳、金丝荷叶、玉簪花、虎须草为佳……至篱落藩援之上,则黄蔷薇、粉团花、紫心、白末香、酴醾、玉堂春、十姊妹、黄末香、月月红、素馨、牵牛、蒲桃、枸杞、西番莲之类,芬菲婀娜,摇风漏月,最为绵丽矣。①

有了这些品种和数量的花卉植物搭配起来的园林,不仅是五彩缤纷的大花园,而且真正能够做到"一年无日不看花"了。徐泰时的东园、王心一的归园田居,都是这样来处理园中花木的,这是晚明苏州园林中的普遍现象。

盆景早已是文人庭园、案头不可或缺的雅友,晚明苏州一带的盆景植物种类之多、身价之贵,也达到了有明一代的最高点。《客座赘语》说:"几案所供盆景,旧惟虎刺一二品而已。近来花园子自吴中运至,品目益多,虎刺外有天目松、璎珞松、海棠、碧桃、黄杨、石竹、潇湘竹、水冬青、水仙、小芭蕉、枸杞、银杏、梅华之属,务取其根干老而枝叶有画意者,更以古瓷盆、佳石安置之,其价高者一盆可数千钱。"

总之,从园林山水、建筑、花木植物、家具陈设、清供雅玩等艺术构成要素上看,晚明苏州园林往往是一个密丽而质实的富贵之园,已经基本失去了传统文人园林朴雅清空的面目(图5-9)。

图5-9 万历刻本《环翠堂园景图》中的盆景庭园②

---

① 此条引文及下一条引文,皆见谭棣华、陈稼禾点校《客座赘语》,第18页。
② 陈同滨《中国古代建筑大图典》,第1244页。

三、类聚与群分——园林主人与园林艺术之间的分裂与回归

人以群分，物以类聚，人群自由类聚与群分的程度，也是一个时代生活自由度的重要标识。就明代苏州园林而言，园林主人与园林艺术风格之间的类聚与群分，至少从明代中期就开始了。到了晚明，这种趋势已经形成潮流，并成为时代艺术的重要特征之一。晚明苏州园林主人之间的分裂，首先表现在主人的身份与品格上。此间苏州园林主人在总量和类型上都比明代中期更加繁杂，其中主要人群有三大类：商人、致仕文人、山人。自由时代人群分类的又一特征就是不同类型之间允许相互渗透和存在交叉地带。因此，晚明江南士商结合、亦官亦商是一种常见现象，在三大类型的园林主人之间，是一种分类清晰又存在个别渗透的交织状态。这一现实造成晚明苏州园林的又一鲜明变化——许多园林尽管依然是私家园林，却已不再是传统意义上的文人园林了。

晚明的江南商人早已不再是一个单纯从事流转货物以牟利的人群了，随着城市工商业的发展，这一人群和他们所从事的职业，已经渗透到政治、文化、艺术之间。因此，许多商贾出身的园林主人，此间都有各种各样的光环，或是精通刻镂丹青、以艺术为商品而附庸风雅，或者是捐来功名亦官亦商，或者是饱读诗书亦儒亦商，或者是娴于辞章编剧亦文亦商，总之，他们大多不以商人职业最本色的面目出现在社会生活之中。然而，在园林艺术创造上，主人的人格品第、人生价值追求、艺术审美趣味、职业背景等，这些与家族出身关系密切的个性化差异，还是被比较清晰地显示出来，其中，古城的徐氏家族园林是这一类园林的典型代表。

从家族历史来看，晚明苏州古城的望族徐氏是一个典型的商业起家的家族。这一家族自太仓移居苏州时，祖先徐渊、徐朴父子既文且商、精于货殖，其发家史起始于"贸易江湖二十馀年致丰饶"。尽管到了嘉靖、万历年间，这个家族的第四、五代子孙先后有人进士及第，但是，从其家族园林的营造与兴衰现实来看，商人家族的痕迹还是很清晰的。用传统的文人园林审美思想来观照徐氏家族园林，就会发现其间存在一些不和谐、不一致现象，或者说是存在一些问题。这些现象、问题具有时代普遍性，因此也成为当时苏州园林艺术的时代性特征。

第一是主人品格有问题。尽管历史上曾有过骄横贪婪的梁冀，望尘而拜的石崇，但是，"君子攸居"才是中国园林尤其是江南私家园林的主流。无论是对于园林中的叠山理水造景，还是松、柏、竹、梅、兰、菊等各种园林植物，以及那些隐现在山水、林木之间的馆、阁、亭、榭等建筑，人们总是习惯从主人精神追求的外化和人格情操的映射等几个方面，来思考园林景境

营造的成败与优劣,来对园林艺术的审美内涵进行深层次解读。然而,以徐氏家族园林为代表,晚明苏州古城的许多园林主人在人格品质方面劣迹斑斑,园林艺术与主人品格之间出现了深刻而鲜明的裂痕。

东园主人徐泰时、徐溶父子,虽然先后为万历朝的工部营缮郎中、光禄寺少卿,天启朝的工部主事,然而,徐泰时回乡兴造东园就是在革职听勘的时期,原因是主办皇家兴造期间涉嫌贪贿。尽管这件事情最后查无实据,但是,徐泰时到底有没有对那些皇家历年巨额工程款中饱私囊,其实是很难澄清漂白的——毕竟当时首辅申时行就是其亲戚兼挚友。如果说徐泰时的涉嫌贪污是晚明官员中见怪不怪的普遍现象,徐溶谄媚魏忠贤则是为千古文人所不齿的卑劣行径,明清易代之际东园迅速颓败涣散为民居,这也可能是原因之一。徐默川的紫芝园被苏州市民拆解、焚毁,直接原因是末代主人项昱投降李自成而招致公愤,背后的深层原因则是徐氏家族兄弟之间不悌不友的聚讼。拙政园第三代主人改王姓徐,是因为徐少泉诈赌,诓骗了王献臣的傻儿子王锡麟。徐廷裸据有东庄后,仗势侵夺韩氏祠堂,纵使恶僮巧取豪夺、敲诈勒索、殴打游人、杀人越货、霸占人妻,这些都是危害一方的恶霸行径。因此,以传统文人园林的"君子攸居"准则来看,晚明苏州许多园林主人身上浸染了太多财主和劣绅的气息,在人格品质方面存在明显的大问题。

第二是园居生活内容有问题。晚明以前,江南文人兴造私家园林,除了彰显人格品质和寄托精神追求,生产生活也是现实的重要目的,文人造园和园居生活集中在淡泊明志、怡心养亲、会友论道、课子耕读等方面的活动,不出诗书稼穑、琴瑟文墨的大圈子。然而,晚明苏州私家园林的主人,尤其是具有浓厚商人家族背景的园林主人,园林活动中更多的是笙歌、曼舞、宴会、观剧等活动,充满了对声、色、味等感官快乐的无度享乐,或者是开放园门延客收费,把私家园林当作旅游资源来开发利用,园林生活往往就是他们的世俗人生。例如,徐廷裸整合东庄和菿溪草堂后,近二百亩的园林盛甲东南,此园就经常开园延游以收取游资——"春时游人如蚁,园工各取钱方听入,其邻人或多为酒肆,以招游人。入园者少不检,或折花、号叫,皆得罪,以故人不敢轻入。"① 又如,王世贞弇山园建成后,"余以山水花木之胜,人人乐之,业已成,则当与人人共之,故尽发前后扃,不复拒游者。幅巾杖屦,与客展时相错。间遇一红粉,则谨趋避之而已。客既客目我,余亦不自知其非客,与相忘。游者日益狎,弇山园之名日益著。于是,群汕渐

---

① 沈瓒《近事丛残》,见《明清珍本小说集·近事丛残》,第 18 页。

起,谓不当有兹乐,嗟乎。"① 可见,王世贞弇山园虽然是文人私家园林,但已经是门洞大开,俨然是公共旅游园林了,以至于一些庸俗狭邪之流也时常混入园中,在园中甚至还时时能遇到陌生的红粉佳人。早在北宋时,朱勔父子在同乐园中就曾有迷惑、狎弄女游客这样的丑行。当时人们"群讪渐起",可能就是对弇山园如此这般开园延客、男女同游做法不以为然。

晚明苏州园林与歌舞、演剧之间,大多数都有着密切关系,此间园林主人大多或深或浅地染指了戏剧创作,王世贞、许自昌、张凤翼、陈继儒、沈璟、范允临等还是晚明戏剧艺术历史上的重量级人物,因此,在当时诸多私家园林中,都营造了专供排戏和演出的舞台、厅堂,一些园林中最高大、华丽的中心建筑,诸如紫芝园的"东雅堂"、梅花墅的"得闲堂"等,居然就是观看歌舞、排练戏剧的场所。晚明的戏曲与拟话本小说,本是城市商业文明催生出来的、一种雅俗共赏的大众化艺术,因此,晚明私家园林和歌舞戏剧紧密结合,也是园林生活走向世俗化的真实反映。徐泰时在东园中"呼朋啸饮,令童子歌商风应苹之曲",王世贞在弇山园中月色乘舟,"一奏声伎,棹歌发于水,则山为之答;鼓吹传于崦,则水为之沸",这些活动还似乎颇有雅意,但是,徐泰时"蓄两娈童,眉目狡好,善鸲鹆舞、子夜歌。酒酣,命施铅黛、被绮罗,翩翩侑觞,恍若婵娟之下广寒,织女之渡银河",这就俗大于雅了。至于徐廷裸游园"前一舴艋为鼓吹导绕出",放纵恶奴呵斥、追打入园游客,这不仅已了无文人园居的本意,简直就是在践踏园林艺术了。因此,尽管园林造景元素还是山、水、花、木,园林景色层次更加丰富、幽深,但是晚明苏州私家园林中这样的生活内容,已经渐渐沦落为富室、势家的世俗人生,与传统文人园居的雅集文会活动之间,发生了深刻的分裂。

把园林主人的身世、品格和园林艺术风貌综合起来看,许玄佑的梅花墅和王世贞的弇山园具有相对的兼容性,堪作此间苏州文人园与商人园之间成功结合的典范。

晚明苏州园林的这些新变化,与那个时代文化艺术主流思潮合拍同步发展,可以被视作城市商业文明大潮催生出来的时代性特色。与此同时,一些传统文人游离于时代文人群体的边缘,在人格品质和才情修养上,相对本色地继承了传统的文化精神和道德情怀,他们在园林艺术审美思想上,以及在造园活动中,都表现出主动拒斥低俗、远离喧嚣的分裂倾向,并常常对饱受城市商业文明浸染的造园俗相以及园林俗事进行批判,明确表达了对淡泊自如的山居人生的追求。这些园林虽然规模大小不一,色调相对朴素,却代表

---

① 王世贞《题弇山八记后》,见王稼句编注《苏州园林历代文钞》,第247页。

了晚明苏州园林艺术精神的最高境界。此类园林多选择在湖畔、山林，或者是城隅幽僻之地，主人往往刻意回避市井，有的甚至多年也不进城一次，代表有范允临的天平山庄、赵凡夫的寒山别业、陈继儒东畲草堂、张凤翼的求志园、文氏家族的香草垞和药圃、王心一的归园田居等。

首先，从人格品质上来看，这一类园林主人大都品格修洁，属于本色的传统文人，保持了不苟合于颓靡世俗的耿介风范。

范允临——"盖百余年来，吴士大夫以风流蕴藉称者，首推吴文定、王文恪两公。其后则文徵仲待诏继之，最后公又继之。逮公物故，而先哲之遗风余韵尽矣。"①

张凤翼——"近日前辈，修洁莫如张伯起"。②"张孝廉伯起，文学品格，独迈时流，而耻以诗文字翰，结交贵人。"③

赵宧光——赵凡夫为人"厚重简默"，不仅自己"深鄙俗学累心，干进累德，卷怀而归，一志娱待。"④ 而且，赵氏家族居寒山半个多世纪，其间赵凡夫和陆卿子（陆师道女）、赵灵均（赵凡夫子）和文淑（文徵明玄孙女，文从简女）这两代主人皆有崇文尚隐的隐德。

王心一——"天启初，疏论客、魏宠盛，及救言官之攻客氏得罪者，忤旨斥归，寻复官。历迁应天府尹，又以纠阉党削籍，直言劲节，推重一时。"⑤

文震孟——"震孟刚方贞介，有古大臣风节。"⑥

在晚明时代大潮中，这群文人不合时宜，却秉承了传统文人的道德品格和才情修养，因此，他们的园林无论大、小、雅、丽，总是能表现出主人与园林艺术之间的深度一致性，是传统文人园林朴雅纯正风气的继续。

其次，从艺术风貌上来看，此类园林总体以自然、朴素、淡雅的艺术风貌为主，比较本色地继承了传统文人园林的艺术精神，与当时流行的文化艺术思潮之间，存在着鲜明的审美趣味差异，表现出积极分裂于潮流、恪守艺术本真的追求。

范氏天平山庄是一所自然山水庄园，其最为鲜明的特征就是园林内景与园外自然山水的和谐交融。为了彰显园林的自然风貌，主人不仅把园门设计

---

① 见《尧峰文钞》卷10，第33页。
② 沈德符著《万历野获编》，第655页。
③ 沈瓒《近事丛残》，见《明清珍本小说集·近事丛残》，第31页。
④ 《凡夫先生传》，见陈其弟点校《吴中小志丛刊》，第246页。
⑤ 《江南通志》卷140。见《四库全书》第511册，第764页。
⑥ 《江南通志》卷140。见《四库全书》第511册，第765页。

得矮小、低调，还尽量对园中的屋、舍、亭、阁、楼、廊等，"故故匿之，不使人见也"——以茂林修竹来掩映建筑，目的就是避免因建筑的轩敞华丽而破坏了整体的自然和谐。反之，对于园林内外高大繁茂的竹林，万笏朝天的山形奇景，以及"月出于东山之上"时的山园雪景，园林主人不仅一任自然，而且把它们作为居园、游园最为珍赏的美景予以护持、引借，极力向来访道友推介。张岱来访时，范允临就专门邀请他欣赏了山园月色，并为其没能看到"山石嶙岈，银涛蹴起，掀翻五泄，捣碎龙湫，世上伟观"的雪景而遗憾。仅从统计数字上看，赵氏寒山别业园景林林总总近百余处，实际上，赵氏别业的园林造景只是在自然山水基础上略施人工——"措其布置，阙者使全，没者使露，秽者为净，坡者为阿，宜高者防以堤阜，宜下者凿以陂沱。……意欲其塞者，除蓁而石现；意欲其通者，疏脉而泉流。稍加力役，百倍其功，果出天成，若非人力。"因为是依山而建的朴素庄园，赵氏寒山别业还保留了传统文人园林的生产功能。张凤翼的求志园、王心一的归园田居，是晚明苏州古城内的传统文人园林代表。张凤翼筑求志园"它无所求，求之吾志而已"，其目的与传统文人园林精神一脉相承。因此，尽管晚明苏州已经近乎一个浮华世界，求志园造景却绝不苟合于世俗，无任何华丽的金粉气息，甚至连置石与叠山也不曾有——"诸材求之蜀、楚，石求之洞庭、武康、英、灵璧，卉木求之百粤、日南、安石、交州，鸟求之陇若、闽广，而吾园固无一也。"王心一是志在有为的士林清流，又精通绘事，文化艺术修养水平高超，因此，其归园田居造景颇有元明间大家的山水画趣味，代表了晚明园林艺术与文人诗、文、书、画艺术最高的结合点。在景境设计和营造上，归园田居"门临委巷，不容旋马，编竹为扉，质任自然"，园林叠山理水基本上是顺势而为，"地可池则池之，取土于池，积而成高，可山则山之。池之上，山之间，可屋则屋之。"同时，园林建筑体量小而色调素雅，掩映于山水花木之间，园内林木山水，园外稻花飘香，园如其名，一派乡村田园风光，是城市山林自然之美的典范。

另外，晚明还出现了将就园、乌有园这样文人想象园——黄周星有《将就园记》、刘士龙有《乌有园记》。尽管黄、刘二人这种以文字构建于纸上的想象园是镜花水月，看起来好像是落拓、落寞文人的自嘲、游戏、弄趣，实际上，主人神游于园中，"园中之我，身常无病，心常无忧；园中之侣，机心不生……园不以形而以意"①。在寄托精神追求的高度上，其与传

---

① 刘士龙《乌有园记》，见赵厚均、杨鉴生编著《中国历代园林图文精选》（第3辑），第387页。

统文人园居也是基本一致的。

在长期的园居与山居人生中,这一群文人还对这种隐居人生方式和感受进行了深入的思考和总结。例如,陈继儒在《小窗幽记》中说:"山居胜于城市,盖有八德:不责苛礼,不见生客,不混酒肉,不竞田产,不闻炎凉,不闹曲直,不征文逋,不谈士籍。"① 时人高濂在《遵生八笺》中,引用了罗大经的名言,也生动地勾勒了文人山居神仙般的人生:"余家深山之中,每春夏之交,苍藓盈阶,落花满径。门无剥啄,松影参差,禽声上下。午睡初足,旋汲山泉,拾松枝煮苦茗啜之。随意读《周易》、《国风》、《左氏传》、《离骚》、《太史公书》,及陶、杜、诗,韩、苏文数篇。从容步山径,抚松竹,与麋犊共偃息于长林丰草间,坐弄流泉,漱齿濯足。既归竹窗下,则山妻稚子作笋蕨供麦饭,欣然一饱,弄笔窗间,随大小作数十字。展所藏法帖、笔迹、画卷纵观之。兴到则吟小诗,或草玉露一两段,再烹苦茗一杯。出步溪边,邂逅园翁、溪友,问桑麻,说秔稻,量晴校雨,探节数时,相与剧谈一饷。归而倚杖柴门之下,则夕阳在山,紫绿万状,变幻顷刻,恍可人目,牛背笛声,两两来归,而月印前溪矣。"②

晚明山人有真有假,然而,不管真假山人,对于园居、山居人生的描绘和思考,往往都是很深刻、很清晰的、很一致的。

自然美是中国古典园林艺术最鲜明的审美特征和艺术追求,早期园林就是建于大自然山水之间,依托自然山水载体来实现自然美理想的。在晚明苏州园林繁盛、纷乱的局面中,山林园、郊野园等代表了传统文人园的艺术审美精神,与濡染着世俗趣味和时代流行色调的城市山林之间主动分裂,这是文人园林对自然美艺术本色的回归,也成为晚明园林艺术发展的鲜明时代特色。

自隋唐文人园林步入城市写意山水园阶段以来,这种分裂与回归就在江南园林艺术历史上时隐时现,如南宋末、元末明初,文人园林都曾短暂地显示出重回山林、远离城市的鲜明倾向。入明以后,在朱明的高压政策之下,湖山园林规模迅速缩小、化整为零,发展进入了低谷时期。宣德至成化年间,苏州的湖山园林仍然多以草堂、山居的方式存在着,如徐汝南遂幽轩、徐用庄耕学斋、徐孟祥雪屋、徐季清先春堂等等。弘治至嘉靖间,随着苏州城市山林的发展繁荣,湖山园林也逐渐迎来新一轮的复兴,东山、西山、阳山等山地的园林、山庄进入了密集营造阶段。其间,以嘉靖年间倭难为代表

---

① 陈继儒著《小窗幽记》,第203页。
② 高濂著《遵生八笺》,第250页。

的江南流寇、盗匪之患，对明代中后期苏州湖山园林的正常发展，一度造成了很大的消极影响。进入晚明后，随着倭寇湖贼之患逐渐消弭，随着传统文人群体、士林清流渐渐刻意与城市的世俗喧嚣拉开距离，苏州湖山园林的兴造迅速进入了鼎盛时期，范允临、赵宧光、陈继儒、许自昌、顾天叙等人的园林，无论是在总量上，还是在园林规模上，都超越了此前任何一个时代。与此同时，湖山园林与城市园林之间，从主人类型到园林风貌都发生了分裂。而且，这一轮湖山园林与城市山林之间艺术风貌反差之鲜明，审美主张裂痕之深刻，也超过此前任何一个时代。晚明苏州园林这次的艺术审美大分裂，也可以被看作是对园林艺术发展内在规律的一种回归——从元明之际到明清之交，明代苏州园林艺术两百多年的发展历程中，自然朴雅与奢华绚丽两种审美趣味，似乎都走过了一个大大的轮回轨迹。

四、园林艺术审美的失范与程式化

从艺术审美风格类型来看，晚明苏州园林可谓一副色彩纷呈的热闹局面，不仅园林艺术作品总量超过了历代，艺术审美类型也最为丰富。此间不仅有各种不同类型的园林主人，有各种或华丽、或朴素的园林，有大大小小的庭院、盆景，甚至还出现了文人子虚乌有的想象园。这是一个伴随着王朝末世来临的艺术盛世，艺术创作对传统审美规范的突破几乎无处不在，诸如园林生产功能、道德功能弱化，园林主人艺术观念的俗化，园林主人对浅层次感官快乐的无度追求，园林艺术独立性的逐渐增强，园林造景自娱性、娱乐性的增强，园中驳杂陆离的博古、典雅精致的家具陈设、数量密集的题额，密丽繁复、色调鲜亮却不太和谐的建筑等等，都是晚明园林艺术的时代新貌。然而，在园林艺术审美思潮不断突破传统、打破规范的同时，晚明苏州园林又在艺术要素的构成和造物技法上，日渐凸显出鲜明的程式化特征，经过著名文人艺术家和时代最优秀造园大师的共同认可、广泛推介，这些程式化规范最终成为影响后世数百年的江南造园统一范式。

艺术创作的程式化，主要表现在艺术创作有了某些被相对一致认可的基本规程。对晚明苏州园林兴造而言，这种程式化具体表现在对园林建筑要素、园林建筑的形制与样式、陈设与装饰、园林花木植物搭配与动物选配、造园的施工流程、工艺技法等方面的规定，其中尤以城市山林营造为最。在晚明许多文人笔记小品中，都有关于园林艺术创作规律的讨论文字，陈继儒的《小窗幽记》、《岩栖幽事》，高濂的《遵生八笺》，张岱的《陶庵梦忆》、《西湖梦寻》、《琅嬛文集》，祁彪佳的《寓山注》，谢肇淛的《五杂俎》等等，都是其中的凤毛麟角，而计成的《园冶》、文震亨的《长物志》、李渔的《闲情偶寄》，则是此间三部关于艺术理论与工艺程式的集大成之作。

关于园林中的建筑元素构成，原本没有多少一致性的规定，根据园林选址的地形地势、主人的职业与身份、园林的某些特定功能等方面的差异，园林建筑元素可以各有侧重。然而，到了晚明，人们对私家园林中的基本建筑要素有了比较一致的认识，因此，对于选址相地、建筑立基，各种斋、堂、馆、轩、亭、台、楼、阁、廊、榭、舫、桥，以及叠山、理水、铺地、选材等等，上述诸文人笔记著述中多有专门的讨论和约定。例如，《长物志》就认为山斋、丈室、佛堂、琴室、茶寮、药室等，几乎是文人园中的必有要素，因此给予了专门的关注。另外，计成在《园冶》中，还对各种园林建筑的梁架与柱式，对门、窗、槅、栏杆、墙垣、铺地图案纹式、假山样式等，分别给出了各种定式，李渔在《闲情偶寄》中，对于园林建筑中的房舍、花窗、栏杆、墙壁、联匾、假山等，也论述了一些符合文人审美趣味和艺术规律的主要样式。在《遵生八笺》中，高濂对书斋、茅亭、观雪庵、松轩、茶寮、药室等的构建，也都有比较精辟的探讨。

文人笔记中的这些园林建筑样式，在当时江南刊行的古籍插图中大多能够找到对应的图绘，因此，后人以图证文，可以了解晚明苏州园林建筑的基本面貌。

花木植物原本是古人造园的三大艺术要素之一，是中国园林的必有元素，而且，园林植物的选配常常与文人的人格品质与精神追求之间相呼应。晚明时期，由于江南私家园林的娱乐性增强，园林造景强调视觉化审美效果，于是，园林中的花木植物密度大大增加。对于园林花木的选配与种植技术，人们也渐渐总结出一套相应的规范化程式。如王象晋的《群芳谱》、方以智《物理小识》卷九中《草木类》篇，以及高濂《遵生八笺》中的《高子花谢诠评》、《高子草花三品说》、《高子盆景说》、《拟花荣辱评》、《家居种树宜忌》等篇章，都是集萃了花木园艺技术、种植施工程式、园林植物审美观念，以及相关民俗学思想的园林植物学专论作品。例如，在《遵生八笺》中，高濂描述了园林中"九径"的设计："江梅、海棠、桃、李、橘、杏、红梅、碧桃、芙蓉，九种花木各种一径，命曰三三径。诗曰：'三径初开是蒋卿，再开三径是渊明。诚斋奄有三三径，一径花开一径行。'"[1] 高濂在《高子花谢诠评》一文中，引用了欧阳修的诗歌："深红浅白宜相间，先后仍须次第栽。我欲四时携酒赏，莫教一日不花开。"[2] 可以被视作

---

[1] 高濂《遵生八笺》，第273页。
[2] 高濂《遵生八笺》，第274页。

晚明苏州园林花木植物选配的最基本原则。

　　回顾艺术发展史，任何一种艺术样式发展到成熟、典雅阶段以后，都要进入一个相对稳定持续的程式化时期，这是艺术发展史上的必有阶段。晚明苏州园林艺术的程式化趋势，也是明代园林艺术繁荣、鼎盛发展后的必然趋势，这种程式化趋势的审美理论和工艺法则，经过上层文人和基层造园师的共同总结、传播，不仅在当时流传广泛，成为定式，而且对后来几百年的江南文人园林艺术审美理论和造园技法，都产生了深远的影响。

第五节　晚明苏州园林艺术理论的归纳与总结

　　在苏州园林艺术历史上，晚明不仅是园林兴造的鼎盛阶段，而且是造园艺术与技术的理论归纳、总结时期，是理论构建的自觉时代。其间，计成的《园冶》是中国历史上第一部造园学专著，第一次提出了"造园"的概念；文震亨的《长物志》、李渔的《闲情偶寄》，是对中国古典私家园林兴造有着全面思考和独到见地的文人笔记。李渔明确指出，造园乃"另是一种学问，别是一番智巧"。① 可以说，这三部著作，不但完成了对此前中国古代园林艺术审美与营造技法的全面总结，而且，成为指导此后中国古典园林营造的审美法式，是中国古典园林艺术理论的奠基之作，其中的许多造园思想，迄今仍然闪烁着灿烂的智慧光芒。除此以外，在晚明其他文人随笔中，也有许多关于园林艺术的审美思考和理论主张。

　　在过去的一段时间里，学术界对于晚明造园艺术理论著作、随笔，尤其是对于这三大著作，给予了比较多的关注。例如，关于《园冶》，继陈植先生的《〈园冶〉注释》再版后，② 先后又有一批整理和研究成果出版，如张家骥先生的《〈园冶〉全释》、③ 赵农先生的《〈园冶〉图说》、④、张薇女士的《〈园冶〉文化论》、⑤ 张国栋先生的《〈园冶〉新解》、⑥ 李世葵先生的《〈园冶〉园林美学研究》⑦ 等。此外，近年来还出现了一批以《园冶》的园林设计思想为研究对象的博士、硕士论文及小论文。关于《长物志》和《闲情偶寄》，情况大抵与《园冶》相似，除却一批整理与研究的书籍相继出版外，也出现了一些基于专项研究的大论文，如武汉理工大学谢华博士的

---

① 杜书瀛评注《闲情偶寄》，第206页。
② 中国建筑工业出版社，1988年5月，第二版。
③ 山西古籍出版社，1993年6月版。
④ 山东画报出版社，2003年1月版。
⑤ 人民出版社，2006年12月版。
⑥ 化学工业出版社，2009年5月版。
⑦ 人民出版社，2010年9月版。

博士论文《〈长物志〉造园思想研究》、北京林业大学李元博士的博士论文《〈长物志〉园居营造理论及其文化意义研究》等。另外，李砚祖先生的两篇论文：《长物之镜——文震亨〈长物志〉设计思想解读》[①] 和《生活的逸致与闲情——〈闲情偶寄〉设计思想研究》[②]，对《长物志》和《闲情偶寄》的设计思想也进行了深刻而全面的解读。因此，关于这几部理论著作的作者身世、成书时代环境、刊行版本、主要内容、主要审美观点、主要设计思想与施工技巧等，可谓"前人之述备也"。鉴于此，此节对园林艺术理论研究的重点进行了求真务实的调整和选择——试图借助比较研究的方法，从对园林艺术理论完整体系构建的角度，来观察和思考晚明江南园林艺术理论的归纳与总结，具体内容包括以下三个方面：

第一，三大理论著作之间的借鉴与互补、差异与矛盾。

第二，三大理论著作中关于园林艺术的个性化审美主张。

第三，晚明其他文人随笔、杂记中的园林艺术理论探讨。

一、三大理论著作之间的共同性、互补性及差异性

第一，晚明当世理论家讨论园林艺术审美准则皆以文人园为正宗。晚明时对于园林艺术进行审美理论思考和总结的理论家，大抵都是一些不肯苟合于世俗趣味的落拓文人，三大理论著作的作者如此，其他随笔、杂记的著者亦如此。因此，尽管晚明江南造园已经从文人园林扩大到私家园林阶段，园林主人已是一个驳杂的人群，但是，园林艺术的理论批评和体系构建，依然建立在文人传统的审美视阈之内，以至于后世中国私家园林艺术理论总是在文人园的审美标准指导之下缓慢地发展——在理论的层面上，江南园林始终是文人的精神与灵魂的栖隐之地。

文震亨出生于显赫苏州约两百年的书香世家，本人也曾一度进入了晚明政治的核心层次，并深度参与了其间的一些政治斗争和政治活动，一度似乎很得志。但是，无论是对于崇祯还是弘光，他面对的都是大厦将倾、岌岌可危的败乱颓势，在晚明江南喧嚣与奢靡城市环境，他也是一个极其失意和孤独的清高文人。因此，《长物志》中讨论造园完全是政治失意的清居文人的审美视角。

计成一生漂泊于大江南北，靠技艺谋食于公卿门庭，但是，他也是诗、画、文、赋素养极高的文人，特别是他对自我身份的定位完全是一个正统的、一生失意的文人。他说自己"少以绘名"，学画出自"关仝、荆浩笔

[①] 《南京艺术学院学报》（美术与设计版），2009年，第5期。
[②] 《南京艺术学院学报》（美术与设计版），2009年，第6期。

意"。计成著述《园冶》用的是辞藻典丽的骈体，兼以诗歌，而不是通俗易懂的散文。可见，其对自我定位和《园冶》读者群体的定位，都不是造园匠人。在造园分工上，计成对那些造园工程中只会施工的一线"鸠匠"——"无窍之人"，是颇不以为意的。他说："世之兴造，专注鸠匠，独不闻'三分匠七分主人'之谚乎？非主人也，能主人也。古公输巧，陆云精艺，其人岂执斧斤者哉？若匠惟雕镂是巧，排架是精，一梁一柱，定不可移，俗以'无窍之人'呼之，甚确也。"①

《园冶》刊行付梓时，郑元勋撰写了《题词》。郑氏说："予与无否交最久，常以剩水残山，不足穷其底蕴，妄欲网罗十岳为一区，驱五丁为众役，悉致琪华、瑶草、古木、仙禽，供其点缀，使大地焕然改观，是亦快事，恨无此大主人耳！……宇内不少名流韵士，小筑卧游，何可不问途于无否？"② 关于计成生平的资料很少见，不知他是否有文震亨、李渔那样追求功名的经历，诚若有郑元勋《题词》中所言的这般"大主人"，大概只能是帝王了，那么，计成的人生志向，也许就应该是"工部侍郎"，或者是"大匠作"。

然而，尽管计成自我定位是文人，半生游走于士夫门庭，先后为吴又予造了东第园，为曹元甫造了寤园，为郑元勋造了影园，阮大铖说他："人最直，臆绝灵奇，侬气客习，对之而尽。所为诗画，甚如其人。"③ 并在诗歌中称赞他："无否东南秀，其人即幽石。一起江山寤，独创烟霞格……"④ 但是，在文人大夫的眼中，计成并不是完全意义上的文人。郑元勋说："（计成）善解人意，意之所向，指挥匠石，百不失一，故无毁画之恨"⑤——他只是一位文化素养高并兼有巧智的领班匠师。在今天，人们称其为造园大师、园林设计师，在当时他仅仅是依靠技艺谋生的、生活得颇不得意的"能主之人"。因此，在《园冶》跋文《自识》篇中，计成感叹说："历尽风尘，业游已倦，少有林下风趣，逃名丘壑中，久资林园，似与世故觉远，惟闻时事纷纷，隐心皆然，愧无买山力，甘为桃源溪口人也。自叹生人之时也，不遇时也；武侯三国之师，梁公女王之相，古之贤豪之时也，大不遇时也！"⑥ 感叹诸葛亮屈身苦心扶持刘禅，狄仁杰忍辱辅佐武则天，计成心中人生失落之恨自不待言，而自己努力半生后仍"与世故觉远"，想做

---

① 陈植《园冶注释》，第47页。
② 陈植《园冶注释》，第37页。
③ 陈植《园冶注释》，第32页。
④ 阮大铖《计无否理石兼阅其诗》，见陈植《园冶注释》，第31页。
⑤ 陈植、张公弛，《中国历代名园记选注》，第224页。
⑥ 陈植《园冶注释》，第248页。

武陵桃源之人却又"无力买山",所以,他只能"自叹生人之时也,不遇时也"。

在明清之交的文人圈中,李渔名气很大。他一生著述颇丰,先后卖诗卖文、出版画谱、编排戏剧、领班演出。按照今天的标准,李渔是一位高水平的"文学家、戏剧理论家和美学家",① 也是一位造园专家——陈植先生说:"笠翁不惟为清初造园理论家,抑亦造园技术家也。"② 所有光环都是后人给的,作为当世著名文人,李渔也是一生充满了艰难坎坷的落拓文人。晚年(1678年)在杭州造"层园"以寄身时:"乃荒山虽得,庐舍全无,戊午之春,始修颊屋数椽。"③ 两年后即潦倒谢世了。李渔的好友余怀为《闲情偶寄》作了序,他认为李渔是在"闲情"之中,寄托了经纬之才和磊落情怀:"今李子以雅淡之才,巧妙之思,经营惨淡,编造周详,即经国之大业,何遽不在是?……其言近,其旨远……古今来能建大勋业、作真文章者,必有超世绝俗之情,磊落嵚崎之韵。"④ 与文震亨和计成所不同的是,李渔对于自己的文人身份看得也很淡,审美观念也要豁达得多,因此,在造园艺术与技术的思考上,他更加自由率性,且富有创新精神。

这些艺术理论思想者不仅对自己的落寞人生感到失意,而且,对传统文人园林审美精神的迷失,对造园学艺术与技术伦理精神的坠废也感到了担忧。郑元勋在为《园冶》的题词中说,"予终恨无否之智巧不可传,而所传者只其成法,犹之乎未传也。"⑤ 计成本人在跋文《自识》篇中,也对绝学的坠废表示了忧虑。李渔比计成要坦率得:"多新制,人所未见,即缕缕言之,亦难尽晓,势必绘图作样。然有图所能绘,有不能绘者。不能绘者十之九,能绘者不过十之一。因其有而会其无,是在解人善悟耳。"⑥ 在《与龚芝麓大宗伯》书信中,李渔又说:"庙堂智虑,百无一能;泉石经纶,则绰有余裕。惜乎不得自展,而人又不能用之。他年赍志以没,稗造物虚生此人,亦古今一大恨事!故不得已而著为《闲情偶寄》一书,托之空言,稍舒蓄积。"⑦

第二,理论思考的关注点各有侧重,而彼此之间互补性很强。以《园冶》、《长物志》、《闲情偶寄》为代表,晚明文人对造园艺术的思考与总结,不再局限于此前的审美感受之类的感性归纳,而是深入到了造园技术、材料

---

① 杜书瀛评注《闲情偶寄》,第3页。
② 陈植著《陈植造园文集》,第86页。
③ 肖荣著《李渔评传》,第29页。
④ 江巨荣、卢寿荣校注《闲情偶寄》,第2页。
⑤ 陈植《园冶注释》,第37页。
⑥ 江巨荣、卢寿荣校注《闲情偶寄》,第182页。
⑦ 李渔著《李渔全集》,第162页。

与工艺层面，这些著作基本上完成了对中国古代造园理论与技法的全面总结。同时，由于这些理论著作在广度、深度及审美的角度上各有侧重，彼此之间具有很强的互补性。

从现有文献资料来看，计成、文震亨、李渔三人彼此从未有过同堂论道的经历，而《长物志》和《闲情偶寄》又是个性化很强的文人笔记，因此，三部著作在理论主张方面的互补性与差异性，是必然存在的，这也是目前学术界较少关注的。事实上，一旦视角跳出某一具体著作的拘囿之外，进行更加宏观性的比较研究，就不难发现，三大著作的审美主张固然有许多共同之处，而彼此之间也有不少的互补、差异，甚至是矛盾。

《园冶》总计10章内容，着重探讨了园林营造的选址相地，地形分析，建筑立基，园林建筑的类型与样式，建筑的功能与装饰，门窗、栏板、屏风的样式，以及各种假山、理水、墙垣、铺地的艺术与技术处理等。对于造园石材选择和借景技术处理，《园冶》也有精当的论述。作为历史上第一部造园学专著，《园冶》配有235幅样式图，图文并茂，借图说事，显示出务求周全的造园学法式的著述目标。《长物志》12卷则把重点放在园林室庐的功能与设计，家具、陈设的选材、制作及配置，博古、文具、书画的使用，园林水石、尤其是理水的处理，以及园林花木、禽鱼、蔬果的园艺养殖等方面，这些大多都是《园冶》所关注不足之处，与《园冶》在内容上形成很鲜明的互补关系。《闲情偶寄》的第四卷"居室部"、"器玩部"，第五卷的"种植部"，第六卷的"颐养部"，对园林的建筑铺装、叠山理水、陈设玩器、花木植物、禽鱼动物等进行了探讨，关于造园设计也选配了23幅图式。从理论到图式，《闲情偶寄》突出的是李渔别出心裁的独创。因此，《长物志》和《闲情偶寄》中的许多主张，浸染了作者更多的个性化思考，这与《园冶》造园法式般内容结构也形成了互补关系。如果把这些著作的内容综合起来予以统观，则从整体设计到各局部细节，中国古代园林营造相关的艺术与技术思考，都被囊括在其中了。

三部著作之间还有一些互补。文震亨是典型的江南文人，但是，其《长物志》既立足于南方清流文人的雅居审美，也兼顾了北方的环境和气候特征，特别是在建筑设计方面，对南北气候差异，给予了较多的关注。计成则是富有深厚文人情怀和审美素养的南方匠人，其所造之园及交游的空间，也局限于江南一带，因此，《园冶》主要是对江南文人园营造理论与技艺的全面总结。李渔是从文人圈中飘零出来的、走南闯北的江湖散人，因此，挥洒闲情、率意而为、敢于创新，是一个有着丰富造园技艺与实践能力的造园大师、良匠。在造园实践和样式创新方面，《闲情偶寄》弥补了《园冶》与

《长物志》的许多不足。

第三，皆援诗文书画理论来说园，艺术批评的语词和语境具有鲜明的共同性。晚明文人在归纳和总结园林艺术理论的时候，对当时人们造园的诸多现象都进行了批判，立论和主张大都是基于批判现实的有感而发，同时，他们都重视园林与传统文人艺术，尤其是与绘画之间的关系。因此，他们所关注的焦点也是相对集中的；所提出的造园审美主张，也多借用了文人诗画艺术理论中的概念。通过分析、梳理这些论著和随笔可以看出，他们的审美立论主要集中在如下几个方面：自然、古雅、意趣、合宜、适用、简朴等等。从另一个侧面来看，这也说明，当时私家园林兴造在这些方面出现了某些偏差。

例如，"自然"是中国文人艺术两千年不变的审美追求，也是中国古代园林最重要的审美原则，因此，"自然"也是晚明这些造园艺术家的核心关注点之一。《园冶》说：

虽由人作，宛自天开（园说）；

新筑易乎开基，只可栽杨移竹；旧园妙于翻造，自然古木繁花（相地）；

自然幽雅，深得山林之趣（立基）；

蹑山腰，落水面，任高低曲折，自然断续蜿蜒，园林中不可少斯一断境界（立基）；

未山先麓，自然地势之嶙嶒；构土成冈，不在石形之巧拙……（掇山）

关于"自然"，《长物志》说：

或以碎瓦片斜砌者，雨久生苔，自然古色（卷一·街径庭除）；

（种竹）余谓此宜以石子铺一小庭，遍种其上，雨过青翠，自然生香（卷二·盆玩）；

（家具纹饰）紫花者稍胜，然多是刀刮成，非自然者（卷三·水石）；

当觅茂林高树，听其自然弄声，尤觉可爱（卷四·禽鱼）；

（亭榭）须得旧漆、方面、粗足、古朴自然者置之……（卷十·位置）。

《闲情偶寄》用了一节内容专门讨论"贵自然"的原则。关于造园的自然美原则，李渔说：

总其大纲，则有二语：宜简不宜繁，宜自然不宜雕斫（居室部·窗栏第二）；

但取其简者、坚者、自然者变之，事事以雕镂为戒（居室部·窗栏第二）；

其枝梗之有画意者随手插入，自然合宜……（器玩部·制度第一）。

又如，关于"古雅"、"写意"与"清趣"，《园冶》说：

自然幽雅，深得山林之趣（立基）；

时遵雅朴，古摘端方（屋宇）；

（窗格）内有花纹各异，亦遵雅致，故不脱柳条式（装折）；

（冰裂纹）惟风窗之最宜者，其文致减雅，信画如意，可以上疏下密之妙（装折）；

栏杆信画化而成，减便为雅（栏杆）；

门窗磨空，制式时裁，不惟屋宇翻新，斯谓林园遵雅（门窗）；

今之方门，将磨砖用木栓栓住，合角过门于上，在加之过门枋，雅致可观（门窗）；

从雅遵时，令人欣赏，园林之佳境也（墙垣）；

园林砌路，堆小乱石砌如榴子者，坚固而雅致（铺地）；

蟠根嵌石，宛若画意；……篆壑飞廊，想出意外（自序）；

归林得意，老圃有余（相地）；

境仿瀛壶，天然图画，意尽林泉之癖，乐余园圃之间（屋宇）；

（冰裂地）意随人活，砌法似无拘格，破方砖磨铺犹佳（铺地）；

深意画图，余情丘壑（掇山）；

山林意味深求，花木情缘易短（掇山）；

楼面掇山，宜最高，才入妙，高者恐逼于前，不若远之，更有深意（掇山）；

（峭壁山）理者相石皴纹，仿古人笔意……宛然镜游也（掇山）；

假山以水为妙，倘高阜处不能注水，理涧壑无水，似少深意（掇山）；

物情所逗，目寄心期，似意在笔先，庶几描写之尽哉……（借景）。

关于这几方面的审美思考，《长物志》说：

至于萧疏雅洁，又本性生，非强作解事者所得轻议矣（卷一·室庐）；

杂植松竹之下，或古梅奇石间，更雅（卷二·花木）；

（种竹）城中则护基笋最佳，余不甚雅（卷二·水石）；

赝作弹窝，若历年岁久，斧痕已尽，亦为雅观（卷三·水石）；

斧劈以大耳顽者为雅。若直立一片，亦最可厌（卷三·水石）；

古人制几榻，虽长短广狭不齐，置之斋室，必古雅可爱（卷六·几榻）；

混迹廛市，要须门庭雅洁，庐室清靓（卷一·室庐）；

（广池）中畜浮雁，须十数为群，方有生意（卷三·水石）；

卍字者，宜闺阁中，不甚古雅，取画中有可用者，以意成之可也（卷一·室庐）；

（琴室）或于乔木修竹、岩洞石室之下，地清境绝，更为雅称耳（卷一·室庐）；

（英石叠山）小斋之前，叠以小山，最为清贵，然道远不易致（卷三·水石）；

灯样以四方，如屏中穿花鸟，清雅如画者为佳（卷七·器具）；

灵璧石磬声清韵远者，悬之斋室，击以清耳……（卷三·水石）。

李渔是一个积极创新求变的人，《闲情偶寄》中有一节内容，专门讨论了艺术创作"重机趣"的原则。关于"雅意"与"清趣"，李渔说：

至于泥墙土壁，贫富皆宜，极有萧疏雅淡之致（居室部·墙壁第三）；

（此君联）以云乎雅，则未有雅于此者（居室部·联匾第四）；

（叠山）有工拙雅俗之分……主人雅而喜工，则工且雅者至矣（居室部·山石第五）；

人谓变俗为雅，犹之点铁成金，惟具山林经济者能此（器玩部·制度第一）；

水上生萍，极多雅趣……（种植部·众卉第四）。

作为关于造园学的理论著作，"合宜"或者"不宜"，成为著作中出现频次最高的词汇，例如，《园冶》说：

园林巧于因借，精在体宜（兴造论）；

宜亭斯亭，宜榭斯树，不妨偏径，顿置婉转，斯谓"精而合宜"者也（兴造论）；

窗牖无拘，随宜合用；……大观不足，小筑允宜（园说）；

相地合宜，构园得体（相地）；

格式随宜，栽培得致（立基）；

园林屋宇，虽无方向，惟门楼基，要依厅堂方向，合宜则立（立基）；

（亭）造式无定，……随意合宜则制，惟地图可略式也（屋宇）；

构合时宜，式徽清赏……（装折）。

《长物志》几乎对造园中每一种建筑、花木、山水、动物、家具、陈设，以及各种物品的材质、造型、装饰等，都给出了"宜"与"不宜"的规定。例如：

随方制象，各有所宜（卷一·室庐）；

（叠山）要须回环峭拔，安插得宜（卷三·水石）；

位置之法……高堂、广榭、曲房、奥室，各有所宜（卷十·位置）；

窗忌用六，或二或三或四，随宜用之……（卷一·室庐）。

"合宜"也是《闲情偶寄》中的重要的审美原则：

喜红则红，爱紫则紫，随心插戴，自然合宜，所谓两相欢也（声容部·服饰第三）；

创造园亭，因地制宜，不拘成见（居室部·房舍第一）；

总有因地制宜之法：高者造屋，卑者建楼……卑处叠石为山，高处浚水为池（居室部·房舍第一）；

此丰俭得宜，有利无害之法也（居室部·墙壁第三）；

名人尺幅自不可少，但须浓淡得宜，错综有致（居室部·墙壁第三）；

石壁不定在山后，或左或右，无一不可，但取其地势相宜（居室部·联匾第四）；

但须左之右之，无不宜之，则造物在手，而臻化境矣……（器玩部·位置第二）。

第四，差异性与矛盾性。当时文人在构建园林艺术理论体系时，尽管关注的焦点相对一致，也都借用了文人诗画艺术理论中的概念，但是由于这些文人在家世、生平、职业、个性等方面差异很大，审美趣味也是不尽相同的，彼此之间有些主张还有明显相互冲突的地方，表现出园林艺术家之间鲜明的审美差异，也暴露出造园理论建设还处于体系初创阶段的真相。

（1）不完全一样的"自然美"与差异很大的"合宜"。对于中国古典园林最重要的自然美原则，大家都没有任何异议，都是主张"自然"的。但是，古典园林的"宛自天开"，乃是"虽由人作"的第二"自然"，艺术创作中本没有绝对的"自然"，而"自然美"则是一个人化了的、界定模糊的概念。因此，儒家思想和道家哲学中的"自然美"不完全一样，南北方文化圈中的"自然美"也有差异，文人、市民、农夫等品味"自然美"也会有各自的倾向。

文震亨是典型的士林清流，"长身玉立，善自标置，所至必窗明几净，扫地焚香"①，其《长物志》也完全立足于文人清居视角。尽管开篇说："（室庐）居山水间者为上，村居次之，郊居又次之"，但是《长物志》说园关注的重点还是城市山林，是文人聊居城市之中的清居——"门庭雅洁，室庐清靓。亭台具旷士之怀，斋阁有幽人之致。"因此，其主张的"自然"乃是寄托文人高雅情怀的、符合文人画境的"自然"。诚如沈春泽在初版序言中所说："夫标榜林壑，品题酒茗，收藏位置图史、杯铛之属，于世为闲事，于身为长物，而品人者，于此观韵焉，才与情焉。"② 相比较之下，《长

---

① 陈植《长物志校注》，425页。
② 文震亨《长物志》卷一，《室庐篇》，第1页

物志》对"自然"的理解，就要比《园冶》和《闲情偶寄》狭窄得多。

既追求文人高品位的"萧疏雅洁"之趣，对"自然"理解又比较窄，加之"宁古无时，宁朴无巧，宁俭无俗"几个原则，导致《长物志》对"合宜"的要求就多了些约束，以至于《长物志》中的"不宜"、"不可"、"最忌"等，要远远多于"宜"，把某些"自然"弄得反不自然了。因此，《长物志》中的许多"不宜"，都可能是文氏的个人趣味，也有画地为牢的影子。在这方面，《长物志》与其他两部著作有很大的差异。比如，凡有古今对照的设计样式，文震亨大多选择"宁古无时"。然而，《园冶》说："从雅遵时，令人欣赏，园林之佳境也。""时遵雅朴，古摘端方。"《闲情偶寄》也说："因地制宜，不拘成见"；"丰俭得宜，有利无害。"对于造园新技巧、新样式的态度，文震亨显然比计成和李渔保守得多。再比如，《长物志》对于"五"、"六"这样的数字很谨慎，甚至很忌讳，如：

（门）用木为格，以湘妃竹横斜钉之，或四或二，不可用六（卷一·室庐）；

窗忌用六，或二、或三、或四，随宜用之（卷一·室庐）；

（照壁）青紫及洒金描画俱所最忌，亦不可用六（卷一·室庐）；

筑台忌用六角，随地大小为之（卷一·室庐）；

文震亨对"忌六"没有给出解释，有人认为可能是出于民俗学方面的原因。笔者推测，这可能出于文氏作为士大夫对数字等级含义的敬畏——在《易经》卦爻辞中，九、六、五是属于王公以上人物的数字。然而，对于计成和李渔来说，这些数字禁忌根本就是没来由。例如，关于造亭子，《长物志》说："亭忌上锐下狭，忌小六角，忌用葫芦顶，忌以茅盖，忌如钟鼓及城楼式。"①《园冶》则说："（亭）造式无定，自三角、四角、五角、梅花、六角、横圭、八角至十字，随意合宜则制，惟地图可略式也。"（图5-10）②

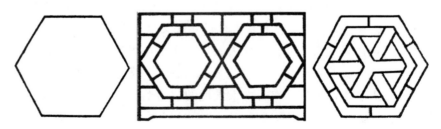

图5-10 《园冶》中用"六"的案例：六方门、六方短栏、六方花窗

---

① 陈植《长物志校注》，第36页。
② 陈植《园冶注释》，第88页。

又如，《长物志》关于门窗款式的限制也有一大堆，李渔却对那种"亭则法某人之制，榭则遵谁氏之规，勿使稍异"的恪守旧式报以嗤笑。《闲情偶寄》说："吾观今世之人，能变古法为今制者，其惟窗栏二事乎！窗栏之制，日新月异，皆从成法中变出……窗棂以明透为先，栏杆以玲珑为主，然此皆属第二义；具首重者，止在一字之坚，坚而后论工拙。"① 可见，李渔对古今门窗、栏杆设计样式的巨大变化明显持欢迎态度——只要结构坚固，又能兼顾"透明"与"玲珑"，都是好的设计（图5-11）。因此，对于常见的纵横窗格，李渔对文震亨所坚持的那串数字忌讳根本不予以考虑。他说："（纵横格）是格也，根数不多，而眼亦未尝不密，是所谓头头有笋，眼眼着撒者，雅莫雅于此，坚亦莫坚于此矣。是从陈腐中变出。由此推之，则旧式可化为新者，不知凡几。"②

图5-11　李渔创新的窗格图式：纵横格、欹斜格、体屈曲

（2）"雅"也有别。尚雅远俗是文人艺术的重要审美原则，然而，"雅"、"俗"之别，有时候是很难从表面上简单判定的，在晚明这些园林艺术家的审美观念中，"雅"也呈现出明显的个性差异。例如，关于园林建筑的墙壁，《长物志》认为以"素壁"为上，"忌墙角画各色花鸟"：

堂之制……四壁用细砖砌者佳，不则竟用粉壁；③

有取薜荔根瘗墙下，洒鱼腥水于墙上引蔓者，虽有幽致，然不如粉壁为佳；④

古人最重题壁，今即使顾、陆点染，钟王濡笔，俱不如素壁为佳。⑤

---

① 杜书瀛评注《闲情偶寄》，第200页。
② 张立注释《闲情偶寄》，第132页。
③ 陈植《长物志校注》，第27页。
④ 陈植《长物志校注》，第28页。
⑤ 陈植《长物志校注》，第36页。

文震亨这种以素壁、粉壁为上的论调，可能来自于文人画艺术，是对山水画"留白"理论的拓展，具有鲜明的清流逸士趣味。然而，在这个问题上，李渔与文震亨二人观点之间的差异势如秦楚。李渔认为，墙上"顾、陆点染，钟王濡笔"之类的图画是必不可少的，而立轴挂画又不如贴画，贴画又不如壁画："厅壁不宜太素，亦忌太华。名人尺幅自不可少，但须浓淡得宜，错综有致。予谓裱轴不如实贴。轴虑风起动摇，损伤名迹，实贴则无是患，且觉大小咸宜也。实贴又不如实画，'何年顾虎头，满壁画沧州'，自是高人韵事。"①

李渔一生中最为赞赏的一堵墙壁，不仅不是素壁，而且是光怪陆离的乱石壁："予见一老僧建寺，就石工斧凿之余，收取零星碎石几及千担，垒成一壁，高广皆过十仞，嶙刚崭绝，光怪陆离，大有峭壁悬崖之致。此僧诚韵人也。迄今三十余年，此壁犹时时入梦，其系人思念可知。"②李渔本人机敏多智，他对僧人这一充满智慧的墙壁做法，30年后仍然时常梦见，但是，僧人这种做法显然不符合文氏的"素壁"审美，文震亨应该不会称赏。李渔最为得意的厅壁作品，在文震亨看来，也可能是俗不可耐的雕虫小技："予斋头偶仿此制（壁画），而又变幻其形，良朋至止，无不耳目一新，低回留之不能去者。因予性嗜禽鸟，而又最恶樊笼，二事难全，终年搜索枯肠，一悟遂成良法。乃于厅旁四壁，倩四名手，尽写着色花树，而绕以云烟，即以所爱禽鸟，蓄于虬枝老干之上。画止空迹，鸟有实形，如何可蓄？曰：不难，蓄之须自鹦鹉始。从来蓄鹦鹉者必用铜架，即以铜架去其三面，止存立脚之一条，并饮水啄粟之二管。先于所画松枝之上，穴一小小壁孔，后以架鹦鹉者插入其中，务使极固，庶往来跳跃，不致动摇。松为着色之松，鸟亦有色之鸟，互相映发，有如一笔写成。良朋至止，仰观壁画，忽见枝头鸟动，叶底翎张，无不色变神飞，诧为仙笔；乃惊疑未定，又复载飞载鸣，似欲翱翔而下矣。谛观熟视，方知个里情形，有不抵掌叫绝，而称巧夺天工者乎？"③

李渔这幅令人"抵掌叫绝，而称巧夺天工"的作品，不仅是壁画，而且在壁画中组合了"往来跳跃"的活生生的鹦鹉！这与《长物志》的素壁、粉壁审美之间，简直有天壤之别。另外，不惟在墙壁处理上李、文二人观念有别，李渔改造花窗（图5-12）、桌椅的那些创新样式，也违背了文震亨的"宁古无时，宁朴无巧"的审美原则。

---

① 张立注释《闲情偶寄》，第146页。
② 张立注释《闲情偶寄》，第145页。
③ 张立注释《闲情偶寄》，第147页。

梅窗

便面窗一

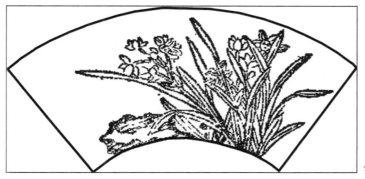

便面窗二

图 5-12　李渔在花窗方面的创新图式

便面窗三

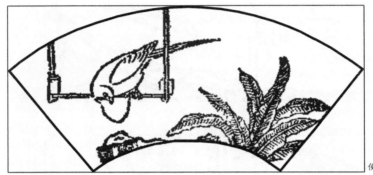
便面窗四

便面窗五

图 5-12　李渔在花窗方面的创新图式（续）

在墙壁处理原则上，计成与文、李二人既有相同，又有差别。比如，在"白粉墙"和"磨砖墙"以素淡为雅这点上，计成显然与文震亨的观点非常接近。然而，对于李渔所推崇的那种光怪陆离的乱石墙，计成也是称赞的——"是乱石皆可砌，惟黄石者佳。大小相间，宜杂假山之间，乱青石板用油灰抿缝，斯名'冰裂'也。"① 对于李渔最为得意的壁画，计成的态度却是很谨慎的，《园冶》说："历来墙垣，凭匠作雕琢花鸟仙兽，以为巧制，不第林园之不佳，而宅堂前之何可也。……市俗村愚之所为也，高明而慎之。"②

二、三大理论著作中关于园林艺术的个性化审美主张

明清之际这三部艺术理论作品之间，除却彼此内容上的交织与互补、差异与矛盾，在结构体制、著作视角、立论主张等方面，各自还有一些值得关注的特色。

（1）计成与《园冶》。计成（1582—？年），字无否，号否道人，苏州市吴江县同里镇人。在晚明至清初的江南，计成与早于他的张南阳（1517？—1596年）、周秉忠，同时代的张涟（1587—1671年，字南垣），以及稍后的李渔（1611—1680年），张然、张熊（张南垣之子）等，都是著名造园的大师。

对于计成来说，造园不惟是一门艺术，也是一门职业，是生存之道。他有着精湛的造园技艺和丰富的实践经验，所以，《园冶》对造园整体设计和具体的施工技术都有全面的思考。作为职业造园师，计成可以有自己的个人特长，但个人的主观判断却不能太多。因此，《园冶》所阐述的造园艺术与技术观点并不完全是其个人的见解，还有综合职业行当中通常做法的成分。《园冶》几乎是一部造园指导书和手册，其中呈现在后世人面前的各种造园工程图式，应该也是传统匠行，尤其是木工、泥瓦工行当中秘传的法式。总体来说，《园冶》持论允当、中正平和，从园林相地、选址、立基等宏观规划，到墙壁、门窗、栏杆、铺地等各个造园细节之处，都渗透着设计学的伦理精神，显示出一位有着极高道德素养的造园大师的职业风范。另外，计成著书刊行的原因是两子年幼，为免绝学坠废，"故梓行，合为世便"，这里也能显示出其超越世俗的大师境界。

在《园冶》中，计成反复强调匠师与匠人之间的区别，强调"能主之人"的特殊价值：

世之兴造，专注鸠匠，独不闻三分匠七分主人之谚乎？非主人也，能主之人也；③

第园筑之主，犹须什久，而用匠什一；④

---

① 陈植《园冶注释》，第193页。
② 陈植《园冶注释》，第184页。
③ 陈植《园冶注释》，第47页。
④ 陈植《园冶注释》，第47页。

工精虽专瓦作,调度犹在得人;①

鹅子石,宜铺于不常走处,大小间砌者佳,恐匠之不能也。②

计成甚至认为,在园林的规划设计上,就连园林主人也未必拿捏得准确:"园林巧于因借,精在体宜,愈非匠作可为,亦非主人所能自主者。……体宜因借,匪得其人,兼之惜费,则前工并弃,即有后起之输、云、何传于世?"③ 这种再三强调,并不是计成过于自负的伐善自彰,而是缘于他与当时一般造园师之间的很大不同。在造园大师中,计成又是一位画家、诗人,是兼有高深文化艺术素养的传统文人,因此,不仅其作品东第园、寤园、影园景境如画,其整部《园冶》也都是在以文人诗画艺术的理论来阐释着造园艺术基本规律的。以文人画论来论园、造园,这是《园冶》语言偏于感性的根本原因。

在造园的设计理论和技法方面,《园冶》的总结性价值是毋庸置疑的。其中,对"借景"的论述,最能显示出计成造园大师兼艺术家的高远境界。园林"借景"不是计成首创,由于空间限制,江南私家园林"借景"处理有着悠久的历史。就明代苏州园林而言,早在朱元璋开国时,文人筑草庐于山林,"借景"就被广泛地使用了,然而,系统论述和总结"借景"选择原理与处理技法,计成是第一人。还有,对于园林成功"借景"的艺术效果,计成不仅描述得令人神往,而且,其中还隐含了一种人与园景、园林景境与周边自然大环境之间和谐交融的思想,这也是其他园林艺术理论家所很少论及的。

另外,在园林造景上,计成也有一些个人偏好,比如,相对于置石成峰,他更喜欢叠石成山。《园冶·自序》说:"润之好事者,取石巧者置竹木间为假山,予偶观之,为发一笑。或问之:'何笑?'予曰:'世所闻有真斯有假,胡不假真山形,而假迎勾芒者之拳磊乎?'"④ 从《园冶》中罗列出来的园山、厅山、楼山、阁山、书房山、池山、室内山、峭壁山、峰、岩、峦、洞、涧,以及其自诩首创的"山石池"等等,都可以看出计成习惯并擅长于累石叠山。这也从另一个侧面显示出,江南园林叠山已经从以置石成峰为主,进入以叠石成山为主的发展轨迹。在各种图式方面,计成似乎很是偏好冰裂纹,《园冶》中有冰裂式墙面、冰裂式花窗、冰纹式栏杆、冰裂式铺地,而且,计成对这些样式都称赞有加(图5-13)。

或许是因为术业有专攻,《园冶》对园林植物、动物的选配、艺养,以

---

① 陈植《园冶注释》,第171页。
② 陈植《园冶注释》,第198页。
③ 陈植《园冶注释》,第47页。
④ 陈植《园冶注释》,第42页。

图 5-13 《园冶》中的"冰片式"花窗与"四六环式"短栏图式

及园林水景处理方面的关注略显单薄,成为这部造园学专著一个瑕不掩瑜的缺憾。作为一位职业造园师,计成交友选择的主动权是受到限制的。在其所谓友人中,东第园主人吴又予,以及后来因为造寤园而结识的阮大铖,都是明末文人清流东林党的大敌。为《园冶》初版作序的偏偏就是这位阮大铖,这些可能是《园冶》刊行后影响远远小于《长物志》和《闲情偶寄》的主要原因之一。

(2) 文震亨与《长物志》。文震亨(1585—1645 年),字启美,苏州人。在晚明诸园林艺术理论家中,文震亨身世最为显耀,其曾祖是文徵明,祖父是文彭,父亲是文元发,文震孟是其长兄,加上那位极富有政声的先祖文林(文徵明之父),在明代苏州,文氏可谓是一门品格高逸、门风雅正、才情超迈、善守古道的家族。顾苓在《武英殿中书舍人致仕文公行状》中说:"(文震亨)少而颖异,生长名门,翰墨风流,奔走天下……天启甲子(1624 年,39 岁),试秋闱不利,即弃科举,清言作达,选声伎、调丝竹,日游佳山水间。"① 可见,文震亨是晚明典型的清流文人,而且是那种具有深厚家族文德底蕴的、有着强烈怀旧情结的文人。

《园冶》是匠师的造园全书,立论视角相对全面、中允。相比之下,《长物志》则是名流高士的园林清话,其所谓"长物"者,皆为"寒不可衣,饥不可食"的文人清赏;其积极造园和著书说园主要原因,就是"吾侪纵不能栖岩止谷,追绮园之踪,而混迹尘市,要须门庭雅洁,室庐清靓。亭台具旷士之怀,斋阁有幽人之致。"② 其审美立论完全是从上流文人恬淡清雅、讽今怀旧的角度出发,既是对文人园林传统的淳朴、风雅精神的明确伸张,是对当时流行的造园俗趣的批判与匡正,也是一部个性化的艺术思考笔记。因此,《长物志》造园理论一个鲜明的个性化特征,就是处处以文人画和画中文人的生活环境,作为衡量园林造景与造物的雅与俗、优与劣的标

---

① 陈植《长物志校注》,第 425 页~427 页。
② 文震亨《长物志》卷一,第 1 页。

准,《长物志》中所有理想的园居景境,实际上都是一幅幅文人画境。

高士隐居图——"(庐室)要须门庭雅洁,庐室清靓。亭台具旷士之怀,斋阁有幽人之致。又当种佳木怪箨,陈金石图书,令居之者忘老,寓之者忘归,游之者忘倦。"①

虬枝横斜图——"乃若庭除槛畔,须以虬枝古干,异种奇名,枝叶扶疏,位置疏密。或水边石际,横偃斜披,或一望成林,或孤枝独秀。花草不可繁杂,随处置之,取其四时不断,皆入图画。"②

溪桥幽篁图——"种竹宜筑土为垅,环水为溪,小桥斜渡,拾级而登,上留平台,以供坐卧,科头散发,俨如万竹林中人也……至如小竹丛生,曰'潇湘竹',宜于石岩小池之畔,留植数枝,亦有幽致。"③

写意山水图——"石令人古,水令人远。园林水石,最不可无。要须回环峭拔,安插得宜。一峰则太华千寻,一勺则江湖万里。又须修竹老木,怪藤丑树,交覆角立。苍崖碧涧,奔泉泛流,如入深岩绝壑之中,乃为名区胜地。"④

芦花烟柳图——"凿池自亩以及顷,愈广愈胜。最广者,中可置台榭之属,或长堤横隔,汀蒲、岸苇杂植其中,一望无际,乃为巨浸。……旁植垂柳,忌桃杏间种。中畜浮雁,须十数为群,方有生意。最广处可置水阁,必如图画中者佳。"⑤

《长物志》初版时,文震亨好友沈春泽为之序曰:"予观启美是编,室庐有制,贵其爽而倩、古而洁也;花木、水石、禽鱼有经,贵其秀而远、宜而趣也;书画有目,贵其奇而逸、隽而永也;几榻有度,器具有式,位置有定,贵其精而便、简而裁、巧而自然也;衣饰有王、谢之风,舟车有武陵蜀道之想,蔬果有仙家瓜枣之味,香茗有荀令、玉川之癖,贵其幽而闲、淡而可思也。"⑥ 迄今为止,这段序跋可能是对《长物志》艺术理论的清流文人特性最为精当简括的概述。

其次,由于艺术视角个性化较强,对古雅清趣的追求过于强烈,《长物志》为园林规划与造物,设置了大量的条条框框限制,艺术理论观点呈现出浓厚的保守色彩。例如,《长物志》尽管说"随方制象,各有所宜",却

---

① 陈植《长物志校注》,第18页。
② 陈植《长物志校注》,第41页。
③ 陈植《长物志校注》,第73页。
④ 陈植《长物志校注》,第102页。
⑤ 陈植《长物志校注》,第102页。
⑥ 陈植《长物志校注》,第10页。

又由于刻守"宁古无时"这第一原则，以至于在讨论每一种景境设计、家具陈设时，都要强调是否合乎古式，尤其是在器物款式、色调选配方面，几乎表现出近乎偏执的个性化爱好，理论主张中的自相矛盾之处还是很明显存在的。仅在卷一的《室庐》篇中，这种惟古是好的论调就有密集的案例：

门环得古青绿蝴蝶兽面，或天鸡饕餮之属钉于上为佳，不则紫铜或精铁如旧式铸成亦可，黄白铜俱不可用也。漆惟朱、紫、黑三色，余不可用；

（阶）自三级以至十级，愈高愈古，须以文石剥成；

（窗）漆用金漆，或朱黑二色；雕花、彩漆，俱不可用；

石栏最古，第近于琳宫梵宇及人家冢墓、傍池或可用；

（琴室）古人有于平屋中埋一缸，缸悬铜钟，以发琴声者；

（街径庭除）或以碎瓦片斜砌者，雨久生苔，自然古色；……

典型的文人都喜欢借物咏怀，追求人与自然环境的深度融合，或因为此，文震亨对各种园林植物、动物和园林理水给予了尤其充分的关注，这恰好弥补了《园冶》的不足。因此，陈从周先生说："盖文氏之志长物，范围极广，自园林兴建，旁及花草树木，鸟兽虫鱼，金石书画，服饰器皿，识别名物，通彻雅俗。"①

顾苓在《文公行状》中说，文震亨"香草垞"是"水木清华，房栊窈窕，園圃中称名胜地"。他曾于苏州西郊构"碧浪园"，又曾在南都筑"水嬉堂"，致仕后于苏州"东郊水边林下，经营竹篱茅舍"，其一生所居"皆位置清洁，人在画图"。由此可见，文震亨是一位有着亲力亲为造园经验的文人。也正因此，文震亨说园才能把高逸清雅的情趣与简朴平实的造园实践结合在一起。然而，文震亨毕竟是典型的上流文人，对造园工程做法的关注和理解稍显不足，对所品鉴的各种"长物"，也更多是关注器物在形制、装饰上的怀旧情趣，对其基本日用功能的关注则相对较少。

（3）李渔与《闲情偶寄》。李渔（1611—1680年），字谪凡，初名仙侣，号笠翁，另有觉世稗官、随庵主人、湖上笠翁等别号。李渔漂泊的一生走南闯北，是依靠文化艺术能力自养的江湖散客。《闲情偶寄》是其艺术人生中独到感悟的积淀，除讨论造园艺术外，笔记中对表演、编剧、化妆、服饰、养生等，也都有精辟的见解。在中国古代文化艺术发展的大历史中，晚明至清初涌动着新一轮的艺术大众化潮流，李渔就是走在潮流前头的旗手和大师。人生职业经历塑造了其文人、艺人、匠人、大师这样的复合身份，加之独特的个性特征，使其在艺术理论建树方面不仅达到了当世的最高水平，

---

① 陈植《长物志校注》，第3页。

而且对后世戏剧艺术和园林艺术的发展也产生了深远的影响。

文如其人，李渔阐述自己的艺术审美理论最鲜明的特征之一，就是潇洒率真、随性不羁。李渔有着极高的传统文化艺术素养，而其艺术人生却与底层的匠人、艺人很贴近，是一位有着丰富实践经验的文化大师、造园匠师。在《闲情偶寄》的《居室部·房舍篇》中，李渔自言"生平有两绝技"，"一则辨审音乐，一则置造园亭"，而且，他"创造园地，因地制宜，不拘成见，一榱一桷，必令出自己裁"。① 可见，李渔对自己的造园技能是非常自信的，对造园师的身份，他不仅毫不讳言，还反以为荣；其对造园艺术与技术的论述，也通俗易懂，有匠人之书的味道。他甚至还对那些眼高手低的文人艺术家们充满不屑。在《居室部·山石》篇中，李渔说："幽斋磊石，原非得己。不能致身岩下，与木石居，故以一卷代山，一勺代水，所谓无聊之极思也。然能变城市为山林，招飞来峰使居平地，自是神仙妙术，假乎于人以示奇者也，不得以小技目之。且垒石成山，另是一种学问，别是一番智巧。尽有丘壑填胸，烟云绕笔之韵士，命之画山题水，顷刻千岩万壑，及倩垒斋头片石，其技立穷，似向盲人问道。故从来叠山名手，俱非能诗善绘之人。见其随举一石，颠倒置之，无不苍古成文，迂回如画。"②

李渔认为，造园乃是专门的学问，传统文人们仅靠眼中所见、心中所想的山林丘壑，写诗、作画可以，用以叠山累石则是远远不能胜任的；同时，他又认为"葺居治宅，与读书作文同一致也"。③ 面对文人他不以匠人身份为耻，面对匠人他不以文人身份自矜；他的身上既无传统文人的保守矜持和自命清高，也无山人游士纵横务虚的江湖习气，他是一位啸傲于世俗和附庸风雅之外的大俗大雅之人。因此，他能够站在别人所难以到达的高度和角度，以得大自在的姿态，以谈笑风生的方式，尽情地阐述自己对艺术审美的独特主张，所以，李渔的艺术理论能够折中高雅艺术与大众趣味，又有自己独到的思考。

其次，朴素的视角，精湛的技术，亲自造园的实践经验，决定了李渔说园理论务求平实、强调功能的特征。

造园不仅是一门艺术，也是一项费财耗时的工程。童寯先生说："造园一事……且除李笠翁为真通其技之人，率皆嗜好使然，发为议论，非本自身之经验。"④ 李渔是一位有着深刻思考和独到见解的造园行家，然而，表面上看他一生走南闯北、潇洒自如，其实他终究是个漂泊江湖的落拓文人。李

---

① 张立注释《闲情偶寄》，第125页。
② 张立注释《闲情偶寄》，第155页。
③ 张立注释《闲情偶寄》，第125页。
④ 奚传绩编著《设计艺术经典论著选读》（第二版），第71页。

渔一生只为自己造过三次园子：伊园、芥子园、层园。在兰溪的伊园，是"山麓新开一草堂，容身小屋及肩墙"。① 在南京的芥子园，因《芥子园画传》名扬四海，其实也仅是个面积不及三亩的小园子，园景好像主要是几棵石榴树——"此予金陵别业也，地止一丘，故名芥子，状其微也。往来诸公，见其稍具丘壑，谓取芥子纳须弥之义。"②《闲情偶寄》也说："惜乎予园仅同芥子，诸卉种就，不能再纳须弥，仅取盆中小树，植于怪石之旁。"③ 晚年在杭州郊外的层园，也仅"颓屋数椽"，园尚未筑成，李渔就在贫困交加中逝去了。可见，三座园子都是因地制宜、意趣为上、朴素无华的文人草堂，因此，《闲情偶寄》造园立论主要还是文人小园的朴素视角。对于当时造园常见的炫富争豪、铺张浪费的现象，《闲情偶寄》予以了坚决批判：

创立新制，最忌导人以奢。奢则贫者难行，而使富贵之家日流于侈；④

土木之事，最忌奢靡，匪特庶民之家，当崇简朴，即王公大人，亦当以此为尚。盖居室之制，贵精不贵丽，贵新奇大雅，不贵纤巧烂漫。⑤

基于这样的视角和造园实践，李渔对营造园林和其中造物设计的实用功能尤为重视。李渔认为，园林建筑一定要注意建筑与人，与山水花木，与观景之间的人境和谐，因此，房屋并不是只有高大宏丽才好：

夫房舍与人，欲其相称……堂愈高而人愈显其矮，地愈宽而体愈形其瘠，何如略小其堂，而宽大其身之为得乎？⑥

（山水图窗）凡置此窗之屋，进步宜深，使坐客观山之地去窗稍远，则窗之外廓为画，画之内廓为山，山与画连，无分彼此，见者不问而知为天然之画矣。⑦

同时，房屋的选择朝向，开窗的位置等，都要充分考虑到光照、通风等实际情况。笠翁这些三百年前的经验之谈，对今天的园林营造与修复依然有重要的价值。李渔注重实用的造物设计思想，还集中表现在其设计的花窗、栏杆、家具等器物上——"制体宜坚"，"坚而后论工拙"。与坚固耐用相比，各种装饰设计既要退居其次，绝不能因装饰而损害窗、栏的坚固。总之，"宜简不宜繁，宜自然不宜雕琢"。

第三，不拘陈规，敢于创新。这也是《闲情偶寄》艺术理论的一大特

---

① 李渔诗《伊山别业成，寄同社五首》，见肖荣《李渔评传》，第15页。
② 李渔《芥子园杂联》序，见余德泉主编《清十大名家对联集》（上），第26页。
③ 张立注释《闲情偶寄》，第222页。
④ 江巨荣、卢寿荣校注《闲情偶寄》，第10页。
⑤ 张立注释李渔著《闲情偶寄》，第126页。
⑥ 张立注释《闲情偶寄》，第125页。
⑦ 张立注释《闲情偶寄》，第142页。

点和亮点。李渔"性又不喜雷同,好为矫异"。《闲情偶寄》自序说其著述有三戒:一是"剽窃陈言";二是"网罗旧集";三是"支离补凑"。他自信地宣称:"所言八事,无一事不新,所著万言,无一言稍故"。他甚至极端地说:"如觅得一语为他书所现载,人口所既言者,则作者非他,即武库之穿窬,词场之大盗也。"① 文震亨坚持守旧,李渔力主创新,假设这两位贤君子有缘同场论道,可能难免要闹到翻案而去的地步。

　　李渔一生只为自己造过园林,因此,其造园审美理论在很大程度上有展示自我兴趣追求和个人艺术创新实绩的味道。李渔天马行空的性格,富有机巧的智慧,使其在自己的造园实践中,也确实尝试并完成了大量的积极求变创新的设计,这是李渔园对中国林艺术发展作出的重大贡献。这些创新,集中在他对推窗、漏窗的创意,窗格、联匾款式的创新,以及对园林筑山技法的思考等方面(图5-14～图5-17)。创新总是有成有败、毁誉参半的,但是,李渔这些创新,代表了中国园林艺术理论的发展进步。清代中期以降,中国园林在门、窗、栏、叠山等方面,全面受到李渔这种创新理论和实践的影响,在花窗设计上,几乎宣告了明式的终结。

图5-14　李渔创新设计的"册页式"、"秋叶式"匾额

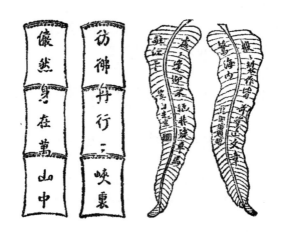

图5-15　李渔创新设计的"此君"、"蕉叶式"联匾

---

① 江巨荣、卢寿荣校注《闲情偶寄》,第9页。

图 5-16　李渔创新设计的"湖舫式"外推窗

图 5-17　李渔创新设计的"山水图式"外推窗，以及外推窗做法演示

三、晚明其他文人随笔、杂记中的园林艺术理论

晚明文人小品是艺苑中的奇葩，短文往往貌似随兴所至，实则情真意

切、思致精深。其中，很多笔记作品都有与造园艺术理论相关的文字，虽然有些只是一篇文章，几段文字，或者是几句话，但是往往见解深刻、评断允当，对于研究中国古代园林艺术理论有很好的参考价值。

（1）陈继儒与《小窗幽记》。陈继儒（1558—1639年），字仲醇，号眉公、麋公，上海松江人，文学家、书画家。《小窗幽记》是其关于隐居人生的感悟，其中有大量关于文人园居，尤其是山园清居的思考和总结。随笔以只言片语的形式，记录了作者的禅悦之悟，因此，关于造园、居园、赏园的思考，也多为分散零落的形式。尽管如此，这些闲言碎语蕴含了深厚的园林美学思想。

晚明山人是一个鱼龙混杂的庞大人群，其中不乏盗名欺世、招摇撞骗的轻浮之人，更多"躁竞骂座"的狂狷之客，因此，这个人群也饱受非议。沈德符在《万历野获编》中，专门用了一节文字《山人》来列述这一人群的种种行为，据说张凤翼还专门作《山人歌》来痛骂那些假山人。陈继儒年二十九即隐居山林，屡屡不应朝廷征召，是文德才情冠盖当世的著名山人。尽管当时也有人引用唐人诗句"翩然一只云中鹤，飞来飞去宰相家"，来讽刺陈继儒，但是，陈眉公是个潜心山居的真山人，因此，他对文人山居妙处的认识，是全面而深刻的。他概括说："山居胜于城市，盖有八德：不责苛礼，不见生客，不混酒肉，不竞田产，不闻炎凉，不闹曲直，不征文遗，不谈士籍。"①

陈氏对山居之妙的全面概括，来自于长期居山的生活，而非出于矫情。因此，《小窗幽记》中有大量的文字，描绘了主人山园人生的身心俱闲之乐：

结庐松竹之间，闲云封户；徒倚青林之下，花瓣沾衣。芳草盈阶，茶烟几缕；春光满眼，黄鸟一声。此时可以诗，可以画。②

春雨初霁，园林如洗，开扉闲望，见绿畴麦浪层层，与湖头烟水相映带，一派苍翠之色，或从树梢流来，或自溪边吐出，支筇散步，觉数十年尘土肺肠，俱为洗净。③

家有三亩园，花木郁郁，客来煮茗，谈上都贵游，人间可喜事，或茗寒酒令，宾主相忘，其居与山谷相望，暇则步草径相寻。……良辰美景，春暖秋凉，负杖蹑屦，逍遥自乐，临池观鱼，披林听鸟，酌酒一杯，弹琴以曲，求数刻之乐，庶几居常以待终。④

---

① 罗立刚校注《小窗幽记》，第72页。
② 罗立刚校注《小窗幽记》，第90页。
③ 罗立刚校注《小窗幽记》，第95页。
④ 罗立刚校注《小窗幽记》，第93页。

乔松十数株，修竹千余竿。青萝为墙垣，白石为鸟道。流水周于舍下，飞泉落于檐间。绿柳白莲，罗生池砌。时居其中，无不快心。①

陈继儒长期隐居园林，这种欣赏和抒情是其山园人生的感悟和积淀，发自其内心深处。在晚明大兴造园的潮流中，这种朴素淡泊、自处自得的园林之乐，与当时私家园林的流行色调形成鲜明的对比，也引发人们去反思中国文人园林艺术最本质的美学特征。

关于山园的营造，《小窗幽记》中也有许多思考与总结。例如，陈继儒以自己所居、所见的园林为例，来简要地阐述了其山园营造各个环节的基本原则："门内有径，径欲曲；径转有屏，屏欲小；屏进有阶，阶欲平；阶畔有花，花欲鲜；花外有墙，墙欲低；墙内有松，松欲古；松底有石，石欲怪；石面有亭，亭欲朴；亭后有竹，竹欲疏；竹尽有室，室欲幽；室旁有路，路欲分；路合有桥，桥欲危；桥边有树，树欲高；树阴有草，草欲青；草上有渠，渠欲细；渠引有泉，泉欲瀑；泉去有山，山欲深；山下有屋，屋欲方；屋角有圃，圃欲宽；圃中有鹤，鹤欲舞；鹤报有客，客不俗；客至有酒，酒欲不却；酒行有醉，醉欲不归。"②

又如，关于居室、茅亭、置石、曲房、书屋、茅舍等，书中也分别有一些零星的思考：

凡静室，须前栽碧梧，后植翠竹，前檐放步，北用暗窗，春冬闭之，以避风雨，夏秋可开，以通凉爽。③

筑室数楹，编槿为篱，结茅为亭，以三亩荫竹树，栽花果，二亩种蔬菜，四壁清旷，空诸所有。④

卧石不嫌于斜，立石不嫌于细，倚石不嫌于薄，盆石不嫌于巧，山石不嫌于拙。⑤

山曲小房，入园窈窕幽径，绿玉万竿，中汇涧水为曲池，环池竹树云石，其后平风逶迤，古松鳞鬣，松下皆灌丛杂木，茑萝骈织，亭榭翼然。⑥

书屋前，列曲槛栽花，凿方池浸月，引活水养鱼；小窗下，焚清香读书，设净几鼓琴，卷疏帘看鹤，登高楼饮酒。⑦

再如，关于小园中的花卉植物配置，《小窗幽记》说：

---

① 罗立刚校注《小窗幽记》，第92页。
② 罗立刚校注《小窗幽记》，第90页。
③ 罗立刚校注《小窗幽记》，第92页。
④ 罗立刚校注《小窗幽记》，第93页。
⑤ 罗立刚校注《小窗幽记》，第56页。
⑥ 罗立刚校注《小窗幽记》，第94页。
⑦ 罗立刚校注《小窗幽记》，第58页。

芭蕉近日则易枯，迎风则易破。小院背阴，半掩竹窗，分外青翠。①

肥壤植梅花，茂而其韵不古；沃土种竹枝，盛而其质不坚。竹径松篱，尽堪娱目，何非一段清闲；园亭池榭，仅可容身，便是半生受用。②

君子攸居，总要既清且雅，关于博古清供、家具陈设，《小窗幽记》中也有一些思考：

堂中设木榻四，素屏二，古琴一张，儒道佛书各数卷，乐天既来为主，仰观山，俯听水，傍睨竹树云石，自辰至酉，应接不暇。③

窗宜竹雨声，事宜松风声，几宜洗砚声，榻宜翻书声，月宜琴声，雪宜茶声，春宜筝声，夜宜砧声。④

净几明窗，一轴画，一囊琴，一只鹤，一瓯茶，一炉香，一部法帖；小园幽径，几丛花，几群鸟，几区亭，几拳石，几池水，几片闲云。⑤

怪石为实友，名琴为和友，好书为益友，奇画为观友，法帖为范友，良砚为砺友，宝镜为明友，净几为方友，古磁为虚友，旧炉为熏友，纸帐为素友，拂尘为静友。⑥

明窗之下，罗列图史琴尊以自娱……家有园林，珍花奇石，曲沼高台，鱼鸟流连，不觉日暮。⑦

总之，尽管陈继儒的《小窗幽记》乃是即兴随意的只言片语，缺少严整的理论体系，但是，其中关于文人园林，尤其是文人山园的营造、鉴赏，以及关于园林艺术审美特质的思考，迄今依然闪烁着智慧的光芒。

（2）谢肇淛与《五杂俎》。谢肇淛（1567—1624年）字在杭，号武林、小草斋主人，福建长乐人，明万历二十年（1592年）进士。"杂俎"即杂记，得名源自乐府诗歌——"五杂俎，冈头草。往复还，车马道。不获已，人将老"。中古以降，文人常用"杂俎"来给笔记著作命名。《五杂俎》就是杂记五大类内容的随笔，分别为"天部"、"地部"、"人部"、"物部"、"事部"，其中，在"物部"与"事部"两类笔记中，有许多关于园林艺术评赏的文字。这是来自于吴地核心区域以外的园林艺术批评文字，对晚明苏州造园也褒贬不一，他山之石的借鉴价值是非常明显的。

谢肇淛的园林审美观念牢固地构筑于道家思想之上，因此，《五杂俎》

---

① 罗立刚校注《小窗幽记》，第153页。
② 罗立刚校注《小窗幽记》，第156页。
③ 罗立刚校注《小窗幽记》，第156页。
④ 罗立刚校注《小窗幽记》，第72页。
⑤ 罗立刚校注《小窗幽记》，第74页。
⑥ 罗立刚校注《小窗幽记》，第104页。
⑦ 罗立刚校注《小窗幽记》，第81页。

认为，园居的理想状态应该是一种田园牧歌式的生活："田园粗足，丘壑可怡；水侣鱼虾，山友麋鹿；耕云钓雪，诵月吟花；同调之友，两两相命；食牛之儿，戏着膝间；或兀坐一室，习静无营；或命驾出游，流连忘返；此之为乐，不减真仙，何寻常富贵之足比乎？"①

这种园林之乐，显然是那种小国寡民的天民之乐。谢肇淛认为，要想获得这种乐趣需要具备四个条件"纨绔大贾，非无台沼之乐，而不传于世者，不足传也；拘儒俗吏，极意修饰，以自娱奉，而中多可憎者，胸中无丘壑也；文人墨士，有鱼鸟之致，山林之赏，而家徒四壁，贫不可为悦也；穷乡僻湖，沙塞陋域，空藏白镪，而无一竹一石可供吟啸者，地限也。幸而兼此四者，所得于造物侈矣，而犹然逐于声利，耽于进仕，生行死归。'他人入室'，不亦可叹之甚哉！"②

一是有园林雅趣，二是胸中有丘壑，三是有归隐之志，四是有环境基础。另外，兼具这四个条件后，主人还要能够坚决地放弃名利、远离仕途。可见，谢氏对园居的思考，显然属于道家出世哲学的范畴，这是一种朴素的天人和谐之乐。既然园林艺术所承载的审美趣味主要在于主人洒脱不俗的精神和超然物外的情怀，那么，造园与游园之乐的落脚点，就取决于园林主人的精神追求层次和兴趣点，帝王如此，百姓也如此——"唐太宗之九成宫，明皇之骊山温泉，此其乐在山川者也；宋高宗垒石以像飞来，激水以为冷泉，此其乐在工巧者也；宣和艮岳，穷极人间，怪木奇石，珍禽异兽，深秋中夜，凄凉之声四彻，此其乐在玩物者也；始皇阿房千万间，武帝上林苑中，离宫七十所，炀帝西苑三百里，此其乐在宏丽者也；东昏为芳乐苑，当暑种树，朝种夕死，细草名花，至便焦躁，纷纭无已，山石皆涂采色，诸楼壁悉画男女私亵之像，其杀风景甚矣，此其所以为东昏也！"③

与这些富丽堂皇、琼楼玉宇的帝王宫苑相比较，下面这位以淘沙为生的福建小民之园山，简直就如今天人们家庭装修中的玻璃鱼缸了——"吾闽穷民有以淘沙为业者，每得小石，有峰峦岩穴者，悉置庭中，久之，凳土为池，叠蛎房为山，置石其上，作武夷九曲之势，三十六峰，森列相向，而书晦翁棹歌于上，字如蝇头，池如杯碗，山如笔架，水环其中，蚬蛳为之舟，琢瓦为之桥，殊肖也。余谓仙人在云中，下视武夷，不过如此。以一贱佣，乃能匠心经营，以娱耳目若此，其胸中丘壑，不当胜纨绔子十倍耶？"④ 园

---

① 《明代笔记小说大观》（第2卷），《五杂俎》卷，第1767页。
② 《明代笔记小说大观》（第2卷），《五杂俎》卷，第1536页。
③ 《明代笔记小说大观》（第2卷），《五杂俎》卷，第1538页。
④ 《明代笔记小说大观》（第2卷），《五杂俎》卷，第1536页。

林体制大与小、造景华与朴，一目了然。然而，这位闽中小民庭园尽管是蛎房山、杯水池、蚬蛳舟、瓦片桥，却照样可以抒写心中丘壑，有人在仙境、下视武夷的隔尘之感。

园林之乐重在精神层面的自由，因此，对造园的山水、花木、建筑等物质要素的材料选择、造型设计等，就都可以简化处理了。《五杂俎》中记录了一种不用石材的木构假山："余在德平葛尚宝园见木假山一座，岩洞峰峦皆木头砌成，不用片石抔土也。余奇而赏之，为再引满，因笑谓葛君：'岁久而朽，奈何？'答曰：'此土中之根，非百年不朽也。吾园能保百年乎？'余更赏其达。时万历壬寅元日也。"①

对这座既省工少费，又可保百年的木假山，谢氏不仅欣赏构山之巧，更欣赏主人的达观，他对园林情趣的理解，似乎又回到了唐宋以前的高古境界。谢肇淛本人所造园子，既不破费财力，也无来日存废之忧，正是这种自得其乐的素园小圃："余治小圃不费难得之物，每每山行，遇道旁石有姿态者，即觅人舁归，错置卉竹间。久而杂沓，亦觉有郊坰间趣。盖不惟无财可办，亦使他日易于敕断，不作爱想也。"②

谢肇淛倡导朴素高古的朴素审美标准，他对晚明造园随处可见的炫富斗豪现象非常鄙视，认为这既奢侈又不可理喻："缙绅喜治第宅，亦是一蔽。当其壮年历仕，或鞅掌王事，或家计未立，行乐之光景皆已蹉跎过尽，及其官罢年衰，囊橐满盈，然后穷极土木，广侈华丽以明得志，曾几何时，而溘先朝露矣！余乡一先达，起家乡荐，官至太守，赀累巨万，家居缮治第宅，甲于一郡，材具工匠皆越数百里外致之，甫落成而身死，妻亦死，子女争夺，肉未寒而券入他人之手矣！"③

王世贞因搬运巨石而拆掉城门，他怒斥这种行为"近于淫"。李德裕造平泉庄以囤积奇物，赵南仲命五百军卒运一灵璧石，郑璠花费60万钱运象江六怪石，他认为这都和花石纲一样，是注定要家破人亡的胡作非为——"何怪艮岳石纲终贻北狩也。以此为雅，不敢谓然。"④他还把裴度筑湖园"破尽千家作一池"的做法，和司马光独乐园的快然自适相比较，结论是："乃知传世之具在彼不在此，苟可以自适而已矣，不必更求赢余也。"⑤

基于道家哲学的审美立场，也使谢肇淛对晚明苏州城市的风俗习尚颇有

---

① 《明代笔记小说大观》（第2卷），《五杂俎》卷，第1537页。
② 《明代笔记小说大观》（第2卷），《五杂俎》卷，第1530页。
③ 《明代笔记小说大观》（第2卷），《五杂俎》卷，第1538页。
④ 《明代笔记小说大观》（第2卷），《五杂俎》卷，第1530页。
⑤ 《明代笔记小说大观》（第2卷），《五杂俎》卷，第1536页。

微词:"姑苏虽霸国之余习,山海之厚利,然其人儇巧而俗侈靡,不惟不可都,亦不可居也。士子习于周旋,文饰俯仰,应对娴熟,至不可耐。而市井小人,百虚一实,舞文狙诈,不事本业。盖视四方之人,皆以为稚鲁可笑,而独擅巧胜之名,殊不知其巧者乃所以为拙也。"① 尽管如此,对于苏州城市园林营造的高超技术,他还是给予了客观的评定:"吴中假山,土石毕具之外,倩一妙手作之,及异筑之费,非千金不可。然在作者工拙如何。工者事事有致,景不重叠,石不反背,疏密得宜,高下合作,人工之中,不失天然,逼侧之地,又含野意,勿琐碎可厌,勿整齐而近俗,勿夸多斗丽,勿大巧丧真。令终岁游息而不厌,斯得之矣。大率石易得,水难得,古木大树尤难得也。"②

晚明苏州造园,对山石的使用大量增加,尤其是园林累石、置石,不仅用量巨大,而且,奇石崇拜蔚然成风,谢肇淛对这种风气也给予了尖锐地批判:"假山须用山石,大小高下,随宜布置,不可斧凿。盖石去皮便枯槁,不复润泽生莓苔,太湖锦川虽不可无,但可妆点一二而,若纯是,难得奇品,但觉粉饰太胜,无丘壑天然之致矣。余每见人园池踞名山之胜,必壅蔽以亭榭,妆砌以文石,缭绕以曲房,堆叠以尖峰,甚至猥联恶额,累累相望,徒滋胜地之不幸,贻山灵之呕哕耳。此非江南之贾竖,必江北之阉宦。"③

在园林建筑造景中,匾额楹联犹如景境的眉目,往往具有画龙点睛的作用,因此,不仅文辞要精妙典雅、贴切扼要,而且书写也最好是名家手迹——在园林兴造过程中,这是一道非文人不能完成的工序。然而,晚明江南造园进入了鼎盛时期,园林匾额楹联制作的世俗化现象日渐普遍,《五杂俎》对此进行了讽喻。这种批评对今天的苏州园林艺术欣赏也有很好的借鉴意义:

《名园记》水北胡氏园,其名皆可笑。如其台,四望百余里,萦伊缭洛,云烟掩映,使画工极思,不可图画,而名之曰"玩月台"。有庵在松桧藤葛之中,辟旁牖,则台之所见亦毕备于前,而名之曰"学古庵"。乃知此失,古人已有之,但不如今人之多耳。今人之扁额又非甚不通者,但俗恶耳。入门曲迳,首揭"城市山林";临池水槛,必曰"天光云影";"濠濮想"多见鱼塘;"水竹居"必施"筠坞";"日涉"、"市隐",屡见园名,

---

① 《明代笔记小说大观》(第2卷),《五杂俎》卷,第1528页。
② 《明代笔记小说大观》(第2卷),《五杂俎》卷,第1536页。
③ 《明代笔记小说大观》(第2卷),《五杂俎》卷,第1528页。

"环翠"、"来云",皆为楼额;至于俗联尤不可耐,当借咸阳一炬了之耳。此失,闽最多,江右次之,吴中差少。①

另外,《五杂俎》对南北宅园营造、树木种植的差异,各地出产奇石,以及园林花木等,也有一些深入的比较和归纳。

(3)高濂与《遵生八笺》。高濂是晚明戏曲作家,字深甫,号瑞南,浙江杭州人,长期隐居西湖水畔。高濂精于词曲、诗文、书画,又兼通医理、养生、园艺等,《遵生八笺》就是其诸多才情和技艺的展示窗口。著作具体包括"清修妙论笺"、"四时调摄笺"、"起居安乐笺"、"延年却病笺"、"饮馔服饰笺"、"燕闲清赏笺"、"灵密丹药笺"、"尘外遐举笺"等八个部类,十九卷,连同目录卷,合计二十卷,其中有大量与园林营造和品赏相关的文字。

在"起居安乐笺上"(即第七卷)中,高濂首先在《序古名论》、《高子漫谈》、《高子自足论》等文章中,列述了仲长统、潘岳、王羲之、陶渊明、陶弘景、萧大圆、王维、白居易、司空图、苏舜钦等古贤的园林隐处人生,并摘录了他们一些关于守拙归隐的言论。然后,围绕文人理想起居环境的营造,高濂对"暖阁"、"云堂"、"观雪庵"、"松轩"、"茅亭"、"桧柏亭"、"圆室"、"九径"、"茶寮"、"药室"等园林建筑构造,扼要地阐述了自己的看法,内容包括材料选择、环境设计及结构搭配等。

例如"松轩"——"松轩宜择苑囿中空明垲爽之地构立,不用高峻,惟贵清幽。八窗玲珑,左右植以青松数株,须择枝干苍古屈曲如画,有马远、盛子昭、郭熙状态甚妙。中立奇石,得石形瘦、削、穿、透、多孔、头大、腰细、袅娜有态者,立之松间。下植吉祥、蒲草、鹿葱等花,更置建兰一、二盆,清胜雅观。外有隙地,种竹数竿,种梅一、二,以助其清,共作岁寒友想。临轩外观,恍若在画图中矣。"②

又如"书斋"——"高子曰:书斋宜明静,不可太敞,明净可爽心神,宏敞则伤目力。窗外四壁薜萝满墙,中列松、桧、盆景,或建兰一、二,绕砌种以翠芸草令遍茂,则青葱郁然。傍置洗砚池一,更设盆池,近窗处蓄金鲫五、七头,以观天机活泼。"③

又如"茆亭"——"茆亭以白茆覆之,四构为亭,或以棕片覆者更久。其下四柱,得山中带皮老棕本四条为之,不惟淳朴雅观,且亦耐久。外护兰

---

① 《明代笔记小说大观》(第2卷),《五杂俎》卷,第1537页。
② 高濂著《遵生八笺》,第269页。
③ 高濂著《遵生八笺》,第270页。

竹一、二，条结于苍松翠盖之下。修竹茂林之中，雅称清赏。"①

再如"桧柏亭"——"桧柏亭植四老柏以为之，制用花匠竹索结束为顶，成亭惟一檐者为佳。圆制亦雅，若六角二檐者，俗甚。桂树可结，罗汉松亦可，若用蔷薇结为高塔，花时可观。若以为亭除，花开后荆棘低垂，蕉叶蠹虫撩衣刺面，殊厌经目，无论玩赏。"②

不难看出，高濂这些关于园林建筑的论述基本立足于文人小园清居的视角，多为造园的实践经验总结，而非泛泛空论。因此，高氏所描绘的这些宅、亭，虽然简朴清素，却深得文人园林艺术的真趣。另外，在这一卷中，还有《高子花谢诠评》、《高子草花三品说》、《高子盆景说》、《高子拟花荣辱评》、《家居种树宜忌》等论文，文章从借物比德的角度，全面论述了各种园林花木的品第，以及盆景制作、树木种植方面的一些园艺常识。

"燕闲清赏笺上"（即第十四卷）集中探讨了博古清供的考识，如古玩器、铜器、玉器、窑器、印章、藏书、古画、古碑、漆器、纸张、古墨、古砚等。有意思的是，高濂不仅精于博物考辨，也叙述了许多玩器的作伪技法。这一卷还论述了书房画室的诸陈设和用具，如文具匣、砚匣、笔格、笔屏、笔床、水注、笔洗、水中丞、研山、印色池、镇纸、压尺、书画匣、密阁、香几、古琴等，论"长物"范围之广泛，足以和文震亨的《长物志》相媲美。

"燕闲清赏笺下"（即第十六卷），是专门讨论园林植物美学及园艺学技法的章节。③《高子瓶花三说》、《瓶花之宜》、《瓶花之忌》、《瓶花之法》四篇文章，专论插花艺术。关于园林花卉，高濂似乎有编写群芳谱的志愿，《四时花纪》一章合计论述了约两百种花卉的种植、养护，以及诸多花卉的颜色、气味、功能等。另外，对于竹、牡丹、芍药、菊、兰等几种常见而又颇受文人雅爱的植物，还专门为之作谱，进行了集中深入的探讨。

如在《牡丹花谱》一节中，有"种牡丹子法"、"牡丹所宜"、"牡丹花忌"及"牡丹花品目"等四个分题，其中仅在种法中，就有关于"种植法"、"分花法"、"接花法"、"灌花法"、"培养法"、"治疗法"等园艺学技术的全面总结。

又如，在《菊花谱》一节中，列述菊花品目一百余种，又对菊花的"分苗法"、"和土法"、"浇灌法"、"摘苗法"、"删蕊法"、"捕虫法"、"扶

---

① 高濂著《遵生八笺》，第272页。
② 高濂著《遵生八笺》，第272页。
③ 高濂著《遵生八笺》，"燕闲清赏笺"关于花卉的引文，见568~648页。

植法"、"雨阳法"、"接菊法"等种植技法,进行了归纳和论述。

兰花历来是为文人所钟爱的高品花卉,因此,《兰谱》是一篇大文章。文章包括"叙兰容质第一"、"品兰高下第二"、"天下养爱第三"、"坚性封植第四"、"灌溉得宜第五",以及"种兰奥诀"、"培兰四戒"、"逐月护兰诗诀"等内容。论述的视野从兰花的审美品格,到园艺技术,面面俱到,又深入细致。

(4) 张岱与《陶庵梦忆》。张岱(1597—1679年),字宗子,又字石公,号陶庵、天孙,别号蝶庵居士,晚年寓居杭州,号六休居士。他出生于绍兴的望族,祁彪佳在《越中园亭记》中说,绍兴一带的私家园林的兴起就是始于张天复造园,张天复即其高祖。张岱是明清之交著名文学家、史学家,也是东南狂狷名士之一。就造园学而言,张岱的笔记著作《陶庵梦忆》中,不仅记录了自家园池中的许多园林造景,也记录了一些与晚明苏州园林艺术相关的其他文献,还有一些关于园林造景的设计与评论。

祁彪佳的《越中园亭记》对于张岱家祖园池造景多有记录,而张岱自己的记录则更加详细丰满。如瑞草溪亭、奔云石、岣嵝山房、砎园、不二斋、天镜园、巘花阁、筠芝亭、梅花书屋、山艇子、悬杪亭、琅嬛福地等等,皆如同一篇小小游记各自成文。其中张岱笔下的砎园,几乎就是一个水绘之园——"砎园,水盘据之,而得水之用,又安顿之若无水者。寿花堂,界以堤,以小眉山,以天问台,以竹径,则曲而长,则水之。内宅,隔以霞爽轩,以酣漱,以长廊,以小曲桥,以东篱,则深而邃,则水之。临池,截以鲈香亭、梅花禅,则静而远,则水之。缘城,护以贞六居,以无漏庵,以菜园,以邻居小户,则阔而安,则水之用尽。而水之意色,指归乎庞公池之水。庞公池,人弃我取,一意向园,目不他瞩,肠不他回,口不他诺,龙山蠖蜒,三折就之,而水不之顾。人称砎园能用水,而卒得水力焉。"①

除了关于自家园林及绍兴其他园池,张岱在《陶庵梦忆》还记录他游苏州时,看到的一些苏州园景,比如范长白的天平山庄。另外,好游乐本是苏州私家园林艺术兴盛的一个重要原因,张岱为晚明苏州市民耽于冶游的风气,留下了生动的资料。

天启壬戌(1622年)六月,张岱曾于苏州葑门观荷花:"见士女倾城而出,毕集于葑门外之荷花宕。楼船画舫至鱼艓小艇,雇觅一空。远方游客,有持数万钱无所得舟蚁旋岸上者。余移舟往观,一无所见。宕中以大船为经,小船为纬,游冶子弟,轻舟鼓吹,往来如梭。舟中丽人皆倩妆淡服,摩

---

① 张岱著《陶庵梦忆》,第12页。

肩篾舄，汗透重纱。舟楫之胜以挤，鼓吹之胜以集，男女之胜以溷，歊暑煇烁，靡沸终日而已。荷花宕经岁无人迹，是日，士女以鞋鞜不至为耻。……盖恨虎丘中秋夜之模糊躲闪，特至是日而明白昭著之也。"①

张岱曾于中秋时在虎丘赏月："虎丘八月半，土著流寓、士夫眷属、女乐声伎、曲中名妓戏婆、民间少妇好女、崽子娈童及游冶恶少、清客帮闲、傒僮走空之辈，无不鳞集。自生公台、千人石、鹅涧、剑池、申文定祠下，至试剑石、一二山门，皆铺毡席地坐，登高望之，如雁落平沙，霞铺江上。天暝月上，鼓吹百十处，大吹大擂，十番铙钹，渔阳掺挝，动地翻天，雷轰鼎沸，呼叫不闻……使非苏州，焉讨识者！"②

（5）范濂与《云间据目抄》。范濂（1540—？年），字叔子，上海松江人，笔记《云间据目抄》以记录松江一带掌故为主，具体包括"人物"、"风俗"、"祥异"、"赋役"、"土木"等五卷。在"土木"卷中，范濂选录了晚明上海的部分园林，对上海造园也表达了一些个人的品评。

王世贞写《弇州四部续稿》时，潘允端豫园尚处于在建阶段。在《云间据目抄》中，豫园造景已经基本完成："上海虽与华亭相埒，予厌其风俗粗鄙，故常倦游，独以潘方伯仲庵公交善，或经岁一历其地。则朱门华室，亦如栉比。崇墉不可殚述，而独乐潘氏为最。如方伯公所建豫园，延袤一顷有奇。内有乐寿堂，深邃广爽，不异侯门勋贵。堂以前为千人坐，又其前为巨浸，巨浸之中多怪石奇峰，若越山连续不断。面南一望，令人胸次洞开，措大当之，不觉目眩股栗。大江南绮园，无虑数十家，而此堂宜为独擅。堂之左，即方伯公读书精舍也，内列图史宝器玩好之物，如琼林大宴，令人应接不暇，足称奇观。"③

豫园乐寿堂之宏丽冠绝江南，堂前竟然可列坐千人，加之广池奇峰的造景，珠光宝气的斋阁，可见，豫园营造之初的景境设计，充满了晚明世俗气息，而与传统文人园林审美相去甚远。

"土木卷"中还记述了冯廷尉、费千户、宋尧武、顾正谊、顾正伦、顾正心、董九皋、龚情、何良俊、林景旸、王会、高仕、张星、陆彦桢等人的宅园，以及唐文涛的拙圃（水磨园）、徐瑶的水西园、范惟一的啸园、何三畏的芝园、陆树声的适园、冯大受的竹园、张氏双鹤园等。在范濂的这些记述和品评中，有这样几个现象值得关注。

---

① 张岱著《陶庵梦忆》，第13页。
② 张岱著《陶庵梦忆》，第95页。
③ 范濂著《云间据目抄》，第122页。

一是晚明上海造园风气兴盛,县城内外园林密集。

二是园林大多底蕴浅薄,就算是何良俊宅园较古,也不过百年历史。

三是晚明上海城市园林主人非富即贵,且多有品行不端、文德庸俗之人,因此,炫富丽、竞豪奢的风气,较其他地方更为浓烈。例如:①

董九皋"起建新园,日费万钱","平生善居积致富,而其子以绪余供之一园之费";

范惟一啸园"深邃广阔,称富人之居";

何三畏扩何良俊宅为"芝园","即岁入租税,或四方贤豪有所馈遗,悉以供一园之费";

冯廷尉园中建三层楼,"高十余丈,与元辅新第争雄";

顾正伦、顾正心园"华屋朱楼,如书云阁、红霞阁之类,不能殚述";

林景旸园巍峨壮丽,"太仆富贵人,而筑室亦喜富贵态";

王会"平生善吝啬,而于土木规模,颇觉豪爽。故左第厅为郡中之冠";

朱大昭"扩其址(苏恩宅),内多朱楼华屋,掩映丹霄。而园中花石亭台,极一时绮丽之胜……大昭无子,生平亦无一善状,独穷极声乐饮馔,及古器玩好之物"。

第四是范濂本人反对这种炫富争豪的造园风气。例如,他欣赏宋尧武的朴素园池,"建小亭其上,虽无花石台榭之胜,亦得旷野清幽之趣";对于顾正伦、顾正心的华丽园池,他说:"园取娱情适意,非以殚精劳神。顾君务广其地,越数十余年,志犹未竟,识者不无《甫田》之讥。"

范濂有一个著名论断——晚明士风大坏的节点就在万历十五年(1587年):"士风之弊,始于万历十五年后。迹其行事,大都意气所激,而未尝有穷凶极恶存乎其间。且不独松江为然,即浙直亦往往有之。如苏州则同心而仇凌尚书;嘉兴同心而诋万通判;长洲则同心而抗江大尹;镇江则同心而辱高同知;松江则同心而留李知府。皆一时蜂起,不约而同,亦人心世道之一变也。"②

范濂不仅觉察出士风败坏于此间,也发现了世风全面转向奢靡,也在此前后——他敏感地注意到,细木家具的广泛使用,始兴于隆庆、万历间。

除却以上这些笔记,还有张瀚的《松窗梦语》、王士性的《广志绎》、顾起元的《客座赘语》、袁宏道的《瓶花斋杂录》、莫是龙的《笔麈》等

---

① 引文皆见范濂著《云间据目抄》卷五,第100~124页。
② 范濂著《云间据目抄》,第75页。

等，也对园林艺术有或多或少的思考，虽然大多是一些零零散散、不成体系的文字，却往往有一斑见豹的管窥价值。

张瀚（1510—1593年），字子文，杭州人，嘉靖十四年（1535年）进士。在《松窗梦语》中，有《花木纪》、《鸟兽纪》两篇文字，与园林花木种植和动物选配有关系。另外，张瀚还在多处讨论吴地匠人的工巧，为研究苏州造园技术史保留了文献资料。前文已有引述，这里不再展开。

王士性（1547—1598年），字恒叔，号太初，浙江临海人，万历五年（1577年）进士。其《广志绎》从考述采木之役的角度，对造园木材的演变、产地、性能等做了比较详细的交代，前文中已有讨论。

顾起元（1565—1628年），字太初，号遁园居士，南京人，万历二十六年（1598年）进士，金石学家、书法家。其笔记《客座赘语》对江南园林盆景艺术的发展演变，以及对园林花卉、树木的种植，有比较深入的思考。

莫是龙（？—1578年），上海松江人，字云卿，号秋水。能书善画。《笔麈》三千余字，莫是龙却在这短小篇幅中，多处阐述了自己园林美学观念。

就择地居处而言，莫是龙坚持以郊野山林出处两便为上的原则。《笔麈》说："人居城市，无论贵贱贫富，未免尘俗喧嚣；远处山林，非道流僧侣不能适。既有仰事俯育，自有交际，宁可绝人逃世，一事不复料理。我愿去郭数里，择山溪清嘉、林木丛秀处结庐三亩，置田一区，往反郡邑，则策蹇从之，良友相寻，款留信宿。不见县官面目，躬亲农圃之役，伏腊稍洽，尊俎粗供啸歌，檐楹之下以送余年，其亦可乎？"①

莫氏卜居的选择标准，与明初洪武年间苏州文人实际行动完全一致，从开国到末代，明代苏州文人园林选址观念，也历经了一个大大的轮回。心在自然山水之间，对于"宛自天开"的城市山林就难以倾情喜爱了，因此，莫是龙对园林叠山之类事情，是不以为然的："余最不喜叠石为山，纵令纡回奇峻，极人工之巧，终失天然。不若疏林秀竹间，置盘石缀土阜一仞，登眺徜徉，故自佳耳。"②

对于庭园植物选配，莫氏的看法虽然不具有普遍性，科学性也不强，也不能算作一种理论，却自然朴实、很有个性："种花不须种菊，竭三时之力以供数日之赏，吾性懒不为也。菊时则觅一小艇，酒榼自携，访有菊之家，间一就观，如王郎看竹，不问主人可耳……种树必先种梅，何也？雨、晴、

---

① 莫是龙著《笔麈》，见车吉心主编《中华野史》（明史），第4435页。
② 莫是龙著《笔麈》，见车吉心主编《中华野史》（明史），第4436页。

烟、雪，无所不宜。疏影暗香，新英老干，无不可者。枯枝偃寒，傲骨苍然，犹胜艳桃秾李。"①

　　总之，到了晚明，江南园林艺术进入了理论建设的觉醒时期，以除却《园冶》这样的造园学专著，还有《长物志》、《闲情偶寄》、《小窗幽记》、《五杂俎》等大量的文人笔记，对造园艺术都进行了思考。尽管这些思考有多、少、深、浅上的差异，有些还夹杂著作者个性化的审美趣味，但是，它们全面地反映了晚明以苏州为中心的江南园林艺术兴造的真实状况，并推动了中国古代园林艺术理论体系的构建、完善。

---

① 莫是龙著《笔麈》，见车吉心主编《中华野史》（明史），第4436页。

结　　语

　　苏州古城有着两千五百多年的发展历史，吴地造园的历史亦如这座古老的城市。其间，尽管伴随着国家朝代的轮替、地方社会政治经济的盛衰、区域文化艺术风气的流变，苏州园林发展充满了起伏，但是，很少出现休止时期。因此，两千多年以来，苏州园林艺术风格的演变历史是一个相对完整的发展进程。

　　在苏州园林发展史上，明朝是一个具有特殊意义的时代。从历史时代上来看，明代苏州园林兴造不仅超过了此前历史上苏州园林的总和，确立了全国领先的首席地位，而且，在造园技术、艺术审美风尚以及园林艺术理论上，都成为当时中国园林艺术的标杆。因此，明代是苏州园林艺术历史上的辉煌顶点，是苏州"城里半园亭"面貌最终确立的时代。同时，由于明代苏州，尤其是晚明苏州在全国所特有的引领时代风尚的崇高地位，明代苏州园林已不仅是"明代苏州"的园林艺术，还代表了明代江南、明代中国的文人园林艺术。从园林艺术的纵向发展历史来看，明代苏州园林的繁荣，与东南特有的吴地区域文化、城市经济、士风民俗之间关系密切，也是吴地历代高超造物工艺水平的集纳与展现。因此，明代苏州园林也为此后的苏州园林乃至中国园林，确立了艺术审美的基本原则和规范，明代苏州园林艺术的历史，也是中国古典园林艺术审美风格的成型历史。

　　然而，明代不是历史上的一个静态之点，从朱元璋应天称帝，到崇祯帝万岁山殉国，明代有着两百七十余年的历史。明代苏州园林艺术的发展历史，还有向上继承和向下延伸的过渡时期，时间跨度要大于朱明王朝的政权历史。因此，明代苏州园林艺术，实际上是一个复杂而多变的历史进程。在这约三百年的发展进程中，苏州园林艺术经历了由盛骤衰、逐步复兴、再度繁荣、达到鼎盛这样的波形轨迹，留下了一个巨大的、富有轮回意味的螺旋式上升曲线。其间，人们对于造园、居园、游园，对于园林艺术审美趣味和艺术理论原则的思考和归纳，也都充满了复杂而多样的歧见和冲突。

　　正是基于对明代苏州园林艺术历史有了这样的宏观认识，本书选择了这一选题作为研究对象。对于明代苏州园林艺术风格变迁的研究，以及对于不同时期园林艺术审美理论的透视和思考，构成了这一选题研究和写作的基本内容。具体来说，文章在学术领域既有研究成果的基础之上，在下面一些方面，或者是进行了归纳性的思考，或者是进行了开创性的研究。

第一，梳理关系，为深入研究做好基础性准备。文章对以苏州为中心的东南地区经济、文化、民风与园林艺术发展之间的关系，对中国古代园林艺术研究的几个核心问题，进行了梳理和归纳。对于"中国古典园林"与古建研究，与环境艺术研究之间的关系与区别，进行了厘清，并在此基础上，对"中国古典园林"进行了概念界定。同时，文章正式提出了"景境"概念，以"景境"营造的水平，来作为鉴赏古典园林艺术审美水平的主要标尺。

第二，文章围绕园林艺术的风格变化，结合明代苏州的城市经济和文化风气的演变历程，把明代苏州划分为四个演变阶段。即元末明初的沉寂时期、建文至成化末年的复兴时期、弘治初至嘉靖末的繁荣时期、隆庆至明末的鼎盛与裂变时期。文章以四个艺术历史阶段为基本节点，构建了明代苏州园林艺术风格演变历史的基本框架体系。

第三，在对每一个艺术历史时期深入研究的过程中，文章既在宏观上分析归纳了苏州园林艺术总体的时代风貌，也深入到具体园林艺术个体的考据与还原的微观层面。一方面力求理论研究和归纳言之有据，另一方面对一些长期存在的成说或是补充了证据，或是辨正了讹误。具体来说，有如下一些研究发现。

元末苏州一带文人造园呈现出一种逆势繁荣的反常现象，这不符合"盛世造园"的惯常认识，背后又充满了复杂的政治、经济、文化、艺术等深层原因。文章对此给予了比较充分的关注，也基本上弄清了这一反常的艺术现象出现和消亡的来龙去脉。明初洪武的三十多年里，战争、逼仕、遗民、重赋，以及抑商、禁园等等政策，严重摧残了苏州园林艺术正常发展的进程，因此，长期以来，学术界普遍认为明初苏州是没有什么造园活动的。然而，文章通过研究发现，明初苏州延续了元代的文人在野的基本局面，大量的文人逃隐在江湖山林之间。因此，明初苏州的造园活动并不是真正意义上的沉寂和衰歇，而是进入了郊野园林和化整为零的隐形敛迹阶段。对于倪云林绘《狮子林图》的时间，目前学术界一般认为是在"洪武六年"，文章对此说法进行了考辨，发现此说存在着重重疑点。另外，关于明初南园一带有"何氏园林"的说法，文章也进行了考实和正讹。

文章把建文以下，划入明代苏州园林艺术的第二个阶段，一是因为是朱元璋"营缮令"的松弛起于建文、永乐年间,二是因为此间苏州已经有了少量的新造园林。文章沿着这样的路径进行了研究和思考,并梳理出明代苏州园林再次复兴的大致脉络。文章发现,到了天顺、成化年间,苏州园林不仅基本上走上了复兴之路,而且,此间园林艺术的水平,与园林主人人格品质之间完美融合,从而形成一种艺术形式与艺术精神之间的高度融合。此间苏州园林艺术审美朴雅,艺术情怀纯真,艺术风格健康雅正,乃是明代苏州园林艺术发展的黄金时期。同时,文章也考证了此间一些存在疑窦的成说,弄清了杜琼"如意堂"与朱长文"乐圃"和后世的"适适圃"、"环秀山庄"之间的一脉相承关系,也辨正了刘珏"小洞庭"即"寄傲园"这一传说的疏漏之处等等。

弘治初至嘉靖末,是明代苏州园林艺术发展的空前繁荣时期。文章发现,在空前繁荣的表象背后,苏州园林出现了一系列的时代新变化。园林艺术兴造的随机性、继承性减弱,主人造园在园址上的选择性、自主性明显增强,因此,此间苏州园林兴造呈现相对集中的区域化特征。经历了百年承平,明代苏州的豪门望族已经初步形成,因此,家族性造园现象在明代中期的苏州也初见端倪,典型代表是王鏊家族。同时,伴随着苏州城市商品经济的繁荣,文化风气日渐颓靡,而苏州园林艺术审美也开始了向奢侈豪华、追求享乐的风格演变。此间,园林主人的群体也在逐渐复杂化,主人的人格品质与园林艺术审美之间,渐渐出现了裂痕。文章还对此间诸多名园进行了比较深入的考述,也有一些新的发现。

文章把隆庆以下到明末的这一阶段,划入明代苏州园林艺术发展的第四时期。在这一时期里,"鼎盛"和"分裂"构成苏州园林的两个最基本面貌。"鼎盛",是指苏州园林发展进入了全面繁盛的状态。具体表现在,城内不仅满城皆园林,而且,许多园林规模巨大,园林景境营造豪华奢侈、富丽堂皇,许多园林造境都寄托了灵境仙域的意趣。同时,在苏州古城周边的湖山之间,在下辖的常熟、太仓、昆山、松江、上海、无锡等地方,也都进入了空前繁荣的造园阶段。因此,晚明的东南犹如一个花团锦簇的大园林,而苏州则是这一大花园中最为夺目的那一丛。"分裂",是指此间潜藏在园林艺术全面繁盛表象下面的一系列深层次的分歧和裂痕。具体来说,有不同类型园林主人之间的趣味冲突,园林艺术审美与主人人格品质之间的融合与分裂,城内园林艺术和湖山园林之间的审美差异,私家园林造园对传统的艺术主题与基本功能的背离等等。与此同时,晚明苏州园林还有其他一系列的时代性新风貌,如文人园林兴造的家族性进一步深化,文人园林向私家园林逐渐让渡,私家园林在空间设计与营造工艺上逐步程式化、规范化等等。

第四,对于晚明文人关于园林艺术理论的思考与总结,文章也有一些新发现。晚明也是苏州园林艺术的理论总结时期,后人对于这一时期艺术理论总结,也给予了比较充分的关注,其中,尤以对《园冶》、《长物志》、《闲情偶寄》的研究最为集中和深入。文章研究发现,除却这三大著作之外,发现还有许许多多的晚明文人笔记中,存在着关于园林兴造的精妙理论和深刻思考,值得后人深度关注。此外,晚明关于园林艺术理论,并没有形成一个系统的、具有共识性的权威理论体系,许多文人对于园林艺术审美的理解存在较大的分歧,在三大理论著作之间,也存在着深刻的理论差异,甚至在园林造景的某些细部处理上,还存在着截然相反的审美趣味。

另外,艺术发展历史与政治演变历史之间,有时不是合拍同致的。晚明苏州园林艺术所呈现出来的诸多风貌,园林艺术理论总结方面的一些基本审美原则,以及园林艺术兴造过程中程式化倾向等等,都没有因为明清易代而立即变换了发展延续的节拍。在盛清以前的清初几十年里,苏州园林基本上延续了晚明的艺术风貌。

苏州园林历史上的艺术风格演变、差异、矛盾、冲突,往往与国家政权、城市商品经济、士林风气、区域文化风俗等深层次外因之间息息相关,因此,研究明代苏州园林,也成为研究明代苏州城市文化的一条门径。文章对明代苏州园林坚持历史客观的、艺术本体性的系统研究,努力通过还原明代苏州园林艺术的历史风貌、艺术本体特色和艺术风格演变轨迹,来揭示明代苏州园林艺术的历史真相。这是本书的研究结果,也是对中国古典园林艺术研究方法上的有意义探索。

由于明代苏州园林艺术实体已经消散殆尽,遗留下来的相关文献也不很充足,加之本人的知识能力有限,选题研究在对明代苏州园林艺术形式的探索和还原方面,还存在着明显的不足,留有许多可以深入的研究空间,这将是该课题研究未来努力的主要方向之一。

参 考 文 献

[1] 白居易．白居易集［M］．长沙：岳麓出版社，1992．
[2] 白居易．白氏长庆集（文渊阁《四库全书》影印本）［M］．北京：文学古籍刊行社，1955．
[3] 卞永誉．式古堂书画汇考（文渊阁《四库全书》影印本）［M］．上海：上海古籍出版社，1991．
[4] 卞永誉．式古堂书画汇考［M］//中国书画全书（第七册）．上海：上海书画出版社，1993．
[5] 曹臣，吴肃公．舌华录·明语林［M］．合肥：黄山书社，1996．
[6] 曹林娣著．中国园林文化［M］．北京：中国建筑工业出版社，2005．
[7] 曹学佺选编．石仓历代诗选（文渊阁《四库全书》影印本）［M］．上海：上海古籍出版社，1991．
[8] 曹允源，李根源纂．吴县志［M］//中国地方志集成．南京：江苏古籍出版社，1991．
[9] 曹昭．格古要论［M］．北京：中华书局，1985．
[10] 陈从周，蒋启霆编．园综［M］．上海：同济大学出版社，2004．
[11] 陈从周．梓室余墨［M］．北京：生活·读书·新知三联书店，1999．
[12] 陈宏绪．寒夜录［M］．北京：中华书局，1985．
[13] 陈继儒．小窗幽记［M］．南京：江苏古籍出版社，2002．
[14] 陈继儒．小窗幽记［M］．罗立刚校注．上海：上海古籍出版社，2000．
[15] 陈建．皇明通纪［M］．北京：中华书局，2008．
[16] 陈履生，张蔚星编．中国山水画（明代卷）［M］．南宁：广西美术出版社，2000．
[17] 陈田辑．明诗纪事［M］．上海：上海古籍出版社，1993．
[18] 陈同滨等主编．中国古代建筑大图典［M］．北京：今日中国出版社，1996．
[19] 陈新，谈凤梁译注．历代游记选译［M］．北京：中国戏剧出版社，1991．
[20] 陈植，张公弛．中国历代名园记选注［M］．合肥：安徽科学技术出版社，1983．
[21] 陈植．长物志校注［M］．南京：江苏科学技术出版社，1984．
[22] 陈植．陈植造园文集［M］．北京：中国建筑工业出版社，1988．
[23] 陈植注．《园冶》注释［M］．北京：中国建筑工业出版社，1988．
[24] 成乃丹选编．历代咏竹诗丛［M］．西安：陕西人民出版社，2004．
[25] 程本立．巽隐集（文渊阁《四库全书》影印本）［M］．上海：上海古籍出版社，1991．
[26] 程敏政．篁墩文集（四库明人文集丛刊本）［M］．上海：上海古籍出版社，1991．
[27] 崔晋余主编．苏州香山帮建筑［M］．北京：中国建筑工业出版社，2004．
[28] 崔勇，杨永生选编．营造论——暨朱启钤纪念文选［M］．天津：天津大学出版社，2009．
[29] 戴良．九灵山房集（附补编）［M］．北京：中华书局，1985．
[30] 东洲初稿（文渊阁《四库全书》影印本）［M］．上海：上海古籍出版社，1991．
[31] 董诰等编．全唐文［M］．北京：中华书局，1983．
[32] 董寿琪编著．苏州园林山水画选［M］．上海：上海三联书店出版，2007．

[33] 都穆纂. 都公谭纂［M］. 北京：中华书局，1985.
[34] 杜荀鹤. 唐风集（文渊阁《四库全书》影印本）［M］. 上海：上海古籍出版社，1991.
[35] 杜预. 春秋左传注疏（文渊阁《四库全书》影印本）［M］.
[36] 范成大编著. 陆振从点校. 吴郡志［M］. 南京：江苏古籍出版社，1986.
[37] 范濂. 云间据目抄（刻本）［M］. 上海：上海进步书局.
[38] 范培松，金学智主编. 苏州文学通史［M］. 南京：江苏教育出版社，2004.
[39] 范允临. 输寥馆集（《四库禁毁书丛刊》集部第101册）［M］. 北京：北京出版社，1997.
[40] 方洲集（文渊阁《四库全书》影印本）［M］. 张宁著. 上海：上海古籍出版社，1991.
[41] 冯桂芬纂. 苏州府志［M］//中国地方志集成. 南京：江苏古籍出版社，1991.
[42] 高棅编纂. 唐诗品汇［M］//唐诗拾遗. 上海：上海古籍出版社，1988.
[43] 高濂著. 遵生八笺［M］. 成都：巴蜀书社，1986.
[44] 高启. 高青丘集［M］. 上海：上海古籍出版社，1985.
[45] 高启著. 大全集（文渊阁《四库全书》影印本）［M］. 上海：上海古籍出版社，1991.
[46] 高启著. 凫藻集（文渊阁《四库全书》影印本）［M］. 上海：上海古籍出版社，1991.
[47] 龚明之. 孙菊园校点. 吴中纪闻［M］. 上海：上海古籍出版社，1986.
[48] 龚明之撰. 中吴纪闻［M］. 上海：上海古籍出版社，1986.
[49] 龚诩. 野古集（《丛书集成续编》影印本）［M］. 台北：新文丰出版公司，1997.
[50] 龚诩. 野古集（文渊阁《四库全书》影印本）［M］. 上海：上海古籍出版社，1991.
[51] 顾德辉编.《草堂雅集》［M］. 北京：中华书局，2008.
[52] 顾德辉编. 玉山名胜集［M］. 北京：中华书局，2008.
[53] 顾凯. 明代江南园林研究［M］. 南京：东南大学出版社，2010.
[54] 顾璘. 息园存稿诗（文渊阁《四库全书》影印本）［M］. 上海：上海古籍出版社，1991.
[55] 顾禄撰. 清嘉录［M］. 上海：上海古籍出版社，1986.
[56] 顾禄纂. 王家句点校. 桐桥倚棹录［M］//苏州文献丛钞初编. 苏州：古吴轩出版社，2005.
[57] 顾起元著. 谭棣华，陈稼禾点校. 客座赘语［M］. 北京：中华书局，2007.
[58] 顾嗣立编. 元诗选［M］. 北京：中华书局，1987.
[59] 顾炎武. 日知录［M］. 上海：国学整理社，1936.
[60] 顾炎武. 肇域志［M］. 上海：上海古籍出版社，2004.
[61] 顾震涛著. 吴门表隐［M］. 南京：江苏古籍出版社，1999.
[62] 归有光著. 周本淳校点. 震川先生集［M］. 上海：上海古籍出版社，1981.
[63] 郭预衡选注. 历代文选·明文［M］. 石家庄：河北教育出版社，2001.
[64] 韩拙. 山水纯全集［M］. 北京：中华书局，1985.
[65] 汉书［M］. 北京：中华书局，1964.
[66] 何良俊撰. 四友斋丛说［M］. 北京：中华书局，1959.
[67] 何乔新. 椒邱文集（四库明人文集丛刊本）［M］. 上海：上海古籍出版社，1991.
[68] 胡震亨. 唐音癸签［M］. 上海：上海古籍出版社，1981.
[69] 皇甫汸. 皇甫司勋集（四库明人文集丛刊本）［M］. 上海：上海古籍出版社，1993.
[70] 黄钧，龙华，张铁燕等校. 全唐诗［M］. 长沙：岳麓书社，1998.
[71] 黄苗子，郝家林著. 倪瓒年谱［M］. 上海：上海人民美术出版社，2009.
[72] 黄省曾著. 陈其弟点校. 吴风录［M］//杨循吉等著. 吴中小志丛刊［M］. 扬州：广陵书

社，2004.

[73] 黄宗羲编. 明文海［M］. 北京：中华书局，1987.

[74] 纪江红主编. 中国传世山水画［M］. 呼和浩特：内蒙古人民出版社，2002.

[75] 江南通志（《四库全书》影印本）［M］. 台北：台湾商务印书馆，1995.

[76] 江南通志（文渊阁《四库全书》影印本）［M］. 上海：上海古籍出版社，1991.

[77] 江畲经选编. 历代小说笔记选［M］. 上海：上海书店，1983.

[78] 江盈科. 雪涛阁集［M］. 长沙：岳麓书社，2008.

[79] 焦竑著. 玉堂丛语［M］. 北京：中华书局，1981.

[80] 金沛霖主编. 四库全书子部精要［M］. 天津：天津古籍出版社，1998.

[81] 金诤. 科举制度与中国文化［M］. 上海：上海人民出版社，1990.

[82] 柯潜著. 竹岩集（文渊阁《四库全书》影印本）［M］. 上海：上海古籍出版社，1991.

[83] 孔迩述纂. 云蕉馆纪谈［M］. 北京：中华书局，1985.

[84] 李白. 李太白集注［M］. 王琦集注，上海：上海古籍出版社，1992.

[85] 李东阳. 怀麓堂集（四库明人文集丛刊本）［M］. 上海：上海古籍出版社，1991.

[86] 李昉等编. 文苑英华［M］. 北京：中华书局，1966.

[87] 李攀龙著. 沧溟集（《四库全书》集部·别集类）［M］. 长春：吉林出版集团有限责任公司，2005.

[88] 李日华纂. 六砚斋笔记（文渊阁《四库全书》影印本）［M］. 上海：上海古籍出版社，1991.

[89] 李世葵. 《园冶》园林美学研究［M］. 北京：人民出版社，2010.

[90] 李洵著. 明史食货志校注［M］. 北京：中华书局，1982.

[91] 李延寿著. 南史［M］. 北京：中华书局，1975.

[92] 李渔. 李渔全集［M］. 杭州：浙江古籍出版社，1992.

[93] 李渔. 闲情偶寄［M］. 杜书瀛评注. 北京：中华书局，2007.

[94] 李渔. 闲情偶寄［M］. 江巨荣，卢寿荣校注. 上海：上海古籍出版社，2000.

[95] 李渔. 闲情偶寄［M］. 张立注释. 陕西人民出版社，1998.

[96] 梁鉴江选注. 白居易诗选［M］. 香港：三联书店香港分店出版，1985.

[97] 林弼著. 林登州集（四库明人文集丛刊本）［M］. 上海：上海古籍出版社，1991.

[98] 刘敦桢著. 苏州古典园林［M］. 北京：中国建筑工业出版社，1979.

[99] 刘基. 覆瓿集（文渊阁《四库全书》影印本）［M］. 上海：上海古籍出版社，1991.

[100] 刘义庆撰. 世说新语［M］. 刘孝标注. 上海：上海古籍出版社，1982.

[101] 刘元卿. 贤弈编［M］//车吉心主编. 中华野史（明史）［M］. 济南：泰山出版社，2000.

[102] 龙文彬纂. 明会要［M］. 北京：中华书局，1956.

[103] 卢辅圣主编. 中国书画全书［M］. 上海：上海书画出版社，1993.

[104] 鲁海晨编注. 《中国历代园林图文精选》第5辑［M］. 上海：同济大学出版社，2005.

[105] 陆粲著. 陆子余集（文渊阁《四库全书》影印本）［M］. 上海：上海古籍出版社，1991.

[106] 陆广微，朱长文著. 吴地记吴郡图经续记（附录校勘记）［M］. 北京：中华书局，1985.

[107] 陆楫. 蒹葭堂杂著摘抄［M］//车吉心主编. 中华野史（明史）. 济南：泰山出版社，2000.

[108] 陆容著. 菽园杂记［M］. 北京：中华书局，1985.

[109] 陆深. 俨山集（四库明人文集丛刊本）［M］. 上海：上海古籍出版社，1993.

[110] 吕毖. 明朝小史［M］//车吉心主编. 中华野史（明史）［M］. 济南：泰山出版社，2000.

[111] 罗伦. 一峰文集（文渊阁《四库全书》影印本）[M]. 上海：上海古籍出版社，1991.
[112] 马可波罗著. 东方见闻录[M]. 丁伯泰编译，台北：台湾长春树书坊，1978.
[113] 马先义，尧唐，徐惠元编. 唐文英华[M]. 济南：山东文艺出版社，1986.
[114] 麦群忠主编. 中国图书馆界名人辞典[M]. 南宁：广西民族出版社，1987.
[115] 毛奇龄. 西河文集[M]//王云五主编. 万有文库. 北京：商务印书馆，1937.
[116] 莫旦增补. 石湖志[M]//吴中小志丛刊. 扬州：广陵书社，2004.
[117] 莫是龙. 笔麈[M]//车吉心主编. 中华野史·明史. 济南：泰山出版社，2000.
[118] 沐昂编. 沧海遗珠（文渊阁《四库全书》影印本）[M]. 上海：上海古籍出版社，1991.
[119] 倪云林. 清閟阁全集（《四库全书荟要》集部·第61册·别集类）[M]. 上海：上海世界书局，1988.
[120] 潘谷西主编. 中国古代建筑史[M]. 北京：中国建筑工业出版社，2001.
[121] 潘希曾著. 竹涧集（文渊阁《四库全书》影印本）[M]. 上海：上海古籍出版社，1991.
[122] 庞鸿文等修纂. 重修常昭合志[M]. 台北：台湾成文出版社，1983.
[123] 彭定求等编. 全唐诗[M]. 郑州：中州古籍出版社，2008.
[124] 彭韶. 彭惠安集[M]. 上海：上海古籍出版社，1991.
[125] 皮日休. 松陵集（文渊阁《四库全书》影印本）[M]. 北京：中国书店，1993.
[126] 平桥稿（文渊阁《四库全书》影印本）[M]. 郑文庄著. 上海：上海古籍出版社，1991.
[127] 祁彪佳著. 祁彪佳集[M]. 北京：中华书局，1960.
[128] 钱谷编著. 吴都文粹续集（文渊阁《四库全书》影印本）[M]. 上海：上海古籍出版社，1991.
[129] 钱泳撰. 履园丛话[M]. 北京：中华书局，1979.
[130] 丘濬著. 重编琼台稿（文渊阁《四库全书》影印本）[M]. 上海：上海古籍出版社，1991.
[131] 任亮直选注. 袁中郎诗文选注[M]. 郑州：河南大学出版社，1993.
[132] 容春堂集（四库明人文集丛刊本）[M]. 上海：上海古籍出版社，1991.
[133] 山西通志（文渊阁《四库全书》影印本）[M]. 上海：上海古籍出版社，1991.
[134] 山中集（文渊阁《四库全书》影印本）[M]. 顾璘著. 上海：上海古籍出版社，1991.
[135] 邵忠，李瑾选编. 苏州历代名园记·苏州园林重修记[M]. 北京：中国林业出版社，2004.
[136] 沈德符. 万历野获编[M]. 北京：中华书局，1959.
[137] 沈季友编. 檇李诗系（文渊阁《四库全书》影印本）[M]. 上海：上海古籍出版社，1991.
[138] 沈约纂. 宋书[M]. 北京：中华书局，1973.
[139] 沈瓉著. 近事丛残[M]//明清珍本小说集[M]. 北京：广业书社，1928.
[140] 沈周著. 石田诗选（四库明人文集丛刊本）[M]. 上海：上海古籍出版社，1991.
[141] 沈周著. 石田杂记[M]. 北京：中华书局，1985.
[142] 施若霖纂. 璜泾志稿[M]. 南京：江苏古籍出版社，1992.
[143] 石珤著. 熊峯集（四库明人文集丛刊本）[M]. 上海：上海古籍出版社，1991.
[144] 释妙声著. 禅门逸书[M]. 上海：文明书局，1981.
[145] 释妙声著. 东皋录（文渊阁《四库全书》影印本）[M]. 上海：上海古籍出版社，1991.
[146] 司马迁. 史记[M]. 北京：中华书局，1972.
[147] 四库禁毁书丛刊[M]. 北京：北京出版社，1997.
[148] 宋戈编. 唐伯虎诗选[M]. 沈阳：辽宁大学出版社，1987.

［149］隋树森纂．全元散曲［M］．北京：中华书局，1981．

［150］孙承泽撰．春明梦余录［M］．扬州：江苏广陵古籍刻印社，1990．

［151］唐伯虎．唐伯虎诗文全集［M］．陈书良编．北京：华艺出版社，1995．

［152］陶宗仪．辍耕录［M］．北京：中华书局，1985．

［153］陶宗仪著．文灏点校．南村辍耕录［M］．北京：文化艺术出版社，1998．

［154］田汝成．西湖游览志余［M］．上海：上海古籍出版社，1958．

［155］汪菊渊．中国古代园林史［M］．北京：中国建筑工业出版社，2006．

［156］汪砢玉纂．珊瑚网［M］//王云五编撰．万有文库．北京：商务印书馆，1936．

［157］汪婉．尧峰文钞（《四部丛刊》集部276）［M］．北京：商务印书馆，1926．

［158］王安石著．临川文集［M］．北京：中华书局，1959．

［159］王鏊．震泽集（四库明人文集丛刊本）［M］．上海：上海古籍出版社，1991．

［160］王鏊纂．姑苏志［M］．台北：台湾学生书局，1986．

［161］王稼句编注．苏州园林历代文钞［M］．上海：上海三联书店，2008．

［162］王稼句编著．一时人物风尘外［M］．苏州：古吴轩出版社，2007．

［163］王稼句编纂．苏州文献丛钞初编［M］．苏州：古吴轩出版社，2005．

［164］王锜著．寓圃杂记［M］．北京：中华书局，1984．

［165］王士性撰．吕景琳点校．广志绎［M］．北京：中华书局，1981．

［166］王士禛撰．居易录（《四库全书》子部·杂家类·杂说之属）［M］．

［167］王世贞．弇州续稿（文渊阁《四库全书》影印本）［M］．上海：上海古籍出版社，1991．

［168］王世贞著．弇州四部稿（文渊阁《四库全书》影印本）［M］．上海：上海古籍出版社，1991．

［169］王维德纂．林屋民风（中国风土志丛书）［M］．扬州：广陵书社，2003．

［170］王行．半轩集·方外补遗（四库明人文集丛刊本）［M］．上海：上海古籍出版社，1987．

［171］王彝．王常宗集续补遗（文渊阁《四库全书》影印本）［M］，上海：上海古籍出版社，1991．

［172］王禹偁著．小畜集［M］．北京：商务印书馆，1937．

［173］王云五主编．广群芳谱［M］．北京：商务印书馆，1935．

［174］王运熙主编．唐诗精读［M］．杨明注释．上海：复旦大学出版社，2008．

［175］魏嘉瓒编著．苏州历代园林录［M］．北京：燕山出版社，1992．

［176］魏嘉瓒著．苏州古典园林史［M］．上海：上海三联出版社，2005．

［177］文震亨．长物志［M］．北京：中华书局，1985．

［178］文徵明等．文氏五家集（文渊阁《四库全书》影印本）［M］．上海：上海古籍出版社，1991．

［179］文徵明著．甫田集外五种（四库明人文集丛刊本）［M］．上海：上海古籍出版社，1993．

［180］翁广平纂．平望志［M］．南京：江苏古籍出版社，1992．

［181］翁经方，翁经馥编注．中国历代园林图文精选（第2辑）［M］．上海：同济大学出版社，2005．

［182］乌廷玉．隋唐史话［M］．北京：中国国际广播出版社，2009．

［183］吴海林主编．中国历史人物生卒年表［M］．哈尔滨：黑龙江人民出版社，1981．

［184］吴晗著．明史简述［M］．北京：中华书局，1980．

［185］吴景旭纂．历代诗话［M］．北京：中华书局，1958．

［186］吴宽．家藏集（《四库全书》影印本）［M］．上海：上海古籍出版社，1991．

［187］吴企明选编．苏州诗咏［M］．苏州：苏州大学出版社，1999．

[188] 吴新苗著. 屠隆研究 [M]. 北京：文化艺术出版社, 2008.

[189] 吴俨著. 吴文肃摘稿（四库明人文集丛刊本）[M]. 上海：上海古籍出版社, 1991.

[190] 吴越春秋 [M]. 南京：江苏古籍出版社, 1986.

[191] 武功集（四库明人文集丛刊本）[M]. 上海：上海古籍出版社, 1991.

[192] 奚传绩编著. 设计艺术经典论著选读 [M]. 第2版. 南京：东南大学出版社, 2005.

[193] 襄毅文集（四库明人文集丛刊本）[M]. 上海：上海古籍出版社, 1991.

[194] 萧涤非, 刘乃昌主编. 中国文学名篇鉴赏 [M]. 济南：山东大学出版社, 2007.

[195] 小林. 同里 [M]. 苏州：古吴轩出版社, 1998.

[196] 肖荣. 李渔评传 [M]. 杭州：浙江古籍出版社, 1987.

[197] 谢晋. 兰庭集（文渊阁《四库全书》影印本）[M]. 上海：上海古籍出版社, 1991.

[198] 谢应芳著. 龟巢稿（《四部丛刊》本）[M]. 上海：上海书店出版社, 1936.

[199] 谢肇淛. 五杂组 [M]. 上海：上海书店出版社, 2001.

[200] 徐贲著. 梅花道人遗墨　北郭集 [M]. 台北：台湾学生书局, 1970.

[201] 徐树丕. 识小录 [M] // 历代小说笔记选. 上海：上海书店, 1983.

[202] 徐朔方著. 晚明曲家年谱 [M]. 杭州：浙江古籍出版社, 1993.

[203] 许有壬著. 圭塘小稿续集（文渊阁《四库全书》影印本）[M]. 上海：上海古籍出版社, 1991.

[204] 许总. 唐诗史 [M]. 南京：江苏教育出版社, 1994.

[205] 续修四库全书 [M]. 上海：上海古籍出版社, 2002.

[206] 杨光辉编注. 中国历代园林图文精选（第4辑）[M]. 上海：同济大学出版社, 2005.

[207] 杨基著. 杨世明, 杨隽点校. 眉庵集 [M]. 成都：巴蜀书社, 2005.

[208] 杨士奇著. 东里续集（文渊阁《四库全书》影印本）[M]. 上海：上海古籍出版社, 1991.

[209] 杨维桢. 东维子集 [M]. 上海：上海古籍出版社, 1987.

[210] 杨循吉等著. 陈其弟点校. 吴中小志丛刊 [M]. 扬州：广陵书社, 2004.

[211] 杨循吉撰. 陈其弟点校. 吴邑志 [M]. 扬州：广陵书社, 2006.

[212] 杨循吉纂. 吴中往哲记（文渊阁《四库全书》影印本）[M]. 上海：上海古籍出版社, 1991.

[213] 姚思廉纂. 陈书 [M]. 北京：中华书局, 1973.

[214] 姚思廉纂. 梁书 [M]. 北京：中华书局, 1973.

[215] 姚之骃纂. 元明事类钞 [M]. 上海：上海古籍出版社, 1993.

[216] 叶梦得. 避暑录话 [M]. 北京：中华书局, 1985.

[217] 于安澜编. 履园画学 [M]. 上海：上海人民美术出版社, 1963.

[218] 于敏中等编纂. 钦定日下旧闻考 [M]. 北京：北京古籍出版社, 1985.

[219] 余德泉主编. 清十大名家对联集 [M]. 长沙：岳麓书社, 2008.

[220] 余继登. 皇明典故纪闻 [M] // 车吉心主编. 中华野史（明史）. 济南：泰山出版社, 2000.

[221] 余开亮著. 六朝园林美学 [M]. 重庆：重庆出版社, 2007.

[222] 虞堪. 希澹园诗集（文渊阁《四库全书》影印本）[M]. 上海：上海古籍出版社, 1991.

[223] 徐应秋纂. 玉芝堂谈荟（文渊阁《四库全书》影印本）[M]. 上海：上海古籍出版社, 1991.

[224] 郁逢庆纂. 书画题跋记（文渊阁《四库全书》影印本）[M]. 上海：上海古籍出版社, 1991.

[225] 御定佩文斋书画谱（文渊阁《四库全书》影印本）[M]. 上海：上海古籍出版社, 1991.

[226] 御定佩文斋咏物诗选（文渊阁《四库全书》影印本）[M]. 上海：上海古籍出版社, 1991.

[227] 御批历代通鉴辑览（文渊阁《四库全书》影印本）[M]．上海：上海古籍出版社，1991．

[228] 御选明诗（文渊阁《四库全书》影印本）[M]．上海：上海古籍出版社，1991．

[229] 元好问．遗山集（文渊阁《四库全书》影印本）[M]．上海：上海古籍出版社，1991．

[230] 元稹著．元氏长庆集[M]．上海：上海古籍出版社，1994．

[231] 袁宏道，袁中道，袁宗道著．三袁随笔[M]．成都：四川文艺出版社，1996．

[232] 袁宏道．瓶花斋杂录[M]//三袁随笔[M]．成都：四川文艺出版社，1996．

[233] 袁华著．耕学斋诗集（文渊阁《四库全书》影印本）[M]．上海：上海古籍出版社，1991．

[234] 袁康著．越绝书[M]．张仲清译注．北京：人民出版社，2009．

[235] 袁褧．世玮[M]//车吉心主编．中华野史（明史），济南：泰山出版社，2000．

[236] 张丑纂．清河书画舫（《四库全书》影印本）[M]．上海：上海古籍出版社，1991．

[237] 张岱著．陶庵梦忆[M]．北京：中华书局，2008．

[238] 张国栋．《园冶》新解[M]．北京：化学工业出版社，2009．

[239] 张瀚著．盛冬铃点校．松窗梦语[M]．北京：中华书局，1985．

[240] 张衡．张衡诗文集校注[M]．张震泽校注．上海：上海古籍出版社，2009．

[241] 张家骥．《园冶》全释[M]．太原：山西古籍出版社，1993．

[242] 张舜民．画墁录[M]．北京：中华书局，1991．

[243] 张廷玉等撰．明史[M]．北京：中华书局，1974．

[244] 张薇．《园冶》文化论[M]．北京：人民出版社，2006．

[245] 张萱．西园见闻录[M]．续修四库全书．上海：上海古籍出版社，2002．

[246] 张应遴编．海虞文苑[M]．济南：齐鲁书社，1997．

[247] 张雨著．句曲外史集补遗（文渊阁《四库全书》影印本）[M]．上海：上海古籍出版社，1991．

[248] 张紫琳纂．红兰逸乘[M]//王稼句编纂．苏州文献丛钞初编．苏州：古吴轩出版社，2005．

[249] 章采烈．中国园林艺术通论[M]．上海：上海科技出版社，2004．

[250] 赵崇祚编．花间集校[M]．李一氓校．北京：人民文学出版社，1958．

[251] 赵厚均，杨鉴生编注．中国历代园林图文精选（第3辑）[M]．上海：同济大学出版社，2005．

[252] 赵农．《园冶》图说[M]．济南：山东画报出版社，2003．

[253] 赵琦美纂．赵氏铁网珊瑚（文渊阁《四库全书》影印本）[M]．上海：上海古籍出版社，1991．

[254] 赵雪倩编注．中国历代园林图文精选（第1辑）[M]．上海：同济大学出版社，2005．

[255] 赵翼．廿二史劄记[M]．北京：中华书局，1984．

[256] 郑潜．樗庵类稿（文渊阁《四库全书》影印本）[M]．上海：上海古籍出版社，1991．

[257] 郑若曾著．江南经略（文渊阁《四库全书》影印本）[M]．上海：上海古籍出版社，1991．

[258] 周道振校辑．文徵明集[M]．上海：上海古籍出版社，1987．

[259] 周晖．金陵琐事·续金陵琐事·二续金陵琐事[M]．南京：南京出版社，2007．

[260] 周维权．中国古典园林史[M]．北京：清华大学出版社，1999．

[261] 周勋初，严杰选注．白居易选集[M]．北京：人民文学出版社，2002．

[262] 周振甫主编．唐诗宋词元曲全集[M]．合肥：黄山书社，1999．

[263] 朱存理．楼居杂著（文渊阁《四库全书》影印本）[M]．上海：上海古籍出版社，1991．

[264] 朱存理撰．赵琦美编．珊瑚木难［M］．上海：上海古籍出版社，1991．

[265] 朱谋垔．画史会要［M］．台北：台湾商务印书馆，1983．

[266] 朱彝尊．曝书亭集［M］．上海：国学整理社，1937．

[267] 朱瞻基．大明宣宗皇帝御制集［M］．济南：齐鲁书社，1997．

[268] 祝允明．怀星堂集（文渊阁《四库全书》影印本）［M］．上海：上海古籍出版社，1991．

[269] 祝允明纂．成化间苏材小传（文渊阁《四库全书》影印本）［M］．上海：上海古籍出版社，1991．

[270] 资治通鉴后编（文渊阁《四库全书》影印本）［M］．上海：上海古籍出版社，1991．